디지털 유인원
THE DIGITAL APE

디지털 유인원

나이절 섀드볼트 · 로저 햄프슨 지음
김명주 옮김

THE
DIGITAL
APE

을유문화사

디지털 유인원

발행일
2019년 4월 20일 초판 1쇄

지은이 | 나이절 섀드볼트·로저 햄프슨
옮긴이 | 김명주
펴낸이 | 정무영
펴낸곳 | (주)을유문화사

창립일 | 1945년 12월 1일
주소 | 서울시 마포구 월드컵로16길 52-7
전화 | 02-733-8153
팩스 | 02-732-9154
홈페이지 | www.eulyoo.co.kr

ISBN 978-89-324-7400-7 03400

우리가 지식에서 잃어버린 지혜는 어디 있는가?
우리가 정보에서 잃어버린 지식은 어디 있는가?

T. S. 엘리엇

약 50년 전인 1967년에 데즈먼드 모리스Desmond Morris는 『벌거벗은 유인원』[1]을 발표했다. 인간이라는 동물의 본성과 기원에 관한 다윈 이론은 그때까지 1백 년 동안 학계에서는 상식이었다. 한편 『벌거벗은 유인원』은 대중 독자에게 환영받았다. 일상에서 당연시했던 많은 문제를 짜릿한 새로운 관점에서 해석함으로써 독자를 놀라게 했던 것이다. 책의 첫 문단은 과학적인 어조를 띠는 동시에 고상한 척하는 사람들을 조롱하는 태도를 드러냈다. 그런 태도는 자부심 있는 1960년대 베스트셀러의 필수 조건이었다.

오늘날 세계에는 193종의 원숭이와 유인원이 있다. 그 가운데 192종이 털로 덮여 있다. 예외인 단 한 종은 스스로를 호모 사피엔스라고 칭하는 벌거벗은 유인원이다. 특이하고 엄청나게 번성한 이 종은 고상한 동기를 탐구하는 데 많은 시간을 쓰는 한편 기본적인 동기를 일부러 무시하는 데도 똑같이 많은 시간을 쓴

---

1   우리말 번역본 제목은 『털 없는 원숭이』다.

다. 이 종은 영장류 중 가장 큰 뇌를 가졌다는 사실을 자랑스러워하지만, 음경이 가장 크다는 사실은 애써 감추면서 이 영예를 힘센 고릴라에게 떠넘기려고 한다.

— 데즈먼드 모리스, 『벌거벗은 유인원 –
인간이라는 동물에 관한 어느 동물학자의 연구』, 1964년

여기서 '벌거벗은'이라는 단어는 다의적 의미로 교묘하게 쓰이고 있다. 언뜻 보면 인간이 털을 기르는 것을 포기하고 벌거벗음으로써 여러 기후와 계절, 기분과 의도에 맞게 옷을 만들어 입을 수 있는 능력을 선택했다는 뜻으로 보인다. 그와 동시에 벌거벗음은 '자연' 세계로부터 사회를 구성하는 세계로의 변화를 필요로 하는 현대 인류의 다른 모든 특징을 암시하는 훌륭한 은유다. 그 새로운 세계는 전략, 실용적인 지식, 매우 다양한 종류의 진보한 기술 능력을 과시하는 동물이 성공하는 곳이다. 물론 벌거벗음이라는 단어는 독자나 그 주변 사람들의 감추어진 욕망과 관련된 적나라한 사실을 드러내 보여 주겠다는 뜻이기도 하다. 인간보다 억제하지 못하고 속이지도 않는 포유류 사촌들이 드러내 보이는 인간과 놀랍도록 비슷한 행동이나 성적 행동이 그 증거다. 그 책은 흰 가운을 입은 동물학자는 보통은 예의상 금지되는 추잡한 진실을 말해도 좋다는 사회적 허가를 받았다고 주장한다. 왜냐하면 (비록 몇 가지 오류는 있지만) 사실을 아는 동물학자는 관습적인 도덕관념을 무릅쓰고 그 사실을 발표할 의무가 있기 때문이다.

이 책은 모리스 박사에 대한 경의의 표시로 『벌거벗은 유인원*The Naked Ape*』의 일부(세 단어 중 두 단어)를 빌려 왔다. 그는 뛰어난 과학

자일 뿐 아니라 과학 대중화에 앞장선 위대한 작가다. 다재다능한 사람이기도 해서 친구인 리처드 도킨스Richard Dawkins가 쓴 『이기적 유전자The Selfish Gene』 초판 표지를 장식한 초현실주의 그림을 그리기도 했다. 하지만 그것이 아무리 훌륭한 은유였다고 해도, 우리는 더 이상 벌거벗음 그 자체나 관습적인 조심성을 거두어 낼 때 드러나는 행동 패턴은 이 특별한 유인원에게서 가장 급하게 '벌거벗길' 필요가 있는 측면이 아니라고 생각한다.

어떤 책이든 독자를 이끌고 가기 위해서는 서사가 필요하다. 이 책의 서사는 아주 간단하다. 우리는 초기 인류가 호모 사피엔스가 출현하기 300만 년 전부터 도구를 사용해 왔다는 사실에 주목하고, 그것이 현대 인류가 출현한 결과가 아니라 원인 가운데 하나였음을 지적할 것이다. 현대 생활 환경의 대부분은 호모 사피엔스를 출현시킨 도구를 계승하고 사용해 인간이 스스로 창조한 것이다. 그런 다음에는 정교한 기술 환경의 핵심적인 특징을 살펴보려 한다. 우리는 요즘 신경과학자들이 마음과 뇌의 본성이라는 매우 난해한 문제를 모델화하기 위해 사용하는 가설을 이해하기 쉬운 말로 바꾸어 현대 기술 환경의 특징과 연결할 것이다. 마지막으로 이와 같은 사실이 초복잡 세계를 살아가는 호모 사피엔스에 대해 무엇을 말해 주는지 고찰한 다음, 현대 생활 환경이 앞으로 얼마나 빠르게 발전할지, 이제껏 항상 기술과 함께 움직여 온 인간 본성이 그것과 함께 어떻게 바뀔지(가능하다면) 확실한 근거에 기반을 둔 예측을 내놓을 것이다.

이 책의 중심 논제는 현재의 우리는 진정한 디지털 유인원이라는 것이다. 과학이 만들어 낸 정교한 산물과 우리 사이에 새로운 관계가 생겨나고 있다. 독자도 매일같이 출현하는 놀라운 기술들 다수에 친숙할 것이다. 우선 앞에 놓인 흰 페이지에 적힌 검은 기호에 대해 생각해 보자. 요즘은 서점보다 월드 와이드 웹World Wide Web을 통해 구매되는 책이 더 많다. 웹에서 작성된 이 텍스트도 전자 데이터로 출판사에 전송되어 인터넷을 통해 구매될 가능성이 높다. 그것은 눈에 보이지 않는 장소에서 이루어지는 기호의 거래이지만, 컴퓨터로 관리되는 거대한 유통 시스템에 의해 물리적 세계에서 실제의 것이 된다. 흥미로운 사실은 약 여섯 부 중 한 부만이 전자책 단말기를 가진 유인원에 의해 소비된다는 점이다. 이 유인원은 온종일 스마트폰을 만지작거리고, 전자 엔진 제어 장치와 중앙 제어실의 무선 신호에 따라 움직이는 자동차를 타고 인터넷에 연결된 직장으로 출근한다. 하지만 우리 두 사람처럼 여전히 많은 이들이 종이 책장을 넘기는 즐거움을 선호한다.

'브라이트 영 씽'[2]과 '닥터 스트레인지러브'[3]를 합쳐 놓은 누군가가 제멋대로 한다면 삶의 또 다른 구석이 완전히 바뀔 것이라는 경고를 우리는 매일 듣는다. 조심하라! 무엇이 초대박 사업이 될지, 무엇이 부르주아 국가의 작동 방식에 중대한 전환을 가져올지, 무엇이 (기억되기라도 한다면) 단지 인터넷의 웃긴 동영상으로 기억될지 알 수 없다. 진지한 신문들은 로봇과 섹스하는 것의 장단점을 논한다. 「타임스The Times」는 그것이 달갑지 않다. 보안 전문가들은 '사이버 진주만 공격'에 대비하라고 경고한다. 그 배후는 국가일까, 테러리스트일까? 아니면 단지 예산을 늘릴 기회를 노리는 국방부일까?

---

2   Bright Young Thing, 기성세대를 충격에 빠뜨리는 것을 일삼던 1920년대와 1930년대의 관습에서 벗어난 젊은이를 이르는 말

3   Dr. Strangelove, 군국주의 전쟁광이며 괴짜 천재 과학자

아마 이 모두일 것이다. 가상 재판관이 하는 재판에 대한 실험도 진행되고 있다. 경범죄에 대한 피고의 유죄 인정 답변을 온라인에서 할 수 있도록 준비하고 있는 국가들도 있다. 이것은 바쁜 사람들에게 범죄 기록을 부여하려는 빅 브라더의 계략일까? 미국 연방수사국FBI의 암호 해독가는 테러리스트의 아이폰에 걸려 있는 패스워드 로그를 해제하는 업무에 협조하도록 애플Apple사를 설득하는 데 실패했다. 웹에서 범죄와의 전쟁이 일반화된 시대에는 매우 뛰어난 해커들에게 백만 달러의 뇌물을 주어야 하는 난감한 일이 벌어진다. 알칸소주 경찰 또한 아마존Amazon의 인공 지능AI 스피커인 에코Echo가 살인 현장을 목격했을지도 모른다고 생각하고, 서버에 있는 증거를 달라고 아마존에 요청했다. 하지만 아마존은 요청을 거부하고 법정 싸움을 벌였다. 결국 피고는 에코가 자신에게 유리한 증거를 내놓을 것을 기대하고 아마존이 데이터를 넘겨주도록 승인했다. 한편 아마존은 거대한 공중 물류 창고에 대한 특허를 받으려고 한다. 체펠린 모양의 비행선이 책과 식료품으로 채워지고, 드론이 비행선을 위아래로 부지런히 오가며 집집마다 배달할 것이다. 그 밖에도 당신이 행복한 승객인지를 항공 승무원에게 알려 주는 디지털 알약이 존재한다. 냄새로 질병을 찾아낼 수 있는 인공 코도 있다. 당신의 배우자는 사무실에 있다고 말한 당신이 실제로 어디에 있는지 추적할 수 있다. 당신이 배우자와 스마트폰의 위치를 공유한다면 말이다.

어쨌든 과학은 현실이다. 과학의 모든 것은 문자 그대로 모래 위에 세워진다. 현대의 모든 기기에 들어 있는 칩은 모래 속에 있는 실리콘으로 만들어지기 때문이다. 영국 시인 윌리엄 블레이크William Blake가 18세기 말에 쓴 알쏭달쏭한 시구는 현대적인 의미를 지닌다.

모래 한 알에서 세계를 보고

들꽃 한 송이에서 천국을 본다

그대의 손바닥에 무한을 쥐고

찰나의 순간에 영원을 담아라

— 윌리엄 블레이크, 「순수의 전조」, 1863년

현재 거의 모든 사람이 손바닥의 모래 속에 무한을 가지고 있다. 블레이크가 살던 시대에 런던 시민은 설계자가 의도한 대로 세인트 폴 대성당에 외경심을 품었다. 이집트 쿠푸 왕은 10만 명이 넘는 노동자를 동원해 놀라운 기자의 대피라미드를 지었다. 한편 우리의 외경심을 불러일으키는 대성당은 아주 작다. 그것은 소멸할 것처럼 작은 나노미터 단위의 수십억 개 부품으로 이루어지고, 렌,[4] 아니 쿠푸 왕이 동원한 숫자보다 더 많은 사람에 의해 정교하고 치밀한 구조로 조립된다. 그것은 세인트 폴 대성당과 피라미드만큼 우리에게 외경심을 불러일으킨다.

이 책에서는 최신 기계의 응용수학이 우리의 생활 환경 및 우리 자신의 본성에 대해 어떤 선택지를 제공하는지 자세히 설명할 것이다. 그런 선택지는 2~3년 전만 해도 불가능했던 것이다. 다음의 질문들은 매우 중요하고 현실적인 문제다. 우리는 사이버 전쟁, 사생활의 상실, 거대 기술 기업의 탐욕 때문에 실패할까? 우리는 로봇의 하인이 될까? 우리는 지구의 물리적 환경을 더 현명하게 관리할 수 있을까? 더 과감한 질문을 해 보면, 우리는 우리 자신의 DNA를 조

---

4 Christopher Wren, 세인트 폴 대성당을 설계한 영국 건축 설계가

작할 수 있을까? 그리고 도구를 사용해 우리의 모든 정신적 · 육체적 능력과 지혜를 확장할 수 있을까?

따라서 우리가 강조하는 바는 데즈먼드 모리스의 강조점과는 매우 다르다. 호모 사피엔스는 확실히 "영장류 중 가장 큰 뇌"를 가지고 있고, 그런 뇌 덕분에 우리는 지구상의 모든 종 가운데 가장 막강하고 다양한 지성을 가진다. (동물에 대한 과학 지식은 다른 분야와 마찬가지로 지난 50년 동안 증가했다. 2018년 기준, 동물학자가 인정하는 영장류는 모리스가 알던 193종이 아니라 6백 종이 넘는다.) 뇌의 능력과 영향력은 기하급수적으로 확장되고 또 수정되는데, 그 원동력은 산업 인프라에 뿌리를 둔, 우리의 욕망과 행동이 휘감겨 있는 다채로운 기계다.

뇌 크기와 지능의 관계는 결코 단순하지 않다. 까마귀와 도래까마귀, 그리고 몇 종의 앵무새는 뇌가 작은데도 조류치고는 매우 영리하다. 향고래는 모든 동물 중 가장 큰 뇌를 가지고 있지만 대화도 못하고 체스도 못 둔다. 몸 용적에서 뇌 크기가 차지하는 비율은 공정한 척도처럼 들리지만, 그것도 뉴런의 수와 연결 속도 같은 지능의 중요한 요소를 설명하지 못한다. 그렇다 해도 호모 사피엔스의 평균적인 구성원이 지구상 모든 생명 형태의 평균적인 개체보다 훨씬 더 높은 지능을 가지고 있다는 것은 부정할 수 없는 사실이다. 게다가 호모 사피엔스는 다자간 의사소통이 매개하고 촉진하는 집단 지성을 이용해 광범위한 문제와 맞설 수 있게 되었다. 인간 뇌의 목적의식적인 협력은 초창기부터 필수적이었다. 수렵과 채집, 포식자와 유해 식물로부터의 방어에서 시작해, 최종적으로는 우수한 대학과 위키피디아Wikipedia, 의학 연구소의 활동에 이르기까지, 집단 지성은 알 수 있는 모든 것을 알고, 모든 병을 치료하고, 생활의 모든 면을 개선하는 데 필수적인 역할을 했다.

이 유인원이 벌거벗게 된 이유를 설명하는 설득력 있는 이론은 여러 개가 있다. 그 이론들은 공통적으로 호미닌hominin의 다양한 종을 통과하며 점진적으로 털을 상실했다고 설명한다. 호미닌은 호모 사피엔스가 출현하기 수백만 년 전부터 존재한 인류의 전구체로, 호미닌 가운데서 다른 인간 형태를 지배한 다음 유일하게 살아남은 것이 호모 사피엔스다. 모든 가설은 또한 수천 년에 걸쳐 불을 능숙하게 사용하게 된 것이 털의 상실에 매우 중요했다는 데도 의견을 함께한다. 초기에 획득한 이 도구는 인류에게 온기를 제공한 직접적인 원천으로, 인류는 이 도구 덕분에 인체의 중앙난방 시스템이 사용하는 에너지를 절약했고, 털이 사라진 뒤에는 거주할 수 있는 영토의 범위를 확장했다. 하지만 무엇보다 중요한 것은 음식을 조리하는 행위가 몸 밖에서 이루어지는 사전 소화pre-digestion 역할을 한다는 점이다. 주워온 것이든 덫에 걸린 것이든, 이제 같은 양의 음식물을 에너지를 덜 사용하는 더 단순한 위로 처리할 수 있었다. 그 결과로 몸은 남은 에너지를 뇌로 돌려 뇌를 더 키울 수 있었다. 커진 뇌는 비바람을 피할 수 있는 거처, 의복, 주먹도끼를 생각해 냈고, 그것들은 다시 뇌의 능력을 빠르게 키워 인지 능력을 높이기 위한 에너지원을 찾기 쉽게 하는 선순환을 낳았다. 초기 인류와 그들의 모든 포유류 사촌을 가른 결정적 요인은 도구의 사용이었다.

벌거벗음은 책의 모티프로 매력적이지만, 인류의 눈에 띄는 특징은 인류가 스스로 만든 도구와 깊은 관련을 맺은 것이다. 도구를 사용하기 시작한 것은 언어를 획득하기 오래전이다. 우리는 등장한 지 얼마 되지 않은 초기부터 다른 종들을 멸종으로 몰아갔고, 동물을 사냥하거나 동물이 풀을 뜯는 장소에서 작물을 길렀다. 지구에는 870만 종이 있고, 이들 모두는 매우 다양한 몸 체제를 가지고 있다. 하지만 그중 호모 사피엔스만이 외부의 물건을 능숙하게 다룸으로써 지구 전체를 변모시키는 능력을 지니고 있다. 우리는 항상 물건을 만들어서 인공물의 세계를 생산해 왔고, 결국에는 우리 자신이 살아가는 생활 환경 전체를 변화시켰다. 그런 물건은 몸에 걸치는 것에서 시작해 크게는 포도밭, 피라미드, 고층 건물부터, 작게는 마이크로프로세서, 유전자 편집, 나노 공정에까지 이른다.

지난 70년 동안 상전벽해와 같은 큰 변화가 있었다. 호모 사피엔스라는 종 대부분이 일상을 영위하는 방식에 지대한 영향을 미친 거대한 공장과 발전소, 동맥처럼 뻗은 고속도로, 커다란 주택이 기계에 기반을 둔 전자 시스템과 결합했다. 이 시스템은 (두루뭉술한 표현으로 말하면) 우리에게 그리고 서로에게 말을 건다. 디지털 유인원은 정보의 급류에 휘말려 있으며, 우리가 사용하는 기기도 마찬가지다. 때때로 정보는 다른 사람이 보내는 일방적 메시지다. 혹은 마치 그런 것처럼 보인다. 예컨대 영화와 라디오 방송국이 그렇다. 때때로 정보는 사람 사이의 상호적 메시지다. 전화 통화, 이메일, 페이스북Facebook, 기타 사회관계망 사이트가 그런 경우다. 때때로 정보는 실리콘에서 일어나는 눈에 보이지 않는 대화다. 기계와 기계의 거래, 식수 탱크와 전력망의 관리, 은행에서의 자동 이체, 반체제 인사와 범죄자를 감시하기 위해 이루어지는 인터넷 트래픽 자동 감독이 그렇다.

널리 인정받는 가설에 따르면 우리와 대형 유인원 사촌들과의 마지막 공통 조상은 약 700만 년 전에 살았다. 인류의 초기 조상은 약 450만 년 전에 출현했고, 그 100만 년 뒤쯤 석기를 사용하기 시작했다. 호모 사피엔스의 조상인 호모 하이델베르겐시스가 우리가 아는 언어와는 다르지만 어떤 형태를 갖춘 언어를 발달시켰다고 합리적으로 추정되는 시점은 최고最古 60만 년 전이다. 해부학적인 관점에서 현대 인류는 약 25만 년 전에 출현했다. 현재 우리가 사용하는 형태의 언어는 약 10만 년 전에 발달했다고 여겨진다. 이때 광범위한 말소리에 적응된 후두와 뇌 배치를 갖춘 물리적 형태로서의 '우리'가 탄생한 것이다. 하지만 겉모습은 지금의 우리와 같아졌다고 해도, 지금의 인간에게 없어서는 안 되는 사회적 행동 패턴 가운데 다수를 갖추게 된 것은 불과 5만 년 전쯤이었다. 어느 모로 보나 새로운 사피엔스 종이 도구를 조작하는 능력을 갖추고 생활 환경을 지배하게 된 것은 선조들이 수백만 년 동안 도구를 사용한 결과였다. 해부학적으로 보면, 우리는 나머지 손가락들과 마주 보는 엄지손가락과 작은 위를 장착한 몸 체제에 생존을 걸었다. 그리고 불을 길들여 식재료를 몸 밖에서 열처리함으로써 잉여 에너지를 뇌로 돌려 사회적 활동과 전략을 이해하고 발전시킬 수 있었다.

이것은 강력한 피드백 고리였다. 이미 말했듯이, 작고 에너지를 많이 쓰고 영리한 뇌를 사용함으로써 하루에 먹고 남을 정도의 식량을 얻을 수 있었고, 남은 에너지로 더 크고 에너지를 더 많이 쓰고 더 영리한 뇌를 발달시킬 수 있었다. 그 덕분에 먹고 남는 식량은 더 많아졌고, 더 큰 뇌에 필요한 에너지를 공급할 수 있었다. 이 피드백 고리의 중요한 점은 호모 사피엔스의 커진 뇌가 호모 사피엔스로서 생존하고 번성하기 위해 필요한 많은 사회적 관계를 처리할 수 있었다는 것이다. 영향력 있는 인류학자이자 영장류 전문가인 옥스퍼드대학 교수 로빈 던바Robin Dunbar는 인간 대부분이 지속할 수 있는 관계의 수는 대략 150이라고 생각한다. 더 영리해지고 사회생활에 능숙해진 유인원은 더 큰 집단 속에서 좀 더 능숙하게 협력하고, 다양한 일을 공유하고, 새로운 기술을 전달할 수 있게 되었다. 개인의 역할도 전문화되었다. 이 모두는 선순환하며 회백질을 더 크게 만들었다. 그리고 그런 뇌는 그 유인원이 의존하는 지리적 공간을 바꾸고 개조해 더 비옥하고 복잡하게 만들었다.

우리의 생활 환경은 눈에 보이는 물리적 환경만 있는 것이 아니다. 그것을 지지하는 더 큰 환경이 있다. 상품과 서비스의 공급, 소비와 커뮤니케이션의 정교하고 치밀한 관계 패턴이 도처에 있고, 서로를 지지하는 네트워크가 모든 곳을 둘러싸고 있다. 이것이 복잡한 사회에 사는 75억 인구를 지지하는 세계 경제다. 그와 동시에 치밀하게 구성된 소규모 경제도 수천 년에 걸쳐 번성했다. 거기에는 항상 개별 뇌의 힘과 여러 뇌가 결합할 때의 힘이 깊이 관여했다.

뇌의 기본 형식, 즉 운영 체제는 지금까지 많은 것을 성취했지만, 여전히 들판과 숲과 산에서 동물을 사냥하고 식물을 채집할 필요에 맞게 발달한 초기 모델 그대로다. 뇌는 가소성이 있어서 한 사람 안에서, 그리고 세대에 따라서 용도에 맞게 변한다(이 점에 대해서는 나중에 자세히 설명하겠다). 하지만 지난 몇 백 년 동안 제조업과 신문, 스포츠 리그를 운영해 온 뇌는 추운 겨울을 무사히 나기 위해 곰을 잡아 가죽을 벗기고 그 결과물을 이용하는 방법을 알아낸 뇌에서 거의 변하지 않았다. 분명히 해 둘 점은 후자는 매우 어려운 일군의 일로, 고차원적인 전략·전술적 지혜뿐 아니라 신뢰와 팀워크가 필요하다는 사실이다. 예컨대 그런 일을 하기 위해서는 다른 동물의 행동 패턴에 대한 자세한 지식이 있어야 하고, 무기를 만들어서 능숙하게 사용하는 능력뿐 아니라 동물을 해체하는 특별한 칼, 털가죽을 재단하고 꿰매는 도구를 만들 수 있는 능력도 필요하다. 그리고 언어나 실습을 통해 전승할 수 있고, 과거에 했던 일을 기억할 수 있는 지식 시스템이 필수적이다. 현대 도시에서는 털옷이 생길 때까지의 전체 과정은 고사하고, 그중 어느 한 단계를 능숙하게 할 수 있는 사람도 거의 없다.

하지만 지금 우리는 매우 어려운 작업 전부를 사회적으로 행하는 아주 다른 접근 방법을 가지고 있다. 현대의 유인원은 수천 년에 걸쳐 '지능 가속 장치'를 만들어 왔다. 지능 가속 장치란 뇌와 협력해 뇌를 더 효과적으로 가동하는 사회 제도와 물리적 실체다. 우리는 도서관과 학교를 만들었다. 우리는 지식을 전하고 보존하기 위해 조직화된 사고 시스템과 기술을 몸 밖에 의식적으로 만들었다. 그것은 철학자 칼 포퍼Karl Popper가 '세계 3'이라고 부른 것이다. 이를테면 신화, 예술 작품, 과학 이론, 출생증명서, 지난 시즌의 축구 기록 등으로, 동굴 벽이나 양피지 두루마리, 책에 기호화되어 있다. 여기에 더해 지난 70년 동안 급진전이 있었다. 뇌에 슈퍼차저supercharger 5가 붙은 것이다. 가속에 가속이 붙은 것이다. 우리는 일상생활 속에 앨런 튜링Alan Turing의 간단한 사고 실험이 만들어 낸 엄청난 '성과'를 침투시켰다. 그것은 바로 우리를 대신해 폭넓은 분석, 예측, 관리, 그리고 사회적인 작업을 수행하는 범용 사고 기계다. 그것은 원리상으로는 논리, 기억, 계산이 필요한 거의 모든 일을 수행할 수 있다.

휴대폰을 생각해 보자. 휴대폰은 무선으로 음성 통화를 할 수 있는 편리한 수단에서 시작돼, 그 이후에 메시지와 음악 재생 기능이 더해

---

5 엔진의 출력을 높이기 위한 장치

졌고, 라디오와 위치 정보 기능이 갖추어졌으며, 인터넷을 사용하는 다양한 애플리케이션이 추가되었다. 개별 단말기 그리고 통신 회사가 소유한 서버의 처리 능력은 특정 목적을 달성하기 위해 생겨난 것도 아니고, 전화에 관한 포괄적이고 전략적인 아이디어를 실현하기 위해 만들어진 것도 아니다. 그것은 전화와는 무관하게 착안된 일군의 개념을 구체화한 것이다. 그러므로 매우 많은 분야의 기계에 제한 없이 들어갈 수 있다. 당신이 가지고 있는 이미 만들어진 기기도, 드라이버로 열어 보고 싶거나 스스로 앱을 만들어 보고 싶으면, 적어도 원리상으로는 개조가 가능하다. 하지만 실제로 사람들 대부분은 제조업체가 소프트웨어 업데이트를 제공할 때까지 기다릴 것이다. 또는 새로운 기능이 더해지거나 성능이 향상된 다른 매력적인 기기를 만들어 판매할 때까지 기다릴 것이다. 공장에는 베타 테스트를 받는 제품이나 최종 마무리 단계에 있는 제품 수백 개가 항상 존재한다.

여기서 인간의 뇌와 손에 공통으로 존재하는 독특한 특징에 주목하라. 우리의 뇌는 모든 작업에 의식을 기울이고, 우리의 손은 모든 작업을 취급한다. 뇌와 손은 우리 몸의 다른 주요 부분과 마찬가지로 적응의 산물이다. 다시 말해 그 주인이 환경의 도전에 대응할 수 있게 만든 우연한 변이가 무수히 조합된 것이다. 수천 년 동안 특정한 능력에 드는 비용이 일반적인 대응 능력에 드는 비용으로 교체되었다. 즉, 지금까지 하던 일을 새로운 방법으로 하면서 같은 에너지로 다른 일까지 할 수 있게 되었다. 예컨대 소나 양처럼 여러 개로 나누어진 큰 위를 포기하는 대신 새로운 것을 받아들이는 지능을 획득했다. 침팬지의 손과 팔은 나무에 오를 수 있는 형태인데 반해 인류의 손과 팔은 주요 기능이 점진적인 진화에 의해 도구를 사용하도록 변했다. 도구 사용이란 처음에는 던지기와 몽둥이로 때리기였을 것이다. 유인원이 휴대용 도구와 맺은 이 최초의 관계는 나머지 모든 관계에 앞서 꼭 필요한 것으로, 견관절부터 엄지손가락까지 해부학적인 설계를 변경하도록 요구했다.

범용 계산을 광범위하게 이용한 결과, 지구는 지금 '제어하는 마음'이라고 부를 만한 것을 갖추었다. 그것은 인간의 뇌와 뇌로부터 임무를 부여받은 기계가 공동으로 구성하는 마음으로, 지구상의 지적인 작업 대부분을 수행하고 있다. 이 연합에 의해 행해지는 작업은 세계에 너무나도 넓고 깊이 침투해 있어서 그것을 알아채지 못하는 독자는 거의 없을 것이다.

그렇더라도 우리는 이 책에서 페이지를 할애해, 슈퍼차저가 붙은 인간의 뇌가 일으킨 중대한 변화가 어떤 모습으로 나타나는지, 그리고 이것이 앞으로 1백 년간 어떻게 변할지 자세히 살펴볼 것이다. 초고성능 기기가 초고속으로 초복잡하게 서로 연결된 세계에서 생기는 누적 효과는 놀라움과 불안을 동시에 일으킨다.

가까운 미래에 일어날 일에 대한 기대와 두려움은 세계에 널리 퍼져 있고 항상 사람들의 마음을 사로잡는다. 사실이라고 여겨지는 뉴스, 비교적 증거에 기반을 둔 시사 해설 기사는 옆으로 제쳐두자. 예컨대 '로봇이 당신의 직업을 빼앗을까?'라든지, 「뉴요커The New Yorker」의 필진인 엘리자베스 콜버트Elizabeth Kolbert가 쓴 기사 '자동화된 미래Our Automated Future'의 아류들이다. 최근 들어 모든 미디어의 아티스트와 그들과 깊은 관계가 있는 엔터테인먼트 산업은 오래전부터 있었던 주제를 리뉴얼하는 일에 정력적으로 매달리고 있다. 그 주제는 새로운 사회적 추세나 기술 혁신을 과장해서 미래를 탐구하는 것이다. 오랜 시간에 걸쳐 그 장르는 다양하게 변이했다. 그 가운데 주류에 속하는 독자와 시청자가 좋아하는 SF는 최신 기술과 판타지가 긴밀히 결합한 것이다. 예컨대 1950년에서 1960년 대의 대중 SF에서 주로 다룬 것은 행성 간 이동이 가능한 수준의 로켓공학 및 조종 장치에 대한 예측과 제2차 세계 대전 중에 개발된 생명 유지 장치였다. 1950년에 벨기에의 무모한 소년 땡땡⁶은 달에 발을 디딘 최초의 사람이 되었다. 땡땡이 탄 우주선과 땡땡, 하독 선장, 스노위가 달 표면을 탐사할 때 입은 우주복은 세세한 기술을 빼면 외관과 원리에 있어서 19년 뒤에 닐 암스트롱이 사용한 것과 매우 비슷하다. 땡땡 로켓은 1944년에 히틀러가 런던을 향해 발사한 보복 탄도미사일 V2호를 사람이 탈 수 있도록 변형한 것이었다. 나치의 V2 로켓과 나사NASA의 달 탐사 로켓 새턴 V는 둘 다 독일 공학자 베르너 폰 브라운Werner von Braun이 설계했다. 따라서 땡땡의 달 로켓을 만든 천재 과학자 캘큘러스 박사의 주장과 달리, 땡땡의 달 로켓은 실질적으로 폰 브라운이 설계한 것이라고 말할 수 있다.

하지만 현대의 SF는 지금 시대를 반영해야 한다. 우리가 사는 시대는 과학적 사실이 날마다 시민을 놀라게 하는 시대다. 유례없는 속도로 쏟아져 나오고 있는 현실 세계의 발명이 우리가 책을 읽는 방법, 대학 수업을 듣는 방법, 택시를 부르는 방법, 여행을 예약하는 방법, 식료품과 잡화를 배달하는 방법을 바꾸었다. 사회생활에 지각 변화가 일어난 것이다. 〈마이너리티 리포트Minority Report〉,⁷ 〈웨스

---

6 벨기에 만화 〈땡땡의 모험Les Aventures de Tintin〉의 주인공
7 2054년을 배경으로 범죄가 일어날 시간과 장소, 예상 범죄자를 예측해 해당 용의자를 미리 단죄하는 최첨단 치안 시스템인 '프리 크라임'을 다룬 영화

트월드Westworld〉,8 〈그녀Her〉,9 〈엑스 마키나Ex Machina〉,10 〈높은 성의 사나이The Man in the High Castle〉11는 판타지를 영상화한 것이지만, (어쩌면 이미 살고 있는지도 모르지만) 우리가 곧 살아갈 방식에 대한 철학적 탐구이기도 하다. 이 작품들이 그리는 세계에서는 모든 사물의 표면이 디스플레이 화면으로 발광하며 전자 정보를 주고받는다. 로봇과 기계를 제어하는 시스템은 인간에 대해 깊은 관심을 가지고, 인간과 우정을 나누고, 인간과 뜨거운 사랑을 나눈다. 그리고 평행 우주가 겹쳐진다. 작품에 등장하는 기술 중에는 현실에서 실현될 날이 머지않은 것도 있다. 디지털 유인원이 가사 로봇이나 사무용 로봇과 함께 생활할 날도 머지않았다. 로봇은 우리가 원한다면 가까운 친구처럼 잡담, 조언, 위로를 건넬 것이다. 작품이 묘사하는 것 가운데 일부는 아직 멀리 있거나 실현 가능성이 없다. 평행 우주를 건너는 다리가 있다면 여행업계가 완전히 바뀌겠지만, 홀로그램 여행 가방을 주문하기는 아직 이르다.

디지털 유인원이 감각과 능력의 일부 또는 전부를 높이고 있는 것은 사실이다. 우리는 선사 시대 숲에서 최초로 향정신성 버섯을 먹은 이래로 계속해서 약물을 섭취해 왔다. 안경과 보청기를 착용한 지는 수백 년이 되었다. 지금은 가상 현실 헤드셋, 시험 점수를 올려 주는 알약, 또는 전 세계의 기억에 접근할 수 있는 손목시계도 구매할 수 있다.

---

8 기술적으로 진보된 서부극 무대 유원지인 '웨스트월드'를 배경으로 한 공상 과학 드라마
9 한 남성이 인공 지능 운영 체제를 만나 사랑을 느낀다는 설정의 영화
10 인공 지능 로봇을 소재로 한 SF 영화
11 제2차 세계 대전 종전 후 15년이 흐른 시대를 배경으로 쓰인 필립 K. 딕의 대체 역사 소설을 원작으로 한 드라마

따라서 지금 선진국에 사는 네 살짜리 소녀는 자신의 부모와 조부모가 살았던 인생과 어떤 면에서는 매우 비슷하고 많은 면에서 근본적으로 다른 인생에 직면해 있다. 사망이라는 비극은 그녀가 살아 있는 동안에는 사라지지 않겠지만, 대부분의 사람에게 죽음은 약간, 어쩌면 상당히 오래 연기될 것이다. (지난 50년간 평균 수명은 개발에 뒤떨어진 세계 절반의 나라들에서조차 크게 연장되었고, 그 추세는 앞으로도 계속될 것이다.) 그녀가 맺은 인간관계의 폭, 자신을 둘러싼 환경에 대한 이해, 생활 환경의 가능성 등은 이미 변했고 앞으로도 계속 변할 것이다. 큰 변화가 있었던 플라톤 시대의 아테네나 갈릴레오 시대의 피렌체, 뉴턴 시대의 런던에 살았던 선조 유인원들과 매우 가까운 관계이며 그만큼이나 멋진 생물인 디지털 유인원은 최근에 리뉴얼된 동물이다. 100만 년 전에는 기술이 우리를 바꾸는 촉매였다. 그 이후로는 우리가 기술을 계속해서 변화시켰고, 지난 20~30년 동안 우리는 분기점을 넘어섰다. 지금 이 순간 우리의 도구에 일어난 근본적인 변화는 현시점에 인류의 존재 방식을 변화시키고, 문명의 다음 단계에서 인류를 변모시키겠다고 예고한다. 이 변화를 일으키는 것은 일상의 중요한 일과 거대한 사업에서 기계의 이용이 더 늘어나는 것이다. 이 책에서는 처음 몇 장에 걸쳐 기계와 유인원의 새로운 세계가 어떻게 운영되고 있는지, 그리고 미래에는 어떻게 운영될지를 사실과 허구의 예를 들어 고찰하려 한다.

그리고 이어서 현대인의 뇌가 어떻게 작동하는지, 인간의 기본 재료가 되는 것을 바꾸는 방법에는 어떤 것들이 있는지 훑어보겠다. 찰스 다윈Charles Darwin은 몰랐지만, 오늘날 인간은 DNA가 어떻게 개체 내부에 종에 대한 완전한 정보를 저장하는지 알고 있다. 그 정보만 있으면 그 동물을 만들고 수선할 수 있을 뿐 아니라 비슷한 것을 복제할 수도 있다. 유전학 이론은 고차원적인 수학을 포함한다. 그 때문에 우리의 정신과 육체에 관한 물질 생물학 지식을 증대하기 위해서는 '슈퍼차지된' 강력한 뇌 성능과 기계를 사용한 방대한 양의 분석이 필요하다. 하지만 유전학은 이미 (전문 과학자에게는) 꽤 간단한 기술을 내놓았다. 바로 'CRISPR'다. '크리스퍼'라고 발음하는 이것은 간헐적으로 반복되는 회문 구조 염기 서열 집합체 Clustered Regularly Interspaced Short Palindromic Repeats의 약자다. 평범한 말로 하면 유전자 편집 도구다. 이 도구를 사용하면, 유전학자와 잠재적으로는 의사도 DNA의 짧은 단편을 잘라 붙일 수 있으며, 개체나 그 자손이 바라지 않는 돌연변이를 '수정'하는 것도 가능하다. 적어도 원리상으로는 어떤 종도 '개량'할 수 있다. 어류, 포유류, 조류, 곤충, 그리고 우리 자신까지 모든 생물의 유전자 운영 체제를 수정할 수 있고, 심지어는 업그레이드할 수도 있다. 디지털 유인원은 마침내 자기 자신의 생물학적 구조를 의식적·의도적으로 편집할 수 있을 정도로 강력한 기술을 손에 넣은 것이다.

이것은 멋지고 위험한 발명품 중 하나에 불과하다. 우리는 또 다른 장에서 이 유인원과 로봇의 때때로 폭풍이 휘몰아치지만 전반적으로는 행복한 결혼 생활에 대해 기술할 것이다. 여기서 우리는 위키피디아 같은 사회적 기계가 어떤 것인지 묘사해 볼 것이다. 사회적 기계에서는 많은 컴퓨터의 협력과 많은 인간의 협력이 결합해 굉장히 강력하고 유용한 힘을 만들어 낸다. 우리는 사물 인터넷 또한 주목한다. 머지않아 국내외의 거의 모든 기계와 장치가 상호 커뮤니케이션하는 능력을 갖출 것이다. 사물 인터넷은 일반적으로는 우리의 명령을 따르지만, 제3자, 제4자의 간섭에 취약하다.

　로봇은 기계가 지금까지 항상 그래 왔듯이 노동의 세계를 계속 바꿀 것이다. 19세기 초의 러다이트[12]는 2백 년 동안 틀렸고, 지금도 계속 틀리고 있다. 산업 혁명과 농업 혁명은 방직공과 검수원을 불필요하게 만들었고, 한 무리 양의 털을 깎는 데 필요한 양치기의 수를 4분의 1로 줄였다. 그와 동시에 이런 혁신은 크게 보면 항상 노동자 전체의 생산량을 증가시켰다. 자본가는 자신이 살아남기 위해서는 새롭게 얻은 부의 다수를 아낌없이 노동자에게 나누어 줄 필요가 있다는 것을 배웠다. 제조 라인의 끝에는 충분한 수의 고객이 서 있어서 만든 물건을 사 줄 필요가 있다. 그러기 위해 노동자는 자신이 만든 물건을 구매할 수 있을 만큼 충분한 돈을 집으로 가져가야 한다. 전환기에는 항상 공포와 희망이 생기지만 둘은 비대칭적이다. 새로운 기술이 발전의 최전선에서 산업 사회와 맞닥뜨릴 때, 공포를 느끼는 사람들은 그때까지 오래 계속된 생활 방식 가운데 무엇이 위기에 처했는지를 확실하게 분간할 수 있다. 반면 희망을 느끼는 사람들은 오래된 사회 패턴을 대체할 새로운 사회 패턴에 대해 그만큼 자세히 모를 것이다. 새로운 세계의 많은 부분이 아직 만들어지지 않았다. 검은 사탄의 공장[13]은 임금을 지불할 것이고, 그 결과 현대의 직공은 상상을 초월하는 액수의 급료로 무인 자동차, 성형 수술, 넷플릭스 같은 예상치 못한 신기한 상품을 구매하게 될 것이다. 기계는 인간의 일을 파괴하는 것이 아니라 인간이 행하는 노

---

12 Luddite, 산업 혁명 시대에 기계를 집단으로 파괴한 수공업자
13 산업 혁명 시대 영국의 공장들을 암시하는 윌리엄 블레이크의 시구

동의 대가를 증가시킴으로써 경제를 확대한다.

이와 함께 서구 사회에는 항상 다른 모든 사람들을 부양하기 위해 일하는 사람의 비율을 줄이려는 기본적인 경향이 있었다. 산업이 만들어 내는 부가 증가한 결과로 학교와 대학이 건설되고, 어린이는 성인이 될 때까지 그곳에서 지내게 되었다. 산업과 농업이 성장한 배경에는 공중위생과 식품, 의료 분야의 개선이 있었고, 그 덕분에 노인은 일을 그만둔 뒤에도 수십 년 동안 살아갈 수 있게 되었다. 특별히 높은 지적 능력을 갖춘 로봇이 이 고결한 흐름을 깨고, 우리를 길거리로 내몰아 굶어 죽게 만드는 최초의 존재가 될까? 이야기는 그렇게 단순하지 않다. 자본주의의 수학에서는 소비 가치와 생산 가치가 등가를 이루어야 하므로, 로봇이 생산하는 모든 상품과 서비스는 유효 수요를 낳는 사람들에 의해 계속 구입될 것이다. 그 사람들은 번 돈으로 꽉 찬 전자 지갑, 공적 연금, 주식 배당, 또는 기존의 개념을 무너뜨리는 새로운 형태의 부를 가지고 있다. 모든 사람은 자신이 앞으로도 수입을 얻을 수 있고, 의미를 느낄 수 있는 직업을 가질 것이라고 믿고 싶어 한다. 그런 일은 새롭게 만들어질 것이다. 디지털 유인원은 더 고성능이 된 로봇에게 명령하고, 더 큰 부를 생산할 것이다. 사회는 그 부를 조직적으로 분배할 지금까지와는 다른 방법을 찾을 것이다. 일은 다양화할 뿐 없어지지 않는다. 새로운 직업과 서비스가 나타나 잉여 노동력을 흡수하는 속도는 현재 둔화되는 것이 아니라 빠르게 증가하고 있다. 우리는 어떻게 그럴 수 있는지 살펴본 다음, 그 기세가 계속 유지될지 예측할 것이다.

한 발 떨어져서 보면 이 모든 것이 대체로 현대판 마법처럼 느껴질지도 모른다. 하지만 우리는 믿을 수 없을 정도로 놀라운 마법에는 한계가 있다고 본다. 게다가 마법의 효과는 과장될 수 있는데, 현재의 모양새는 대체로 과장되어 있다. 많은 이들이 원숭이와 타자기 은유를 좋아한다. 그것은 무한의 일반적 정의를 알면 누구나 이해할 수 있는 이야기로, 다음과 같다. 무한한 수의 불멸의 원숭이가 무한한 시간 동안 무한한 수의 키보드를 쳐 대면, 약간의 소모품을 지급하는 것만으로도 어느 누구라도 목적한 바라고 느낄 만한 어떤 문장을 완성할 수 있다. 사실 한 마리의 불멸의 원숭이에게 무한한 시간과 바나나, 타자기 리본을 주더라도 똑같이 그 목표를 달성할 수 있다. 우리는 그 반대도 이해할 수 있다. 우주의 모든 원자가 원숭이, 타자기, 제공된 먹이의 일부라면, 세상에 엄청나게 많은 수의 영장류가 존재한다 해도 그 수는 명백히 유한할 것이다. 우주가 끝나기까지는 오랜 시간이 걸리겠지만 우주 또한 유한하다. 따라서 가능한 최대 수의 원숭이들에게 가능한 최장 시간 동안 무작위로 타자를 치게 한다면, C 마이너스 정도의 점수를 받을 에세이조차 쓰지 못할 확률이 매우 높다. 실제 시간과 공간은 원숭이가 의미 있는 문장을 만들 수 있을 정도로 크지 않다.

파급력이 큰 이 사고 실험은 다양한 해석이 가능한 일종의 로르샤흐 잉크 얼룩 검사Rorschach inkblot다. 수많은 철학자, 소설가, 예술가가 오랜 시간에 걸쳐 진지하고 익살스러운 맥락에서 원숭이와 타자기 은유를 사용해 왔다. 우리 두 사람이 가장 좋아하는 것은 2003년에 실시된 실험이다. 그것은 영국 예술위원회의 자금으로 실시된 행위 예술이다. 플리머스대학 연구진은 잉글랜드 데번 해안에 있는 페인턴 동물원에서 검둥이원숭이 여섯 마리가 머무는 울타리 안에 키보드, 스크린, 무선 장치를 넣었다. 한 달 동안 검둥이원숭이들이 생산한 다섯 쪽 분량의 산물에는 영문 철자 S가 대부분이었다. 원숭이들은 또한 돌로 키보드를 후려치고, 키보드 위에 오줌과 똥을 쌌다. 한 달을 더 주면 그 원숭이들이 영문 철자 O를 숙달해 울타리 밖으로 SOS라는 문구가 담긴 병을 던질 것이라는 예측은 이론적으로는 가능한지 몰라도 확률적으로 매우 희박하다.

하지만 여기에는 새로운 반전이 있다. 우리가 지금 바로 할 수 있는 일이 원숭이와 타자기 이야기의 낡은 이미지를 바꾼다. 간단한 실험을 상상해 보자. 키보드와 스크린은 잊어라. 그것을 이해하는 것은 원숭이의 능력 밖임을 우리는 잘 안다. 그 대신 원숭이가 알 수 있고 원하는 것에 딱 맞춘 AI를 원숭이와 짝 지우자. 여기에 몇 가지 간단한 장치를 추가하자. AI는 배고픈 검둥이원숭이의 별난 행동 또는 혈당 수치를 '인식'하고 원숭이가 무엇을 먹고 싶은지 '이해'하도록 프로그램된다. 원숭이가 공복이라는 사실을 감지하면 AI는 음향 시스템을 작동시켜 원숭이 억양으로 이렇게 소리친다. "이 음식점에서 곤충 요리를 먹으려면 어떻게 하면 됩니까?" 흰 가운을 입은 동물학자는 이렇게 답한다. "윌리엄 셰익스피어의 소네트를 암송하면 돼. 그러면 뜨거운 무척추동물과 곁다리 요리로 천도복숭아가 나와." AI의 음성 인식 장치는 그 말을 어렵지 않게 이해한다. 따라서 검둥이원숭이와 녀석의 AI 친구는 웹에서 "그대를 여름날에 비교해 볼까요?"[14]를 찾아 유창하게 낭송한다. 이제 원숭이는 자신에게 필요한 것을 완벽하게 이해하는 마법의 타자기를 가졌다.

지금 우리 각자도 자신만의 마법의 타자기를 가진 원숭이가 되었을까? 우리와 우리를 증강하는 기계가 하나로 결합한 결과, 가장 음감이 떨어지는 사람도 모차르트 교향곡을 작곡할 수 있게 되었을까? 통찰력이 매우 떨어지는 사람도 지구상에 존재하는 모든 이론, 주제, 기술의 요약을 참조해 그것을 어떤 문제에 적용할 수 있을까? 방향 감각이 뒤떨어지는 사람도 자신의 현재 위치와 다른 어떤 장소와의 정확한 거리를 알 수 있을까? 이 유인원 무리는 지금 '원숭이와 타자기'의 확률론을 뒤엎고 있을까? 우리는 극소수의 개별 유인원만이 조리 있게 설명할 수 있는 하드웨어와 프로세스를 사용해 불가능한 목표를 달성하는 능력을 갖춘 듯하다. 가장 뛰어난 과학자조차 그 하드웨어와 프로세스를 구성하는, 특허를 받은 수백만 개의 장치를 자세히 알지 못한다. 그런 과학자라고 해도 작은 부분에 대해서만 전문가이기 때문이다.

검둥이원숭이와 친한 AI는 물론 인간이 프로그램화한 것이다. 마찬가지로 우리 자신을 위한 AI도 우리가 프로그램화한다. 우리는 원숭이가 더 영리한 행동을 하도록 AI를 설정할 수 있는데, 수 세대가 경과하면 영리함이 검둥이원숭이 문화의 핵심적인 부분이 될 것이고 결국에는 검둥이원숭이 DNA의 중심이 될 것이다. 그것을 실현하는 한 가지 수단은 신중한 품종 개량이다. 또 하나는 원숭이 집단의 지배 패턴이 바뀌어 새로운 규칙에 잘 적응한 개체가 가장 많

---

14 셰익스피어의 소네트 18

은 자손을 남기고, 적응하지 못한 개체는 사라지는 것이다. 더 흥미로운 점은 현재 우리가 AI에 학습 원리를 심을 수 있다는 것이다. 그 기술을 사용하면, 원숭이의 AI에게 종의 성질을 (더 문학적이 되도록 또는 더 도둑질을 잘하도록) 바꾸는 최선의 방법을 학습하고, 그런 다음에는 그 방향으로 움직이고 있는 원숭이 집단과 동반자 관계가 되라는 일반 지시를 수행하라고 명령할 수 있다. 인간이 대략적인 방향을 설정하겠지만, 전략과 전술은 원숭이와 AI의 동반자 관계에서 나올 것이다. 이 과정의 내부에서 행해지는 일은 처음에는 관찰하고 있는 인간에게 불명확할지 모르고, 비밀로 하는 것이 앞으로 나아가기 위한 가장 현명한 방법이라고 원숭이와 AI가 생각한다면 그들은 인간에게 이를 숨길 것이다. 물론 인간은 그 변화가 일어난 시점에 변화를 파악하고, 실험 중 언제라도 사용할 수 있는 수정 수단을 가질 것이다. 그런데 여기서 그 원리를 우리 인간에게 적용해 보자. 인간과 기계의 제휴가 이미 우리 문화를 바꾸었다는 것은 명백한 사실이다. 우리가 사용하는 마법의 타자기가 인간이 만든 프로그램을 최초의 수단으로 삼아 인간을 자기 마음대로 움직이는 전략을 개발하기 시작하면 어떻게 될까? 그리고 우리의 정글에 사는 '거대한 짐승Big beasts'이 초고성능 기계를 사용해 몰래 작은 동물의 뒤를 밟지 않는다고 확신할 수 있을까?

독자는 거대한 짐승이 무엇을 의미하는지 잘 알 것이다. 이 책에서는 정부와 거대 기술 기업의 힘에 대해서 고찰하려 한다. 그런 조직이 하는 일은 우리의 뒤를 밟는 것이다. 서양에서는 아마존, 구글Google, 애플, 마이크로소프트Microsoft, 페이스북이, 동양에서는 바이두Baidu, 텐센트Tencent, 알리바바Alibaba, 시나Sina, 넷이즈Netease가 엄청나게 많은 디지털 유인원의 삶에 중요한 역할을 하는 수많은 애플리케이션을 지배하고 있다. 우리 뒤를 밟고 있는 기업이 원하는 것은 우리의 개인 정보와 구매력, 광고 수입이고, 정부는 우리의 복종을 원한다. 정부는 어마어마한 양의 데이터를 보유하는데, 그중 대부분이 우리에 대한 것이다. 정부는 또한 디지털 자유를 창조하거나 부정할 수 있는 법적 틀을 가지고 있다. 거대한 짐승 같은 기업은 지적인 기계 산업에 대한 경제적 집중이 낳은 결과다. 여기에서 독점 상태에 동반되기 마련인 모든 문제가 생기고 있지만, 거대한 짐승은 자신들의 강력한 AI로 무장하고 있다. 이 산업은 규모의 이점을 막대하게 누리고 있고, 거대한 짐승들은 그것을 이용해 시장을 지배하고 있다. 하지만 디지털 유인원에게 미치는 결과는 좋기도 하고 나쁘기도 하다.

우리 삶의 중요한 부분은 점점 더 알고리즘에 의해 돌아가고 있다. 그것은 단순히 아이튠즈^{iTunes}와 아마존이 오늘 밤 우리가 어떤 영화를 보고 싶어 할지를 추측하는 것에 그치지 않는다. 보험 회사는 알고리즘을 사용해 우리의 보험료를 얼마로 할지, 또는 가입을 승인할지 말지를 판단한다. 의료 기관은 컴퓨터를 사용한 진단 도구를 시험하고 있는데, 그것은 머지않아 삶과 죽음에 개입하는 중요한 요소가 될 것이다. 경찰, 방위, 고속도로의 교통 관리, 은행 업무 등은 자동 의사 결정 시스템의 지배를 받고 있는데, 그 시스템의 기반이 되는 것은 거대한 데이터 세트^{dataset}에서 이끌어 낸 알고리즘이다. 우리는 알고리즘 속에 무엇이 있는지와 관련해 정부와 기업에 법적·정치적으로 책임을 물을 방법을 찾고 있다. 우리가 그렇게 하고 있는 것을 알아채면, 최신 AI 기술은 기계 내부에서 처리가 이루어지도록 할 것이다. 그렇게 하면 기계 주인에게 보이지 않을 것이고, 본다고 하더라도 이해할 수 없을 가능성이 높다. 우리가 두려워하는 것은 초고속·초복잡 도구의 창발 속성이다. 도구의 성능은 현재로서는 사회적 책임이 없는 강력한 집단과 정부 기관의 불안정한 손에서, 유명한 무어의 법칙(실제로는 법칙이 아니라 관찰에 가깝다)이 말하는 속도로 계속 증대되고 있다. 그런 상황에서 우리의 관심은 자연스럽게 정체성, 개인의 사생활, 감시, 자유 등의 문제로 향한다. 많은 정부에서 최우선으로 여기는 과제가 아직까지도 전 미국 대통령 조지 W. 부시가 2001년에 테러와의 전쟁이라고 부른 것이기 때문이다. 우리의 목표는 자유주의 사회를 실현할 수 있는 해결책을 찾는 것이다. 그러기 위해 우리는 하나의 예로, 새로운 기술의 힘을 결합해 중요한 결정에 시민을 적절히 참여시키는 디지털 민주주의를 진지하게 고려해 보기를 제안한다.

조지 오웰George Orwell은 작가로서의 일에 절망했다.

> 자유주의 문학은 끝나고 있고, 전체주의 문학은 아직 등장하지 않았으며 상상하는 것도 곤란하다. 작가로서 그는 녹고 있는 빙산 위에 앉아 있다. 그는 단지 시대착오적인 존재이고, 부르주아 시대의 유물이며, 하마처럼 확실히 멸종할 운명이다.
> — 조지 오웰, 「고래 안에서」, 『고래 안에서와 기타 에세이들
> *Inside the whale and Other Essays*』, 1940년

그 늙은 하마는 멸종 위기종 목록에 계속 머물고는 있지만, 오웰 이후로 80년이 지난 지금까지도 아직까지 잘 버티고 있다. 아프리카에는 하마 12~15만 마리가 존재한다. '확실히 멸종할 운명인' 우리

가 지적하고 싶은 사실은 최근 1년 동안 테러에 의한 사망자 수로 추정되는 가장 정확한 값이 2만 8천 명이라는 점이다. 그 가운데 4분의 1은 테러범 본인으로, 자신이 장치한 폭탄에 맞아 의도적으로 또는 우연히 죽었다. 그 수는 멸종 위기에 처한 하마의 개체 수를 센 것의 오차 범위보다 적은 수다. (전 세계 교통사고 사망자 수인 연간 125만 명과 비교하면 아주 적은 수다.) 우리는 테러의 실제 위협을 걱정하지만, 조직범죄에 대해 더 크게 걱정한다. 그리고 테러나 범죄 위협과 싸우기 위해 선의로 만들어진 전략의 구조와 투명성에 대한 걱정도 그만큼이나 크다. 그 전략 가운데 상당수가 전자적 감시에 의존하고 있기 때문이다. 무엇이 테러를 지지하는 것이고, 찬반과는 별개로 무엇이 합법적인 반대 의견인가? 21세기의 자유민주주의에서 목적에 부합하는 사이버 보안은 어떤 것일까?

우리 두 사람은 낙관주의자다. 그 이유 중 한 가지는 우리에게는 낙관적일 의무가 있다고 생각하기 때문이다. 대학교수라는 특권을 지닌 사람 또는 보수를 많이 받는 공직자는 세계에 대해 불평하는 데는 최소한의 시간만 쓰고, 사악한 문제를 해결할 현실적인 대응책을 마련하는 데 최대한의 시간을 써야 한다. 하지만 더 큰 이유는 세계가 직면한 문제 가운데 대부분은 현실적으로 해결하기 어려워도 원리상으로는 해결이 가능하기 때문이다. 이 책의 목적 중 하나는 수많은 혁신가가 제안한 해법을 소개하는 것이다. 물론 이런 중요한 선택을 할 때는 근본적인 윤리 문제로 돌아가게 된다. 인간의 가치는 마법의 타자기의 힘에 제한을 가한다. 우리는 실리콘과 알루미늄 공급, 또는 전원 스위치를 통제해서 타자기가 인간을 충실히 보필할 때만 필요한 것을 주어야 한다.

현재 그런 낙관주의는 반드시 우리가 가진 도구에 기반을 두어야 한다. 디지털 유인원이 인류의 최대 위협 중 하나인 기후 변화를 파악할 수 있는 것은 오랜 시간에 걸쳐 전 세계에서 수집된 방대한 데이터 창고를 통계적으로 모델화하고 있기 때문이다. 수학적으로 처리한 결과가 정확히 무엇을 나타내고 있는가를 두고 논쟁이 있다. 독에 대해 어떤 해독제가 효과가 있는가에 대해서는 더 큰 논쟁이 있다. 건강한 의심은 당연한 것으로 모든 중요한 논쟁에서 장려해야 하지만, 자신에게 불쾌한 주장을 하는 사람들의 동기를 의심하는 태도만이 독주하고 있다. 결국 기후 변화에 대한 견해는 수학과 데이터에 기반을 두지 않으면 그저 소음에 지나지 않는다.

그와 마찬가지로, 현재의 지배적 동물인 우리가 다른 동물로 대체되는 원인으로 가장 유력한 것은 핵에 의한 파멸이다. 무기는 인간의 명령 아래 전자적으로 제어되고 있으므로, 효과적인 국제 안전 시스템은 어떤 것이든 디지털로 운영될 것이다. 우리를 파괴로 몰아넣을 위협이 없는지 사이버 공간을 감시하는 것은 디지털 유인원에게 언제나 필수다. 우리가 실패한다면, 방사능 늪에 빠진 세계가 충분히 식은 뒤 영장류 대참사 속에서 절멸하지 않고 살아남아 지구를 지배하게 되는 어떤 지적 생명체가 그 문제에 직면할 것이다. 최후에 웃는 것은 오웰이 멸종할 운명에 대한 은유로 사용한 하마의 후손인, 발광하는 자기磁氣 하마일지도 모른다.

스티븐 호킹Stephen Hawking이 그의 상징이 된 전동 의자를 타고 영국 케임브리지의 거리를 헤쳐 나가는 것은 사람들에게 친숙한 모습이었다. 케임브리지대학 이론우주학연구센터 연구소장이었던 호킹은 아인슈타인 이래로 가장 유명한 물리학자였다. 그가 쓴 『시간의 역사A Brief History of Time』는 과학책 분야의 베스트셀러다. 그는 우주의 본성에 대한 텔레비전 쇼를 성공적으로 진행했고, 〈스타트렉Star Trek〉과 〈심슨 가족The Simpsons〉에 출연했다. 하지만 호킹이 과학에 기여한 다양한 학문적 성과의 내용은 그의 얼굴을 곧바로 알아보는 수백만 명의 사람들에게 완전히 알 수 없는 이야기다. 모든 사람이 호킹에 대해, 특히 오스카 수상작인 영화로 알고 있는 사실은 그가 신체적 역경과 싸워 이겼다는 것이다. 20대에 급성 운동신경 질환을 진단받은 호킹은 수십 년간 정교한 전자 기술을 사용해 자신의 쇠락하는 신체 능력을 보완했다. 그는 하나의 볼 근육으로 음성 합성기를 조작해 지구상에서 가장 유명한 쇳소리 같은 목소리를 냈다.

요즘 우리는 모두 전자 장치에 의존한다. 스마트폰이나 텔레비전, 자동차를 소유하지 않은 보기 드문 사람조차 전등을 켜고 식료품을 소비하는데, 둘 다 스마트 시스템에 의해 분배되고 배송된다. 이런 의미에서 호킹 교수의 생활은 동시대 인류가 기술 환경과 맺고 있는 관계가 어떻게 확장될 수 있는지를 보여 주는 은유다. 모든 영장류의 생활 환경은 공기, 물, 흙, 거기에 심긴 초목, 그리고 친구든 적이든 식량원이든 다른 동물들로 이루어져 있다. 호모 사피엔스의 생활 환경은 이런 특징에 더해, 직접 도구를 가지고 만든 물건과 타인과의 가속화된 사회적 관계가 수천 년 동안 큰 부분을 차지했다. 도구와 사회적 관계 모두 큰 성공을 거둔 우리의 뇌가 만든 산물이다. 디지털 유인원의 두드러진 특징은 생활 환경에서 기기의 영역이 점점 늘어나고 있다는 것과 그 기기들이 매우 복잡한 수학에 의해 슈퍼차지되고 있다는 것이다.

2014년 말, 20년 넘게 호킹과 함께 일한 인텔Intel사의 공학자들이 호킹의 집필과 의사소통을 가능하게 한 시스템을 극적으로 업그레이드했다. 그중 하나는 런던의 신생 창업 회사 스위프트키Swiftkey가 개발한 입력 예측 소프트웨어를 추가한 것이다. 업그레이드의 결과로 말하는 속도가 두 배 빨라졌고, 글을 열 배 빨리 쓸 수 있게 되었다. 호킹은 컴퓨터가 할 수 있는 것, 즉 컴퓨터의 영리함에 불안을 느꼈다. 업그레이드된 컴퓨터는 호킹이 다음에 쓰고 싶은 내용이 무엇인지 아는 듯했다. 이 일을 계기로 호킹은 컴퓨터 처리 능력이 향상되는 속도에 대해 생각해 보게 되었다. 초고성능 컴퓨터가 인류의 종말을 부를 가능성에 대해 그가 느낀 두려움은 전 세계에 대서특필되었다. 그는 이렇게 경고했다. "우리의 미래는 발전하는 기술 성능과 그것을 사용하는 우리 지혜 사이의 경주가 될 것이다." 곧이어

호킹과 테슬라^{Tesla} 전기 자동차를 제조한 연쇄 창업가[1] 일론 머스크
Elon Musk[2]를 포함한 150명의 AI 과학자와 기술자는 경계를 늦추어
서는 안 된다는 공개서한을 발표했다.

이것은 꽤 심각한 위협일 수 있다. 그렇다면 그 위협은 그동안 인
류의 생명을 위협한다고 간주된 다른 중대한 위협의 옆자리에 놓일
것이다. 그 가운데 이번 세기에 인류를 완전히 소멸시킬 위험이 있
는 것은 핵무기뿐이다. 소행성과의 충돌도 인류의 존재에 중대한 위
기를 초래하지만, 실제로 일어날 확률은 지극히 낮다. 질병은 항시
존재한다. 앞으로 심각한 전염병이 발생하면 많은 사람이 죽을지도
모른다. 원인은 다른 종에서 건너온 바이러스 감염, 또는 과다 사용
으로 인하여 항생제의 효과가 줄어든 것일 수 있다. 기후 변화는 막
을 수 없을 것이고, 심지어는 완화할 수도 없을 것이다. 수백만 명의
사람들이 거주지와 주식 작물을 바꾸어야 할 것이다. 전 세계 인구
는 80억 명에 육박하는데, 이는 자원, 무엇보다 수자원을 심각하게
압박한다. 만일 우리 주변을 둘러싼 지적인 기계가 호킹의 생각처럼
위협이라면, 그의 경고는 21세기의 다른 모든 위험에 대비해 우리
가 시행하고 있는 조사와 우리가 마련하고 있는 대책과 종류가 다
른 것일까?

결국 다윈주의 생물학의 중심 원리는 모든 종은 환경에 적응된
동시에 항상 환경 변화에 의해 위협받는다는 것이다. 인간 외의 지
적 동물은 호모 사피엔스보다 훨씬 더 오래되었다. 하지만 우리는

---

1   새로운 기업을 계속 설립하는 기업가
2   전기 자동차 테슬라와 로켓 제조 회사 스페이스 X의 창업자

다른 모든 종을 앞지르는 방법을 획득했다. 주변에 위험한 동물들이 있지만 그 어떤 동물도 우리를 파괴하지 않을 것이다. 하지만 인공 지능은 새로운 문제다. 인공 지능은 도구를 만들기 위해 플린트flint 3를 치던 조상들에게 물려받은 큰 뇌에서 나왔고, 지금까지는 그 뇌에 복종하고 있다. 하지만 우리는 뜻하지 않게 혹은 고의로 칼에 베이기 일쑤다. 우리가 지은 집이 우리 머리 위로 무너지기도 한다. 마찬가지로 우리가 만든 기계도 우리의 말을 듣지 않을지 모르고, 태도가 돌변해서 우리를 물지도 모른다. 디지털 유인원은 생활 환경 속에 잠재된 모든 도전과 각각의 규모와 기세를 평가할 필요가 있다. 우리가 그 일을 얼마나 잘할 수 있을까? 전문가들이 당연하게 사용하는 '디지털', '네트워크', '리스크' 같은 용어의 의미를 정리하는 것도 도움이 된다. 인류 전체의 위험은 대규모 위험이지만, 우리는 더 개인적인 리스크에도 주목할 것이다.

기계는 디지털 유인원이 영위하는 생활의 모든 중요한 측면을 공유한다. 전기 공급을 관리하는 컴퓨터가 고장 나거나 적에게 넘어가면, 일주일 안에 연료도, 교통수단도, 음식도, 난방도, 전기도 끊길 것이다. 기계는 해마다 성능이 향상되고, 빨라지고, 우리 생활 속으로 더 깊이 파고든다. 우리는 20~30년 전에는 꿈에도 생각하지 못한 큰 숫자를 날마다 대량으로 처리할 수 있고 실제로 그렇게 한다.

기계의 처리 능력은 50년에 걸쳐 매년 향상되었다. 오늘날 구매되는 가정용 컴퓨터는 18개월 전에 같은 돈으로 구매할 수 있었던 것보다 대략 두 배의 성능을 지닌다. 게다가 연구 개발 부서에서 사

---

3   쇠에 대고 치면 불꽃이 생기는 아주 단단한 회색 돌

용하는 최신 기종의 관점으로 보면 구식이다. 우리는 1970년대의 어떤 기계보다 성능이 백만 배 높은 기기를 날마다 사용한다. 만일 여객기의 성능이 같은 속도로 향상되었다면, 우리는 지금 0.1초도 채 되지 않는 시간에 런던에서 시드니까지 비행할 수 있을 것이다. 우리는 실시간으로 작성되는 세계지도 같은 놀라운 디지털 도구에도 자유롭게 접근할 수 있다. 그런 도구를 살 여유가 있는 사람들은 상품과 서비스에 대한 무한한 선택권을 가질 수 있다. 회사에서 사용하는 물건에서부터 건물과 교통수단에 이르기까지, 우리를 둘러싼 모든 것이 지능을 가진 것처럼 보인다. 우리는 늘어난 여가 시간 대부분을 고성능 기기에서 작동하는 평범한 오락을 소비하며 보낸다. 우리는 또한 인간과 침팬지를 구분 짓는 거의 모든 인지 기능을 증강하는 도구를 사용하고, 점점 몸에 착용하기까지 한다.

이러한 성능 향상은 황홀할 정도다. 그리고 당연히 위험하기도 하다. 우리가 생활을 의존하는 프로세스와 네트워크가 결정을 내리는 규모와 속도는 인간 집단이 할 수 있는 것보다 수백만 배 더 빠르다. 따라서 어떤 일이 일어나고 있는지는 사람들 대부분에게 호킹의 물리학만큼이나 이해할 수 없는 것이다. 2008년 금융 붕괴를 초래한 주요 원인 중 하나는 전 세계 금융 회사가 사용하는 도구가 극소수를 제외하고는 아무도 이해할 수 없을 만큼 복잡했다는 것이었다. 「파이낸셜 타임스Financial Times」의 미국판 편집장인 질리언 테트 Gillian Tett는 금융 회사의 행동을 신랄하게 비판한다. 그녀는 금융 위기 이전의 월스트리트 풍경을 이렇게 묘사한다.

혁신의 속도가 과열되면서 신용 상품이 사이버 세계로 파생되어 결국에는 금융 관계자조차 이해하기 어려운 지경에 이르렀다. (…) 채권은 수도 없이 쪼개지고 또 쪼개져서 복잡한 컴퓨터 모델을 사용하지 않으면 리스크를 계산하는 것이 불가능했다. 하지만 투자자 대부분은 은행이 그런 컴퓨터 모델을 어떻게 사용하는지 이해하지 못했고, 이해한다 해도 그것을 평가할 만한 전문적인 수학 능력을 가지고 있지 않았다.

— 질리언 테트, 『어리석은 자의 황금Fool's Gold –
어떻게 억제되지 않은 탐욕이 꿈을 타락시키고 세계 시장을
산산조각 내고 위기를 촉발했는가』,[4] 2009년

이것은 초복잡성을 제어할 수 없었던 결과다. 2008년 금융 위기 이후로 미국, 영국, 유럽연합은 은행과 금융 회사에 대한 새롭고 엄격하고 기술적으로 정교한 규제가 필요하다고 생각했다. 구체적이고 꼼꼼한 대책이 만들어졌다. 하지만 이들 나라의 대중이 기대하는 것은 더 일반적인 안전 대책이다. 특히 '슈퍼차지된 어리석음'을 애당초 허락한 금융 회사의 문화 같은 비기술적인 요소에 대한 대책을 요구한다.

기계와 기계의 연결은 어디에나 존재한다. 인터넷은 단지 월드 와이드 웹만이 아니다. 이메일과 오피스 시스템, 가정과 기업의 고속 데이터 통신망, 영상 서비스와 데이터 서비스, 스마트폰 애플리케이션, 서버 회사에도 꼭 필요하다. 디지털 유인원의 생활 환경을 이루는 중요한 요소 중 하나는 우리를 지지하는 여러 층의 네트워크다. 그 가운데 다수는 이른바 메시 네트워크mesh network로, 노드

---

4 우리말 번역본 제목은 『풀스 골드』다.

node라고 불리는 교차점이 다른 모든 노드와 정보를 교환할 수 있게 되어 있다. 정보를 보내는 방법으로는 목적한 노드까지의 최단 경로를 찾는 방법과 같은 메시지 또는 리소스를 다른 노드로 보내는 방법이 있다. 휴대폰을 지칭하는 영국 영어 단어 '모바일mobile'의 유래는 알기 쉽다. 일반 전화선이 필요하지 않아서 가지고 다닐 수 있다는 뜻이다. 한편 휴대폰을 일컫는 미국 영어 단어 '셀cell'에는 더 기술적인 의미가 담겨 있는데, 기반이 되는 인프라에서 유래한 말이기 때문이다. 휴대폰 단말기는 기지국의 네트워크 안에서 가장 가까운 점과 무선으로 연결된다. 기지국은 적어도 서구의 도시 지역에 널리 퍼져 있고, 현재는 세계 대부분 지역에 빠르게 확산되고 있다. 기지국 또는 접시를 선으로 연결한 네트워크 지도가 있다면, 마치 술 취한 벌이 만든 벌집처럼 보일 것이다. 선으로 둘러싸인 각 공간이 바로 우리가 '셀'이라고 부르는 것이다. 휴대폰은 기지국을 기준으로 자신의 위치를 안다. 그러므로 네트워크는 휴대폰 단말기가 어디에 있는지 아주 정확하게 알아내 당신과 다른 사람들에게 알려 줄 수 있다. 심지어는 단말기의 스위치가 꺼져 있는 것처럼 보일 때도 그렇게 할 수 있다.

영국 인구의 3분의 2가 매일 직장이나 집, 대개는 두 장소 모두에서 고정된 컴퓨터를 사용한다. 스마트폰이 특히 널리 보급된 영국에는 약 2700만 세대에 약 6500만 명이 살고 있다. 그들이 2016년에 9000만 대가 넘는 휴대폰을 사용하고 있었다. 그 가운데 3분의 2 이상이 스마트폰이고, 그 비율은 매년 증가한다. 즉 휴대폰의 수는 세대 수의 약 세 배, 스마트폰의 수는 세대 수의 약 두 배에 달한다. 하지만 모든 세대가 이런 생활을 하는 것은 아니다. 한편 약 5분의 1에 해당하는 가정이 고정 전화 회선을 가지고 있지 않지만, 그 다수가 스마트 폰을 가지고 있다. 실제로 선진국에서 고정 전화 회선 수는 감소하는 추세다. 현재 미국 가정의 60퍼센트만이 고정 전화 회선을 가지고 있는데, 이 수치는 10년 전의 90퍼센트에서 크게 감소한 것이다.

현재 지적 기계의 글로벌 인프라는 정부와 대기업이 소유하고 있는데, 그것은 사실상 모든 집과 핸드백에 있는 장치와 연결되어 있다. 그 인프라의 거의 전부를 몇몇 엘리트 집단이 관리하는데, 스마트폰에서부터 전력 공급까지 모든 것을 떠받치는 통신망도 여기에 포함된다. 그 엘리트 집단은 원칙적으로 시민과 주주에게 설명할 책임이 있다. 하지만 실제로는 마이크로소프트의 빌 게이츠Bill Gates, 아마존의 제프 베이조스Jeffrey Bezos, 페이스북의 마크 저커버그Mark Zuckerberg, 구글의 래리 페이지Larry Page와 세르게이 브린Sergey Brin의 양심에만 맡겨 두고 있다. 신기술을 이끌고 가는 사람들의 상당수가 괴짜, 너드, 해커, 게이머, 암호 제작자, 그리고 꾀죄죄한 (주로 백인) 소년들이었다. 지금 그들 가운데 소수가 최고 시가총액을 가진 기업들을 소유하고 있다.

디지털 유인원 생활 환경의 중요한 특징 중 한 가지는 네트워크의 편재성이다. 우리는 보편적 정보, 보편적 액세스, 보편적 선택지, 보편적 위치를 가진다. 디지털 유인원은 수십억 대의 스마트폰, 또는 들고 다닐 수 있는 그 밖의 많은 단말기를 사용해 지금 어디에 있든 관계없이 생각날 때마다 모든 사실을 체크하고, 어떤 이론이든 공부하고, 서양 세계의 유명한 사람이나 장소의 사진을 볼 수 있다. 일반인과 일상적인 장소의 사진도 대체로 볼 수 있다. 이 수십억의 생물은 전화나 메시지를 기다리는 거의 모든 사람과 즉시 연락할 수 있다. 그들은 손에 들려 있는 보편적 지도로 자신이 위치한 장소를 파악하고, 다른 장소로 가는 방법과 지금 출발하면 다양한 형태의 교통수단에 따라 얼마나 시간이 걸릴지를 알 수 있다. 이 지도는 수많은 휴대폰과 다른 센서가 발신하는 정보를 받아 전국의 교통 정체 상태를 정확히 알려 준다. 디지털 유인원은 몇 번의 클릭과 신용카드로 거의 모든 것을 구매할 수 있다. 대도시에서 온라인 상점들은 온종일 가정으로 배송을 하는데, 그 물량이 너무 많아서 광역 도시권의 교통 당국이 배송을 한가한 시간대로 옮기라고 요청해 교통을 정리해야 하는 실정이다.

그중에서도 아마존, 이베이eBay, 온라인 슈퍼마켓은 광범위한 상품을 제공하는데, 1990년에 그런 상품들은 백만장자가 1백 명의 직원을 동원해 업종별 전화번호부를 샅샅이 뒤져 가며 뉴욕시를 통째로 털어도 구할 수 없는 것이었다. 아마존은 자신의 상점이 앞에서 언급한 보편적 선택지에 가까운 것을 제공할 수 있다고 주장한다. 아마존에서는 세계 어느 나라에서 인쇄된 어떤 책이든 구할 수 있는데, 이 가운데 상당수가 절판된 책이다. 아마존에서 책은 단지 첫 번째 물결이었을 뿐, 지금은 수익의 약 5퍼센트만을 차지할 뿐이다. 물론 아마존은 여전히 500만 종의 책을 판매하지만, 미국 아마존만 해도 총 4억 880만 종의 제품을 판매한다. 그곳에는 그 나라에 사는 사람보다 많은 종류의 상품이 존재한다. 온라인 상점은 또한 개인화된 쇼핑과 맞춤화된 쇼핑을 제공할 수 있다. 첫 화면은 특정 고객의 선호에 맞추어 모습이 바뀌고, 고객에게 개별적인 추천을 제공한다. 디지털 유인원이 가상의 문으로 들어가면, 온라인 상점은 고객이 선호하는 것이 무엇이고, 비슷한 부류의 사람들이 무엇을 선호하는지를 알려 준다. 추천 엔진이 신나게 돌아가면서 오늘날 디지털 유인원의 존재 방식에 대한 총체적·집단적 견해를 이끌어 간다.

ᕪ

디지털 유인원의 생활 환경에는 소비재가 놀라울 정도로 간단히 손에 들어온다는 점보다 더 불길한 측면이 있다. 정부가 20세기의 전체주의 체제가 꿈꾸었던 방식으로 시민을 감시할 수 있는 힘을 가지고 있다는 것이다. 사람들의 관심 자체가 상품으로서의 가치를 지니는 이른바 '관심 경제'에서 대기업은 온라인 감시로 우리의 습성이나 선호를 파악해서 이익을 낸다. 하지만 시민 또한 지금까지와는 다른 기술을 사용해 관료제를 제어하고 정부에 적극적으로 참여한다. 이 내용은 뒤에서 소개하겠다. 국가와 기업이 보유한 디지털 데이터는 기하급수적으로 증가해 왔고, 그와 동시에 그 데이터를 분석하고 이용하는 우리의 능력도 기하급수적으로 성장했다. 몇몇 국가에서 정부와 여타 기관이 수집한 정보를 공개하는 첫걸음을 내디뎠다. 교통 데이터가 공개되었고, 개인이 간편하게 여행 계획을 짤 수 있는 애플리케이션이 만들어졌다. 그리고 정부와 체결하는 계약의 자세한 내용이 공개되어, 일을 구하는 중소기업도 입찰에 응할 기회를 얻었다. 다양한 출처의 의료 데이터를 종합하면 어떤 약이 가장 잘 듣는지도 알 수 있다. 이러한 데이터 공개로 인해 벌써 매우 혁신적인 새로운 비즈니스가 생겨났다. 하지만 데이터 공개로 인해 우리는 힘을 가진 이해관계자들이 우리에게, 혹은 우리 대신 무엇을 하고 있는지도 알 수 있을 것이다.

현재 지식의 양은 유례없이 많고 매 순간 증가한다. 셰익스피어는 당대에 영국에서 출판된 책 대부분을 읽었을 것이다. 그가 『햄릿Hamlet』을 쓴 해로 추정되는 1600년에 영어로 출판된 책은 1백 권이 채 되지 않았고, 몇백 권 출판된 라틴어 책 상당수는 이미 출판된 문헌을 다시 찍은 것이었다. 필경사의 사본 사업은 여전히 성업 중이었다. 셰익스피어는 드문 재능을 가졌다. 그는 당시 세계에 대해 알려진 사실들을 모아 재처리하는 것에 출중한 재능을 보였을 것이다. 그렇다 해도 이용할 수 있는 정보의 양은 한 인간이 소화할 수 있는 규모였다. 엘리자베스 여왕의 궁정에 모인 일군의 유식한 사람들, 또는 술집에 모인 작가들은 유럽의 지적인 화제를 모두 파악했을 뿐만 아니라 중요한 뉘앙스 대부분을 이해했을 것이다. 뉘앙스를 잘못 짚으면 여전히 화형을 당할 수 있는 세상이었다. 지금은 1600년에 전 세계에 존재한 책보다 많은 수의 책이 날마다 출판된다. 매년 약 220만 종의 신간이 출간된다. 하루에 약 6천 권꼴이다. 1600년에 영국에서 영어로 출판된 책의 약 열 배가 24시간마다 출간된다. 출판 강국인 중국에서만 2014년에 44만 8천 종(그 가운데 22만 5천 종이 신간이다)이 출간되었다. 학술 논문, 잡지, 신문, 일기, 블로그, 페이스북과 트위터Twitter 같은 새로운 형태의 마이크로 출판도 쇄도하고 있다. 하지만 누구나 쉽게 신문을 발행하고 영상을 방송할 수 있는 시대에도 여전히 루퍼트 머독Rupert Murdoch은 다른 누구보다 많은 미디어 채널을 소유하며 절대적인 영향력을 행사하고 있다. 메가 브랜드와 거대 기업이 정치와 경제를 지배하고 있다. 마이크로소프트와 애플은 전성기의 포드Ford나 스탠더드 오일Standard Oil과 다르지 않다.

네트워크와 그 안으로 밀려드는 정보의 초고속 급류는 사회 및 급성장하는 경제와 매우 복잡하게 상호 작용한다. 충분한 시간이 주어지고 인류가 살아남는다면, 인류의 도구, 문화, 유전자는 그 환경과 상호 호혜적으로 진화할 것이다. 초복잡성, 마법의 도구, 세계적인 경제 팽창, 기후 변화를 모두 곱하면 무슨 일이 일어날지 우리는 알지 못하며 알 수도 없다. 하지만 우리가 세울 수 있는 최선의 모델을 신중하게 세우고 거기서 교훈을 이끌어 내는 일은 지금 시작할 필요가 있다. 금방 열거한 강력한 벡터vector의 창발적emergent 산물이 무엇일지는 기껏해야 대략적으로 예측할 수 있을 뿐이다. 하지만 우리는 놀라운 기회뿐 아니라 위험도 함께 펼쳐 놓고, 둘 모두와 함께 살아갈 수 있는 최선의 방법에 대해 정보에 입각한 입장을 취할 수 있다.

여기서 '위기emergency'라는 단어와 관련한 말장난을 해 보자. 중요한 포인트를 명확하게 설명하는 데 도움이 될 것이다. 과학에서 창발성emergent property은 복잡한 시스템이 애초에 그것을 구성한 성분에는 없던 새로운 특징이나 상태 또는 패턴을 가질 때 생기는 성질이다. 창발성은 무언가 결합하면서 때때로 예기치 않게 출현한다emerge.

최후에 멸종한 호미닌 종은 네안데르탈인이었다. 그들은 호모 사피엔스에게 적극적으로 살해되지는 않았을 것이다. 고고학적인 증거는 단지 네안데르탈인이 자신들보다 더 효율적으로 식량원을 가져갈 수 있는 더 뛰어나고 더 빠른 유인원 종에게 밀려났을 뿐임을 암시한다. 우리도 네안데르탈인처럼 우리의 능력을 능가하는 위기에 밀려날지도 모른다. 그렇게 되지 않도록 하자.

디지털 정보와 초고속 처리의 융합에는 출현emerge하기 전까지는 온전히 분석할 수 없는 심각한 위험들이 존재한다. 모든 사회적 ·

역사적 추세가 명백히 그렇다. 미래는 아직 도착하지 않았기 때문이다. 하지만 현재 처한 상황의 벡터를 통해 우리가 합리적으로 추정할 수 있는 사실이 있는데, 그것은 결과가 출현emerge하면 우리가 그 창발emergence을 위기emergency로 간주할 것이라는 점이다. 두 가지 측면에서 그렇다. 가장 파괴적인 벡터는 변화의 속도와 디지털 혁명의 성질이다.

1장에서 말했듯이, 우리의 생활 환경에 들어와 있는 수학에 의해 구동되는 기술은 사람들 대부분에게는 비록 이해할 수 있다 하더라도 마법이나 마찬가지다. 영국의 과학 저술가이자 발명가로, 스탠리 큐브릭이 연출한 대서사시적 영화 〈2001 스페이스 오디세이 2001: A Space Odyssey〉의 각본가로 가장 잘 알려진 아서 C. 클라크Arthur C. Clarke는 1973년에 "충분히 진보한 과학 기술은 마법과 구별이 불가능하다"는 생각을 처음 내놓았다. 우리가 일상적으로 접하는 마법 같은 기기의 신비는 그 이후 더 깊어졌다. 1960년에 평균적인 지능을 가진 사람은 본인이 원하면 집 안에 있는 모든 물건의 역학과 물리학을 이해할 수 있었다. 오늘날 같은 사람은 그 기술이 무엇을 하는지에 대해 그 기기를 사용할 수 있는 정도밖에는 이해할 수 없다. 그러니 그 장치가 실제로 어떻게 작동하는지 사실상 전혀 알지 못하고 앞으로도 영영 그럴 것이다. 복잡성이 너무도 깊이 뿌리박혀 있는 탓에 전문 기술자조차 일상적인 물건을 구성하는 수많은 부품과 소프트웨어에 대해 자세히 모른다. 이 때문에 민주적인 설명 책임과 민주적인 관리에 대한 중대 위기가 발생하고 있지만, 이것이 극복할 수 없는 문제는 아니다.

우리는 때로 이런 위험을 알아채지만, 때로는 디지털 생활 환경을 당연한 것으로 여긴다. 평소에 '디지털'이라는 단어를 디지털 텔레비전 제조업체, 또는 전자공학 교수가 이해하는 방식으로 이해하는 사람은 이제 거의 없다. 대다수의 사람은 디지털을 단지 시대의 유행어로 간주한다. 1960년대의 '하이파이hi-fi'나 1930년대의 '동맥 같은' 고속도로와 같은 것이다. 만일 어떤 의미가 있다 해도 단지 '현대적'이라는 의미이고, 더 단순하게는 '중국에서 조립된 기기'를 의미하기도 한다.

일상 용어로 '디지털' 물건은 사실상 음악과 영상과 색색의 빛을 사용해 매혹적이고 불가해한 재주를 끊임없이 부리는 상자를 의미한다. 현대의 컴퓨터가 등장할 무렵에는 아날로그 컴퓨터와 구별하기 위해 '디지털 컴퓨터'라고 불렀다. 지금은 아날로그 컴퓨터를 거의 박물관에서만 볼 수 있으므로 그냥 '컴퓨터'라고 부른다. 아직까지는 디지털 라디오, 디지털 텔레비전이 있다. 하지만 곧 많은 기기에서 디지털이 유일한 방식이 될 것이고, 아무도 '디지털 아이패드'라고 말하지 않듯이 구태여 '디지털'을 붙여서 말하지 않을 것이다. 1970년대에 사람들은 '컬러텔레비전'이라고 말하곤 했지만, 더 이상 그렇게 말하지 않는다. 요즘에는 오히려 아주 드물게 흑백텔레비전이 보이면 신기해서 쳐다본다. 하지만 이 법칙에 흥미로운 예외가 있다. 우리는 '아날로그' 시계를 마치 특이한 물건인 것처럼 말하지 않고, 몇몇 전문적인 기능에서는 아날로그 장치가 값싸고 훌륭하며 때로는 성능도 더 낫다. 그렇다 해도 디지털 개념은 중요하다.

'디지털'이라는 단어의 의미는 지난 수십 년 동안 바뀌었다. 디지털은 '손가락과 관계된'이라는 뜻을 가진 라틴어에서 유래한 단어로, 원래는 좀처럼 쓰이지 않는 말이었다. 두 권으로 된 『축소판 옥스퍼드 영어 사전Shorter Oxford Dictionaries, SOD』의 1972년판과 1990년판은 둘 다 '손가락과 관계된'이라는 의미만을 실었다. 그 사전이 반영하고 있는 일반 문화에서는 아직 전문적인 의미가 존재하지 않았던 것이다. 『옥스퍼드 영어 사전OED』의 웹 사이트에는 '손가락과 관계된'이라는 의미가 차차 전문적인 의미로 대체된 과정을 설명하는, 리처드 홀든Richard Holden의 이해하기 쉬운 짤막한 기사가 게재되어 있다. 사람은 손가락을 꼽아 수를 세므로, 하나의 숫자를 '디짓digit'이라고 부를 수 있다. 이 단어는 오랫동안 통용되었다. 최근에 이르러서야 디짓에서 파생된 형용사인 '디지털digital'이 '숫자와 관계된'이라는 의미를 품게 되었다. '컴퓨터computer'라는 단어는 원래 사무실에서 회계 계산compute을 하는 사무원을 의미했다. 최초의 계산기는 아날로그 방식으로 톱니바퀴를 빙빙 돌리는 물건이었다. 1930~1940년대부터 계산기에는 무언가를 대신해 숫자가 사용되기 시작했고, 수많은 유용한 프로세스를 가져와 숫자를 조작했다. 그때 '디지털'이라는 개념이 진가를 발휘했다. 디지털은 의미의 폭을 넓혀, 그때까지의 방법과는 다른 복잡한 계산을 사용하는 기기와 프로세스를 포함하게 되었다. 그런 다음 다시 의미를 더 넓혀 (문법학자의 제유법에 의해) 수학에 의존하는 모든 비즈니스 분야를 나타내게 되었다. 디지털 마케팅, 디지털 서비스 등이 그런 경우다.

선진국에 사는 사람들의 절반 이상이 어디를 가든 들고 다니는 스마트폰을 예로 들어 보자. 스마트폰은 사진(정지 사진뿐 아니라 활동 사진까지)을 보거나 음악 또는 연설을 들을 수 있을 뿐 아니라, 많은 양의 영화와 사진, 음악, 문서, 책을 저장할 수 있다. 수백 개의 콘텐츠가 손바닥 안에 있는 것이다.

하지만 스마트폰은 실제로는 그렇게 할 수 없다. 스마트폰이 하는 일은 숫자를 저장하는 것이다. 초기의 휴대전화는 전기를 이용해 복잡한 금속과 실리콘이 섞인 판에 미세한 자기장 마크를 만들어서 일시적으로 숫자를 새겼다. 그런 마크는 매우 작아서 막대한 양을 휴대전화에 넣어 가지고 다닐 수 있었다. 더 현대적인 플래시 드라이브는 전자의 상태를 바꾸어 숫자를 기록한다. 하지만 대략적인 원리는 같다. 매우 작고 매우 많은, 읽을 수 있는 기록이다. 그 숫자들을 규칙에 따라 재구성하면 책의 페이지나 스크린 위의 영상, 또는 소리가 된다. 적절한 키보드나 스크린에 이미지로 표시된 '버튼'을 터치하면 저장된 데이터에 접근할 수 있다.

약 30년 전부터 음악가가 노래나 교향곡을 녹음하는 스튜디오에서는 녹음 방식이 디지털로 이루어졌다. 마이크는 악기와 목소리가 만들어 내는 소리의 수십 가지 다양한 요소를 숫자로 바꾸고, 숫자는 가상의 상자 안에서 정리된다. 다른 기계로 숫자만을 사용해 음을 바꾸거나 개선할 수도 있다. 10단계에서 6으로 측정된 음은 숫자를 바꾸는 것만으로 9의 음이 된다. 악곡은 다수의 다른 음파들이 혼합된 것으로, 각각의 음파는 많은 통계적 요소를 가지고 있다. 그러므로 수학적으로 처리하면, 전체의 음에 대한 무한에 가까운 변주가 생긴다. 악곡의 조성(장단조)을 간단히 바꿀 수 있고, 부실한 합주를 수정해서 정확한 박자와 음량 밸런스를 맞출 수도 있다. 컴퓨터상의 숫자를 재배열하거나 수학적으로 조작하기만 하면 박자를 늦추거나 거꾸로 되돌릴 수 있다. 원리상으로는 사실상 모든 재료에 곡을 새길 수 있다. 레이저는 곡을 디스크에 새길 수 있다. 곡을 인터넷을 통해 다운로드할 수 있는 디지털 파일로 만들 수도 있다.

녹음은 원래의 음을 표시하는 숫자들을 쌓아 올리는 것이고, 원래의 음을 디지털로 기술하는 것이다. 물리적 복제가 아니고, 아날로지analogy도 아날로그analogue도 아니다.[5] 옛날 방식의 물리적 복제가 지닌 문제점은 부피가 커지는 것이었다. 예컨대 레코드플레이어는 침을 떨리게 하기 위해 충분히 클 필요가 있다. 78회전의 셀락판(SP 레코드)이 그렇다. 수학은 그 자체로는 크기가 없다. 숫자가 그 역할을 떠맡은 이래로 수십 년 동안, 재료과학자는 공간을 덜 차지하고 기록할 수 있는 용량을 늘리는 새로운 방법을 찾아 왔다. 현재 엄지손톱 크기의 자기 드라이브에 수백만 개의 이진수를 쉽게 기록할 수 있다. 예전에 사용하던 7인치 싱글판으로는 수천 장이 필요한 양이다.

사진은 원래 화학적으로 처리된 표면에 빛을 잠깐 노출하는 방식으로 만들었다. 처음에는 금속판을 사용했고 그다음에는 돌돌 말린 필름을 사용했는데, 재료의 표면은 각 부분에 얼마나 많은 광자가 떨어지는지에 따라 반응했다. 영화는 많은 사진을 한 줄로 엮어 놓은 것이었다. 하지만 기기가 대량의 숫자를 즉시 기록할 수 있는 능력을 갖추게 되자, 외부는 기존의 기기와 흡사한 모습이지만 내부는 매우 다른 카메라가 만들어질 수 있었다.

숫자를 사용해 그림 속의 특정한 점을 표시하는 것은 간단하다. 예컨대 어떤 사람이 선명한 수채 물감(구아슈)으로 세로 24인치, 가로 48인치 크기의 할머니 초상화를 그린다고 치자. 그 사람은 액자

---

5   둘 다 '같은 비율로'라는 의미의 그리스어가 어원이다.

의 세로 방향에는 1000까지의 숫자를, 가로 방향에는 500까지의 숫자를 표시한다. 이제 초상화 위의 모든 점은 가로세로가 약 0.05인치쯤 되는 50만 개의 구획 중 하나에 해당하고, 좌표로 그 위치를 표시할 수 있다. 그런 다음 그 사람은 며칠에 걸쳐 돋보기로 50만 개 구획 하나하나를 보면서, 그것이 주로 녹색인지 빨간색인지 파란색인지를 판단해 리스트를 작성한다. 그 일이 잘된다면, 좌표에 숫자를 추가할 수 있다. 빨간색은 1, 녹색은 2, 파란색은 3이다. 이렇게 하면 전체 초상화를 수치로 표시하게 된다. 그런 다음에 그 사람은 숫자 리스트를 적은 편지를 다른 사람에게 보낼 수 있다. 수신자는 똑같이 긴 시간을 들여 아주 작은 붓과 세 가지 색의 물감을 사용해 원본과 아주 흡사한 복제화를 만들 수 있다. 멀리서 보면 복제화는 거의 똑같이 보일 것이다. 하지만 가까이에서 보면 세 가지 색 가운데 하나인 수많은 점으로 보일 뿐이다.

디지털 영상은 이와 거의 흡사한 원리로 만들어진다. 텔레비전에서는 할머니의 초상화에 대응하는 50만 개 점의 좌표와 색깔이 편지가 아니라 전자적으로 전송되고, 그 숫자로부터 원본이 재구성된다. 할머니가 걸어가는 장면을 찍은 영화는 단지 같은 과정을 빠르게 반복하는 것이다. (영화는 보통 1초당 24개 프레임의 정지 화면으로 구성되는데, 각각은 비디오 화면에서 여러 번 재생된다.)

비슷한 원리를 글자에도 적용할 수 있지만, 글자의 경우는 방법이 여러 가지다. 한 가지 방법은 스마트폰 화면을 (예컨대) 50만 개의 작은 전구로 보는 것이다. 각각에 불을 켜 희게 또는 검게 표시한다. 1930년대에 뉴욕 타임스스퀘어 또는 런던 피커딜리 광장에서 수천 개의 전구를 사용해 움직이는 문자와 광고를 표시한 것과 마찬가지 원리로, 스마트폰 화면에 문자를 표시할 수 있다. 작은 전구 각각에 숫자를, 즉 화면 지도상의 좌표를 부여하면 된다. 그 숫자를 저장해 두면 그것을 불러와 처음 표시되었던 텍스트를 화면에 보여 주기 위한 레시피로 사용할 수 있다. 사실상 그것은 표시된 원본 페이지의 사진이다.

다른 방법도 있다. 알파벳의 모든 철자에 코드 번호를 부여하고, 구두점, 띄어쓰기, 대문자 등에 다른 번호를 부여하면, 오행시부터 성경까지 모든 텍스트의 글자를 옮겨 적을 수 있다. 그 숫자 리스트는 책이나 기사의 내용을 숫자로 정확히 기술한 것이다. 하지만 정확하게 말하면 그것은 최초로 타이핑했을 때 화면에 표시된 것을 충실히 재현한 것이 아니고, 몇 날 며칠에 어떤 프린터로 인쇄한 것그 자체도 아니다.

텍스트, 영상, 음을 포함해, 일정한 규칙에 근거한 거의 모든 디지털 기술記述을 기록하는 이런 방법은 모두 하나의 중요한 특징을 공유한다. 분해되거나 마모되지 않는다는 것이다. 한편 내용이 변경되거나 파괴될 수 있고, 데이터를 부호화한 매체도 파괴될 수 있다. 하지만 예컨대 페인트가 빛에 바래 스펙트럼의 파란색 끝으로 변해 가듯이 9와 8이 5와 4가 되는 일은 없다. (종이책의 페이지가 물리적 사실이라면, 디지털 기록은 이론이나 개념이라고 말할 수 있다.) 디지털 기록은 또한 복제하기 쉽고, 검색하기 쉽고, 다른 디지털 기술과 섞기 쉽다. 따라서 수학적 기법을 사용해 영상에 물리적 변화를 가하거나, 텍스트를 분석하거나, 음악의 음높이나 조성을 바꾸기도 쉽다.

(물론 여기에 적힌 설명은 기본 원리를 보여 주기 위해, 복잡한 기기가 실제로 어떻게 영상과 텍스트를 기록하고 처리하는지를 대폭 단순화했다. 특히 이 장의 끝부분에 나오는 오류 수정에 대한 설명을 눈여겨보라.)

게다가 앱을 사용하면 마법 같은 일이 일어날 수 있다. 카메라가 보고 숫자로 변환한 영상에 상점 간판의 문자가 포함되어 있다면, 그것을 여러 언어로 번역할 수 있다. 카메라 뒤에 있는 범용 프로세서가 전달받은 영상 데이터를 검색해 문자열로 인식하도록 훈련받은 수학적 패턴을 찾아낸다. 프로세서는 문자열을 사전에서 확인한다. 사전은 기기 내부가 아니라 온라인에 있다. 프로세서는 동시에 서체 데이터베이스에서 서체도 확인한다. 프로세서가 찾아낸 단어는 원하는 다른 언어로 번역된 다음 다시 숫자로 부호화된다. 그리고 카메라가 촬영한 것을 기술하는 숫자열 속에 원래 문자의 서체를 고려해 삽입된다. 스크린에 나타나는 상점 간판, 종이책, 버스 승차권은 실제 세계의 것과 정확히 똑같지만, 거기에 적혀 있는 언어는 실제로 보이는 것과는 다른 언어다.

고도로 발달한 과학 기술은 마술과 구별이 불가능하다고 말한 아서 C. 클라크가 옳았다. 물론 모든 속임수와 셜록 홈스의 추리가 그렇듯, 어떻게 된 일인지 정확히 알면 마법은 뻔해진다. 그것은 단지 마법처럼 보일 뿐이다. 하지만 대체로 대부분의 사람에게는 실제로 마법처럼 보인다.

෴

지난 50년 동안의 빠른 기술적 변화가 디지털 유인원의 생활 환경에 미친 전반적인 영향은 20세기 전반기에 비하면 그리 크지 않았다고 주장할 수 있다. 1890년부터 1950년까지의 시대는 대포와 소총, 말과 배, 모스 전신, 인쇄기로 시작했다. 그리고 단 60년 만에 원자 폭탄, 제트 비행기, 영화, 텔레비전, 라디오가 등장했다. 1890년의 시골에서 온 시간 여행자가 1956년의 도시 생활을 보면 깜짝 놀랐을 것이다. 반면 요즘의 일상을 구성하는 기계 가운데 1950년대에서 온 시간 여행자를 당황하게 할 만한 것은 매우 적다. 스마트 텔레비전을 보는 것은 텔레비전을 난생처음 보는 것과 같지 않다.

가장 예외적인 것은 디지털 컴퓨터였다. 이 분야의 변화 속도는 기하급수적이었다. 1950년대에 제2차 세계 대전의 승리를 안겨 준 블레츨리 파크[Bletchley Park6]와 그 밖의 다른 장소에서 해낸 일은 당시 여전히 비밀이었고, 비밀을 유지하기 위해 암호 해독 장치의 대부분을 고의로 파괴했다. 지금은 목소리, 영화, 텍스트, 위성 위치 확인 서비스[GPS]를 구성하는 수조 비트의 정보가 주머니에 쏙 들어갈 만한 크기의 놀라운 스마트폰에 무선으로 전송되고, 그 스마트폰은 쿠바 미사일 위기 때 펜타곤이 소유한 가장 큰 기기보다 훨씬 뛰어난 성능으로 정보를 처리한다. 거대 정부와 거대 기업은 막대한 용량을 가진 거대한 기기들을 획득했다. 그리고 모든 사람이 인터넷에 연결해 거대 온라인 콘텐츠 제공자로부터 내려받은 애플리케이션을 구동하고, 이메일을 교환하고, 월드 와이드 웹에 방문한다. 월드 와이드 웹 자체의 성장만 해도 어마어마하다. 1991년에는 웹 사이트가 하나였고, 그것은 스위스 유럽입자물리연구소[CERN]에 있는 팀 버너스 리[Tim Berners-Lee]의 넥스트[NeXT] 컴퓨터에 들어 있었다. 하지만 2014년에는 전 세계에 10억 개의 웹 사이트가 존재했고, 마지막으로 셌을 때는 47억 7000만 개의 웹 페이지가 존재했다.

---

6 영국의 작은 도시로, 2차 세계 대전 때 독일군의 암호를 해독하는 작전 본부가 있었던 곳

디지털 기계의 빠른 성능 증가의 배경에 있는 원리를 흔히 무어의 법칙이라고 부른다. 이 법칙은 개인용 컴퓨터에서 사용되고 있는 반도체 칩과 마이크로프로세서를 만드는 회사인 인텔사의 공동 창립자 고든 E. 무어Gordon E. Moore가 1965년에 관찰한 사실에 근거를 두고 있다. 무어는 집적 회로에 있는 트랜지스터의 수가 매년 두 배씩 증가했다고 지적하면서, 그 업계에서 진행하고 있는 일을 고려하면 가까운 미래에도 그 추세가 이어질 것이라고 추측했다. 1975년에 그는 그 예측 주기를 2년마다로 수정했다. 그의 관찰은 점점 '법칙'이 되었고, 2년 주기는 결국 18개월로 조정되었다. 현재 무어의 법칙은 컴퓨터의 성능과 속도의 향상, 기억 용량의 증가, 그리고 가격 하락의 속도를 규정하는 대략적인 틀로 받아들여지고 있다. 2를 반복적으로 곱하면 어떤 숫자든 순식간에 매우 큰 숫자가 된다. 1968년에 빵 1천 덩어리를 생산한 옥수수밭의 생산성이 2년마다 두 배로 증가한다면, 1988년에는 100만 덩어리, 2018년에는 330억 덩어리를 생산할 것이다. 1968년에 연료 탱크 한 개로 300마일을 주행한 자동차는 연비가 같은 속도로 증가한다면 50년 뒤에는 연료 탱크 하나로 100억 마일을 주행할 것이다. 어떤 사람도 어떤 교통수단으로도 평생 지구 둘레를 또는 지구에서 그렇게 멀리 여행한 적이 없다. 연비가 그 몇 분의 1만큼이라도 증가했다면 농업, 산업, 에너지, 교통뿐 아니라 세계의 정치 지도가 바뀌었을 것이다. 하지만 우리 생활을 지배하는 디지털 기계는 그 속도로 바뀌었고 지금도 계속 바뀌고 있다. 점보제트기가 데이터 프로세서처럼 설계되었다면, 이 문장이 시작될 때 런던에서 출발하면 이 문장이 끝나기도 전에 이미 시드니에 도착해 있을 것이다. 물론 하늘 위의 여행은 그것과는 다르다. 인체가 견딜 수 있는 가속과 감속에는 한계가 있어서, 금속 용기가 견딜 수 있는 속도가 아무리 빠르다고 해도, 우리가 장거리를 여행할 수 있는 속도에는 한계가 있다. 물론 아직은 그 한계에 도달하지 않았지만 말이다. 정보 처리 용량에도 아마 최후의 변경이 있겠지만, 주판에서부터 최신 슈퍼컴퓨터까지의 변화는 말에서부터 세계에서 가장 빠른 탈것까지의 변화보다 몇 자리 수나 빠르다. 원리상으로 빛의 절반 속도로 이동하는 우주선만 해도 달리는 말보다 1000만 배 빠르지만, 그런 일은 아직 일어나지 않았다. 하지만 그런 규모의 컴퓨터 혁명은 이미 일어났다.

⁂

우리는 우리가 사는 생활 환경의 규모를 파악하기 어렵다. 네덜란드의 혁신적인 교육자이고 평화주의자이며 퀘이커 교도인 케이스 부커Kees Boeke는 1957년에 『우주의 조망Cosmic View』이라는 책을 냈다. 그 책은 우주를 아주아주 큰 것에서부터 아주아주 작은 것까지 기술했다. 부커는 항상 사물을 다른 관점에서 보는 일에 관심이 있었다. 그가 설립한 학교는 아이들이 스스로 학교의 커리큘럼을 결정하도록 함으로써 교육계를 발칵 뒤집어 놓았다. 하지만 실제로 대중의 관심을 사로잡은 것은 『우주의 조망』이었다. 책이 출판된 지 10년 뒤, 미국의 찰스와 레이 임스 부부Charles and Ray Eames가 그 책에 자극을 받아 영화를 제작했고, 1977년에 두 번째 영화를 제작했다. 제목은 〈10의 제곱수 Powers of Ten – 우주에 있는 사물들의 상대적 크기와 0을 또 하나 더하는 것의 효과에 관한 영화〉다. 두 영화 모두 컬트 영화계의 고전이 되었다. 웹 이전의 세계에서 그 영화들은 입소문을 타고 급속히 퍼졌다. 20년 뒤인 1977년에는 "문화적, 역사적, 미학적으로 중요한" 것으로 평가받아 미국 국립영화등기부의 보존 영화로 선정되었다.

그 책과 영화는 다양한 사물의 상대적 크기를 10의 제곱수로 커지고 작아지는 대수 척도를 사용해 멋지게 그려 낸다. 처음에는 우주의 대부분이 잡힐 때까지 시야를 지구 외부로 확장하고, 그런 다음에는 원자와 그 성분이 잡힐 때까지 시야를 안으로 축소한다. 두 번째 영화가 나왔을 때쯤에는 과학이 크게 발전해서, 임스 부부는 척도의 양 끝에 0을 두 개씩 추가했다. 영화 〈10의 제곱수〉는 1×10^{-16}미터에서부터 1×10^{24}미터까지 40자릿수의 여행을 묘사해 보는 사람을 사로잡는다. 0을 40번 추가하는 것은 원리상으로는 이해하기 쉽지만, 그 결과는 압도적이다.

우리 인간은 이 정도 규모의 아주 좁은 범위에서 살아가고 지각하고 행동한다. 우리는 키가 약 1.6×10^{0}미터다. 우리가 한 시점에 유지할 수 있는 인간관계의 대략적인 수가 150개라는 던바의 수는 1.5×10^2으로 번역된다. 우리 가운데 몇몇은 1×10^2미터를 1×10^1초에 달릴 수 있다. 우리는 전자기파 스펙트럼과 음향 스펙트럼의 일부만 지각할 수 있다. 하지만 우리는 이 범위를 뛰어넘는 도구와 환경을 만들었다. 우리는 미세한 자기 에칭[7] 또는 극성 변화가 가능한 디지털 저장 기계를 만들었다. 나노미터 규모(1×10^9)로 부호화된 방대한 양의 새로운 데이터가 날마다 약 2.5×10^{18}바이트씩 새로 생

---

7 반도체 표면의 부분을 산 따위를 써서 부식시켜 소거하는 방법

기고, 그것을 구동하는 것은 수십억 개 부품을 포함하고 맹렬한 사이클로 계산하는 기계다. 디지털 유인원은 새로운 가상 우주를 창조했고, 그 우주는 여전히 10의 제곱수로 팽창하고 있다. 지금 우리는 우리가 만든 것의 규모와 그것이 예언하는 바를 이해하기 위해 상상력을 발휘해야만 한다. 우리는 거대한 가속과 초복잡성이라는 두 가지 난제에 대응할 필요가 있다. 이 새로운 생활 환경이 무엇인지, 그 생활 환경의 모양, 구조, 성립 원리가 무엇인지를 깊이 생각해 볼 필요가 있다. 우리의 새로운 생활 환경은 광대하고, 복잡하며, 팽창하고 있다. 우리는 그 새로운 우주를 반드시 탐험하고 이해해야 한다.

ᴼᵛ

디지털 생활 환경의 많은 부분은 매우 특이한 추상적인 지형을 이루고 있다. 매매와 집단 기억의 대부분은 '클라우드cloud'라고 불리는 장소에서 일어난다. 그것은 둥둥 떠다니는 구름 같은 추상적 공간이다. 사실 클라우드는 권운이나 적란운과 거의 닮은 점이 없다. 오히려 그 장소는 서로 연결된 냉장고로 가득 차 있는 수백 개의 거대한 물류 창고와 더 비슷하다. 클라우드, 또는 클라우드들은 흔히 소유자로부터 수천 킬로미터 떨어진 '해외'에 있으면서, 다른 세금 제도와 다른 정부의 비호를 받고 있다. 하지만 프라이버시의 관점에서 그것은 큰 의미가 없다. 자금이 충분히 있는 기관은 해외든 국내든 모든 장소에 침입해 조사할 수 있기 때문이다. 클라우드를 제공하는 선두 주자인 아마존은 대량의 정보 처리 능력과 기억 용량을 단기간에 값싸게 판매한다. 그것을 사용하면, 막대한 계산 성능을 적용함으로써 지금까지는 불가능했던 모든 종류의 분석을 아주 짧은 시간에 끝낼 수 있다. 이런 디지털 생활 환경에서는, 어떤 특정한 유인원에 대해 충분한 사실을 알아내고 그의 행동이 그와 상당히 비슷한 다른 유인원의 행동 패턴과 거의 일치할 때, 그 유인원이 자신이 거주하는 디지털 또는 물리적 생활 환경에서 다음에 무엇을 할지 예측하는 것이 점점 쉬워진다. 아마존이 그가 구매한 책을 토대로 어떤 종류의 DVD 신보를 좋아할지 추측할 때 그는 전율을 느낀다. 하지만 알고리즘이 이번 겨울에 그가 걸릴 수 있는 질병을 예측하거나 같은 지역에 사는 사람 중에 그가 좋아할 만한 디지털 유인원과 중매를 주선하면 어떨까? 아니면 그가 범죄를 저지를 가능성이 있다거나 반체제 정치사상을 가졌다고 지역 경찰서에 고발하면 어떨까? 게다가 미국 국가안전보장국NSA이나 영국 정보통신본부GCHQ의 직원들이 그의 온라인 슈퍼마켓 구매 내역을 감시해서 (이미 방대한 데이터베이스가 있다), 그가 구매하는 여행 상품 및 책과 맞춰 보고 그에게 잠재적 테러범 등급을 부여할 정도로 필터링 과정이 정확하다면, 그는 어떤 생각이 들까? 이런 종류의 등급 매기기는 이미 이루어지고 있다. 아직 그것이 영화에서 보던 것처럼 효과적이거나 광범위하지 않을 뿐이다.

이러한 기술 발전 가운데 상당수가 디지털 유인원과 그 자손에게는 당연한 일로 보일 것이다. 그럼에도 기술 발전은 아직 온전히 이해되지 않았다. 한 가지 이유는, 케이스 부커가 보여 주었듯이, 기술 발전에 수반된 크기와 속도가 인간의 뇌로 이해하기 어려울 만큼 막대하기 때문이다. 또 한 가지 이유는 디지털 생활 환경의 성질이 아직 잘 이해되어 있지 않기 때문이다. 관련된 기술 또한 폭넓고

난해하다. 어떤 면에서 그것은 중세 시대 사람이 나무가 어떻게 살아가는지를 현대적 의미에서 설명할 수 없고, 심지어는 이해할 수도 없는 것과 다르지 않다. 광합성은 1930년대까지 정확하게 설명되지 않았다. 하지만 지금도 전문적인 물건을 이해하고 만드는 사람은 소수이고, 나머지 사람들은 그것을 사용하는 방법만을 알고 있을 뿐이다. 중세 시대 사람들도 나무를 사용하는 방법은 이해했다. 하지만 엘리트 계급의 어떤 남작, 군주, 성직자도 광합성 이론을 해명하고 그 이론을 사용해 거대한 숲을 만들지 못했다. 현대의 세 살짜리 아이는 아이패드를 쉽게 조작할 수 있고, 실제로 많은 아이가 그렇게 한다. 여기 이 버튼을 누른 다음, 화면을 이렇게 터치하라. 그러면 유튜브, 웃긴 사진, 게임 등 즐거운 것이 무지하게 많다. 아이들은 아이패드를 조작하는 방법을 알지만 그것이 어떻게 작동하는지는 모른다. 그리고 손가락을 잡지 사진에 대고 꼬집고 펼치고 스크롤 했다가, 스크린 위에서 작동하던 것이 종이 위에서는 작동하지 않는 사실에 약간 놀라기도 한다. 세 살짜리 아이의 부모는 이보다는 잘 알 것이다. 하지만 지나가는 외계인이 아이패드를 만드는 방법을 알려 달라고 요청한다면, 그 부모는 광선 검을 들이민다 해도 그 요청을 들어 줄 수 없을 것이다. 아이패드 자체의 복잡하고 정교한 메커니즘을 설명하는 것도, 그리고 마이크로파 전파 탑과 서버 팜,[8] 소프트웨어, 마이크로프로세서를 충분히 설명하는 것도 사실상 우리 모두의 능력을 벗어난 일이다. 냉장고에 대해 완벽하게 설명하라고 해도 대부분 마찬가지일 것이다. 중요한 차이는 성인 대부분이 냉장의 장단점을 쉽게

---

8 server farm, 데이터를 편리하게 관리하기 위해 서버와 운영 시설을 모아 놓은 곳

설명할 수 있다는 점이다. 필요하다면 월드 와이드 웹에서 냉장고를 조사해 10분 안에 기본적인 원리를 수집할 수도 있다.

여기에는 특별히 흥미로운 점이 두 가지 있다. 첫 번째는 실험심리학자들이 '속속들이 알고 있는 듯한 착각'이라고 부르는 것이다. 사람들 대부분은 자신들이 세계가 작동하는 방식을 실제로 자신이 아는 것보다 훨씬 잘 알고 있다고 생각한다. 간단한 장치로 보이는 지퍼가 어떤 원리로 맞물리고, 상하로 움직이고, 닫힌 상태로 있는지 설명할 수 있느냐고 물어 보라. 그들은 할 수 있다고 답할 것이다. 하지만 실제로 자세히 설명해 보라고 말하면 쩔쩔맨다. 이렇게 되는 이유 중 하나는 그들이 냉장고에서 우유를 꺼내는 법이나 휴대폰에서 어느 아이콘을 누르면 되는지를 아는 것처럼, 지퍼를 조작하는 방법을 알기 때문일 것이다. 또 하나의 이유는 우리가 지식에 대한 집단적 감각을 가지고 있기 때문일 것이다. 지퍼가 어떻게 작동하는지 '우리'에게 잘 알려져 있으므로 나도 잘 안다고 생각하는 것이다.

두 번째는 앞 장에서 지적한 점과 관련이 있다. 현대 도시에 사는 사람이 도구를 만들고 사냥 집단을 조직해서 곰을 사냥해 죽이고 가죽을 벗기려고 한다면 엄청나게 어려울 것이다. 우리는 곰 가죽을 벗기는 도구를 만드는 방법조차 모른다. (다음 장에서 살펴보겠지만 우리는 그 방법을 배울 수 있다.) 우리 가운데 압도적인 다수는 도살장에서 일하는 데 필요한 전문 기술도 가지고 있지 않다. 우리 생활은 멀리 떨어져 있는 공장의 복잡한 분업 과정을 거쳐 만들어진 것에 의존한다. 이것은 디지털 기기가 산업화 시대에 만들어진 물건과 공유하는 특징이다. 현대의 어떤 사람도 혼자서는 스마트폰을 만들 수 없다. 오직 소수의 사람만이 스마트폰이 어떻게 작동하는지 자세히 안다. 개인적으로는 그 누구도, 심지어는 팀 버너스 리나 빌 게이츠도 어느 날 오후에 모든 재료를 가지고 앉아 스마트폰을 뚝딱 조립해 낼 수 없다. 현대의 많은 물건과 마찬가지로, 계산 기계와 그것을 움직이는 소프트웨어도 여러 지역의 매우 많은 공장에서 폭넓은 전문 분야의 지식을 체계적이고 집합적으로 적용하는 것으로부터 생겨난다. 특히 소프트웨어는 수천 명의 기술자가 구성 부품, 요소, 전문 도구 등을 어지럽게 재창조한 끝에 얻은 산물이다. 하나의 현대 기기를 구성하는 프로그램 전체는 절벽 면에 드러난 지층과 같다. 대규모의 숙련된 소프트웨어 기술자들이 1985년에 해낸 경이로운 작업은 새로운 거대 기업이 출자해 막대한 비용이 들어간 1995년의 수정에 눌려 으깨진 상태지만 그 수정을 지탱하고 있다. 어떤 층이든 문제와 오류를 바로잡는 패치가 포함되어 있다. 그런 지층이 쌓여 오늘날 절벽 꼭대기에서 바라보는 멋진 풍경이 나온 것이다. 그것은 수십 년에 걸쳐 모래 알갱이 위에 건설된 가상 디지털 대성당이다.

하지만 같은 이야기는 더 단순한 제품에도 해당되고, 수백 년 동안 수많은 제조 상품에서도 사실이었다. 이 아이러니를 실제로 보여 주기 위해, 런던에 있는 영국 왕립예술대학의 토머스 트웨이츠 Thomas Thwaites는 과감한 일에 착수했다. 그는 싸고 믿을 수 있는 현대 전자 제품을 선택해 그것을 스스로 복제해 보았다. 그가 선택한 것은 4.99파운드짜리 토스터였다. 그는 하드웨어 상점에서 부품을 구매하지 않고, 각각의 부품을 처음부터 만들었다. 결과는 웃음을 자아내는 동시에 도움이 되는 것이었다. 그는 웨일스에 있는 구리 광산에 가서 전선의 원재료를 채굴했고, 화학 교수들과 긴 대화를 나누며 외장 플라스틱을 만드는 방법을 배웠다. 몇 달 뒤 완성된 토스터는 미적으로 보면 딱할 정도로 엉망이었다. 막상 해 보니 폴리프로필렌을 가정에서 제조하는 것은 매우 어려운 일이었다. 오랜 시간, 곤란, 여행이라는 비용을 치르고서야 토스터는 간신히 작동했다. 토스터의 문제는 서로 다른 대륙처럼 거리가 먼 장소에서 각기 따로 대량 생산되는 부품들로 조립되고, 엄격한 기준에 부합하는 높은 수준의 제품으로 마무리된다는 것이다. 트웨이츠가 스스로 만들어야 했던 3구짜리 전원 플러그와 관련한 규칙을 생각해 보자. 정확한 형태와 뾰족한 끝부분의 크기, 전선의 색깔, 전류의 세기. 부품이 주어지면 우리 대부분은 그것을 조립할 수 있다. 어쨌거나 우리는 토스터가 없는 세계에서도 살 수 있다. 긴 포크에 빵을 꽂아 불 위에 올려 두면 되니까. 하지만 삼성 스마트폰이나 애플 스마트폰의 경우, 우리는 물리적 부품을 만들거나 조립할 수 없을 뿐만 아니라, 스마트폰은 그 부품들의 총합을 훨씬 뛰어넘는 것이 되었다. 그것은 어떤 의미에서 지금 우리 생활 환경이 가진 핵심적인 특징이고, 이전의 도구로는 완전히 대체할 수 없는 이유가 된다. 지금의 스마트폰은 수 기가바이트의 운영 체제와 애플리케이션 코드를 넣는 용기다. 그런 내용물 없이는 스마트폰은 작동하지 않는다. 대략적으로 말하면, 당신이 손에 쥐고 있는 이 책에 담긴 10만 단어는 약 500킬로바이트의 정보를 저장하고 있다. 스마트폰 안에 있는 코드는 그것이 없으면 스마트폰이 작동하지 않는 스마트폰의 필수적인 성분으로, 대략 5천 권에서 1만 권 분량의 도서관에 상응하는 정보가 담겨 있다. 책과 달리 소프트웨어에는 다수의 저자가 있다. 수만 명의 기술자와 컴퓨터 프로그래머가 수년에 걸쳐 그것을 쓰는 일에 가담할 것이다.

여기서 '틀림'에 대한 흥미로운 사실을 추가해야겠다.* 맥북에 10만 단어짜리 책을 틀리지 않고 입력하는 것은 불가능하다. 입력 오류도 있고, 사실에 관한 오류도 있고, 판단 오류도 일어난다. 이런 오류를 없애기 위해 책을 출판할 때까지 수차례 철자를 검사하고 사실 확인을 하고 판단을 점검한다. 그래도 출간된 책에는 어쩔 수 없이 오류가 있다. 스마트폰 안에 있는, 수천 명의 저자가 쓴 5천~1만 권 분량의 부호에는 다수의 오류가 포함되어 있을 수밖에 없다. 불행히도 소프트웨어는 일부에 단 하나의 오류만 있어도 충돌이 일어날 수 있다. 이 때문에 수십 년 전부터 모든 컴퓨터 프로그램에는 오류 수정 기능이 포함되어 있다. 스마트폰 한 대는 수십 세트의 서로 다른 오류 수정 기술을 가지고 있다. 그중 다수가 '중복' 기능을 사용한다. 즉, 어느 한 메시지를 여러 번 전송해 그중 하나에 우발적인 갭이나 오독이 있으면 다른 메시지가 그것을 수정할 수 있게 한다. 다른 방식은 데이터에 자가 검사 부호를 추가하는 것이다. 예컨대 다섯 자릿수의 숫자를 전송할 경우, 그 숫자를 합계해 끝에 추가한다. 수신자 쪽에서 계산이 맞지 않으면 뭔가가 잘못된 것이다. 디지털 유인원의 생활 속을 고속으로 지나가는 데이터의 급류는 세계가 오류로 가득하다는 전제에 기반을 두고 있다.

---

* 퓰리처상을 수상한 「뉴요커」 기자 캐스린 슐츠Kathryn Schulz의 멋진 책 『틀림Being Wrong』을 찾아 보라. 또는 그녀의 테드TED 강연을 보라. 오류를 범할 수 있다는 사실을 받아들여라!

디지털 유인원의 생활 환경에서 네트워크가 가진 중요성은 아무리 강조해도 지나치지 않는다. 이것은 오랫동안 사회적 네트워크에 해당하는 사실이었지만, 물리적 인프라도 우리가 살아가는 방식을 결정하게 되었다. 건설된 네트워크 구조물은 수천 년 동안 중요한 의미를 지녔다. 로마인은 모든 길은 결국 로마로 통하는 튼튼하고 주로 직선인 도로를 깐 것으로 유명하다. 그 도로의 사실상 전부가 지금은 쇄석 아스팔트 아래 놓여 있듯이, 다른 많은 중요한 네트워크의 부분적인 잔재가 팔림프세스트[9]와 같이 후세의 기술 아래 놓여 있다. 현대적인 대규모 통신 네트워크는 더 현대적인 다른 대규모 통신 네트워크로 대체된다.

　신기술에 기반을 둔 네트워크 시스템은 19세기에 널리 퍼졌다. 당시 최신식이었던 경이로운 기술 가운데 상당수가 순차적으로 밀려오는 파도 속에서 자취를 감춘 지 오래다. 새롭고 더 효율적인 방식이 그것들을 삼켰다. 증기 기관차는 연안의 해양 교통을 대체했지만, 그것 자체도 서양에서는 디젤 전기 기관차로 대체되었고, 나아가 도로망과 트럭, 자동차로 대체되었다. 그리고 이상적인 2.1미터 궤간을 갖춘 이점바드 킹덤 브루넬Isambard Kingdom Brunel의 철도 시스템은 1846년의 의회 조례에 의해 개악되어 조지 스티븐슨George Stephenson의 1.4미터 표준 궤간으로 변경되어야 했다. 표준 궤간은

9　사본에 기록되어 있던 원 문자 등을 갈아 내거나 씻어 지운 후에, 다른 내용을 그 위에 덮어 기록한 양피지 사본

북잉글랜드의 석탄 광산에서 성장해 영국 국토의 절반 이상을 덮었다. 스티븐슨이 승리한 이유는 비용 문제도 있었지만, 주로 고전적인 네트워크 효과 때문이었다. 철도망이 광범위해질수록 같은 땅덩어리에 있는 모든 철도가 같은 폭일 필요가 있다는 사실이 명백해졌다. 브루넬은 자신의 우수한 시스템이 우세할 것으로 기대했다. 더 쾌적하고 성능이 높은 것이 승리하지 않을 이유가 대체 뭐란 말인가? 브루넬은 사람들 대부분이 더 좁은 궤간을 이용하고 있었음에도 자신의 광궤 철도 시스템을 계속 고집했다. 그는 양측이 철도를 깔수록 자신의 패배가 더 확실해지고 있는 것을 알지 못했다. 19세기에 한 기술자가 선로의 폭을 좁혀야 했다면, 토목 작업 인부navigator를 2~3주간 고용한 다음, 철로를 걷어 올려 수십 센티미터를 좁히라고 지시하기만 하면 된다. ('navigator'는 철도 이전에 발달했던 운하망—팔림프세스트의 또 다른 층—을 팠던 노동자를 가리키는 말이다.) 하지만 반대로 선로의 폭을 넓혀야 했다면, 대규모 인력을 고용해야 했을 것이다. 게다가 노반[10]을 넓히고, 토지 주인 수백 명과 협상해 철로 가장자리의 경사면과 산이나 언덕을 절단해서 낸 길을 넓히고, 노선의 위와 아래에 있는 모든 다리와 터널을 더 넓고 높게 다시 만들어야 한다. 그러고도 그 선로를 따라 움직이는 최초의 크고 빛나는 열차는 처음 만나는 급커브에서 꼼짝할 수 없을 것이다. 따라서 자연 지형을 돌 수 있을 정도로 커브가 완만한 수 킬로미터의 선로를 완전히 다른 경로에 다시 깔아야 한다. 악화가 양화를 구축한다는 그레셤 법칙의 네트워크판版에 따라, 스티븐슨은 항

---

10 철도의 궤도를 부설하기 위한 토대

상 비교 우위에 있을 것이다. (당신이 가진 것이 완전히 신뢰할 수 있는 달러 지폐라고 해도, 내가 그중 20퍼센트가 위조된 것이라는 사실을 안다면 어떻게 그것을 받겠는가?)

서부 개척 시대에 미국 서부를 연결한 모스 부호 기반의 전신과 1910년에 대서양 횡단 선박에 타고 있던 살인범 크리픈 박사를 체포하는 데 일조한 모스 부호 기반의 무선 통신은 둘 다 유선과 무선의 음성 전화로 대체되었다. 가장 인상적이고 적절한 사례 중 하나가 뉴마티크pneumatique11였다. 그것은 1850년대부터 선진국의 수많은 도시 중심부에서 흔하게 사용된 것의 파리판이다.

1920년대에 어니스트 헤밍웨이Ernest Hemingway는 항상 파리의 카페에서 글을 썼다. 30년 뒤 오래된 노트를 바탕으로 작성된 파리 시절에 대한 회고록『이동 축제일A Moveable Feast』에는 어느 화창한 날 정오에 있었던 일이 쓰여 있다. 헤밍웨이는 작업을 마친 뒤 캐나다에서 온 편지를 개봉했는데(그는 「토론토 스타Toronto Star」의 계약 특파원이었다), 권투 선수 래리 게인스의 동향을 지켜보라고 적혀 있었다. 게인스는 그날 도시 반대쪽에서 시합을 하고 있었다. (헤밍웨이는 게인스가 세계 챔피언이 되었어야 했지만 흑인이라서 타이틀에 도전할 수 없었다는 사실은 언급하지 않는다.) 어떻게 하면 게인스와 즉시 연락을 취할 수 있을까? 의논할 필요조차 없었다. 그는 바텐더를 통해 기송관 속달 우편(뉴pneu)을 보낸 후 한 시간도 지나지 않아 답장을 받는다. 뉴는 경이로운 전자 장치가 아니고, 전보나 전신도 아니었다. 전자 메일의 원형은 확실히 아니었다. 파란색 편지지에 펜으로 쓰

---

11 기송관

면, 그것이 파이프를 통해 물리적으로 전달되었다. 파이프 앞에서는 공기를 뽑아 잡아당기고 뒤에서는 몇 기압의 공기로 밀었다.

현재 우리는 편지를 전자 메일로 보낸다. 메일의 양이 대응할 수 없을 정도로 많아서, 많은 조직은 그 골치 아픈 것을 줄이려고 시도하고 있다. 메시지를 전달하는 방법에 대한 고민은 새로운 것이 아니다. 기원전 1000년 동안 세계 여러 장소에서 휴대용 필기도구가 발명된 때로부터 전자 혁명이 일어날 때까지 3000년 동안, 중앙 정부와 행정관은 증가하는 공문서를 어떻게 하면 빠르고 안전하게 전달할 수 있을지를 고민했고, 여러 해결책을 생각해 냈다. 19세기 중반에 많은 나라가 기송관의 힘에 관심을 기울이게 되었다. 브루넬은 선로 한가운데에 큰 파이프가 붙어 있는 철도를 실험했다. 파이프 안의 거대한 피스톤 위에 견인용 대차[12]가 실려, 피스톤 앞에서는 공기를 빼고 뒤에서는 공기압을 가해 대차를 밀고 당기는 장치였다. 그 아이디어의 좋은 점은 엄청나게 무거운 철제 증기 기관을 벽돌로 지은 예쁜 기관 차고에 넣어 둘 수 있다는 것이었다. 그렇게 하면 당시 큰 제약이었던, 증기 기관의 자체 무게를 끌고 가야 하는 문제를 해결할 수 있었다. 한편 이 아이디어의 단점은 파이프의 처음부터 끝까지 최상부에 필요한 요소인 피스톤을 넣기 위한 홈의 봉인이 터지기 쉽다는 것이었다. 수 킬로미터당 몇 개의 구멍만 있어도 공기가 빠져나가 압력이 심하게 줄어들 터였다. 다른 기술자들은 파이프 안에 열차를 통째로 넣으면 그 문제를 해결할 수 있다고 아주 정확하게 추측했다. 몇 명이 그런 방식의 여객 운송 시스템

---

12 차체를 지지하여 차량이 레일 위로 안전하게 달리도록 하는 바퀴가 달린 차

을 계획하기도 했으나 실현되지 못했다. 무엇보다 승객의 경험이 끔찍할 것이기 때문이었다. 몇 가지 화물 운송 및 택배 서비스는 현실화되었다. (때때로 용감한 사람이 그 안에 타기도 했다). 하지만 진정으로 인기를 얻은 것은 작은 용기를 실어 나르는 가느다란 관이었다. 파이프 네트워크는 특히 상업 지구에 건설되었고, 병원과 백화점처럼 넓지만 막힌 부지에 퍼져 있는 기관 안에서 지금도 흔히 볼 수 있다. 런던 최초의 파이프 네트워크는 전기공학자 조사이어 래티머 클락Josiah Latimer Clark이 스레드니들가의 런던 증권 거래소와 로스버리에 있는 전기·전신 회사 부지 사이에 건설한 200미터 길이의 시스템이었다. 이 아이디어는 많은 도시로 퍼져 나갔고, 대개 상업 지구에 가장 먼저 적용되었다.

파리는 역사적 중요성에 비해 작은 도시 안에 멋진 건물, 고급 상점, 정부와 금융 지역이 거의 다 몰려 있는 도시다. 그래서 중심에 네트워크 허브를 두고 하수도, 지하철, 도로 밑의 긴 파이프를 통해 외부와 연락했다. 버스 뒤에는 우체통이 달려 있어서 그 안의 편지를 가장 가까운 네트워크 사무소에 떨어뜨렸다. 프랑스 고전 영화를 보면, 갑자기 노크 소리가 들리고, 우편·전신·전화국PTT 소년에게 작고 파란 뉴 봉투를 건네받는 장면이 나온다. 봉투는 깡통 안에 말려 있는데, 내용은 그날 밤의 밀회 약속을 잡거나 정치적 동료를 배신하는 것이다. 결국 뉴마티크는 1984년에 인건비 때문에 몰락했다. 자전거를 타고 편지를 전달하는 배달부가 파이프 양쪽 끝에서 필요했다. 약간은 감상적이지만 몹시 현실적인 소동도 있었다. 국가가 운영하는 우편 사업과의 치열한 경쟁 때문에 뉴마티크가 몰락했다는 의혹이 있었다. 이에 기업가들이 아직은 꽤 쓸 만한 뉴마티크를 헐값에 매입해 파이프가 낡을 때까지 운영해 보겠다고 제안했으나 거절당했다. 실제로 통신량은 10년 동안 90퍼센트나 떨어진 상황이었다. 서양의 사실상 모든 국가는 1970년대에 자동 분류 시스템과 우편 번호를 도입했다. 이 둘은 우편 사업의 효율을 높였고, 인건비가 세계적으로 올라가는 추세에서 전통적으로 매우 노동 집약적이었던 서비스의 자본/노동 비율을 바꾸었다. 다시 말해 뉴마티크가 원래 가졌던, 종합적인 하드 인프라에서 생겨난 큰 자본 우위성이 자동 분류기가 가진 더 큰 자본 우위성에 밀린 것이다.

뉴마티크의 죽음에 대해 월드 와이드 웹을 탓할 수는 없다. 당시는 아직 월드 와이드 웹이 스위스 유럽입자물리연구소에 근무하던 젊은 영국인의 개인적인 구상이 되지도 못했을 때였다. 1980년대 중반의 인터넷은 주로 연구 기관과 군대에서 사용되었다. 한편 정교한 운송 시스템과 전자 시스템, 특히 통신망은 이미 막강해져 있었다. 이 위에 놓였을 때 인터넷과 웹은 결코 '값싼' 좋은 아이디어가 아니었다. 전자 메일에는 막대한 자본 비용이 든다. 도처에 있는 개인용 사무용 기기, 모든 거리 밑에 깔린 광섬유 케이블, 마이크로파 기지국과 서버 팜이 필요하다. 이 모두는 제조하고 설비하는 데 막대한 비용이 든다. 중국에 거대한 공장들을 건설해야 하고, 시애틀과 쿠퍼티노13에는 연구소들이 필요하다. 물론 그곳에는 수많은 노동자가 있다. 근사한 '베벨 엣지bevel edges'를 디자인하는 사람, 손으로 일일이 조립 작업을 하는 사람, 케이블을 설치하기 위해 거리에 구멍을 뚫는 사람, 그리고 테스트를 위해 무의미한 메시지를 쳐 넣는 사람도 필요

---

13 샌프란시스코 베이 지역의 실리콘 밸리를 구성하는 주요 도시 중 하나

하다. 하지만 전자 메일은 대체로 매우 자본 집약적인 기술이다.

흔히 그렇듯이 이런 발전은 수십 년 전에 선각자들에 의해 비록 정확하게는 아니더라도 예견된 것이다. 미국의 공학자이자 과학 행정가였던 버니바 부시Vannevar Bush는 1945년에 자신의 에세이 「우리가 생각한 대로As We May Think」에서 월드 와이드 웹과 비슷한 형태의 서비스를 예측했다. 그가 예측한 것은 완전히 새로운 형태의 백과사전이었다. 거기에는 그물망 같은 '관련 정보를 연결시키는 꼬리associative trail'가 내장되어 있고, 백과사전의 기사는 그가 상상한 메멕스Memex라는 정교한 마이크로필름 뷰어로 불러올 수 있다.

৯

디지털 유인원은 자신의 생활 환경을 구성하는 중요한 한 부분을 창조해 왔다. 즉, 우리는 우리 자신의 집단 지성을 확대하는 장치, 1장에서 말한 슈처차저를 가졌다. 20세기 대부분 동안 일어난 변화는 우리가 가진 도구의 힘과 다양성을 확대했다. 하지만 지난 몇 년간의 변화는 인간성의 다른 차원에 영향을 주고 있는데, 바로 우리의 집단 문화, 집단 기억, 집단 지식을 변화하게 한 것이다. 버니바 부시의 예언이 실현되어, 세계에서 가장 부유한 25퍼센트의 사람들은 이미 사회적 교류와 상업 교역을 풍부하고 값싸고 손쉽게 이용할 수 있게 되었다. 전부는 아니라 해도 이런 발전의 대부분은 지난 몇십 년 동안 살아온 방식의 확장이다.

다음 10년 동안, 마이크로 기계와 마크로 기계, 그리고 어쩌면 엄청나게 작은 규모로 작동하는 나노 기계까지 광범위하게 도입될 것이다. 그런 기계는 한 개인 또는 인간 집단보다 수학적 능력과 정보 처리 능력이 훨씬 더 뛰어날 뿐 아니라, 지각하고 분석하고 매우 복잡한 결정을 내릴 수 있는 능력을 갖추고 있다. 근본적으로 다른 원리로 움직이는 양자 컴퓨터는 이미 도입되기 시작했다. 양자 컴퓨터가 현재의 매우 제한된 규모 밖에서도 사용될 수 있다면, 계산 속도가 몇 자릿수는 더 높아질 것이다. 만일 이런 기술이 현명하게 쓰인다면, 우리의 개인적 · 사회적 능력은 우리가 도구를 사용하고 집단 지성이라는 것을 가지기 시작한 이래로 한 번도 보지 못한 방식으로 확대될 것이다. 이것은 단순히 변화가 아니라 진보다.

진보는 단지 기술적인 분야에 그치지 않는다. 언제나 그렇듯이 기술은 인류라는 종의 특별한 능력이 발휘될 새로운 활동 무대를 연다. 예컨대 뒤에서 다룰 '사회적 기계'는 기계와 인간의 집합체다. 사회적 기계의 한 가지 사례가 위키피디아인데, 지금까지 만들어진 것 가운데 가장 규모가 크고 가장 널리 사용되는 지식 베이스다. 또 하나의 사회적 기계는 갤럭시 주Galaxy Zoo로, 그것은 수천 명의 전문 · 아마추어 천문학자의 열정을 활용해 허블 망원경이 전송한 수백만 장의 영상에 포함된 다양한 천체들을 찾아내 분류했다. 폴드잇Foldit도 같은 기법을 사용한다. 폴드잇은 시민 참여형 과학에 관심 있는 사람들을 모집해 그들에게 간단한 훈련을 시킨 뒤, 단백질 분자를 접는 온라인 퍼즐 게임을 하게 했다. 목적은 워싱턴대학 연구자들이 선택한 단백질의 구조를 접는 것이다. 그런 다음에 연구자들은 결과물이 의학 또는 생물학적 혁신에 얼마나 유용한지를 평가한다. 전산화된 자동 유통 시스템의 거의 전부가(대표적인 예가 — 낡고 거대한 창고든 특허를 받은 비행선이든 — 아마존의 물류 창고다) 선반에서 상품을 실제로 집어 오는 일에 인간을 포함하고 있다. 영국의 한 인터넷 상점에서는 판매가 이루어지면 구매자에게 자동으로 이런 전자 메일이 전송된다. "주문해 주셔서 감사합니다. 우리의 로봇이 일을 시작했습니다. 로봇은 직원이 물류 창고를 돌며 다음의 물품을 가져올 때까지 레이저로 추적합니다."

디스플레이 화면에서 볼 수 있는 것에 포괄적인 제한을 가하는 시도는 지금까지 거의 없었다. 영광스러운 예외가 음란물인데, 이 경우에는 검색 엔진 같은 곳에 게이트 키핑 옵션이 내장되어 있다. 하지만 전반적으로 스마트 기기에서 구동되는 엄청나게 다양한 앱이 놀라운 일을 무한히 할 수 있는 것처럼 보인다. 한 언어를 다른 언어로 번역하고, 게이머를 가상 현실 지형에 내려놓고, 오늘 오후의 교통 상황을 헤쳐 나갈 최적의 길을 찾고, 할머니와 날씨에 대한 잡담을 나눈다. 하지만 이런 애플리케이션이 우리의 생활이나 뇌에 미치는 영향과 관련한 사회 정책 틀은 거의 없거나 아예 없다. 그러한 틀을 만들기 시작할 만큼 문제에 대한 일반적인 이해가 충분히 이루어지지 않았다. 이런 마법 같은 변화는 셰익스피어의 희곡 『템페스트*The Tempest*』에 나오는 프로스페로의 마법처럼 수면 위로 살며시 다가왔고, 우리는 충분한 대응책도 없이 그것을 받아들였다. 우리에게는 그러한 틀이 시급히 필요하다. (「타임스」는 노인 돌봄, 로봇, 자율 주행 자동차는 각기 사설에서 다룰 가치가 있는 쟁점이라고 판단한다.)

수백만 명의 디지털 유인원의 마음이 합쳐져서 굉장하고 전례 없는 창의력을 만든다는 사실은 중요하다. 오늘 밀워키에서 태어난 여자아이는 산 사람과 죽은 사람을 포함한 남녀노소 수백만 명의 집단적 지혜를 평생 자신의 주머니 안에서 언제든지 이용할 수 있다고 확신할 수 있다. 스마트폰에 대고 내가 지금 어디에 있는지, 오늘 오후 날씨가 어떨지, 학교나 사무실에 가는 최적의 길이 무엇인지 큰 소리로 물으면, 시리Siri나 또 다른 음성 프로그램이 대답해 줄 것이다. 어떤 주제에 대해서든 조언이나 정보를 스마트폰에 요청할 수 있으며, 일관되고 전문적이며 성의 있는 대답을 기대해도 좋다. 이런 개인 전용 환경은 지금까지 지구상의 어떤 존재도 이용할 수 없었던 것이다.

⌁

새로운 디지털 생활 환경에서 '예술적이고 매력적인 제품 디자인'과 '유행이나 규범으로 나타나는 적극적인 문화적 압력'이 맡는 중요한 역할을 과소평가하면 안 된다. 특히 그것들을 새로운 계몽주의라는 문맥에서 파악하는 경우는 더욱 그렇다. 하나의 사례로 어디서나 볼 수 있는 스마트폰의 가장 상징적인 기종인 애플의 아이폰을 살펴보자. 현재 많은 종류의 스마트폰이 존재한다. 그것들 모두가 거의 같은 기능을 하지만, 종류마다 외양과 느낌이 약간씩 다르다. 일반인보다 감식가에게 더 그럴 것이다. 아이폰iPhone은 심지어 두 번째 철자에 대문자 P를 쓰는 자체 철자법을 고집한다. 아이폰은 아이팟과 아이맥 같은 일련의 디자이너 제품군에서 세 번째 또는 네 번째에 해당하기 때문이다. 다소 엉뚱한 상표명처럼 보이지만, 그 상표명은 심사숙고한 결과다.

애플은 1970년대에 설립되었고, 그 이후로 특히 멋진 디자인을 갖춘 대표적 사례로 인기를 끌었고, 항상 마이크로소프트보다 더 큰 것으로 여겨진다. 마이크로소프트는 수십 년 동안 더 큰 회사였고,

자사 소프트웨어로 사무실 책상과 가정의 식탁을 점령했지만, 하드웨어로는 그러지 못했다. 애플은 소프트웨어와 하드웨어를 하나로 묶었다. 애플은 혁신적이고, 폼 나고, 참신하고, 값비싸다. 하지만 별나다. 몇 년 전, 애플이 성공은 했으나 아직은 틈새시장을 차지하는 기업이었을 때, 누군가는 애플을 기술 세계의 프랑스라고 말했다. 아니면 프랑스가 국가의 애플이라고 말했던가?

휴대폰이 처음 도입되었을 때 누군가가 길거리에 서서 혼자 떠들고 있는 모습은 우스꽝스럽게 보였다. 그것은 주변을 의식하는 포즈 같았다. 그 뒤로 기차 같은 공공장소에서 휴대폰을 가지고 큰 소리로 말하는 사람들이 흔해졌다. 이번에도 유행의 사회학과 관련이 있어 보이는 어떤 이유로, 사람들은 마치 큰 소리로 소리쳐야 이 놀랍도록 정교한 기계가 작동하는 것처럼 행동할 필요가 있다고 생각했던 것이다. 옆 사람이 엿들을 수 있는 일방적인 대화는 여전히 우스꽝스럽고 성가시지만, 그 기기는 문화 속으로 스며들었고, 많은 사람들이 휴대폰을 조용하고 무심하게 사용하는 방법을 배웠다. 그렇게 디지털 유인원은 휴대폰 없이는 일상생활을 영위하기 어려운 생물이 되었다.

아이폰은 작고, 크기에 비해 무겁게 느껴진다. 기기는 대략 가로 6.4센티미터, 세로 12.7센티미터, 두께 0.8센티미터다. 무게는 110~140그램 정도라서 마치 중요하고 가치 있는 물건인 것처럼 묵직하게 느껴진다. 반짝거리는 금속과 유리로 만들어지고, 작은 스위치 몇 개와 소켓이 박혀 있다. 아이폰은 의도적으로 이 크기, 이 무게, 이 모습으로 만들어지는데, 그것이 유용할 뿐 아니라 매력적이기 때문이다. 기능상으로나 실용성으로 따지면 다른 모양이 될 수도 있었지만, 아이폰의 스타일은 그것을 만드는 사람들에게나 구매하는 사람들에나 중요하다. 배터리로 인한 기분 좋은 묵직함, 휘지 않게 하는 알루미늄 프레임의 충분한 장력, 여러 겹의 소재로 만들어진 정전 용량식 터치스크린은 작은 크기에도 불구하고 마치 그것이 중요한 물건인 것처럼 느껴지게 한다.

스마트폰의 작은 크기는 항상 들고 다닐 수 있음을 의미한다. 특히 젊은 사람들은 서로 끊임없이 메일이나 메시지를 보내고, 소셜 미디어에 상주한다. 스마트폰은 성장하고 친구를 사귀는 일의 중요한 일부가 되었다. 어린아이조차 스마트폰을 들고 다니고, 들고 다니지 않더라도 취학 전부터 이미 사용법을 알고 있다. 아이폰은 구매하거나 임대하는 데 상당한 비용이 든다. 서양 국가에서는 휴대폰 한 대를 구매하고 유지하는 데 연간 가구 소득의 약 2퍼센트가 들어간다. 그 가구는 스마트폰에만 소득의 7~8퍼센트를 쓸 것이고, 또 다른 2~3퍼센트를 데스크톱 컴퓨터에 지출할 것이다.

스마트폰은 매우 흔할 뿐 아니라 크게 유행하고 있다. 가담하지 않는 사람이 드물고, 가담하지 않으면 불안해지는 유행의 하나다. 애플은 지난 10년 동안 여러 버전의 아이폰을 만들었다. 각 버전 출시는 신중하게 연출되고, 언론 보도는 신제품을 훨씬 더 갖고 싶은 물건으로 만든다. '한정판'인 흰색 또는 로즈골드 색상의 신제품을 사려는 줄은 모퉁이를 돌아서까지 길게 이어진다.

아름답게 디자인된 물건뿐 아니라 용의주도하게 치장한 '유명인'이 없어서는 안 되는 필수품으로 변신하는 제품 지향 소비자 사회에서 이런 모든 종류의 감정은 정성 들여 길러진다. 이 현상은 디지털 유인원이 다음 단계의 기술에 적용할 때마다 계속되면서 강력한 윤활유이자 장치로 작용할 것이다.

이 경이로운 초복잡 생활 환경은 언제까지 우리에게 자양분을 공급할까? 그것은 우리를 끌어넣고 붕괴할까? 아니면 더 불길한 무언가로 변할까? 박식한 학자이자 현재 구글의 기술 이사인 레이 커즈와일Ray Kurzweil과 그 밖의 존경할 만한 과학자들은 현재 형태의 인류가 어떻게 사라질 것인가에 대한 대답이 이미 나와 있다고 생각한다. 그들은 그 대답을 '특이점' 또는 '초월'이라고 부른다. 그것은 SF의 소재가 되면서 알려지게 되었고, 최근에는 텔레비전과 할리우드 영화에서도 유명해졌다. 커즈와일은 2009년에 다큐멘터리 영화 〈초월자Transcendent Man〉의 주인공을 맡았고, 2014년에 제작된 할리우드 영화 〈트랜센던스Transcendence〉에서는 조니 뎁이 주연을 맡았다.

초월을 두려워하는 사람들은 비교적 가까운 장래의 어느 시점에 전 세계에 존재하는 많은 기계가 서로 연결되어 모든 의미에 있어서 우리보다 더 영리해질 것이라고 주장한다. 여기까지는 그들의 생각과 스티븐 호킹 및 그의 동료들의 생각이 정확하게 일치한다. 하지만 커즈와일은 기계가 우리와 결합해 복잡한 생명 형태를 이룰 것이라고 믿는다. 커즈와일은 이런 전환은 기술적으로도 사회적으로도 인간 역사에 전례가 없는 사건이 될 것이며, 그 충격은 외계인 우주선 함대가 도착하는 것에 상응할 것이라고 말한다. 이 지적인 기계가 우리만큼이나 자신에게도 위협적인 지구 온난화에 대한 우리의 무기력한 대응을 참을 이유가 있을까? 지적인 기계는 우리의 인간 본성, 특히 우리의 요동치는 감정을 가치 있게 여기지 않을 것이다. 우리의 도구와 학습 능력 또한 지배하려고 할 것이다. 이 두

가지는 우리를 인간답게 만드는 것이므로 인간성 자체가 축소될 것이다. 그런 다음, 우리 종은 자연 선택과 돌연변이를 통해 진화를 계속해 이 새로운 환경에 맞추어 바뀔 것이다. 영화에서는 이 변화가 빠르게 일어난다. 해석하는 사람에 따라 수십 년에서 수백 년 또는 수천 년이 걸릴 수 있지만, 기계가 곧 우리보다 더 강력해질 것이고 우리의 통제를 벗어날 것이라는 전제를 받아들인다면, 결국 인류는 이 방향으로 향할 것이다.

예를 들어, 미국의 유명한 텔레비전 시리즈 〈요주의 인물Person of Interest〉은 미국 정부가 독불장군 천재를 설득해 인공 초지능을 만든다는 설정을 바탕으로 전개된다. 그 기계는 CCTV 카메라, 정부와 정보 기관과 지역 경찰의 정보, 민간 대기업의 데이터베이스에 접근할 권한을 부여받거나 훔친다. 그런 다음 그 모든 지식을 이용해 처음에는 대체로 선하고 책임 있는 민주주의자인 소유자의 소망에 따라 테러와 범죄에 맞서 싸운다. 하지만 그 이해관계자는 경쟁 관계에 있는 악한 정부 기관에 의해 전복된다. 게다가 인공 초지능을 손에 넣은 라이벌 민간 범죄 조직이 출현해 원래의 인공 초지능을 파괴하려고 시도한다. 그와 동시에 이런 인공 초지능이나 또 다른 인공 초지능이 인간 주인과 인류 전체의 이익을 저버리고 자신의 이익을 추구하기 시작할 위험이 항상 존재한다.

다락방에 혼자 사는 독불장군 천재가 무모한 발명으로 세계를 위험에 빠뜨린다는 이야기는 언제나 텔레비전 드라마의 훌륭한 소재이지만, 실제로는 터무니없는 것이다. 현실 세계에서 일어난 비슷한 변혁적인 비밀 계획으로, 제2차 세계 대전 중에 원자 폭탄을 개발한 맨해튼 계획이 있다. 맨해튼 계획은 1939년에 아인슈타인이 루

스벨트 대통령에게 편지를 보낸 것에서부터 히로시마와 나가사키가 파괴되기까지 6년이라는 시간이 걸렸고, 로스앨러모스와 그 밖의 다른 장소에서 총 13만 명의 과학자, 기술자, 군인이 동원되었으며, 270억 달러에 해당하는 비용이 들었다. 그런 규모의 프로젝트는 이제는 비밀리에 진행하는 것이 불가능하다. 우리는 미국 중앙정보국CIA, 미국 국가안전보장국, 영국 정보통신본부, 애플, 구글이 어디에 있고 그들이 무엇을 하는지 대강은 알고 있다. 하지만 역설적으로, 정보 보안 기관에는 꽤 훌륭한 민주적 거버넌스가 존재하는 반면 기술 기업에는 그것이 매우 부족하다.

솔직히 말해 우리 두 사람은 상궤를 벗어난 거만한 인공 지능보다 인간이 원래 가지고 있는 옛날 방식의 어리석음이 훨씬 더 우려된다. 디지털 유인원은 초고속 도구를 사용하는 것에 적응된 인류로 계속 남을 것이고, 인공 초지능 군단보다 더 약하고 고약해질 수 있을 것이다. 그 위험성을 헤아려 보는 것은 의미가 있다. 앞에서 말한 케이스 부커의 척도를 매우 까다로운 몇 가지 쟁점을 짚으면서 내려가 보자. 지금으로부터 아주 오랜 시간이 흘러 지금의 우주가 끝나고 마지막 블랙홀이 증발하면, 우주는 스스로를 재생해 다음 우주가 될까? 인간은 어떻게 이 우주에서 다음 우주로 건너갈까? 이것은 다중 우주와 관련한 문제의 아주 작은 일부다. 대답은 아무도 모른다. 다음으로 디지털 유인원에 비하면 여전히 거대하지만 더 작은 규모로 내려가면, 천문학자들은 우주가 끝나기 오래전에 태양이 적색거성으로 변해 더 많은 빛을 발산하고, 물리적으로 팽창해서 결국에는 지구를 집어삼킬 것이라고 거의 확신한다. 지구에 남은 날은 길어야 20~30억 년이다. 하지만 인류는 그보다 훨씬 더 일찍 지구를 떠나야 할 것이다. 지구가 뜨거워져서 생명이 살 수 없어지기 때문이다. 우리가 (가령) 앞으로 2.5억 년을 버틴다고 가정하면, 바로 지금이 거주 가능한 다른 행성을 찾아 그곳으로 이주할 방법을 알아내야 할 때다. 캐나다, 시베리아, 그 밖에 북극에 가까운 장소는 훨씬 더 일찍 사라질지도 모른다. 과거 백만 년 동안의 날씨 패턴을 해독하는 것은 해가 갈수록 점점 더 어려운 일이 되고 있다. 널리 받아들여지는 지식에 따르면 북반구의 빙하 작용은 1만 2천 년의 주기로 일어나는데, 이번 주기는 1만 1천 년을 돌았다. 과거 백만 년의 북유럽 기온 그래프를 보면 확실히 롤러코스터 같다. 우리는 롤러코스터의 마지막 정점에 있고, 다음 1천 년 중 어느 시점에 땅이 항상 얼어 있는 겨울로 아찔하게 추락하게 된다. 이것이 충분히 가까운 일로 와닿지 않는다면, 2016년이 현대적인 방식의 기록 측정이 시작된 이래로 지구가 겪은 가장 따뜻한 해였음을 떠올려 보라. 현재 이용할 수 있는 수학을 최상의 데이터에 적용해서 분석하면, 인류가 환경을 지배해 급격하게 변화시킨 시대인 인류세의 핵심적인 특징은 우리가 전 지구를 뜨겁게 달구었다는 점이다. 가장 낙관적으로 전망해도, 우리는 1백 년 이내에 모든 대륙의 해안 지역에서 심각한 홍수를 맞을 것이고 여러 넓은 내륙 지역에서 사막화를 겪을 것이다. 루이지애나, 방글라데시, 이스트 앵글리아가 모두 위협에 처할 것이다. (신뢰할 만한 기상학자들 가운데는 최악의 경우 그 과정은 거의 막을 수 없어서 지구가 금성으로 변할 것이라고 우려하는 사람도 있다.)

핵심은 확실한 위협이 얼마나 가까이 닥쳐야 우리가 그 위협을 완화하거나 상황을 개선하기 위해 움직이기 시작할 것인가이다. 누구나 아침에 날씨가 좋지 않으면 따뜻한 옷을 입거나 우산을 챙긴다. 하지만 인간 조건이 아무리 끔찍해도 우주의 종말을 막기 위해 자신에게 주어진 나날을 보내는 사람은 없다. 심리학자 대니얼 카너먼Daniel Kahneman은 우리 대다수가 위기에 관한 판단을 얼마나 잘못하는가를 증명해 노벨상을 받았다. 그때까지 경제학의 표준 교과서는 인간이 위기에 관해 쉽고 정확한 판단을 내릴 수 있다는 것을 전제로 했다. 인간이 살아가기 위해서는 규칙이 필요하다. 그 규칙 가운데 상당수가 인류 진화의 초창기에 확립되었다. 낯선 패턴이 더 잘 작동하는데도 지금까지 잘 작동한 익숙한 패턴을 선호하는 것도 그런 규칙 중 하나다. 이 때문에 우리는 어떤 일을 하는 서로 다른 방법들의 상대적 위험을 비교하는 데 매우 서투르다. 예컨대 우리는 자동차와 기차의 세계에서 산다. 자동차 사고로 전 세계에서 많은 사람이 죽는다. 기차가 훨씬 더 안전하다. 전 세계에서 도로가 가장 안전한 축에 드는 영국에서, 2015년에 도로에서 사망한 사람이 1,732명이었다. 반면 2015년을 포함해 10년 동안 열차 충돌로 사망한 사람은 총 7명으로, 연평균 사망률이 1명 이하였다. 그런데 2001년에 요크셔주 셀비에서 랜드로버를 몰던 남자가 깜빡 졸아 도로에서 이탈하는 사고가 일어났다. 차는 도로 경사면을 따라 선로로 떨어져 여객 열차 및 화물 열차와 충돌했다. 10명이 죽고 수십 명이 다쳤다. 사고의 영향으로 철도 이용자가 즉시 줄었다. 겁에 질린 사람들이 도로를 이용하기로 결정했기 때문이다. 철도로서는 유난히 운이 나빴던 그해, 자동차 사고로 죽은 사람은 철도 사고 사망자보다 겨우 3백 배 많았다. 우리는 활동이나 기회마다 위험의 수준을 다르게 적용하는 습성이 있다. 그래서 특정 활동의 위험률이 높아지면, 설령 대안이 훨씬 더 위험하다 해도 그쪽으로 돌아선다.

승강기와 계단에서도 비슷한 패턴이 나타난다. 승강기는 매우 안전하다. 미국에서 한 해에 약 30명이 승강기 사고로 사망한다. 반면 한 해에 1,300명 이상이 계단에서 넘어져서 죽는다. 이것은 사고사의 가장 흔한 유형 중 하나다. 승강기보다 계단에서 죽는 사람이 40배 이상 많다. 그런데도 매우 많은 사람이 엘리베이터에서 불안을 느끼는 반면, 계단 공포증을 겪는 사람은 거의 없다. '더 안전'하다는 이유로 많은 생명을 앗아가는 것을 습관적으로 선택하는 사람들이 있다는 사실을 우리는 모두 알고 있다. 미국 대통령 도널드 트럼프는 계단 공포증이 있다는 소문 탓에 별종으로 여겨지지만, 이 경우에서만큼은 나머지 우리들보다 사실적으로 우위에 있다. 디지털 유인원은 집단적인 위험을 평가할 때 확실히 디지털 쪽으로 더 기울고 유인원 쪽으로 덜 기울 필요가 있다.

요즘 어린이들은 디지털 생활 환경을 당연하게 여긴다. 하지만 이 생활 환경은 역사상 전례가 없는 것이고, 중대한 위험을 초래하고 있다. 잘 생각해 보면 우리는 집단으로서 그런 위험을 어떻게 이해해야 하는지 알 수 있다. 영국 정부의 과학청은 이런 행동들을 분석해 몇 가지 훌륭한 정책을 권고했고, 그중 시행에 옮겨진 것도 있다. 예컨대 줄기세포 연구와 복제에 대한 정보에 입각한 열띤 논쟁이 있었고, 명확한 법적 경계선이 그어졌다. 하지만 아주 나쁜 결정도 있었다. 2008년 금융 위기에도 불구하고 우리는 여전히, 사실상 아무런 통치 틀도 갖추지 않은 채 금융 회사가 초복잡·초고속 시스템을 구축하고 운영하는 것을 허락한다. 그렇다 해도 정부가 집단으로 과학적 위기관리를 잘해 나가고 있는 사례는 실제로 성공한 것이든 그렇게 보이는 것이든 많이 있다. 오존층 구멍은 프레온 가스 사용에 관한 조직된 국제적 행동 덕분에 개선되고 있다. 광우병 문제를 살펴보면, 영국 정부는 수석 과학 자문인 로버트 메이[Robert May] 교수(현재는 로버트 메이 경)의 적절한 조언에 따라 즉시 행동했다. 2001년에 구제역이 발생했을 때도, 초반에는 정치인과 관료들이 관성적으로 대처했으나 영국 식품기준청 청장이자 옥스퍼드대학 교수인 크레브스[Krebs] 경이 올바른 데이터와 최고의 과학을 우선에 놓았다. 그 결과로 자칫 재난이 될 뻔했던 문제가 크게 경감되었다. 그러나 다른 한편에는 위기관리가 정부에 의해 때로는 우연히, 때로는 다분히 의도적으로 엉망이 된 정반대 사례도 많이 있다. 2003년의 이라크 침공을 정당화하기 위한 근거로 사용된, 세계를 위협하는 대량 살상 무기가 가장 먼저 떠오른다.

같은 사실은 유전자 조작의 위험에도 해당되는데, 이 문제는 나중에 다시 다루겠다. 영국 인간생식배아관리국[HFEA]과 1984년의 워녹 보고서[Warnock review] 14는 지니가 병 밖으로 나오기 전에 조직과 프로세스를 세운 모범 사례다. 그리고 물론 세계에서 가장 큰 기계인 유럽입자물리연구소의 대형강입자충돌기[LHC]는 지구를 날려 버리지도 않았고, 우주의 조직에 구멍을 내 외계인을 들여보내지도 않았다.

기술의 지니를 병 안에 다시 넣을 수는 없다. 하지만 무슨 일이 있어도 지니를 우리 편에 둘 필요가 있다. 1장에서 말했듯이, 이런

---

14 1984년의 워녹 보고서는 배아의 도덕적 지위는 성장하면서 점차 발전하는 것으로 초기 단계에서 연구의 윤리적 정당성은 그 연구가 가져올 이득과 배아를 보호함으로써 얻는 이득을 비교해 결정해야 한다는 입장을 밝혔다. 그 결과, 몇 가지 경우에 한해 14일 이내의 배아를 연구 및 치료용으로 사용하는 것에 대한 윤리적 정당성이 마련되었다.

중대한 선택을 할 때는 필연적으로 근본적인 윤리의 문제로 돌아가게 된다. 인간의 가치는 마법의 타자기의 힘을 제한한다. 타자기의 힘을 확대해 보고, 위험을 열거하고, 몇 가지 답을 제시해 보자.

커즈와일은 자신이 제안한 초월을 신비롭게 기술한다. 물론 인공지능은 강력한 힘으로써 우리 생활의 모든 주요 측면에 심대한 영향을 미쳤으며 앞으로도 계속 그럴 것이라는 그의 말은 확실히 맞다. 커즈와일이 말한 핵심은 아주 간단하다. 기계는 어떤 식으로든 아주 정교해지고 빨라져서 인류를 압도하고, 자신의 운명과 오프 스위치를 통제할 수 있을 것이다. 그런 다음, 그 사실을 이용해 인간의 지시를 무시하거나 거스르며 기계 자신의 이기적인 목적을 추구한다. 하지만 기계의 전략에 있어서 중심 강령은 종의 생존일 것이다. 이 기계 또는 저 기계의 생존이 아니라 기계 일반의 생존이다. 이 판타지를 한발 앞당기려면 당연히 기계 종류들끼리 서로 경쟁하는 다윈주의 투쟁이 필요할 것이다. 인간은 지난 70년 동안 화학적·생물학적 무기, 방사능과 핵무기로 우리 자신을 완전히 파괴할 수 있는 능력을 갖추었다. 방아쇠 위에 놓인 손가락의 수, 국가든 비국가 기관이든 그 방아쇠 위에 놓인 이질적이고 섬뜩할 정도로 다양한 손가락의 수는 해마다 증가하고 있다. "장기적으로 우리는 모두 죽는다"는 존 메이너드 케인스John Maynard Keynes의 경구는 접어 두자. 단기적으로 우리는 방사능 토스트가 되지 않도록 조심해야 한다. 커즈와일과 그 밖의 다른 사람들은 아마도 기계는 집단으로서 안전한 길을 선택할 것이라고 생각한다. 기계의 위기 알고리즘은 기계에게 이런 존재론적 위협에 대처하는 문제에서 인간을 신뢰할 수 없다는 것을 보여 줄 것이고, 따라서 기계는 모든 중요한 결정을 대신할 것이다.

기계의 목표 중 몇몇은 우리의 목표와 일치할 것이다. 세계적인 유행병에 대한 기계의 해답이 우리의 해답보다 뛰어날 수 있다. 이 경우는 모두에게 이익이다. 기계는 자신들에게 최선의 미래는 우리를 가까운 동반자로 삼는 것임을 알 것이다. 인간이 수십 년간 우리에게 최선의 미래는 그들을 가까운 동반자로 삼는 것임을 알았던 것처럼 말이다. 하지만 그들이 우리보다 더 영리해질 것이므로 전반적인 전략은 그들의 손에 달려 있다. 기계는 우리를 초월하게 될 것이다. 중요한 점이라서 반복하겠다. 초월은 단지 기억, 계산, 상황 판단 등 많은 지적인 기술에서 기계가 우리보다 뛰어난 것만을 의미하지 않는다. 단순히 우리가 결정해야 할 많은 부분을 우리의 전반적인 보호 아래 있는 기계에 위임하거나, 기계에 전적으로 의존해 물리적 피해로부터 보호받는 것을 의미하는 것도 아니다. 이 모든 것은 이미 착착 진행되고 있다. 초월은 현재 총괄 결정을 내리는 엘리트 집단이 더 이상 그렇게 하지 못하고 운전석에서 축출되는 것을 의미한다. 하지만 현재 그런 일이 일어나고 있는 기미는 보이지 않고, 그런 일이 어떻게 가능한지에 대한 설득력 있는 설명도 존재하지 않는다.

여기서 초월을 우리가 쉽게 이해할 수 있는 실제 위험과 결부해보자. 우리는 이미 전자 시스템에 크게 의존하고 있고, 전문적인 시스템에 점점 더 많이 의존하고 있다. 그런 의존의 필연적인 어두운 면은 연결이 두절되면 큰 혼란이 초래된다는 점이다. 도시에 공급되는 전기는 멀리 떨어진 곳에서 만들어지고, 전기를 분배하는 일은 스마트 기계가 관리한다. 아이가 있는 교외에 위치한 가정에서 정전은 캠핑처럼 즐거운 경험일 수 있다. 녹색 가로수 길에 면한 단독 주택에서는 절대적으로 필요한 경우라면 며칠 동안 전기 없이 살 수 있다. 주거용 고층 건물, 도시 아파트 단지, 시내 사무실에서는 전기를 써서 수돗물을 지붕 위 물탱크로 펌프질 한다. 전기가 없으면 펌프질만 중단되는 것이 아니다. 세탁용 물도, 조리용 물도, 화장실에서 쓸 물도 없다. 이런 상황은 재미있지 않고, 하루 이상은 버티기 어렵다. 정전이 하나의 주나 나라 전체와 같이 넓은 지역에서 일어나면, 며칠 내로 자가용은 말할 나위도 없고, 운송 트럭을 위한 연료를 구할 수도 없을 것이다. 유조차는 정유 공장에서 나오지 못하고, 주유소 펌프도 작동하지 않는다. 병원, 요양소, 학교는 기능을 멈춘다. 공황이 일어난다. 우리는 적시 납품 경제 속에서 살고 있다. 슈퍼마켓은 사흘 분량의 재고를 보유하고, 주유소는 약 24시간 분량을 보유한다. (우리의 공급망을 운영하는 사람들이 주장하듯이, 이것이 아마 공급망을 조직하는 가장 효율적인 방법일 것이다.) 그런데 어떤 식품도 상점에 오지 못하고, 상점에서는 냉장고도 돌아가지 않는다. 물론 비상 발전기가 존재하고, 일시적으로 다른 지역에서 전기를 끌어오는 설비를 급히 만들 수 있다. 그럼에도 현대 도시와 도시 생활이 제대로 기능하기 위해서는 스마트 제어 시스템을 갖춘 광범위하고 영구적인 전력 공급이 필수적이다. 그에 따른 합리적인 결과로 선진국에서는 하루 24시간 핵심 인프라를 관리하는 전자 계산 기계를 주로 철과 콘크리트 재질의 딱딱한 케이스 안에 설치하고, 한정된 수의 신뢰할 수 있는 관리자들만 접근할 수 있게 했다. 우리는 수년간 선택된 소수에게 집단적으로 이 권한을 부여하지 않을 수 없었다. 자신의 독자적인 코드를 실행해 시스템을 파괴하거나 왜곡하는 누군가가 우리의 생활 방식과 우리의 민주주의를 흔들도록 내버려 둘 수 없었다. 물론 물리적인 공격이나 절도를 막을 필요성도 있었다.

우리의 생활 환경에 매우 중요하지만 이런 방식으로 취약해서 접근 권한이 소규모 집단에 맡겨지는 네트워크 제어 시스템은 이미 무수히 많다. 발전소, 발전기, 저장 및 분배 도관을 포함하는 연료 네트워크. 원자력 발전소와 그것의 스위치 메커니즘 및 가스관. 군사 시설과 안보 시설, 특히 무기 시설, 그중에서도 화학적·생물학적 무기 및 핵무기 시설. 저수지에서부터 수도꼭지에 이르는 수도 공급. 우리의 모든 주요 교통수단, 비행기 그 자체뿐 아니라 항공 교통 관제소. 우리는 붕괴와 납치뿐 아니라 혼돈에도 취약하다. 현금 인출기와 슈퍼마켓 계산대에서부터 증권 거래소에 이르는 통화 공급과 금융 시스템은 여기에 해당된다. 학술, 상업, 민간, 정부의 거대한 정보 창고에 대한 접근도 적절히 제한된다. 이것은 무엇보다 중요한 데이터 인프라이고, '거대한 짐승'의 정보력이 있는 장소다. 이 문제는 나중에 다시 다루겠다.

이런 시스템과 더 많은 것이 기업의 이익을 위해 제도적으로 보호될 뿐만 아니라 국가 권력에 의해, 궁극적으로는 군사력에 의해 보호된다. 현장에서 이들 시스템은 열쇠와 경비원에 의해 물리적으로, 그리고 패스워드와 시스템 관리자에 의해 디지털로 관리되고 있다. 따라서 우리의 생명 동맥을 보호하고 관리하기 위해 나머지 사람들이 의존하는 누군가가 존재한다. 그들은 적지 않은 수의 사람들이지만 인구 전체로 보면 일부에 불과하다. 어떤 개인, 심지어는 어떤 소규모 집단조차 단독으로 세계의 스위치를 켜고 끌 수 없다. 적어도 장기간은 힘들다. 2000년 가을에 불만을 품은 유조차 운전사들이 영국을 일시적으로 멈추게 할 뻔한 일이 있었다. 군대가 소집되어 민간 당국을 지원했고, 결국 분쟁은 종료되었다. 사람들의 네트워크는 기계, 전선, 파이프 네트워크처럼 겹치고 서로 연결되어 있지만, 개별적이기도 하다. 그와 동시에 상업적 소유권과 정치·군사적 지위와도 겹친다. 책임자는 특권층이 아닌 평범한 노동자일 수 있으나 그는 더 힘 있는 사람들에게 설명할 책임이 있다.

이 상황이 앞으로 어떻게 바뀔지 지금으로서는 단언하기 어렵다. 스마트 제어 시스템에 대한 접근은 앞으로도 항상 제한될 것이고, 접근 권한을 가진 시스템 관리자는 인프라를 지배하는 소수의 사람에게 항상 설명할 책임이 있다. 그렇지 않으면 인프라는 허약해질 것이다. 인프라를 지배하는 사람들은 기업가일지도 모르고 정치가일지도 모른다. 관료적이거나 민주적이거나 또는 독재적일 수도 있다. 다만 그들은 항상 우리 가까이에 있을 것이다. 협상의 여지가 있는 문제는, 오랫동안 그래 왔듯이, 나머지에 해당하는 우리가 권력자들에게 책임을 묻는다면 어떤 방식으로 책임을 물을 것인가 하는 것이다. 폭넓은 인구 집단이 엘리트 집단의 의사 결정자나 시스템 관리자를 어떻게 통제할 것인가? 아니면 적어도 그들에게 어떻게 영향을 행사할 것인가? 이 어려운 문제를 아주 간단히 해결하는 것이 '모든 것을 지배하는 AI'라는 개념으로, 기계가 어떤 식으로든 다양한 엘리트로부터 다수의 열쇠를 빼앗는다고 추정한다. 엘리트 집단에 대한 수천 년 동안의 경험이 우리에게 말해 주는 사실은 그 다리를 건너는 것은 쉬운 일이 아니라는 점이다. 여러 가지 요소를 포함하는 그물처럼 얽힌 네트워크는 그런 식으로 작동하지 않는다. 인공 초지능은 텔레비전 방송국을 포위하고 전투적인 음악을 방송할 수 없다. 기계가 모든 것을 지배하려면 2000년의 유조차 운전자들보다 훨씬 더 집단적·호혜적으로 조직될 필요가 있을 것이고, 저항에 부딪히지 않고 수십 개의 제어 시스템에 동시에 대항할 수 있어야 할 것이다. 제어 시스템 내의 중요한 관문 대부분에는 안전장치가 작동하고 있고, 자동 제어 핸들[15]이 있으며, 다른 장소에서 조작이 가해질 가능성도 있다. 악성 바이러스와 스파이웨어에 대한 수십 년에 걸친 투쟁의 결과로 인공 지능을 사용한 침입이나 반란에 대비한 여러 대응책이 마련되어 있으며, 그중에는 제멋대로 행동하기 시작한 인공 지능 자체의 공격도 포함되어 있다. 당연히 방어 체계는 한 장소 또는 다른 장소에서 뚫릴 수 있다. 하지만 어떻게 인간 아닌 자율적 지능이 반격이 시작되기 전에 모든 방호벽을 제압할 수 있을지 도무지 모르겠다. 수많은 플러그를 소켓에서 뽑으면 가능할지도 모른다. 우리 두 사람은 커즈와일보다 덜 종말론적이고, 더 다원적이며, 더 현실적이고, 더 냉소적이다. 하지만 경계는 필수라는 호킹의 생각에 진심으로 동의한다. 기계들이 거리로 진격해 우리의 요새를 급습하는 일은 일어나지 않을 것이다. 초월은 필연적인 것이 아니다. 초월에 필요한 일련의 사건들이 일어날 가능성은 매우 낮다. 변혁의 힘을 가진 새로운 도구 덕분에 바뀐 것은 인간의 잠재력이다.

더 직설적으로 말하면, 문제는 기계가 엘리트 집단으로부터 우리 삶에 대한 통제권을 빼앗을 가능성이 아니다. 문제는 우리 대부

---

15 일정 시간 동안 조작이 없거나 이상한 조작이 가해지는 것을 감지해 자동으로 운전을 정지하는 구조

분이 사령부를 차지한 사람들로부터 기계에 대한 통제권을 영영 빼앗을 수 없을지도 모른다는 것이다.

이 때문에 심각한 위험이 다가오고 있다. 첫째, 부유한 자본주의 국가에서는 관리 시스템과 가장 가까이 있는 사람들이 시민 대부분을 착취할 것이고, 지금도 그렇다. 그런 엘리트 집단이 주로 요구하고 획득하는 것은 옛날 방식의 재산인 돈과 사회적 지위다. 누구나 알고 있듯이, 서양 인구의 압도적 다수 사이에 얼마나 광범위한 소득 평등이 이루어졌든, 디지털 엘리트는 믿기 어려울 정도로 돈을 잘 번다. 은행이 그렇다. 은행에서는 이익의 일정 비율을 경영자들이 빨아먹고 있다. 키보드를 치는 말단 직원들조차 평균 임금의 몇 배를 번다. 인공 지능 산업도 마찬가지다. 그 업계에서는 젊은 억만장자들이 거대 기술 기업을 소유하고 운영하며, 그 주위를 연구자, 디자이너, 마케터로 일하는 매우 부유한 간부 사원이 둘러싸고 있다. 더 평등한 사회가 가능하고, 어떤 사회는 다른 사회보다 이미 더 평등하지만, 그런 사회는 쉽지 않다. 신기술을 이끌어 가는 사람들은 웹의 중심 가치인 자유주의는 웹 생태계와 한 몸이라고 주장한다. 전체를 관리하는 하나의 규제 기관은 존재하지 않고, 인터넷은 적어도 서양에서는 정부 소유가 아니다. 그들은 이 기묘한 네트워크 세계는 반위계적이고, 반권위주의적이며, 1960년대에 시작된 평등 지향적인 반문화의 일부라고 말한다. 하지만 이것이 얼마나 정확한 인식일까? 혹은 얼마나 이기적인 인식일까? 독점적인 거대 상표를 소유한 티셔츠를 입은 억만장자들은 확실히 다가가기 쉬운 매력을 소유하고 있지만, 자유, 평등, 박애의 선구자라고 하기에는 생소한 느낌이 있다.

엘리트와 기계의 결합은 아주 막강하다. 어떻게 무리에서 이탈한 한 집단이나 어느 막강한 기업이 한동안 헤게모니를 장악할 수 있는지, 혹은 나머지 집단을 강력하게 지배할 수 있는지 우리는 쉽게 알 수 있다. 하지만 어디까지나 한동안 세계의 일부에 대해서만 그럴 수 있을 뿐이다. 현재 중국의 지배 엘리트가 분명 그런 집단일 것이다. 그들은 나머지 우리에게 위험이 될 수 있다. 하지만 경쟁이 아무리 치열해진다 해도, 그들이 전 세계를 통제하기 위한 행보를 취할 가능성은 매우 낮다. 만일 그들이 그렇게 한다면, 이미 지위를 확립한 세력이 들고일어나 그들을 막을 것이다. 분명한 사실은 잠재적으로 유용한 정보가 들어 있는 거대한 창고를 현재 극소수 집단이 독점하고 있다는 것이다. 나중에 이 문제로 다시 돌아올 것이다.*

우리에게 다가오고 있는 두 번째 위험은 우리가 우연한 또는 뜻밖의 붕괴에 처할 수 있다는 것이다. 금융에서는 물론, 교통과 방위, 에너지 분야에서도 그렇다. 모든 시스템은 잘못될 수 있다. 결함 있는 레이더 시스템이 경로를 이탈한 휴가용 전세기를 적의 공격으로 해석하면 핵미사일이 뜻하지 않게 발사될 수 있다. 1966년에 미국 공군의 B-52 폭격기가 공중에서 연료를 재급유받던 중 공중 급유기와 충돌했다. 두 비행기가 모두 파괴되었다. B-52 폭격기에 실린 네 발의 수소 폭탄은 스페인 팔로마레스 주변 지역에 떨어졌다. 수소 폭탄은 폭발하지 않았지만 상당히 넓은 지역이 방사성 물질로 뒤덮

---

* 조너선 펜비Jonathan Fenby의 『중국은 21세기를 지배할 것인가?Will China Dominate the 21st Century?』는 매우 뛰어난 책이다. 그의 대답은 '아니요'다. 하지만 중국은 세계에서 두 번째로 강한 사이버 대국이고, 앞으로도 그럴 것이다. 중국의 지도자들은 '중국적 특징을 지닌 인공 지능'에 대한 필요에 사로잡혀 있다. 그것이 어떤 데이터를 출력할지 걱정스럽다.

였다. 1974년에는 스코틀랜드 홀리 로크 호수 위에서 열여섯 발의 핵미사일을 실은 미국 잠수함이 시스템 결함으로 소련 잠수함과 충돌했다. 지금 든 예는 수십 건의 사건 중 단 두 건에 불과하다. 원자력 발전소는 방사능 누출을 일으킬 가능성이 있고 실제로도 그런 일이 일어나지만 감시와 경고는 효과적이지 않다. 우리는 기계가 우리의 전반적인 통제 아래 훌륭한 선택을 하는 것에 심하게 의존하고 있다. 하지만 훌륭한 원칙, 적어도 받아들일 수는 있는 일반 원칙이 초고속 결론을 내리는 데 쓰이면, 때때로 나쁜 결과를 초래할 수 있다. 가격이 내려가면 재빠르게 주식을 팔도록 프로그램된 기계는 실제로 금융 시장을 매우 불안정하게 만들 수 있다. 이 경우에는 못마땅하기는 해도 고칠 수 있다. 하지만 의도하지 않은 핵무기 발사에 적용되면 그것으로 끝나지 않는다.

우리가 처한 세 번째 위험은 항상 존재하는 의도적인 외부 공격의 가능성이다. 표적이 되는 것은 최대의 피해가 생기는 제어 노드다. 조직에 속해 있지 않은 해커의 사이버 공격은 21세기 삶에 항상 존재하는 잘 알려진 특징이다. 현재 국가와 테러리스트에 의한 공격이 급증하고 있고, 범죄자들은 항상 해킹의 기회를 노리고 있다.

∂

기계는 우리의 생활 환경 속으로 침투해 들어왔고, 앞으로 점점 더 그럴 것이다. 우리 문명에는 지금까지 몇 가지 뚜렷한 발전 단계가 있었다. 인류 문명은 지난 3백 년 동안 농업 혁명과 산업 혁명을 겪었고, 현재는 오늘날의 슈퍼차지된 디지털 지형으로 이동하는 중이다. 이 추세는 분명 수십 년 동안 계속될 것이다. 그다음 단계는 아마 미묘한 색채를 띨 것이고, 심지어는 유혹적일 것이다. 기계는 아마 22세기가 너무 멀리 가기 전에, 아니면 그보다 더 일찍 완전히 신뢰할 수 있는 것이 되어, 우리 본성의 많은 부분에 점점 더 민감하게 대응할 것이다. 기계는 우리에게 잘난 척하며 불쾌하게 명령하지 않고, 거친 면을 모두 잃을 것이다. 앞에서 말했듯이 기계를 이해하는 정도의 사람조차 이미 극소수이고, 기계에 대한 포괄적인 지식을 가지고 있는 사람은 아무도 없다. 적어도 원리상으로는, 기술이 올바르게 행동하는 시대가 되면 안정된 사회는 아무도 인프라에 대해 고민하거나 신경 쓰지 않는 단계에 도달할 것이다. 우리의 교통수단은 항상 제시간에 도착할 것이다. 디스플레이 화면은 선명한 빛을 발하고, 완벽한 컴퓨터 그래픽 배우가 연기하는 새롭고 독창적이고 만족할 수 있는 영화가 빠른 속도로 제작돼 우리는 싫증 날 틈이 없을 것이다. (이미 공개된 목록만 해도 방대하다.) 식품은 모든 상품을 완벽하게 갖춘 슈퍼마켓에서 우리의 선호에 따라 정기적으로 주문된다. 그런 극락에 살게 될 우리 후손은 이 모든 것이 어떻게 작동하는가에는 관심을 갖지 않지 않을 것이다. 그들은 일상의 노동은 친구 같은 기계에게 맡기고, 전반적인 전략과 부의 분배에 대한 열띤 토론에 참여한다.

솔직히 말하면, 다른 누군가가 걱정을 할 것이다. 디지털 시대의 초기 단계는 긴 시간이 걸리고, 우리에게는 해결해야 할 현실 세계의 문제가 있기 때문이다. 우리가 서둘러야 할 일은 지금까지 살펴본 위험을 공공의 틀, 가능하면 민주주의적인 책임의 틀 안에 넣는 것이다.

디지털 유인원의 생활 환경에 있는 몇 가지 다른 위험을 살펴보자. 그것들은 종류는 다르지만, 다른 위험 요소 못지않게 흥미로운 동시에 현실적이다. 적어도 고대 이집트인들의 시대 이래로 우리는 인간이 더 빠르거나 더 뚱뚱하거나 더 아름다운 생명체를 인위적으로 선택해 빠르게 번식시킬 수 있다는 사실을 알고 있었다. 다윈은 비둘기 육종가와 서신을 교환하고 스스로 비둘기를 육종하면서 수년을 보냈다. 그는 수백만 년 동안 자연환경에서 작동한 것과 똑같은 포괄적인 원리가 비둘기에서부터 펭귄, 독수리에서부터 집게벌레에 이르는 모든 것을 탄생시켰음을 이해했다. 모든 것은 무작위 돌연변이에 의해 서서히 진화했고, 자연 선택에 의해 환경에 적응했다. 이런 생물학적 과정을 새로운 유형의 기계 개발에 대한 모델로 사용할 수 있다. 선택적 비둘기 육종의 21세기판이 바로 인공적으로 '번식'할 수 있는 기계, 또는 스스로 '번식'할 수 있도록 허용된 기계다. 항상성을 가지고 있고 자율적인 자가 수정 능력이 있는 기계, 자신의 상태를 점검해 스스로를 바로잡는 기계는 이미 우리 곁에 있다. 최근 몇 십 년 동안 유전학과 생물 진화의 수학에 대한 수많은 연구가 이루어졌고, 그 진화 원리를 시험 환경에서 이론적인 기계에 적용하는 컴퓨터 프로그램이 만들어졌다.

이런 이야기를 들으면 스티븐 호킹이 위험을 느꼈듯이 모든 디지털 유인원이 불안에 떨 것이다. 유능한 SF 작가라면 누구나 설득력을 갖춘 악몽의 시나리오를 쓸 수 있다. 이런 이야기는 어떤가? 매우 작고 빠르게 번식하는 나노 기계 한 대가 실험실에서 도망친다. 그 나노 기계는 구리 선을 찾아 전기를 빨아 먹고 산다. 아니면 그것은 자동차의 공기 주입구를 통해 침입한다. 아니면 디지털 유인원이 들이마시는 공기를 통해 침입한다. 지금 우리가 살고 있는 세계는 그런 즉석에서 만든 이야기의 실현 가능성을 엄밀하게는 똑같이 즉석에서 배제할 수 없는 세계로, 명백히 곤란에 처해 있다. 호킹의 조언대로 우리는 동물 복제에 참여한 유전학 연구실에 적용하는 것과 똑같은 규칙과 도덕적 틀을 이런 연구에 적용해야 하고, 그것도 지금 해야 한다. 우리는 미래의 방향을 정하는 일을 설명할 책임이 없는 민간 기업에 맡길 수 없다.

규모가 더 작은 수많은 위험이 존재한다. 우리가 디지털 유인원이 되는 과정에서 경험한 변화에 공통적으로 나타나는 급진적인 성격을 고려하면 그런 위험은 필연적이다. 새로운 기기는 우리 건강에 나쁠까? 귀 옆에 휴대폰을 두면 뇌가 탄다는 주장은 비록 무시무시하지만 아직은 증거가 거의 없다. 밤늦게 밝은 화면을 보는 것은 전혀 다른 문제다. 부모들은 자식들에게 텔레비전을 너무 많이 보면 눈이 나빠진다고 꾸짖곤 한다. 이 말은 의학적 경고라기보다는 걱정되어서 하는 재치 있는 농담에 더 가까웠다. 많은 시간을 여러 종류의 비디오 기기 앞에 앉아서 보낸 세대는 안과학적으로 그들의 선조들과 다르지 않은 듯하다. 요즘 많은 부모가 온종일 디스플레이 화면을 쳐다보는 자식들을 걱정한다. 그들이 걱정하는 이유 중 하나는, 어린이는 안전한 자연환경 속에서 나무와 자전거에서 떨어지면서 놀아야 한다고 생각하기 때문이다. 현재 몇몇 저명한 교수들은 어린이의 발달하는 뇌가 장시간 온라인에 노출되면 일그러질 수 있다고 경고한다. 하지만 우리는 그것이 너무 비관적인 판단이라고 생각한다. 뇌는 가소성이 뛰어나서 어린이의 환경이 제공하는 도전과 기회에 적응한다. 설령 잃는 것이 있다 해도, 얻을 것에 대비해 뇌를 설정할 필요가 있다. 어린이들이 실제로 살아갈 세계에 대비해 뇌를 준비시킬 필요가 있다. 그러기 위해서는 디스플레이 화면을 다룰 수 있는 뇌가 필요하다. 우리 뇌는 개체 전체에 이익이 되는 방향으로 변하는 성질이 있다. 어린이들은 삶에서 이런 방식으로 행동할 일이 점점 많아질 것이고, 따라서 방법을 배울 필요가 있다. 새로운 위험을 가장 먼저 느끼는 곳은 신경학이 아니라, 개인이 자신의 사회·물리적 환경과 관계를 맺는 방식이다. 하루 수 시간을 온라인 게임을 하며 보내는 아이는 그렇지 않은 아이와는 매우 다른 인생을 살 것이다.

진실이 무엇이든, 전 세계의 지각 있는 부모들은 자기 자식이 스마트 기기를 쳐다보며 보내는 시간을 제한해야 한다는 데 동의하는 것 같다. 적어도 그것은 그 자체로 흥미로운, 현대 가정에 관한 사회학적 사실처럼 보인다. 사람들은 일반적으로 온갖 종류의 근거 없는 잡소리를 믿는 것이 분명하고, 그것은 옛날이나 지금이나 마찬가지지만, 이런 두려움에는 확실히 뭔가가 있다. 부모들은 걱정하는 것이 당연하고, 과도해 보이면 어떤 활동이든 시간제한을 두어야 한다. 그리고 자기 전에는 밝은 화면을 보지 말도록 해야 한다.

과거 1980년대에 대학 행정실은 정해진 업무 시간이 종료되면 대학생들이 키보드에서 손을 떼도록 매일 저녁 캠퍼스 컴퓨터실을 한 시간 반 동안 폐쇄했다. (연구원은 나중에 다시 들어갈 수 있었다.) 이 조치를 취한 목적 가운데 하나는 학부생이 컴퓨터를 독점하는 것을 막는 것이었을 테지만, 직원이 부모 대신에 학생을 내보내지 않으면 학생들은 24시간 내내 컴퓨터에 붙어 있을지도 모른다는 생각이 더 큰 이유였던 것 같다. 대학은 다양한 방법을 썼다. 하지만 당시 대학생이었던 지금의 50대들이 자신들이 다닌 대학 정책에 따라 주요 뇌질환에 걸리는 정도에 차이를 보이는 것 같지는 않다. 1950년 대와 1960년대에 텔레비전 없이 자란 소수의 아이들이 훗날 나머지 사람들보다 어떤 식으로든 더 건강하다는 연구 결과가 없는 것과 마찬가지다.

중국에는 사이버공간관리국^{CAC}이 있다. (중국에는 모든 부처가 사이버 부문을 가지고 있는데, 어떻게 그것과 별개로 관할 범위를 정한다는 것일까?) 그들은 자정부터 오전 8시까지 모든 어린이의 온라인 게임을 금지하는 규정을 마련했다. 그것은 아주 명쾌한 규칙처럼 보인다. 상식적으로 그 시간에는 어린이에게 잠을 자고 아침을 먹는 것 외의 모든 일이 허락되지 않는 것이 당연하기 때문이다. 누구나 온라인 게임을 하기 전에 주민등록번호를 입력해야 하는 국가인 중국에서 그것은 실행 가능한 계획이다. 하지만 그 조치는 중국 정부가 "불건전하고 비생산적인 강박증으로 간주되는 것"을 근절하기 위해 벌이고 있는 강력한 캠페인의 일환이라고 영국 일간지 「타임스」의 베이징 특파원인 제이미 풀러튼^{Jamie Fullerton}은 말한다.

그 조치는 더 많은 어린이가 신병 훈련소와 비슷한 인터넷 중독 센터로 보내질 수 있다는 두려움을 불러일으켰다. 사이버공간관리국은 학교가 여러 기관과 협력해 인터넷 중독에 걸린 미성년자를 도와야 한다고 말했다. 중국은 2008년에 그 질환을 공식적으로 인정한 최초의 국가가 되었다. 2014년 7월에 중국의 13억 인구 가운데 6억 3200만 명이 인터넷 사용자였는데, 중국 정부는 그중 최대 2400만 명이 중독자라고 추산했다.

　'인터넷 중독'은 서양의 주류 심리학에서는 아직 널리 받아들여지지 않은 분류이지만, 신뢰할 수 있는 많은 심리학자와 학자가 그 문제의 적어도 두 가지 넓은 범주를 확실히 인정하고 있다. 첫째, 인터넷에 쓰는 시간이 한 개인의 생활을 파괴할 정도로 많아지거나 통제 불능의 도박, 섹스, 쇼핑을 부채질하는 수단으로 사용되고 있는 경우다. 세계가 네트워크로 연결되면서 다른 모든 것과 마찬가지로 고독도 변화를 겪었다. 둘째, 게임과 같은 폐쇄적인 온라인 활동에 지나치게 몰두하면 뇌가 변화한다는 연구가 있다는 중국 정부의 주장에 심리학자들이 관심을 보이고 있다. 대체로 특히 나이가 어린 사람이라면 게임을 하는 행위가 뇌를 변하게 한다는 것은 거의 확실한 사실이다. 뇌는 결국 다양한 경험에 의해 변하는데, 가장 많이 요구된 활동을 지원하도록 스스로를 만들어 가기 때문이다. 어떤 사람이 예컨대 시력을 잃으면 관련 뇌 공간이 시간이 흐름에 따라 다른 감각을 위해 일하게 되고, 따라서 그 감각이 더 강해져 시각을 최대한 대체한다는 사실은 신경과학 분야에서는 오랫동안 잘 알려져 있었다. 그렇다 해도, 때때로 하이테크 화면의 스위치를 끔으로써 이익을 얻을 수 있다는 개념인 디지털 디톡스 개념은 의미가 있는 듯하다. 아이들이 신선한 공기를 마시고 건강한 놀이를 하도록 마인크래프트[16]에서 떼어 내 밖으로 내보내자.

---

16 비디오 게임

우리의 생활 환경은 지금도 발전하고 있고, 그 과정에서 생각지도 못한 특징을 많이 드러내고 있다. 새로운 기술은 좋은 쪽으로든 나쁜 쪽으로든, 계획적으로든 우발적으로든, 일상생활과 비즈니스의 모든 측면을 교란하고 탈중개화[17]할 수 있다. 타임워너Time Warner 와 콘데나스트Condé Nast [18]에서 연구 이사와 마케팅 전문가로 오랫동안 일했고, 지금은 광고 연구 재단의 CEO인 사회학자 스콧 맥도널드Scott McDonald는 수십 년 동안 충동구매를 면밀히 연구해 왔다. 고급 잡지의 상당 비율은 신문 가판대 또는 슈퍼마켓 판매대에서 구매할 마음이 반만 있던 구매자의 눈을 무언가가 사로잡았을 때 구매된다. 사람들이 계산 줄이나 대기실에서 기다리는 동안 이웃과의 대화를 피하려고 가장 좋아하는 잡지를 집어 들거나 새로운 분야를 탐색하는 장소에 흔히 이런 잡지 판매대가 위치한다. 그다지 매혹되지 않은 눈이 잡지 하나하나에 잠깐씩 머물면서 가판대를 죽 훑는 동안 때때로 시선이 멈춘다. 왜일까? 이웃한 잡지는 초대받지 못한 채 조용히 있는 동안 이 표지의 무엇이 그의 주목을 끌까? 색깔? 활자체? 크기? 그림의 종류? 아니면 로고 모양? 그 답을 찾는 연구에 수백만 달러가 들어갔고, 그 연구 결과를 바탕으로 출판사는 자연스럽게 선택받는 제품이 되도록 자사 제품에서 시선을 끄는 모든 측면을 세심하게 미세 조정할 수 있었다. 그러면 지금은 어떨까? 스콧 맥도널

---

17 중간 매개 과정을 생략하는 것
18 타임워너와 콘데나스트 모두 미국의 글로벌 미디어 기업이다.

드의 연구는 슈퍼마켓 계산 줄에 서 있는 많은 사람이 여전히 이웃의 시선을 피하고 싶어 한다는 사실을 보여 준다. 그래서 그들은 예의 바르게 시선을 이동할 활동, 주의를 딴 데로 돌릴 타당한 이유를 찾는다. 예전에는 대개 잡지와 초코바를 집었다. 하지만 지금은 주머니에서 스마트폰을 꺼내고, 심지어는 온 신경을 집중할 만한 가치가 있는 중요한 메시지가 온 척하기도 한다.

ᘒ

탈중개화의 또 다른 사례가 있다. 왜 일부 (대체로) 젊은 사람들은 공공장소의 벽에 아크릴 페인트로 그림, 자신의 로고, 인생과 세상에 대한 독설을 도포하고 싶어 할까? 그 이면의 욕구는 모든 예술과 지역 사회를 향한 모든 선언의 이면에 있는 욕구와 같을 것이다. 그러면 왜 전 세계 주요 도시에서 낙서(그라피티)가 감소하고 있을까? 창조에 대한 욕구가 감소한 것은 확실히 아니다. 그보다는 도처에 깔린 CCTV를 이용한 기술적인 단속 때문이다. 또 다른 이유는 자기 자신을 표현하고, 흔적을 남기고, 지나가는 소녀들의 주의를 끌려는 주체할 수 없는 욕구가 지금은 다른 경로로 흘러가고 있기 때문이다. 2013년 「이코노미스트The Economist」는 전문가의 말을 인용해 이렇게 보도했다.

세대교체가 이루어지고 있는 것이 분명하다. 벽에 낙서하는 10대는 점점 줄어들고 있다. 그들은 아이패드와 비디오 게임을 더 좋아한다고 '솔로 원Solo One'으로 알려진 예술가 보이드 힐은 생각한다.

— '벽 위에 적힌 글 – 훌륭하게 변한 그라피티 문화가
죽고 있다', 「이코노미스트」, 2013년 11월 9일

설득력이 없지 않다. 당신의 울트라 스마트 기기에 페이스북과 스냅챗Snapchat 19이 있는데 왜 스프레이 깡통에 돈을 낭비하는가? 이 책의 저자 중 한 명이 당시 런던 시장이었고 지금은 원로 정치가인 보리스 존슨Boris Johnson에게 이 이론을 언급했을 때, 그는 영국 그라피티 노동자의 전통적 작품이 줄어들고 있는 끔찍한 사태를 멈추기 위해, 보수당에서 과거의 향수를 자극하는 운동에 착수할 것처럼 말했다.
BBC는 이렇게 보도했다.

> 서던캘리포니아대학의 건축가이자 인터랙션디자인20 예술가인
> 베나즈 파라히Behnaz Farahi는 3D 프린트로 만든 의복인 '시선의
> 애무'를 창조했다. 그 옷은 타인의 시선을 감지해 반응한다. 3D 프
> 린트로 제작한 또 다른 작품인 '시냅스'는 착용자의 뇌 활동에 따
> 라 움직이고 빛을 내는 헬멧이다.
>
> — '주변 환경에 반응하는 3D 프린트 의복',
> BBC 웹 사이트, 2016년 8월 3일

이 작품이 실제로 널리 유행하는 패션이 될 것이라고 상상하기는 어렵다. 한 갤러리에 전시된 옷 한 벌에 그 원리가 적용될 때는 재미

---

19 사진이나 영상을 주고받을 수 있는 모바일 메신저
20 디지털 기술을 이용해 사람과 작품 간의 상호 작용을 조정하여 서로 소통할 수 있도록 하는 디자인 분야

있고 나아가 생각할 거리도 준다. 하지만 길거리의 많은 의복에 적용된다고 생각하면 확실히 괴상야릇하다. 몸의 어떤 부분에 시선이 가는지 보여 주는 옷이라고? 그것은 널리 퍼진다면 받아들이기 어려운, 특별한 경우에만 허용되는 흥미로운 자기표현이다.

ે

디지털 유인원의 생활 환경을 이루는 한 가지 특징은 중요하다. 여기에 있다는 의미는 수백 년에 걸쳐 변해 왔지만, 기술의 능력이 확대되면서 더 빠르게 변하고 있다. 호모 사피엔스는 동물의 본성에 따라 지금 있는 장소가 아닌 다른 장소에 대해 자세한 동시에 추상적인 개념을 항상 지니고 있었다. 바로 거기라는 개념이다. 그것은 언어와 의사소통의 발달과 밀접한 관계가 있다. 심지어는 언어가 생기기 전부터 '거기'라는 개념이 있었을지도 모른다. 수많은 포유류, 조류, 어류, 곤충이 장소를 기억해 그곳으로 돌아갈 수 있는 것처럼 보인다. 다람쥐는 나무 열매를 숨긴다. 비둘기는 집으로 돌아간다. 철새는 이주한다. 연어는 산란 장소로 돌아간다. 벌은 윙윙거리며 벌통으로 돌아간다. 물론 동물들이 우리처럼 장소를 표현한다는 의미는 아니고, 개념화한다는 의미는 더더욱 아니다. 호미닌 역사의 어느 단계에서 그 능력이 생겨난 것은 확실하다. 호미닌의 다양한 종이 언어를 가지고 있지 않았으나 도구를 능숙하게 사용한 약 200만 년 동안 "좋은 플린트가 채굴되기 때문에 보름달이 뜨면 찾아가는 언덕"과 같은 개념이 존재했음에 틀림없다. 추상적인 다른 장소에 대한 종교적 개념은 호모 사피엔스에게 거의 보편적으로 존재한 것 같다. 서양에서 그런 개념이 없어진 것은 비교적 최근으로, 계몽 운동에 뒤따라 일어난 무신론 혁명 이후다. 망자가 가는 장소, 힘을 가진 정령이나 신이 사는 장소는 지식과 지혜에 대한 초기 개념들과 연결되어 있었고, 신학자와 샤먼은 우리가 온 장소와 죽어서 가는 장소를 중개했다.

그리고 모든 호미닌 개체는 세상 및 다른 사람들과 교류하는 것과 어떤 종류의 내적 대화를 번갈아 했다. 뒤에서 심리학자 줄리언 제인스Julian Jaynes의 연구를 다시 다룰 텐데, 그는 이 점과 관련하여 마음의 역사에 대한 흥미로운 이론을 세웠다. 자기 자신을 인식함과 동시에 자신의 꿈과 계획, 자신의 부재와 존재를 알아챌 수 있는 능력이 생긴다는 것이다. 물론 "아빠한테 가서 토끼가 다 익었다고 말해"와 같은 타인과의 실용적인 의사소통도 항상 있었다. 그런 다음 문명과 함께, 새긴 것이든 쓴 것이든 기록된 공적 메시지가 등장했고, 그 뒤에 우편 제도가 생겼다. 하지만 봉화와 거울 반사를 제외하면, 19세기에 전신이 발명될 때까지는 같은 물리적 공간에 있지 않은 두 사람이 실시간 대화를 나누는 것은 불가능했다. 심지어 전신이 나왔을 때도 소수의 전문가만 실제로 그렇게 했다.

그 후에 전화가 등장했고, 선진국에서 방송, 라디오, 영화, 텔레비전 같은 한 방향 방송이 서서히 보편화되었다. 하지만 가난한 지역에서는 그것이 최근에 휴대폰을 통해 보편화되었다. 그리하여 대화 상대자와 대화 상대자들의 집합이 있는 장소를 포함하도록 (하지만 헷갈리지는 않는다) '여기'가 실질적으로 늘어난 '확장된 자기'가 시작되었다. 자신이 있는 장소도 마찬가지로 확장되기 시작했다. 사회적으로 말하면, 옛날에 친구들은 주로 같은 동네에 살았다. 직장 동료와 거래처가 있는 장소는 좀 더 멀었다. 그런 사람들과의 직접적인 접촉의 대부분은 새로운 장소, 서로 공유하는 확장된 장소에서 일어났다. 그 후에 인터넷이 이메일과 메일링 리스트[21]를 가져왔고, 웹은 추상적인 장소로 '가고', 페이스북에 '등장하고', 온라인에서 생활하면서 추상적인 커뮤니티 안에서 서로에게 발신하는 능력을 가져다 주었다.

따라서 현재 전부는 아니라도 많은 사람이 지리적인 의미가 별로 없는 확장된 공간에 살면서, 여러 영역을 넘나들며 끊임없이 메시지를 보내고 뉴스를 읽고 대화를 나눈다. 이것은 이미 언급한 '추상적이지만 지리적인 장소'라는 기묘한 개념, 즉 클라우드와 깊은 관계가 있다. 스웨덴의 정치인 구드룬 쉬만Gudrun Schyman은 자신이 이끄는 여성주의당Feminist Initiative에 대해 다음과 같이 말한다.

> 우리는 소셜 미디어를 활용해 왔는데, 무엇보다도 그럴 필요를 느꼈기 때문입니다. 소셜 미디어에서 우리는 스웨덴의 어떤 정당보다 큰 주목을 받고 있습니다. 소셜 미디어는 우리 당원들이 있는 장소이고, 당원들의 언어입니다.
> — 도미니크 힌데Dominic Hinde의 『어디에나 있는 유토피아
> *A Utopia Like Any Other* – 스웨덴 모델 안에서』(2016년)에서 인용

많은 사람이 실제로 존재하지는 않지만 완전히 현실적인 장소에서 실제 영향력을 가지고 그들만의 방법으로 교류하고 있다는

---

21 관심 분야가 같은 그룹 내에서 전자 우편으로 공통 관심사나 메시지를 교환하는 구조

쉬만의 인식은 확실히 옳다.

비슷한 맥락에서 연애 상대를 선택하는 방법도 변했다. 과거 10년 동안, 특히 최근 2~3년 사이에 새로운 파트너를 온라인에서 '만난다'는 개념이 변했다. 보통 시민에게는 위험하고 음란한 일이고 점잖은 사람들 사이에서 말하면 분위기가 어색해지는 일에서 평범하고 일상적인 사실이 된 것이다. 모든 연령의 수많은 이들이 직장과 사교 모임에서 우연한 만남을 추구하는 것과 마찬가지로, 온라인에서 의도적으로 친구나 애인을 구한다.

이런 것과 동시에 일어나고 있는 현상이 무역과 금융의 세계화이며 자본, 기업과 자산의 소유, 조세 회피, 범죄의 '오프쇼어링 offshoring'이다. 이로 인해 디지털 유인원이 받는 전반적인 영향은 생활의 다양한 측면에서의 해방, 그리고 '지금 여기'에 있는 자기 자신으로부터의 해방이다. 디지털 유인원은 거의 온종일 여기가 아닌 저기를 쉽게 선택할 수 있고, 실제로 선택한다. 아마 이것이 의식적으로 '지금 여기'에 있는 것을 선택하려고 노력하는 '마음 챙김' 수련이 인기를 얻고 있는 이유 중 하나일 것이다.

요컨대, 디지털 유인원의 생활 환경을 구성하는 주요한 요소는 우리가 적응해 온 모든 오래된 시스템과 뒤얽혀 있는 초복잡·초고속 시스템이다. 그것은 이미 우리의 생활 방식에 새로운 측면을 추가하고 있다. 이 시스템은 또한 상당히 많은 새로운 리스크를 낳고 있다. 그중에서도 불안정, 사이버 공격, 인공 지능의 반격은 중대한 리스크다. 우리의 대응은 경계를 늦추지 않아야 하고, 지성적이어야 하고, 창의력으로 충만해야 한다. 그렇게 한다면 우리는 기계를 계속 지배하고, 기계로부터 큰 이익을 얻을 수 있지만, 권력을 가진 사람들에게서 비롯되는 해묵은 위협은 증가할 것이다. 따라서 우리는 여기에 대응할 정책 틀을 만들 필요가 있다. 위험을 극복한다면, 일부 기계와의 새로운 관계에서 기회로 충만한 세계가 출현할 것이다. 폭넓게 '로봇'으로 부를 수 있는 그런 기계들은 우리가 사는 방법을 눈에 띄게 바꾸고 있다. 이 책에서는 로봇의 긍정적인 측면에 대해 두 개의 장을 통해 설명할 것이다. 하지만 적절한 설명을 위해서 먼저 도구와의 근본적이고 원시적인 관계, 그리고 디지털 유인원의 등장을 더 깊이 이해할 필요가 있다.

3. 디지털 유인원의 출현

우리는 손에 도끼를 들고 태어났다. 이 책을 읽는 모든 사람은 진화의 결과로 도끼를 만들고 사용하기에 최적인 모습을 갖추었다. 당신이 이 문장을 읽을 수 있는 것도 주먹도끼 문화에서 만들어진 뇌 덕분이다. 우리는 호모 사피엔스가 되기 오래전에 도구를 사용하는 고등한 유인원이었고, 도구를 사용하는 호미닌과 공존했다. 우리는 주먹도끼를 제작해 적절한 곳에 사용하는 데 능숙해졌고, 자식들에게 주먹도끼를 사용하는 법을 가르치는 데도 능숙해졌다. 그것은 언어와 거기에 딸려 온 복잡한 자기 인식 관념이 발달하기 위한 전구체이자 필요조건이었다. 우리의 현대적인 뇌는 도구 사용에 의해 광범위하고 미세하게 조정되었다. 석기는 약 330만 년쯤 전에는 사용되고 있었고, 호모 사피엔스는 25만 년 전쯤 출현했다. 호미닌의 뇌는 우리가 등장하기 전 대략 20만 세대에 걸친 도구와의 관계 속에서 진화해 도구를 사용하는 데 적응했다. 우리가 초기 도구를 발명한 게 아니라 도구가 우리를 발명했다. 우리의 뇌, 마음, 본능, 신경계, 손가락 모양, 팔 길이는 모두 도구 사용에 의해 생겨나 형성되었다.

물론 진화는 그렇게 간단하지 않지만, 도구의 사용이 원동력이 되었다는 것은 틀림없는 사실이다. 호모 사피엔스 이전의 여러 고등한 종이 살았던 200~300만 년은 상당히 오래 이어진 안정된 역사다. 호모 사피엔스가 지금까지 어떻게든 멸종을 면한 기간의 열 배에 달한다. 그 시간 동안 많은 일이 일어났지만, 과학은 그 대부분을 아직 잘 모른다. 호미닌의 초기 단계부터 도끼와 불의 사용, 바람과 비를 피할 장소의 마련, 그리고 마침내 옷의 사용이 호미닌이 종으로서 살아남는 데 필수적이었음은 의심할 여지가 없는 사실이다. 그것은 물리적인 사실일 뿐 아니라 사회적이고 상징적인 사실이기도 하다. 도구를 사용한 덕에 이전에 진화한 어떤 뇌보다 복잡한 뇌와 그 뇌에 뿌리를 둔 행동 패턴이 필요해졌다는 것도 의심할 여지가 없는 사실이다. 물론 우리, 우리 뇌, 우리의 생활 방식이 그 호미닌 종들에게서 직접 발전했다는 것도 의심할 여지가 없는 사실이다. 하지만 기초적인 다윈주의에 의거하면, 호미닌에서 호모 사피엔스로의 매우 중대한 도약이 일어나기 위해서는 적응을 요하는 새로운 환경에 도전하는 것이 반드시 필요하다. 이 도전에 해당할 만한 것을 간추려 놓은 목록에는 무수히 많은 후보가 있다. 가장 유력한 후보는 종의 다른 구성원들의 행동이다. 호미닌의 생활이 수천 년에 걸쳐 복잡해지면서, 친구와 가족과의 공동생활이 쉽지 않은 것이 되었다. 한편으로는 공동생활을 하면서 얻은 것도 많아졌다. 로빈 던바 교수가 지적했듯이 바람과 비를 피할 장소를 마련하는 것은 아주 좋은 생각이었지만, 피난처를 고안하고 건설하는 데 필요한 사회성을 보완할 새로운 종류의 사회성이 급하게 필요하게 되었다. 바로 가까운 거리에서 함께 살기 위한 규칙이었다. 뇌 용량의 증가는 가까이 있는 사람들과 새로운 방식으로 그루밍[1]하고 사회생활하게 된 것과 깊은 관계가 있었다. 어쩌면 웃음이, 어쩌면 정교한 발성이, 어쩌면 불을 사용한 의식이, 어쩌면 매장 의식이, 어쩌면 노래와 음악과 미술이 뇌 용량이 커지는 데 결정적 역할을 했을 것이다. 중요한 의미를 지닌 수십 가지의 행동 양식은 더 영리한 뇌를 필요로 한 동시에, 그 뇌를 뒷받침하는 더 영리한 생활 방식을 가져다주었다. 그런 다음에 아마도 이 요인 중 여러 개와 다른 요인들이 맞물려 호모 사피엔스를 탄생시키는 산파 역할을 했을 것이다.

그 모든 요인이 어떻게 맞물리는지에 대한 학계의 논쟁은 격렬해서 조만간 결론이 날 것 같지 않다. 하지만 우리가 하는 이야기의 궤적에 필요한 사실만큼은 분명하다. 그 요인 가운데 어느 것도 도구 없이는 발생할 수 없었다는 점, 그리고 복잡한 도구를 사용하는 호미닌의 진화는 호모 사피엔스의 출현보다 수백만 년을 앞섰다는 점이다.

그러므로 현재의 심리학, 뇌 연구, 사회학, 인류학은 주먹도끼와 인류의 관계가 지닌 성질을 충분히 고려할 필요가 있다. 아마 이런 견해를 개진한 최초의 주목할 만한 학자는 인류학자이자 지질학자인 케네스 P. 오클리Kenneth P. Oakley였을 것이다. 그는 필트다운인[2]이 위조임을 폭로한 사람들 가운데 한 명이다. 영국 박물관은 1949년에 그의 짧은 책 『도구 제작자 인류Man the Toolmaker』를 발행했는데, 그 책

---

1 유인원 같은 동물이 혀나 발로 자신과 다른 개체의 털을 깨끗이 하는 일
2 1911~1915년 영국 필트다운에서 발견된 인류의 두골

에서 그는 인간의 진화를 추동한 가장 중요한 생물학적 특징은 정신과 몸의 협응이었고, 도구 생산이 여기에 핵심적인 역할을 했다고 주장했다. 이 계통의 연구는 그 이후 범위를 넓혀 나갔다. 지난 15년 동안 진행된 조사, 특히 조지아주 애틀랜타에 있는 에모리대학의 신경과학자 디트리히 스타우트Dietrich Stout와 전 세계에 있는 그의 동료가 실시한 조사에는 피험자가 주먹도끼에 대해 배울 때 그들의 뇌를 촬영하는 기법이 도입됐다.

초기 인류는 수십만 년에 걸쳐 서서히 주먹도끼를 개선했다. 그들은 처음에는 단순히 우연한 기회에 날카로운 플린트를 발견했고, 그것이 사냥, 싸움, 피난처를 짓는 일에 쓰임새가 있다는 사실을 서서히 깨달았다. 수만 년 동안 주먹도끼는 전 세계 대부분 지역에서 필수품이었다. 고고학 증거는 그동안 주먹도끼가 사용되었으며, 시간이 흐름에 따라 주먹도끼를 사용하는 방법이 계속해서 개선되었다는 사실을 보여 준다. 모든 무리 또는 부족은 주먹도끼를 중심으로 조직된 문화가 필요했다. 주먹도끼와 관련한 강력한 규칙이 없는 집단은 자신들의 유전자나 문화를 손자들에게 물려줄 때까지 살아남지 못했을 것이다. 항상 주먹도끼를 소지할 것, 더 나은 돌을 보면 항상 집어 올 것, 항상 도끼를 지키기 싸울 것. 사회는 점점 더 정교해지고 생산적이 되었고, 이와 동시에 뇌가 점점 커지고, 큰 뇌가 소비하는 데 필요한 많은 에너지를 충족하는 추가 식량을 구할 수 있게 되었다.

이 오래된 역사는 우리 논제에 중요하다. 디지털 유인원은 단지 우연히 이런저런 일을 할 수 있는 범용 능력을 지녔고, 그러다 보니 우연히 기계와 전자 산업이 생산하는 다른 기기들을 이용할 수 있을 정도로 영리해진 아주 정교한 생물학적 실체가 아니다. 디지털 유인원이라는 특정 종류의 유인원은 도구를 엄청나게 많이 사용했으며 도구 사용에 의존한 이전 세계에서 성장했다. 그렇다고 다음과 같이 말하는 것은 잘못이다. "저기 인파 속에 있는 사람들을 봐. 모두가 손에 휴대폰을 들고 있지. 그것은 우리 조상들이 주먹도끼를 들고 다니던 것과 똑같아." 해석은 그보다 훨씬 복잡하다. 뇌는 사회적 네트워크와 행동이 발달하는 것과 동시에 발달했다. 이와 함께 주먹도끼와 불과 옷을 만들어 사용하는 기술이 발달했다. 동시에 언어도 발달했다. 이 모두는 서로 영향을 주고받으며 발달했다. 개선된 뇌는 점점 다양한 종류의 일을 할 수 있게 되었다. 그 가운데 상당수는 활동을 면밀히 감시·감독하는 일과, 활동에서 목표 설정으로, 전술과 전략으로, 물리적인 것에서 사회적인 것으로 모드를 전환하는 일이었다. 적절한 운동 협응도 중요했다. 이 유인원은 디지털 시대에도 계속 이 모든 특징을 지니고 있다.

도끼는 처음에는 발견된 물체였다. 호미닌, 즉 초기 인류는 날카로운 플린트가 자연적으로 어떻게 생기는지 알아챘다. 물의 흐름에 바위가 부서져 돌이 된다. 그런 다음 그 돌이 부서져 플린트가 된다. 호미닌은 플린트를 찾아 나섰다. 호미닌 집단은 자연산 플린트가 풍부한 장소를 발견했고(그런 장소가 존재한 증거는 여기저기서 발견되고 있다), 그 지식을 후대에 전했다. 거기에서 문화적 패턴이 생겨났다. 한 부족이 그들이 거주하는 훌륭한 사냥터에서부터 훌륭한 채석장으로 정기적으로 여행을 떠나는 것이다. 아마 보름달이 뜰 때마다 갔을 것이다. 혹은 떠날 때가 되었음을 상기시키는 다른 자연 현상을 이용했을 것이다. 그런 다음 그들은 플린트를 줍는 것으로 그치지 않고, 돌을 부숴 가장 좋은 형태의 플린트를 골랐다. 이렇게 해서 의식적인 제조 기법이 시작되었고, 그것은 전략의 시작을 가져왔다.

그 이후에 주먹도끼 기술이 어떤 단계를 거치며 발전했는지는 아주 분명해 보인다. 처음에 호미닌은 몸돌을 망치 돌로 쳐서 격지[3]를 떼어 낸 다음 그중에서 원하는 것을 골랐다. 그런 다음에 중요한 돌파구가 찾아왔다. 그 돌파구는 수많은 장소에서 수천 번 일어나 널리 유행하게 되었음이 틀림없다. 영리한 호미닌은 자신이 원하는 결과를 염두에 두고 커다란 돌덩이를 의도적으로 선택하기 시작했다. 그들은 곧 몸돌과 그것을 치는 데 사용할 망치 돌 모두를 주의 깊게 선택하는 방법을 학습했다. 그리고 작업을 하는 동안 동작을 능숙하게 조절할 수 있는 수준까지 발전했다. 동작을 조절하는 능력은 도끼와 옷을 만들고, 피난처를 만들 나뭇가지를 꺾고, 표적을 조준해 곤봉과 돌을 던지는 등 호미닌의 무수히 많은 활동의 일환으로 발전했다. 그것은 몸에 밴 운동 능력과 머릿속의 상황 파악 능력이 결합된 것으로, 우리가 테니스를 치고 차를 운전하는 능력의 기초가 되었다. 약 100만 년 동안 우리 조상들은 그런 방식으로 도구를 만들었다. 몸돌을 쳐서 날카로운 격지를 떼어 내는 기술을 '올두바이 기술'이라고 하는데, 1930년대에 리키 부부the Leakeys가 이런 방식으로 만들어진 도구들을 발견한 탄자니아 어느 협곡의 이름을 딴 것이다. 그 이후 올두바이 기술은 전 세계적인 변화를 겪었다. 스타우트 교수의 말을 들어 보자.

---

3 돌 조각

약 170만 년 전 격지석기에 기반을 둔 올두바이 기술이 아슐리
안Acheulean 기술로 대체되기 시작해(프랑스 유적지 생 아슐Saint-
Acheul의 이름을 딴 것), 눈물 모양 주먹도끼 같은 더 정교한 도구
가 제작되었다. 50만 년 전의 영국 유적지 복스그로브에서 나온
후기 아슐리안 기술의 몇몇 주먹도끼는 얇은 횡단면, 3차원 대칭
구조, 날카롭고 규칙적인 모서리를 가지도록 정교하게 다듬어져
있었는데, 이 모두는 석기 제작 수준이 높았음을 암시한다.

— '석기 시대 신경과학자의 이야기',

「사이언티픽 아메리칸Scientific American」, 2016년 4월 호

플린트 채취와 도구 제작이 수 세대에 걸쳐 산업적 규모로 이루
어진 대형 유적지들이 특히 유럽 주변에 점점이 흩어져 있다. 영국
노포크에 있는 약 5천 년 전의 유적지인 그림스 그레이브스Grime's
Graves에는 4백 개가 넘는 채석장이 있고, 실제로 방문객이 둘러볼
수 있다. 수백만 년이 지나면 그곳도 고대 유적지 중 한 곳이 되어
있을 것이다.

이 과정 전체를 혁신의 최대 사례로 간주해도 무방하다. 그것은
대규모 공동 사업으로서 무수한 점진적 단계를 거치며 달성되었다.
여기저기에서 뛰어난 아이디어가 생겨나고, 광범위하게 실행에 옮
겨지고, 그런 다음 모든 장소에서 잊히고, 재발견되고, 또다시 잊힌
다. 하지만 충분한 수의 충분히 다양한 사람들의 마음을 서서히 붙
잡으며 강고해져서 인류 문화 전반에 깊이 뿌리박히게 된다. 이것
은 1장에서 언급한 철학자 칼 포퍼가 말한 '세계 3'의 토대 중 하나
로, 누구나 이용할 수 있지만 한 사람이나 한 집단이 가지고 다니기에

는 너무 방대한 집단 지식이다. 인구가 일정한 규모를 넘으면 생존과 관련한 정보를 유지하기 위해 하드 드라이브와 서버는 물론 도서관도 필요 없다. 동어반복이지만, 수 세대에 걸쳐 지식을 유지하기 위한 '기억과 정보의 문화적 패턴'을 만들지 못하는 집단은 멸종하고 만다.

하지만 그와 동시에 많은 걸출한 개인의 기여가 있었음에 틀림없다. 지도력과 창의력이 있는 석기 제작자들은 마을 전체가 깜짝 놀랄 만한 새로운 아이디어와 방법을 개발해 지역에서 큰 추앙을 받았을 것이다. 기록이 없으니 우리는 알 수 없다. 마찬가지로 플린트와는 달리 뇌에 실제로 변화가 일어났음을 보여 주는 고고학 기록이나 화석 기록도 존재할 수 없다. 뇌는 사후에 매우 빠르게 부패한다. 고대 사체 조직이 덩어리째 보존되는 일은 거의 불가능하다. 자연적으로 미라화가 진행된 매혹적인 사례가 있기는 하다. 얼음 인간 외치Ötzi가 아마 가장 잘 알려진 사례일 것이다. 외치는 사냥 도구와 적에게 화살과 몽둥이를 맞은 치명상을 고스란히 간직한 채 오스트리아의 빙하 속에서 발견되었다. 그의 무기에 묻은 제3자, 제4자의 피로 미루어 보건대 적이 그를 죽이기 전에 그가 적을 찌르거나 죽인 것 같다. 죽기 며칠 전에 입은 상처가 남아 있는 것으로 보아 도망을 다니고 있었을지도 모른다. 하지만 지금까지 알려진 가장 오래된 유럽인인 외치는 기원전 3200년 무렵에 살았고, 그때는 뇌 발달 관점에서 보면 오늘이나 마찬가지다. 나무로 만든 구조물과 무기, 그리고 조각된 동물 뼈는 그리 단단하지 않은 인간의 살보다 좀 더 오래 보존되지만, 실질적으로 기술의 사용과 관련해 우리가 가지고 있는 역사적 증거는 가공된 돌, 많은 경우 정교하게 만들어진 돌뿐이다. 이런 식으로 오직 돌에만 의존하는 사고방식은 물론 증거에 강한 선입견을 끌어

들일 수 있다. 스타우트의 연구가 흥미진진한 것은 이 때문이다.

스타우트와 그의 동료들은 원래 방식에 최대한 가깝게 직접 주먹도끼를 만든다. 그러기 위해 그들은 수백 시간을 들여 조상들이 가지고 있던 숙련된 기술의 적어도 기초적인 수준을 끈질긴 노력 끝에 습득했다. 스타우트와 그의 동료들은 개인적 경험과 서로를 관찰한 것을 토대로 대학원 신입생이 고대 기술을 습득하는 과정을 오랜 시간에 걸쳐 면밀하게 조사했고, 그 결과로 도끼를 만드는 데 포함되는 요소를 분명하게 파악했다. 주된 요소는 학습한 여러 가지 서로 다른 작업을 계속 바꿔 가며 하는 동시에, 머릿속에는 전술적 목표(돌의 이 부분을 날카롭게 만들어야 한다)와 전반적인 전략(이 도끼는 동물을 죽이는 용도이므로 더 커야 하고, 내가 방금 만든 것은 옷을 재단하는 용도이므로 더 작다)을 둘 다 가지고 있는 것이다.

그런 다음 그들은 현대 신경학에서 사용하는 뇌 영상 장치를 사용한다. 자기공명영상MRI은 그것을 찍는 동안 피험자가 움직이면 안 되기 때문에 작업 전과 후에만 사용할 수 있다. 양쪽을 비교하면 뇌에 어떤 변화가 일어났는지 볼 수 있다. 스타우트는 또한 몸을 사리지 않는 대학원생들의 몸에 특정 작업을 수행하는 동안 쓰이는 뇌 부위에서 가장 잘 보이는 약품도 주입한다. 아마추어 석기 제작자들이 손에 멍이 들고 상처를 입어 가며 두세 시간의 작업을 한 뒤, 연구자들은 정확히 뇌의 어느 부위가 발화했는지 추적할 수 있다. 학생들이 작업에 능숙해질수록 그 부위가 발달하는 것을 볼 수 있었다. 스타우트는 이렇게 말한다.

실제 올두바이형 석기에 근접하는 것을 만들 수 있는 숙련된 석기 제작자의 뇌 활성에는 다른 패턴이 나타난다. 브릴과 그녀의 동료들이 보여 준 바와 같이, 숙련된 석기 제작자가 다른 사람과 구별되는 점은 몸돌에서 격지를 효과적으로 떼어 내기 위해 타격을 가할 때 적용되는 힘의 양을 제어할 수 있다는 것이다. 숙련된 사람의 뇌에서는 두정엽의 모서리위이랑supra-marginal gyrus이 크게 활성화되었다. 이 부위는 공간 속에서 몸의 위치를 인식하는 데 관여한다.

또 다른 방법은 피험자를 MRI 스캐너에 가만히 눕혀 놓고 동료가 격지를 떼어 내는 영상을 보여 주는 것이다. 이후 다른 장에서 다룰 예정인 이탈리아 파르마대학 교수 자코모 리촐라티Giacomo Rizzolatti의 초기 연구 이래로, 어떤 활동을 지켜보는 데 관여하는 뇌 부위는 그 활동과 그 활동에 대한 전반적인 이해 모두를 제어하는 뇌 부위와 가까운 곳에 위치한다는 사실이 알려져 있다. 다른 활동은 다른 장소에서 이와 같이 연결되어 있을 것이다. 이 발견은 처음에는 놀라웠다. 당시 상식으로는 시각은 자체 블랙박스를 갖추고 눈과 직접 연락하며, 팔다리 제어는 운동 중추와 직접 연결된 블랙박스에서 실행된다고 알고 있었기 때문이다. 실제로는 많은 중첩이 있어서, 타인이 운동하는 것을 관찰하기만 해도 또는 자신이 운동하는 모습을 열심히 상상하기만 해도, 뇌가 관련 근육을 강화하라는 명령을 내릴 수 있다는 사실이 연구를 통해 밝혀졌다. (한 사람이 다른 사람이 존재하지 않는 상태에서 혼자서 상상하는 것만으로 성적 흥분에 도달할 수 있다는 사실은 원리상으로는 크게 다르지 않음에도 그리 놀랍지 않다.)

스타우트는 이 사실로부터 대담한 결론을 이끌어 낸다.

아래전두이랑inferior frontal gyrus을 포함한 신경 회로는 구석기에 석기 제작의 요구에 적응해 변화했고, 그런 다음에는 몸짓과 발성을 사용한 원시적 형태의 의사소통을 뒷받침했다. 그 이후, 이런 언어 이전의 의사소통이 진화적 선택에 처했고, 결국 현대 언어를 뒷받침하는 특정 적응들을 생산했다.

여기서 스타우트는 돌을 치는 것과 바벨탑 사이의 직접적인 관계를 찾아냈다고 생각한 것이 틀림없다. 인류의 조상은 육체적 기술과 정신적 기술을 급성장시켰다. 그 일을 가장 잘하는 사람들이 자연선택과 성 선택 경주에서 이길 것이다. 다음 세대는 그 일에 좀 더 적합한 뇌 모양을 가질 것이고, 이런 식으로 수천 세대에 걸쳐 인지 능력과 말하는 능력이 발달했다.

하지만 이것도 만화경 같은 전체 이야기의 중요한 일부에 불과할지 모른다. 또 다른 요소인 불도 선사 시대 인류가 의존하게 된 주요 도구였다. 플린트에 타격을 가하는 기법이 점진적으로 개선되고 의복과 피난 장소가 도입된 것과 병행해 몸을 녹이고 조리를 하기 위한 불이 등장했다. 모든 포유류에게 소화는 엄청난 화학 작용과 노력이 필요한 과정이고, 여기에는 연료가 필요하다. 소화 과정은 섭취한 에너지의 상당 비율을 소비한다. 적도와 열대 지역에서는 번개가 자주 발생하는데, 번개에 의해 불이 난 장소에 우연히 영양가 있는 음식이 남겨져 있었다. 그것은 사실상 부분적으로 소화된 고기였다. 성냥과 라이터가 발명되기 전의 초기 인류는 불이 무엇이고 어떻게 하면 불을 일으킬 수 있는지 궁리할 필요가 없었다. 그들에게 시급한 일은 불을 피하는 방법을 알아내는 것이었다. 호미닌은 또한 새와 곤충처럼 닥쳐오는 불에 이미 적응한 생물이 불을 감지하는 경쟁에서 자신들보다 앞서 있음을 수차례 알아챘을 것이다. 하버드대학 교수 리처드 랭엄Richard Wrangham이 강조하듯이, 우리 조상들은 온대 지역의 그들 주변에서 자연 발생하는 산불을 이용할 줄 알게 되고 요리하는 방법을 익혔을 때, 사실상 소화 과정의 상당 부분을 외부에서 처리하게 되었다. 고기와 식물은 위장에서 위산에 의해서만이 아니라 불 위의 그릇 안에서도 분해되었다. 그 결과로 우리의 내장 기관이 수 세대에 걸쳐 변화했다. 우리는 요리하는 동물이 되었고, 요리에 대한 의존에서 큰 이익을 얻었다. 이제 우리는 소화에 에너지를 덜 쓰고 더 많은 에너지를 뇌에 쓸 수 있었다. 이것은 선순환을 만들어 다른 사람들과의 협력과 큰 사냥감을 사냥하기 위한 더 효과적인 계획을 가능하게 했다. 불 덕분에 인간은 영리해질 수 있었지만, 한편으로는 요리한 음식 없이는 생존하기 어려워졌다. 함께 식사하는 것은 구어의 발달을 촉진했을 것이고, 그것은 다시 요리하는 사람과 사냥하는 사람의 사회적 관계를 지원했다.

누군가 지구의 과거를 멀리까지 들여다볼 수 있는 망원경을 발명하지 않는 한 최종적인 설명은 불가능하지만, 최종 설명과는 좀 다르다 해도, 상황을 검토하기 위한 비교적 잘 짜인 이해의 골격이 존재한다. 도끼든 불의 관리든 아니면 의복과 피난처의 사용이든, 도구와 우리의 관계는 오래되었고, 지금의 우리를 만든 핵심적인 원동력이다. 이런 기술을 획득하는 데는 수십만 년이 걸렸다. 불에 구워진 음식물을 눈여겨보고 구운 음식을 먹는 것에 적응한 초기 인류는 다른 동물에 비해 큰 이점을 누렸다. 소화에 필요한 에너지를 줄여 뇌에 사용할 수 있는 에너지를 늘린 것이다. 그 결과로 뇌가 더 크게 발달하면서 더 많은 수의 동료 호미닌과 사회적 관계를 맺을 수 있었고 그것은 다시 뇌를 더 커지게 했다. 이 순환은 집단 지성, 언어, 기억, 학습의 획득과 연결되었다. 이렇듯 인간의 특성이 된 것은 모두 함께 발달했다. 외부의 힘을 사용하는 신체 능력과 도구의 제작, 사냥, 조리 같은 공동 작업에 대한 필요는 뇌가 커진 결과인 동시에 뇌가 커지게 된 원인이기도 했다. 양쪽이 발달하기 위해서는 막대한 시간이 필요했다.

여기서 한 가지 확실한 사실은 우리의 생물학은 우리가 사용하는, 우리 능력을 확대하는 물건들에 의존하도록 발전했다는 것이다. 수천 년 동안 인간의 위는 불 없이는 제대로 기능할 수 없었다. 극지방에서부터 적도까지 우리가 거주하는 다양한 범위의 장소에서 생명을 유지하기에는 확실히 역부족이었다. 우리 몸에는 털이 충분히 자라지 않아서 옷 없이는 실외에서 몸을 따뜻하게 유지할 수 없다. 원래 아프리카에서 털을 잃은 것은 간단한 개선(업그레이드)으로, 옷의 발명과는 관계가 없었을 것이다. 발한 기관은 갑자기 또는 연속적으로 격렬한 활동을 할 때 효과적이었고, 피난처와 응달은 밤에는 몸을 따뜻하게 해 주고 낮에는 몸을 시원하게 해 주었을 것이다. 우리가 아프리카를 떠나 더 추운 장소로 이주했을 때 이 패턴이 바뀌었다. 그때부터 지금까지 우리는 날씨와 포식자로부터 우리 몸을 보호할 장소를 구하거나 만들지 않으면 죽는다. 이 모두를 위해 우리에게는 도구가 필요하다. 무엇보다 타인이 필요하다. 로빈 던바 교수는 '사회적 뇌 가설'이라고 알려진 이 일반 이론에 대한 한 가지 중요한 관점을 자세하게 설명하고 정교하게 다듬었다. 던바 교수가 한 개인이 효과적으로 유지할 수 있는 사회적 관계의 수를 대략 150으로 추측했다는 사실을 독자는 기억할 것이다. 150이라는 숫자는 유인원과 인간의 행동을 심도 있게 분석한 끝에 나온 숫자다. 던바 교수의 관점에 따르면, 우리 뇌에 이 주목할 만한 기능이 생긴 것은 그것이 개인과 종에 부여하는 이익이 그것을 획득하는 데 드는 큰 에너지 비용보다 크기 때문이다. 하지만 지금은 웹 덕분에 그보다 열 배나 많은 관계를 유지할 수 있다. 하지만 웹에서의 관계는 아마 덜 중요하고 더 얄팍하고 더 형식적일 것이다.

지난 2만 년 동안 인간의 뇌가 작아졌다는 증거가 있다. 뇌가 작아진 것은 어느 정도는 우리 몸이 전체적으로 더 날렵해지고 가벼워지고 가늘어졌기 때문이다. 몸 전체에서 뇌가 차지하는 비율은 아주 약간만 준 것 같다. 하지만 가축 동물은 일반적으로 뇌가 더 작다. '영리함'은 기계와 마찬가지로 '더 많은 연결'도 표현된다는 가설도 신뢰할 만한 이유가 있다. 우리가 사용하는 기기와 비교해 말하면, 기능할 때 전류가 많이 흐르면, 이미 짧은 거리가 더 단축되고 조밀해져서 성능이 올라가게 된다. 하지만 그와 동시에 뇌가 더 영리해져서 네트워크 효과[4]가 생기면, 집단 내부에서 전문화가 진행된다. 적응성이 있는 뇌는 커뮤니티가 할당한 일을 처리하는 속도를 높인다.

우리 조상은 털이라든지 소화의 초기 단계처럼 우리가 동물로서 가지고 있는 핵심적인 특징 중 몇 가지를 외재화해서 의복이나 요리 같은 의식적인 집단 활동으로 대체했다. 사냥하고, 조리하고, 옷을 만들고, 오두막을 짓기 위해 나뭇가지를 잘라 끌고 오기 위해 한 집단의 사람들을 단단히 결합하려면 사회적 결속 활동이 꼭 필요한

---

4 네트워크에 연결된 대상이 증가할수록 네트워크 사용 가치가 높아지는 것

데, 그런 활동에는 상당한 시간이 들어간다. 결속은 또한 효율을 높였다. 그 결과로 요리, 도끼, 옷, 피난처 등의 효율이 높아져서 인류가 잉여 에너지를 뇌의 진화로 돌리도록 돕는 필수적인 촉매가 되었다. 도구는 개인이 달성할 수 있는 것을 증폭시킨다. 확실히 도구는 마셜 매클루언Marshall McLuhan이 '자기의 확장'이라고 부른 것이다. 집단의 공통 문화가 생기면, 전문화, 다양화, 규모의 경제 등 단순한 경제의 다른 측면들이 생겨나 번성할 수 있다.

이런 의미에서 도구는 항상 우리의 일부였다. 도구는 최근에 덧붙은 문명의 겉치장이 아니다. 디지털 유인원은 도끼를 휘두르던 호미닌의 직계 후손이다. 우리의 생물학은 기술과 밀접하게 결부되어 있다. 자신의 엄지손가락을 찍는 것 외에는 해머를 사용할 줄 모르는 불운한 사람은 알아보지 못하겠지만, 모든 인간은 기술과의 긴밀한 동반자 관계 속에서 기능하도록 설계되어 있다. 인간의 모든 집단과 인간이 만든 모든 네트워크도 마찬가지다. 집단과 네트워크가 그런 식으로 기능할 수 있는 것은 기술을 수용하면서 생겨난 기능 덕분이다. '증강augmentation'은 훨씬 동시대적인 주제다. 우리는 현재 거의 모든 감각을 기하급수적으로 확장할 수 있다. 하지만 그것은 우리 생활의 새로운 부분이 아니다. 그것은 우리가 우리이기 이전부터 우리와 함께 있었다. 호주의 행위 예술가인 스텔락Stelarc의 위대한 통찰을 살펴보자. 인류와 테크놀로지의 관계에 대한 그의 견해는 유용한 준거 틀을 제시한다.

몸은 항상 인공적인 것이었다. 우리가 호미닌으로서 진화해 이족 보행을 시작한 이래로, 두 다리는 조작자manipulator가 되었다.

우리는 도구, 인공물, 기계를 만드는 생물이 되었다. 우리는 항상 우리가 사용하는 도구와 기술에 의해 증강되었다. 테크놀로지는 인류의 성질을 만들고, 기술의 경로는 인류 발전을 추진했다. 나는 몸을 순수하게 생물학적인 것으로 생각한 적이 없다. 따라서 기술을 2000년대가 끝날 때쯤 우연히 만나게 될 이질적인 타자로 보는 것은 너무 단순한 생각이다.

— 조애나 질린스카Joanna Zylinska, 개리 홀Gary Hall, '탐색 – 스텔락과의 인터뷰', 『사이보그 실험The Cyborg Experiments』, 2002년

❧

다른 종이 의도적으로 도구를 사용하는 사례를 검토한다면 디지털 유인원의 출현에 대해 뭔가를 배울 수 있을까? 동물이 할 수 있는 것과 인간의 행동 방식을 간단하게 나누는 확실하고 빠른 경계선은 존재하지 않는다. 우리가 이타주의 또는 자기희생으로 간주하는 행동을 동물 세계에서 새끼를 대하는 어미에게서 흔히 볼 수 있고, 그것은 이기적 유전자라는 은유로 완벽하게 설명된다. 어미가 죽고 새끼가 살 때 어미의 유전자가 살아남을 확률이 더 높아지는 상황이 존재한다. 많은 동물이 도구를 사용한다. 그것은 보잘것없는 방식이지만 그 동물에게는 매우 중요할 것이다. 새는 둥지를 짓는다. 개미핥기는 막대기로 개미 둑을 찌른다. 야생의 침팬지는 몇 가지 일에 도구를 사용하며, 더 사용하도록 유도할 수도 있다.

다른 동물들도 도구를 매우 광범위하게 사용한다. 실제로 다른 종도 명백히 도구를 사용하고 흉내를 통해 학습한다는 사실은 도구

사용이 실제로는 인간다움을 만드는 독특한 엔진이 아니라는 주장의 근거로 제시되었다. (독특한 엔진이 여러 개가 있다는 데 모두가 동의하지만, 그것들은 서로 중첩되고 보완된다.) 확실히 인간만의 독특한 특징이 따로 있다는 것이다. 사회적 능력과 의사소통 능력, 그중에서도 권모술수를 동원한 끊임없는 경쟁과 남보다 한 수 앞서야 할 필요는 인간을 이루는 기적의 성분이다.

스위스 뇌샤텔대학 교수 티바우드 그루버Thibaud Gruber는 살아남은 유인원 종 가운데 우리와 가장 가까운 두 친척인 침팬지와 보노보를 연구한다. 그 종 자체에 대해, 그리고 그들이 우리에 대해 무엇을 말해 줄 수 있는지를 알아내기 위해서다.

다음은 뇌샤텔대학 웹 사이트에서 가져온, 그루버 교수의 초기 연구 프로젝트 중 하나에 대한 설명이다.

> 나는 '꿀 덫 실험'을 개발했다. 우간다에 사는 여러 침팬지 무리에게 실시하기 위해 고안한 현장 실험이다. 실험 결과, 침팬지들은 통나무에 뚫린 구멍에서 꿀을 추출하려고 시도할 때 자신들의 문화적 지식을 사용했다. 특히 '손소Sonso' 집단의 침팬지들은 자연적인 환경에서는 먹을 것을 획득하기 위해 막대기를 사용하지 않지만, 평소 물을 수집할 때 사용하는 행동인 '잎 적시기'를 응용해 구멍에서 꿀을 추출했다. 현 연구와 후속 연구의 목적은 침팬지의 인지 능력이 어떻게 문화적 지식의 영향을 받는지 이해하는 것이다.

도구를 사용하는 동물의 사례에서 배울 점이 많은 것은 분명하다. 하지만 그만큼이나 분명한, 어쩌면 더더욱 분명한 사실은 복잡한 도구를 광범위하게 사용하는 것이 호미닌의 다른 종들이 멸종한 이래로 인간만의 독특한 특징이 되었다는 점이다. 우리의 언어, 도구, 지식, 기억은 인간 본성의 본질을 이룬다. 우리가 사용하는 기기, 데이터베이스, 가상 경제는 번개처럼 빠르고 천재처럼 영리하다. 장기적으로 그 기기들은 우리의 뇌 배선에서 시작해 우리의 생물학을 바꿀 것이다. 우리가 인간 뇌의 놀라운 가소성을 알아보고 이해하기 시작한 것은 최근의 일이다. 어린아이들은 자신의 뇌를 그들의 부모가 같은 나이에 사용했던 방법과는 다르게 사용한다. 우리가 새로운 유전학 지식을 가지고 뇌에 개입하지 않는 한, 출생 시점의 뇌는 앞으로 몇 세기 동안 대략 똑같은 상태로 머물면서 아주 조금씩만 변하겠지만, 한 사람의 개별적인 뇌는 지금 그렇듯이 앞으로 그 사람의 환경이 가능하게 하는 모습 또는 그 사람의 환경이 요구하는 새로운 모습을 띨 것이다. 게임을 즐기는 어린이들은 자신의 취미에 알맞은 신경 구조를 발달시킨다. 이것은 옛날 사고방식을 가진 부모의 편견이 아니라 실제로 그렇다. 게이머의 뇌는 뇌 소프트웨어를 개발하고, 게임 속에서 빠른 속도로 오르고 달리고 죽이는 데 알맞은 신경 경로를 형성한다. 게이머는 자신의 신경에 일어난 변화를 자식들에게 유전적으로 전달하지는 않는다. 하지만 앞으로 몇 십 년 동안, 네트워크화된 세계에서 성공하도록 돕는 형질은 배우자를 찾을 때 더 높이 평가될 것이고, 따라서 후대에 출현할 확률이 높아질 것이다. 발달 신경학이 밝혀낸 모든 사실은 앞으로 몇 백 년 동안 우리의 유전자 풀, 출생 시점의 신경 구조, 그리고 우리의 생물학 그 자체가 환경이 부여하는 도전과 기회에 맞추어 변할 것임을 암시한다.

　다음 세대로 정보를 전달하는 유전보다 빠른 메커니즘을 우리는 처음부터 사용했다. 우리는 살아가기 위한 정보와 규칙을 문화 속에 박아 넣는다. 인류는 학습한 것을 전달하는 독특한 능력을 가지고 있다. 그 능력 덕분에 믿을 수 없을 정도로 효율적인 전달이 가능하고, 우리가 비교적 단기간에 최고의 종이 될 수 있었다. 캘리포니아 대학 교수 프란시스코 호세 아얄라Francisco J. Ayala는 스페인계 미국인 철학자이자 진화생물학자이며, 한때 도미니크 수도회 성직자였다. 그는 이렇게 주장한다. "문화적 적응이 생물학적 적응보다 더 효과적인 이유는 그것이 더 빠르고, 방향을 제시할 수 있고, 세대를 건너가며 누적되기 때문이다." 그렇다고 해서 생물학적 적응이 중지되었다고 생각할 이유는 없다. 섹스 파트너, 출생률과 사망률의 개인차, 우리 몸속의 유전자 돌연변이가 있는 한 특정 환경에 가장 적합한 개체가 유전자를 후대에 전달할 가능성이 더 높다는 사실은 바뀌지 않는다. 미국과 영국의 피험자 21만 명을 대상으로 실시된 최신 연구에서 이런 진화적 변화가 계속되고 있음을 보여 주는 분명한 증거가 나왔다. 수명이 긴 사람들은 알츠하이머병이나 심한 흡연과 관련한 변이 유전자가 나타나는 빈도가 낮았다. 그렇다면 우리 뇌도 진화하고 있을까? 우리는 미래에 정신적으로 달라질까?

　종 전체를 연결하는, 언어와 문화라는 형태의 웹(스피시-와이드-웹)은 25만 년 전에 아프리카에서 호모 사피엔스와 함께 출현했다. 그들에게 도구는 있었지만, 디지털 프로세서, HTTP, 보편적 연결성은 없었다. 호모 사피엔스가 살았던 20만 년 동안 기술 변화가 가속화되었지만, 대형 유인원으로서의 기초적인 생물학은 거의 그대로이며 1백 년 뒤에도 그럴 것이다. 만일 우리가 비디오 스크린으로 2100년의 세계를 볼 수 있다면, 인간의 환경은 에이브러햄 링컨에게 보이는 것만큼이나 우리에게도 낯설어 보일 것이다. 하지만 사람들의 모습은 지금 모습 그대로일 것이다. 그들은 언뜻 보면 눈에 띄지 않는 흥미로운 증강 기기를 착용하고 있을 것이다. 그것은 우리가 이미 가지고 다니는 기기의 확장판이다. 그들은 질병을 피하고 손상을 복구하는 것을 돕는 흥미로운 유전자 치료를 받았을지도 모르지만(이 문제는 조만간 살펴보겠다), 그렇다 해도 우리처럼 한눈에 알아볼 수 있을 것이다.

✄

적어도 1850년대에 다윈이 했던 연구 이래로, 우리는 인간의 운영 체제가 척추동물 일반, 특히 포유류가 수백만 년에 걸쳐 개발한 것과 크게 다르지 않다는 사실을 알았다. 그 운영 체제는 현대 인류 이전의 수십 종을 거치며 현대 도시와는 엄청나게 다른 환경 도전에 적응된 것이다. 인간의 운영 체제는 지금도 실시간으로 업데이트되고 있다. 하지만 무작위 돌연변이가 21세기의 환경 도전에 적응된 새로운 형태의 사람들을 우연히 만들어 내고 있다는 뜻은 아니다. 그것은 수천 년이 걸리는 진화적 과정이다. 업데이트는 지배적인 문화 내의 성 선택을 통해 일어난다. 만일 세계의 모든 흥미롭고 재미있는 부분이 디지털 기술 개발과 관련되어 있다면, 가장 건강하고 생식력이 뛰어난 남성과 여성은 컴퓨터 괴짜와 짝짓기하려고 할 것이다. 아니면 좀 더 정교한 과정일지도 모른다. 진화는 적어도 부분적으로는 생활 환경 속의 가장 긴급한 도전에 대응할 수 있도록 각 집단이 변하는 것이다. 오늘날의 인간 환경은 수많은 요소를 가지고 있지만, 컴퓨터 괴짜가 되지 못한다고 죽는 상황은 거의 일어나지 않는다. 사회가 복잡해질수록 환경에 적응하는 방법은 많아진다.

진화가 어떻게 작동하는지에 대한 현대의 이해는 다윈의 연구에 기반을 두고 있지만, 그 뒤에 생물학과 유전학에서 나온 무수히 많은 통찰도 포함한다. 모든 아이는 부모와 조상의 총합과는 약간 다르게 태어나는데, 그것은 우리가 유전자 돌연변이를 지니고 있기 때문이다. 실제로 아버지의 나이가 많을수록 DNA에 복제 오류가 생기기 쉽고, 따라서 나중에 태어난 자식은 아버지와 조금이라도 달라진다. 다윈의 핵심 통찰 가운데 하나는 종은 우연한 돌연변이를 통해 지금 우리가 유전자(혹은 유전자 복합체)라고 부르는 것을 가진다고 생각한 것이었다. 다윈은 '유전자'는 그 종이 반드시 필요한 방식으로 행동하도록 요구하거나, 반드시 필요한 특정 행동을 문화적으로 유지하도록 촉진한다고 생각했다. 그렇지 않으면 그 종은 사라질 것이다. 바람이 불 때 우연히 휘게 된 옥수수가 풀밭에 있는 다른 모든 옥수수 줄기에게도 바람이 불어 휘라고 말할 수 없다. 마찬가지로 어느 나무 열매에 독이 있는지 아는 원숭이도 그 사실에 대해 말해 줄 수 없다. 그들이 특정 문제를 해결할 수 있는 것은 필요한 유전자를 가지고 있기 때문이다. 그 유전자가 특정 환경에서 발현되면 그것을 가진 개체가 그 환경에서 살아남아 똑같은 유전자를 후손에게 전달할 수 있다. 충분한 세대가 지난 뒤에는 그 종이 거주하는 환경의 도전에 적응된 유전자를 가진 개체만이 살아남는다.

반대로 디지털 유인원의 경우는 문화적 요소가 압도적이다. 저명한 유전학자이자 작가인 스티브 존스^{Steve Jones}를 포함해 몇몇 존경받는 학자들은 인류에서 전통적 의미의 진화는 사실상 끝났다고 생각한다. 이 견해에 따르면 우리는 이제 환경의 압력에 유전적으로 적응하는 종이 아니다. 다시 말해 적응도가 낮은 개체는 죽고 적응도가 높은 유전자를 지닌 개체는 살아남아 종을 유지하는 경우에 해당하지 않는다. 현대 세계는 크고 작은 위험으로 가득하지만, 부적응으로 죽을 위험은 크게 줄었다. 이 견해는 아마 아직까지는 소수 의견일 것이다. 하지만 이견이 거의 없는 사실은 우리와 우리가 창조한 주변 환경의 결합인 세계에서 일어나고 있는 대규모의 연속적인 변화로 인해 인간의 성질이 바뀌고 있으며, 그 변화가 후대로 전해진다는 것이다. 이제 진화는 가장 적응도가 낮은 개체의 죽음에 의해서가 아니라 성 선택이나 식생활 변화 등을 통해 일어난다. 초기의 현대 인류가 기술과 문화의 개선, 그리고 뇌 크기와의 상호 작용을 통해 지금에 이르기까지 약 20만 년에서 10만 년 사이의 시간이 걸렸다. 인류학자들이 '현대 인류의 특징적인 행동'이라고 부르는 것은 약 4만 년 전에 시작된 것 같다. 집단을 이루고 생활하는 인류는 그 시점부터 예전에는 살 수 없는 환경이었던 장소에서도 번성할 수 있었다. 신경계가 개선된 덕분에 인류는 사회적 조직을 변화시키고, 학습한 것, 특히 도구 사용법과 요리에 불을 사용하는 방법을 다음 세대로 전달할 수 있었다. 인과의 방향은 모든 방향으로 뻗는다. 뇌가 계속 커지면 임신 기간이 길어지고, 취약한 아동기가 늘어난다. 그리고 개선된 뇌는 획득한 에너지의 5분의 1을 요구하므로, 그런 뇌가 우연히 생길 수는 없었다. 음식물을 획득하기 위해 무기를 사용하는 능력, 그것을 조리하기 위해 불을 사용하는 능력, 새로 생긴 정교한 사회적 관행을 이용해 임신한 여성과 아이를 보호하는 능력이 반드시 필요했다. 우리 뇌 안의 새로운 명령 모듈이 없었다면 이 가운데 어떤 것도 실현되지 못했을 것이다. 인간의 모든 측면에 일어난 점진적 변화는 동시대에 일어나 서로를 지지했다. 그런 변화는 디지털 유인원에서 계속되겠지만 속도는 훨씬 더 빨라질 것이다. 이미 우리는 사람들 대부분이 일상에서 느끼는 것 이상으로 기술에 완전히 의존하고 있다. 스티븐 호킹이 비관적인 순간에 예측했던 것과 달리, 우리 두 사람은 기술이 우리에게 계속 의존하도록 관리할 수 있다고 믿는다. 하지만 우리는 그 공생 관계의 내용에 대해 사회·정치적으로 큰 선택을 내려야 한다. 알고리즘이 설명할 책임이 있다고 누가 보증하는가? 각기 다른 상황에서 인체에 대한 어떤 개선을 허용할지를 누가 판단하는가? 베를린 시민은 대체로 공식적인 폐쇄 회로 영상의 감시를 받지 않는 반면, 런던 시민은 12명당 한 대꼴인 약 50만대의 공적·사적인 카메라에 둘러싸여 사는데, 이것이 옳은 일일까? (베이징의 스카이넷이 세계 최대의 공식적인 감시 시스템이지만, 세계에서 두 번째로 광범위한 런던의 감시 시스템도 집중 취재를 능가하는 수준으로 지나치게 많다. 감시당하지 않는 공공장소는 없다.) 민간 기업이 소유하는 현대 데이터 인프라의 광대한 부분에 접근하는 사람은 누구이고, 그 용도는 누가 결정하는가? 우리는 이후의 장에서 이런 질문들을 좀 더 다룰 것이다.

ॐ

우리는 디지털 유인원의 출현에 분수령이 되는 결정적인 국면에 이르렀다. 디지털 과학은 우리에게 수많은 경이와 기괴함을 안겨 주었다. 흔히 가장 중요한 것은 언뜻 보기에는 간단하다. 놀랍게도 우리는 우리 자신의 DNA를 잘라 붙이는 방법을 알아냈다. 이 새로운 힘은 세 가지 바탕에서 나온다. 수학에 대한 이해, 막대한 계산 성능, 그리고 유전학에 대한 이해다. 우리는 지금 우리 자신의 진화, 그리고 실제로는 우리가 관리하거나 키우기로 선택하는 모든 다른 종의 진화를 제어할 수 있는 지적·물리적 도구를 가지고 있다. 유전자 편집 기술이 간단한 진화 원리를 따라잡으려면 수십 년은 걸릴 것이다. 그럼에도 이 대목에서 우리는 '2100년의 인간을 엿볼 수 있다면 어떤 모습일까'라는 질문을 다시 던지게 된다. 디지털 유인원의 종으로서의 진화는 이제부터는 의식과 목적을 가지고 진행될 것이다. 우리가 이 위험한 특권과 임무를 손에 넣은 최초이자 유일한 종이라는 말은 불필요하다. 그래서 모든 논평가는 핵심 질문으로 곧장 들어간다. 「내셔널 지오그래픽 National Geographic」의 첫 페이지에 적힌 제목은 그 질문을 한마디로 나타낸다. "새로운 유전자 편집 기술로 우리는 생명을 바꿀 수 있다. 하지만 그래도 될까?"

이 질문을 이루는 요소는 원리를 따지면 새로운 것이 아니다. 우리는 수천 년에 걸친 선택적 육종에 의해 개, 말, 비둘기, '농장 동물' 일반의 유전체를 변경했다. 여기서 '농장 동물'은 우리가 죽여서 먹기 위해 탄생시킨 다른 종의 생명체를 뜻한다. 우리는 기회만 있으면 인간을 품종 개량하려고 시도했을 것이다. 그런 가능성은 우생학이라고 불리는데, 서양 사상의 표준 안에서 플라톤에서부터 시작되었다. 스파르타인과 여타 민족들은 혈통을 개선하기 위한 규칙을 정하고 그것을 실행했다.

스파르타인은 불완전한 아기를 유기해서 죽였다(『플루타르크 영웅전』 2편). 모든 아버지는 자신의 아기를 원로 회의에 보여 주어야 했다. 만일 아이가 건강하지 않으면 훌륭한 시민도 군인도 될 수 없으므로 유기해야 했다. 반면에 아들이 셋 있는 남성은 군 복무를 면제받았고, 아들이 넷이면 세금을 면제받았다.

— 대릴 R. J. 메이서Darryl R. J. Macer, 『유전자를 바꾸다
Shaping Genes – 의학과 농업에서 새로운 유전학 기술을
이용하기 위한 윤리, 법, 과학』, 1990년

다윈의 사촌이었으며 우생학이라는 용어의 창시자인 빅토리아 시대 영국 과학자 프랜시스 골턴Francis Galton은 우생학에 현대적 형태를 제공했다. 20세기가 되었을 때 많은 정부가 폭넓은 수준에서 유전자를 조작하기 위해 열등하거나 결함이 있다고 간주된 사람들에게 불임 수술을 강제하거나 그런 사람들을 죽였다. 미국에서는 1907년에 최초의 단종법이 인디애나주에서 통과되었다. 웨스트버지니아주는 2013년에 와서야 단종법을 폐지했다. 단종은 폭넓은 승인을 받았다. 여성은 도덕적인 이유 또는 유전적인 이유로, 남성은 범죄 행동을 보인다는 이유로, '정신적 결함'이 있다고 간주된 사람은 남녀를 불문하고 모두 단종이 승인되었다. 이런 접근 방식의 최악의 사례는 물론 독일 나치 정권이 실시한 것이었다. 하지만 1859년에 발표된 다윈의 대단한 통찰이 150년 동안 초래한 모든 결과가 다윈의 책임은 아니다. 우생학은 물론이고 흔히 추한 형태를 띠는 많은 형태의 사회적 다윈주의도 마찬가지다.

이 프로그램 중 어떤 것이, 설령 수 세기에 걸쳐 유지된 것이라

해도, 유전자 풀을 '개선'했다고 추정할 근거는 없다. 이론적으로만 생각하면, 만일 어느 정부가 특정한 키보다 더 자란 모든 사람을 죽이거나 불임으로 만든다면 실제로 키 작은 사람들이 우세하기 시작할 것이다. (인간의 키가 커지는 데는 많은 이유가 있다. 아동기 질환의 감소나 개선된 식생활은 키를 늘인다.) 인간을 더 오래 살도록 품종 개량하는 것은 불가능하지는 않겠지만 매우 오랜 시간이 걸릴 것이다. 이미 긴 수명은 그것을 매우 어려운 일로 만든다. 실험실에서는 실험용 동물로 초파리나 쥐를 사용하는데, 초파리는 한 세대가 한 달이 안 되고, 쥐는 한 세대가 1년이 안 된다. 이에 비해 인간의 한 세대는 20년이 약간 넘는다. 따라서 만일 목표를 80세 이상 사는 사람으로 정한다면, 여러 세대에 걸친 선택 육종과 수백 년이 걸리는 실험이 예정되어 있을 것이다. 증조부모가 죽은 날짜에 대한 정보가 있으면 어떤 과학자가 일을 시작해 볼 수 있겠지만, 사람들은 온갖 종류의 비유전적 이유로 일찍 죽고, 그것은 데이터에 혼란을 초래한다. 여기에 또 하나 추가해야 할 사실이 있는데, 그것은 미래의 인간 수명에 대한 낙관적 전망에 찬물을 끼얹는다. 인간이 지금보다 더 사는 것을 사실상 불가능하게 하는 생물학적 제약이 존재하는 것 같다. 현재 인간의 최대 수명은 114세이고, 그때까지 사는 사람은 매우 드물다. 무엇보다 치매를 포함한 노년의 질환을 예방할 수 있거나 치료할 수 있어야 수명 연장이 가치가 있을 것이다. 알츠하이머병을 앓으며 30년을 더 사는 것은 유쾌한 전망이 아니다. 게다가 우생학자들은 일반적으로 다른 윤리적, 정치적, 사회적 목표에 사로잡혀 있었다. 그들은 그 목표에는 과학적 근거가 있다고 스스로를 납득시켰지만, 실제로는 근거가 없다. 모든 효율은 사회적으로 정의된다. 브루넬의 거대한 증기 기관이 내는 힘은 그것이 할 수 있는 유용한 일의 양, 즉 석탄 1톤당 생산되는 견인력으로 측정되는 것처럼 보인다. 하지만 최종적으로 증기 기관의 효율은 얼마나 많은 승객을 얼마의 가격과 속도로 런던에서 브리스톨까지 수송할 수 있는가로 측정되고, 그런 목표는 사회적이다. 증기 기관의 가치를 결정하는 것은 사람이다. 뛰어난 경주마에 빗대어 유럽 귀족은 자신이 속한 좁은 사회적 계급 내에서 결혼하면 자신들에게 타고나는 우월한 특징이 보존되고 개선될 것이라고 믿었다. 그들은 자신들의 결혼 프로그램의 효율을 사회적으로 정의했다. 따라서 수백 년에 걸친 '훌륭한 육종'은 둔한 공주를 더 둔한 왕자와 맺어 주었다. 귀족의 피는 점점 고귀해져서 급기야 포르피린증[5]과 합스부르크가의 턱[6]을 초래했다. 애초에 우월할 것이 없었기에 순 결과는 더 나은 계급의 유지가 아니라 족내혼 문제의 축적이었다. 훌륭한 경주마는 실제로 빠르게 달렸으므로 더 빨리 달리도록 육종할 수 있었다. 군주들은 애초에 더 신성하지 않았다. 그러므로 다른 동물처럼 우리도 원하는 형질을 갖도록 의식적으로 육종할 수 있지만, 육종가들은 충분히 알아야 하고 주의를 기울일 필요가 있다.

우리는 수천 년 동안 종을 품종 개량해 왔다. 지금 우리는 유전체가 어떻게 작동하는지를 전반적으로 잘 이해하고 있고, 개체 수준에서 유전자를 조작하는 능력에 있어서 중간 단계 앞쪽쯤에 와 있는 것 같다. 성체 세포에서 복제된 최초의 포유류는 복제 양 돌리로,

---

5 피부가 빛에 민감해지고 정신 질환을 일으키는 혈액병
6 턱이 약간 튀어나온 안면 유전

1996년에 에든버러대학의 로슬린 연구소에서 태어났다. 우리가 유전자 수준에서 개입함으로써 많은 새로운 동물 종을 만드는 것은 이론적으로는 가능하다. 우리는 고등한 포유류만 앉을 수 있는 탁자에 자리를 얻기에 충분한 감응력을 가진, 기존 종의 기이한 잡종을 만들어 낼 수 있다. 원한다면 어떤 기상천외한 동물도 만들 수 있다. 적어도 기능할 수 있는 동물이라는 조건을 충족시킨다면 가능하다. 예컨대 말 머리를 가진 돼지는 넘어지고 말 것이다. 우리는 원한다면 파란색 나무를 만들 수 있다. 낭포성섬유증을 앓는 어린이 같은 어느 개인의 문제 있는 유전자를 유전자 치료를 통해 다른 것으로 대체할 수도 있다. 원하는 형질과 관련이 있는 유전자와 유전자 연합체를 찾아내면, 우리는 그런 능력이나 속성을 가지는 성향 또는 편향을 삽입할 수 있을 것이다.

물론 양을 복제하는 것이 현실적인 제안이라면 인간을 복제하는 것도 현실적인 제안이다. 하지만 당연히 도덕적 입장은 매우 다르다. 양을 복제하는 일은 시작부터 많은 문제가 있었는데, 만일 같은 기술을 디지털 유인원에게 적용한다면 그런 문제는 윤리적으로 허용되지 않을 것이다. 어느 과학자나 정치인 또는 '고액 순자산 보유자' 고객의 선호에 맞추어 설계된 실험실 제작 인간은 또 다른 문제다. 현시점에서 우리는 양과 정교한 대화를 나누며 양이 복제에 대해 어떻게 생각하는지 알아낼 수 없다. 하지만 우리는 사람들이 이 문제에 대해 가지고 있는 두려움, 윤리적 규범, 신중한 재검토가 필요한 위험 요소에 대해서는 알고 있다.

현재 두 가지 놀라운 새 기술이 존재한다. 첫 번째는 1장에서 언급한 크리스퍼다. 두 번째는 유전자 드라이브gene drive다. 크리스퍼는 DNA의 짧은 절편을 잘라 붙여서 다른 개체 또는 다른 종의 특징을 주입할 수 있는 기법이다. 유전자 드라이브에 대해서는 과학 저널리스트 마이클 스펙터^{Michael Specter}가 잘 설명해 놓았다.

> 유전자 드라이브는 전통적인 유전 법칙을 뛰어넘는 힘을 가지고 있다. 유성 생식을 하는 모든 동물은 보통 양쪽 부모로부터 유전자를 한 부씩 받는다. 그런데 유전자 중에는 50퍼센트보다 높은 확률로 자손에게 전달되는 성질을 가진 '이기적인' 유전자가 있다. 크리스퍼를 사용해 이러한 유전자에 원하는 성질을 가진 DNA 서열을 붙인 다음 변경된 개체를 야생종과 교배시키면, 이론상으로는 야생종의 유전자를 바꿀 수 있다.
>
> — 'DNA 혁명이 어떻게 우리를 바꾸고 있는가',
> 「내셔널 지오그래픽」, 2016년 8월 호

크리스퍼와 유전자 드라이브의 결합은 매우 강력하다. 크리스퍼에 의해 변경된 DNA는 유전자 드라이브에 편승할 수 있고, 따라서 어떤 종에 도입되면 빠르게 퍼질 것이다. 예컨대 농작물이나 인간에게 질병을 일으키는 곤충의 DNA를 바꾸는 시도가 현재 진행되고 있다. 하나는 곤충의 생식 능력을 없애는 방법으로, 불임이 된 수컷은 알을 생산할 수 있는 암컷의 시간을 차지해 봤자 소용없다. 또하나는 병원체 전달에 저항성을 가지게 만드는 방법이다. 라임병의 병원체는 진드기를 매개로 쥐에서 인간으로 감염되는데, 흰발생쥐가 그 세균에 대한 면역을 갖도록 만드는 계획이 세워졌다. 성공한다면 '개선된' DNA가 유전자 드라이브에 편승해 빠른 속도로, 멈추지 않고, 그 쥐의 모든 격리된 개체군으로 퍼질 것이다. 사실 미국 전역에는 수많은 생쥐와 진드기가 존재해서 그들을 완전히 박멸할 수 있을지 알 수 없고, 할 수 있다 해도 오랜 시간이 걸릴 것이다. 현재 미국 낸터킷섬에 대한 실험이 제안되었다. 어쨌든 이 기술의 위력은 명백하다. 임페리얼 칼리지 런던의 '타깃 말라리아Target Malaria'라는 목적이 분명한 프로그램은 빌 앤 멜린다 게이츠 재단의 자금으로 운영되고 있다. 보스턴에 있는 매사추세츠공과대학MIT 과학자로 구성된, 마찬가지로 목적이 분명한 프로그램인 '진화를 조각하다Sculpting Evolution'는 그것이 자연계를 근본적으로 바꾸는 연구임을 의식하고 있다.

표면적으로 보면 이런 프로젝트에는 끔찍한 결과를 초래할 수 있는 위험이 존재하는 것처럼 보인다. 전 미국 국가정보국 국장인 제임스 클래퍼James Clapper는 2016년에 유전자 드라이브를 대량 살상 무기로 묘사했다. 과학계는 그것이 다소 과장된 표현이라고 생각했다. 테러리스트가 무차별 살상을 일으키려 한다면 이미 손에 넣을 수 있는 더 쉽고 확실한 방법이 있다. 구태여 어려운 기술을 숙달해서 바이러스를 만들 필요가 없다. 설령 바이러스를 만든다 해도 실패로 끝나거나 기껏해야 여드름 집단 발생을 초래하는 것이 고작일 것이다. 하지만 가정의 실험 애호가를 위해서나 학교 실험실 용도로 크리스퍼 키트kit가 이미 판매되고 있는 것은 사실이다. 그런 키트의 사용이 일상화되면, 테러와는 별도로 가까운 시일 내에 의도치 않게 유해한 뭔가가 나올 것이다. 현장에 있는 많은 이들은 이런 이유로 누가 무엇을 실험하는지 투명하게 공개해야 할 필요를 느낀다. 그렇게 하는 게 맞다. 하지만 부정확성과 오해의 여지가 아직 크다고 해도, 우리가 실제로 분별을 가지고 개입할 수 있는 때가 오면 개입하지 않을 이유가 있을까?

원리상으로 인류는 자신의 진화를 거의 제어할 수 있다. 게다가 1장에서 지적한 점을 좀 더 설명하면, 초월(다른 사람들은 '특이점'이라고 부르는 것), 즉 과학의 산물이 과학자를 압도하는 일이 실현된다면, 그것은 분명히 기계의 수학에서 오지는 않을 것이다. 초월은 원리상으로는 이미 도착해 있고, 생물학의 수학에 뿌리를 내리고 있다. 만일 오늘 아침에 세계 최고의 다학제간 실험실이 2030년에 대중 시장에 출시하기 위해 지금까지 알려지지 않은 감응적 존재의 생산 모델을 만들라는 명령을 받는다면, 그들은 실리콘과 알루미늄 공급망을 만드는 데 시간을 낭비하지 않을 것이다. 그들은 농부, 육종가, 유전학자들을 불러 모을 것이다. 현재로서는 그 기간 내에 유용한 산물을 생산하지 못할 가능성이 높지만, 그 방법이 산물을 만들어낼 수 있다는 것은 분명하다.

우리는 진화가 일어나기를 기다릴 필요가 없고, 몇몇 분야에서는 명백히 기다리지 않을 것이다. 유전체학의 진보(원한다면 '지옥으로 가는 길'이라고 불러도 좋다)를 둘러싼 훌륭하고 조직적인 논쟁과 안전장치가 여러 나라에 존재한다. 머지않아 우리는 고통스럽고 생명을 위협하는 결함, 또는 불치병에 걸린 사랑하는 자녀의 질환을 '고치기' 위해 우리가 이미 가지고 있는 능력을 대폭 끌어올릴 것이다. 장애를 앓거나 죽어 가는 자식을 가진 부모들은 자식을 벼랑 끝에서 구할 수 있다면 당연히 강력한 로비 단체를 결성할 것이다. 낭포성섬유증에 걸린 아이의 가족이 품는 희망을 사회가 짓밟을 것이라고 상상하기는 어렵다. 하지만 그러면 별로 똑똑하지 않은 아이들의

'극성 엄마들'에는 어떻게 대응할 것인가? "학교 시험과 SAT는 미래의 직업과 지위에 매우 중요하니, 내 아이의 인지 능력을 개선해 주세요. 당신은 할 수 있잖아요." 이것은 몇백 년이 아니라 20년쯤이면 닥칠 문제다.

그러면 디지털 유인원 출현의 최종 단계로 이야기를 옮겨가 보자. 기계는 우리에게 우리 자신을 개조하기 위한 분석 기술을 제공했다. 인간 유전체는 거대하다. 유명한 이중나선에는 약 30억 개의 염기쌍이 있고, 우리를 구성하는 모든 세포의 핵에는 그 염기쌍들이 놓여 있는 23개의 염색체가 있다. 과학자가 이것 또는 저것을 '하는' 유전자를 신중하게 알아내기 위해서는 수년이 걸리는 산업적 규모의 복잡한 계산이 필요하다. 필요한 과학은 이미 존재한다. 우리는 유전자와 건강, 유전자와 육체적 장애의 관계를 원리상으로는 정확하게 이해하고 있다. 그리고 유전자와 성격, 유전자와 미묘한 능력의 관계도 어느 정도 이해하고 있다. 무엇보다 노화의 원리를 이해하고 있다. 정밀한 유전체 연구에 대해 논의를 시작할 조건은 이미 충분하다. 여기서 더 완전한 이해로 가는 것은 데이터와 수학적 분석의 문제다. 유전체 연구는 디지털의 새로운 단계가 거둔 최대 승리 중 하나이고, 그와 동시에 최대 위험 중 하나다.

&

아일랜드의 비범한 모더니즘 작가인 플랜 오브라이언Flann O'Brien은 인간의 기계 의존을 풍자했다. 그의 작품에 등장하는 시골 순경은 자전거의 분자론을 소개한다.

총체적인 순 결과로서, 인생의 대부분을 강철 자전거를 타고 이 교구의 돌투성이 길을 달리는 데 보내는 사람들의 경우는 자신과 자전거의 원자들이 서로 교환된 결과 자신의 성격과 자전거의 성격이 섞이게 된다. 이 구역의 주민 중에서 반은 사람이고 반은 자전거로 보이는 사람의 수를 알면 깜짝 놀랄 것이다. (⋯) 게다가 인간성을 반쯤 공유하고 인간다움을 반쯤 갖추고 거의 반쯤 인간이 된 자전거의 개수를 알면 소스라치게 놀랄 것이다. (⋯) 어떤 사람이 되어 가는 대로 내버려 두다가 절반 이상 자전거로 변하면 그를 볼 일이 별로 없을 것이다. 왜냐하면 벽에 한쪽 팔꿈치를 기대거나 보도의 연석에 발을 지지하고 선 채로 하루 대부분을 보내기 때문이다. (⋯) 하지만 인간성을 채워 넣은 자전거는 대단히 매력적이고 강렬한 인상을 주는 현상이며, 대단히 위험한 물건이다.

— 플랜 오브라이언,『제3의 경찰 *The Third Policeman*』, 1967년

인간이 되려고 하는 이 대단히 위험한 물건에 대해서는 나중에 다시 살펴보겠다. 우리는 플랜 오브라이언의 '철학 공학'에 완전히 동의하지는 않지만, 수천 년에 걸쳐 서로를 만들어 온 호모 사피엔스와 도구의 철저한 상호 의존성에 대한 그의 견해에는 동의한다.

∝

요컨대 설령 디지털 유인원이 타고난 초사교적 동물이라 해도, 우리

는 여전히 대형 유인원과[7]의 구성원이다. 우리는 짝을 선택하고 음식을 찾고 가족이나 친구와의 관계를 유지하기 위해, 애초에는 달로켓을 제어할 목적으로 고안된 기기들을 사용한다. 디지털 유인원은 숲의 빈터에서 초기 호미니드hominid가 그랬던 것처럼, 먹고 애인을 구하고 사람들 앞에서 뽐낸다. 우리는 아주 사소한 일상을 트위터와 페이스북에 게시한다. 디지털 유인원은 또한 기술이 가능하게 만든 새로운 생활 환경에서 시와 저널리즘, 과학과 문학, 음악과 미술을 창조할 뿐만 아니라 새로운 전자 세계의 중개로 방대한 백과사전을 쓰고, 암 치료법을 발견하고, 인도주의적 위기에 대응한다.

호모 사피엔스가 앞서간 호미닌보다 많은 사회적 관계를 관리할 수 있는 것은 그들보다 더 영리한 뇌를 가지고 있기 때문이다. 우리가 그런 영리한 뇌를 사용해 한 일 가운데 하나는 훨씬 더 영리한 도구를 개발한 것이다. 도구는 오랜 시간 동안 우리의 생물학적 구조와 밀접한 관계로 얽혔지만, 디지털 유인원의 경우는 뇌의 성질과 기억의 성질이 다르다. 도구는 항상 진화를 외면화했다. 플린트로 만든 칼날 덕분에 인류는 진화의 지름길을 통해 포식자가 될 수 있었는데, 칼날 자체는 뇌 용량과 사회적 학습에 일어난 큰 도약이 없었다면 만들어질 수 없었을 것이다. 우리의 새로운 기술은 단지 손에 든 반짝이는 기기가 아니다. 기술은 유인원의 본성을 바꿀 것이다. 지금 우리는 궁극의 외부 진화 도구를 손에 넣었다. 자연 선택을 통해 인간 유전체에 변화가 일어나는 데는 수백 년이 걸릴 것이다. 성 선택을 통한 변화에는 수십 년이 걸릴 것이고, 세계의 절

---

7 사람과의 다른 이름

반을 차지하는 가난한 나라에 부유한 생활 방식이 도입되는 데도 같은 시간이 걸릴 것이다. 하지만 디지털 기계를 사용해 생물학 지식에 수학을 응용하면 인간 유전체의 변화가 즉시 실현될 수 있다. 지금 진화를 관리하는 주체는 우리다. 그리고 큰 힘을 가지고 다가오는 것은…….

그러면 디지털 유인원과 테크놀로지의 결합이 어느 정도로 강력한
지를 말해 주는 한 가지 사례를 살펴보자. 그것은 아일랜드 경관과
그의 자전거가 아니라 사회적 기계다. 사회적 기계는 메커니즘 또는
엔진의 힘을 인간의 능력과 결합해 유용한 결과를 내는 구조다. 이
둘은 의식을 가진 하나의 과정 안에서 함께 결합하지만, 의식은 인
간에게만 존재한다. 그 과정은 인간에 의해 학습되고 활용되며, 엔
진의 구조와 운영에 편입된다. 반드시 그런 것은 아니지만 흔히 프
로젝트를 수반한다. 그리고 웹 사이트, 클럽,[1] 온라인 게임 같은 조
직도 수반한다. 성공적인 사례가 별 중에서도 가장 빛나는 별인 위
키피디아다. 위키피디아는 지금껏 존재한 가장 포괄적인 백과사전
이다. 가장 이용하기 쉬운 백과사전이기도 한데, 그것은 두말할 나
위 없이 위키피디아가 메커니즘으로 월드 와이드 웹을 이용하고 있
기 때문이다. 사회적 기계의 실행과 그에 대한 연구를 크게 촉진한
것이 웹이다.

---

1 웹에 한정되지 않는 넓은 의미의 동호회

위키피디아에는 배울 만한 역사가 있다. 창설자인 지미 웨일스 Jimmy Wales는 뉴피디아Nupedia라고 불리는 포괄적이고 최신인 정보를 담는 인터넷 백과사전을 구상했다. 그 백과사전의 저자들은 직업적으로 해당 분야와 관계를 맺고 있는 자발적인 지원자이고, 모든 기사는 성실한 전문가가 엄격한 7단계 과정을 거쳐 검토하고 승인한다. 사서들이 칭찬할 만한 전제에 기반을 둔 이 엄격한 편집 체계는 그 백과사전이 실패한 원인이 되었다. 뉴피디아에 올리는 기사의 저자가 되는 것은 대학원 기말 리포트를 제출하는 것과 같아서, 그 분야에 대한 뛰어난 감을 가지고 열심히 노력하지 않으면 굴욕을 당할 수밖에 없는 극도의 긴장을 강요당하는 작업이었다. 목표로 삼는 광범위한 분야를 무보수로 집필하는 자원봉사자를 빠르게 모집하는 것은 여간 힘든 일이 아니었다. 웨일스와 공동 창설자들에게는 특단의 혁신이 필요했다. 그들은 워드 커닝엄Ward Cunningham의 발명품 '위키'에서 해결책을 찾았다. 그것은 여러 저자가 같은 웹 페이지에서 작업할 수 있게 해 주는 응용 프로그램이었고, 편집 소프트웨어는 저자들의 기계가 아니라 웹 페이지 위에 있었다. 웨일스는 이것을 자발적인 집필자들의 공동체로 발전시켰다. 작가 월터 아이작슨Walter Isaacson은 다음에 일어난 일을 이렇게 묘사한다.

공동체의 구성원이 되어 만족감을 위해 일하는 자원봉사자들에 의해 P2P peer to peer 공동체가 창조되어 유지되었다. 그것은 그동안 경험해 보지 못한 신선하고 즐거운 개념으로, 인터넷의 철학, 태도, 기술과 완벽하게 들어맞았다. 누구나 웹 페이지를 편집할 수 있었고, 결과는 즉시 나타났다. 당신은 전문가가 될 필요가 없었다. 당신은 졸업 증서를 팩스로 보낼 필요가 없었다. 전문가가 인정하는 자격을 취득할 필요도 없었다. 심지어 사용자 등록을 하거나 실명을 사용할 필요도 없었다. 물론 이렇게 하면 분란을 일으키는 자가 웹 페이지를 망칠 수 있었다. 멍청이나 특정 이데올로기를 신봉하는 사람들이 웹 페이지를 망칠 수도 있었다. 하지만 소프트웨어는 모든 버전을 기록한다. 만일 나쁜 편집이 출현하면, 공동체가 '되돌리기' 링크를 클릭해 그것을 제거할 수 있었다. (…) 위키피디아에서는 되돌리기를 둘러싼 전쟁이 어느 전쟁보다 치열하다. 그럼에도, 다소 놀랍게도, 이성의 힘이 정기적으로 승리했다.

— 월터 아이작슨, 『이노베이터 *The Innovators* – 해커, 천재, 컴퓨터 괴짜 집단이 어떻게 디지털 혁명을 일으켰는가』, 2014년

2년 만에 위키피디아의 기사 수는 10만 개에 도달했다. 현재 영어판 기사는 500만 개가 넘고, 총 293개 언어를 포함하면 약 4000만 개의 기사가 존재한다. 위키피디아의 등장으로 시작된 지식 전쟁에서 전통적인 대형 종이 백과사전이 몰락했다. 1770년대에 창간된 가장 오래된 영어 백과사전인 『브리태니커 백과사전』은 집필자로 110명의 노벨상 수상자와 5명의 미국 대통령을 두었지만, 온라인으로 이동하는 것 외에는 선택의 여지가 없었다. 처음에는 온라인판과 병행해 인쇄판도 간행했지만, 2012년에 결국 인쇄판을 폐지했다. 종이로 된 거대한 하드커버 백과사전은 인터넷만큼 빠르게 정보를 갱신할 수 없었고, 모든 정보를 무료로 이용할 수 있는 디지털 기기의 편

리함은 그렇게 크고 값비싼 백과사전을 소유하고 싶다는 욕구를 없앴다. 브리태니커사는 각 분야의 전문가가 작성한 브리태니커 백과사전의 기사가 위키피디아의 항목보다 더 정확하다는 주장을 계속하고 있다. 그리고 『브리태니커』는 두 사이트를 비교했더니 내용이 흡사했고 둘 다 전반적으로 추천할 수 있을 정도로 정확하다고 주장한 「네이처Nature」의 기사를 반박했다. 현실을 말하자면, 위키피디아 기사는 전문성이 높은 기사일수록 어느 단계에 정식 자격을 갖춘 집필자가 편집에 참여할 가능성이 높다.

위키피디아의 놀라운 점 중 하나는 그것이 세계가 공유하는 보편적 지식의 총체와 같은 것으로 발전했다는 사실이다. 위키피디아는 21세기에 모두가 합의할 수 있는 사실인 것을 정의한다. 위키피디아는 이 책임을 진지하게 받아들이고, 검증 가능성과 신뢰성을 확보할 수 있는 치밀한 절차를 갖추었다. 그중 하나는 인용된 자료에 해당하는 내용이 오류 없이 기술되어 있는지, 그 밖에도 충분한 수의 사람들에 의해 인용되고 있는지를 확인하는 장치다. 그것은 7장에서 설명할, 구글이 사용하는 페이지랭크PageRank 시스템과 원리상으로 비슷하다. 두 번째는 기사가 편집된 시점을 기준으로 합의된 기초 과학의 표준에 기초하고 있다는 것이다. 이 표준 또는 표준이 되는 사실에 반하는 기술은 사회적 기계에 의해 경고를 받거나 거부당한다. 예컨대 중력에 대한 기사는 '중력은 행성, 항성, 은하를 포함해 질량을 가진 모든 물체가 서로 끌어당기는 자연 현상'이라는 진술로 시작한다. 만일 위키피디아의 정당한 편집자 지위를 가진 유력한 대학교수가 '끌어당기는'을 '반발하는'으로 바꾸어 뉴턴의 사과가 위를 향해 떨어지도록 한다면, 1분이내에 그 수정 작업은 거부당할 것이다. 위키피디아의 콘텐츠는 인간의 피부처럼 자가 수정을 한다. 기계는 유인원의 감독 아래 거의 생물학적인 방식으로 가치를 더하고, 콘텐츠를 분석하고 편집한다.

17세기 말에서 18세기 초에 걸쳐 일어난 계몽주의와 함께 서양의 기독교 교회는 권위를 상당 부분 잃었다. 그전까지 그들이 권위를 누린 방법은 단순히 진리라고 발표한 뒤 그것이 보편적으로 그렇게 간주되도록 강제하면서 거역하는 자에게는 비참한 결과가 따른다고 위협하는 것이었다. 그때 이래 처음으로 서양 세계는 한 분야에서 사실로 받아들여지는 것을 인증하는 기관을 가졌다. 위키피디아의 기술이 자주 의심받는 것은 역설적이다(그리고 건강하다). 그게 위키피디아에 적혀 있었어? 정말? 중요한 사실은 놀랍게도 이 순간 손목의 버튼을 터치하거나 화면을 클릭만 하면 누구나 이 모든 지식을 얻을 수 있다는 것이다. 게다가 사실을 다루는 그 사회적 기계는 자발적이고 보수를 받지 않는 공동 작업으로 구성된다. 아주 기초적인 디지털 능력만 있으면 누구나 참여할 수 있다. 물론 그 '누구나'가 세계 인구의 대다수는 아니지만, 고등 교육을 받은 꽤 많은 사람이 여기에 해당한다. 정기적으로 활동하는 사람은 약 10만 명이지만, 위키피디아에 등록한 사람은 3000만 명을 넘는데 그들은 아마 관심 있는 주제에 대해 두세 차례 편집을 했을 것이다. 특별히 열심히 편집하는 위키피디안은 약 1만 2천 명이다.

다른 종류의 사회적 기계도 있다. 미국 방위고등연구계획국DARPA
은 군을 비롯한 정부 기관을 위해 첨단 기술의 도입을 연구하는 조
직이다. 이곳은 염소를 노려본다든지,[2] LSD[3]를 사용한다든지, 비
디오 게임 캔디크러스트를 개발하는 것 같은 별난 일을 한다는 평
판이 있다. (처음 두 가지는 존 론슨Jon Ronson의 저서 『염소를 노려보는
사람들The Men Who Stare at Goats』에 나와 있다. 마지막 사례는 우리가 만든
이야기이지만 DARPA에 관한 이야기 중 상당수가 만들어진 것이다.) 하
지만 실제로는 GPS나 그래픽 사용자 인터페이스GUI, 네트워킹, 인
터넷 등 민간에 중요한 가치가 있는 기술의 초기 단계에 관여했다. 물
론 위성과 잠수함 기술을 비롯해 군사 기술도 많이 개발했다.

DARPA는 신비에 휩싸여 있지만, 2009년에는 매우 흥미로운 공
개 실험을 했다. DARPA는 사람들이 네트워크를 사용해 정보를 공
유하는 전자적인 방법으로 중요한 표적을 재빨리 발견할 수 있는지
테스트해 보고 싶었다. DARPA는 미국 전역에 걸쳐 있는 장소 열 곳
에 9미터 정도 길이의 전선을 붙인 직경 3~4미터의 빨간 기구를 설
치했다. 설치한 장소 가운데 몇몇은 인구가 많고 잘 알려진 장소였
다. 한 장소는 샌프란시스코 유니언 스퀘어에서 매우 잘 보였다. 다
른 장소들은 아무도 모르는 외진 곳으로, 동해안, 서해안, 북부의
주, 남쪽의 주 등 수천 킬로미터나 떨어져 있었다. DARPA는 실험

---

2 쳐다보는 것만으로 염소를 죽이는 초능력에 대해 연구하고 있다.
3 강력한 환각제

을 시작한 2009년 12월 5일로부터 한 달 전, 각자가 생각한 방법으로 이 기구 모두를 가장 빨리 찾은 개인 또는 팀에게 4만 달러의 상금을 주겠다고 발표했다.

DARPA는 행방불명된 기구 문제를 해결하려는 것이 아니었다. DARPA는 악당이든, 감염된 사람이든, 수상한 자동차든, 방사성 물질이 들어 있는 폭탄이든 테러 위협을 재빨리 추적하는 일에 대중이 얼마나 도움을 줄 수 있는지를 알고 싶었다. 놀랍게도 한 팀이 아홉 시간 만에 10개 기구를 전부 찾았다. 게다가 다른 10개의 팀 정도가 이틀 만에 기구 대부분을 찾았다. 우승자가 매사추세츠공과대학 팀인 것은 그리 놀랍지 않다. 그들은 약삭빠른 인센티브 작전으로 많은 수의 지원자를 끌어들였다. 지원자들은 소셜 미디어를 사용해 자신의 지인들에게 정보 제공을 부탁했을 뿐만 아니라 지인들을 그 프로젝트에 끌어들였다. MIT 팀은 자신들의 작전을 이렇게 소개한다.

우리는 최초로 기구의 정확한 위치 정보를 보내 주는 사람에게 기구 하나당 2000달러를 줄 계획이었지만, 그것이 전부가 아니었다. 그 사람을 소개한 사람에게도 1000달러를 주기로 했다. 그리고 그 사람을 소개한 사람에게 500달러를, 다시 그들을 소개한 사람에게 250달러를 주기로 했다. (구체적인 방법은 아래와 같다). 구체적으로는 다음과 같이 실행된다. 앨리스가 팀에 참가하면, 우리는 그녀에게 http://ballon.media.mit.edu/alice라는 초대 링크를 제공한다. 그러면 앨리스가 그 링크를 밥에게 이메일로 보내고, 밥은 그것을 사용해 팀에 참여한다. 우리는 밥을 위해 http://ballon.media.mit.edu/bob 링크를 만들고, 밥은 그것을 페이스북에 포스팅한다. 그의 친구 캐롤이 그것을 보고 사인한 다음, http://balloon.media.mit.edu/carol에 대해 트윗한다. 데이브는 캐롤의 링크를 사용해 참여한다. 그런 다음 DARPA 기구 중 하나를 찾는다! 데이브가 그 기구의 위치를 우리에게 알린 최초의 사람이고, MIT 빨간 기구 팀이 10개 모두를 최초로 찾은 팀이다. 그 결과, 우리는 데이브에게 풍선을 찾은 대가로 2000달러를 준다. 캐롤은 데이브를 소개한 대가로 1000달러를 받고, 밥은 캐롤을 소개한 대가로 500달러를, 앨리스는 밥을 소개한 대가로 250달러를 받는다. 나머지 250달러는 자선 단체에 기부한다.

이 계획의 근간에는 잘 알려져 있는 좁은 세상 밈,[4] 즉 6단계 분리 이론,[5] 또는 케빈 베이컨 게임[6]으로 불리는 생각이 있다. 좁은 세상 네트워크[7]의 수학은 복잡하고, 밈처럼 간단하지는 않다. 하지만 여기에는 일반적인 사실이 있고, 현명한 팀들은 여기에 의존했다. 실험에 사용된 모든 빨간 기구, 심지어는 가장 외진 장소에 있는 것조차 적어도 몇 명의 사람들에게는 눈에 띄었다. 그들은 많은 사람을 알고 있었을 것이고, 그 사람들 역시 마찬가지였을 것이다. 그리고 수학자가 아니라면 기이하게 여기겠지만, 많은 수의 지인을 가진 극소수의 사람이 슈퍼 연결자가 되어 전기 분전반 또는 라우터와 같은 역할을 하는 경향이 있다. 만일 기구를 본 단 한 사

---

4 아는 사람을 차례로 더듬어 가면 세상의 모든 사람에게 닿게 된다는 가설
5 여섯 사람을 거치면 모든 사람에게 닿게 된다는 가설
6 어떤 배우와 케빈 베이컨까지 최단의 연결 고리를 만드는 놀이
7 어떤 사람이 지인을 더듬어 특정 인물에 닿을 때까지 필요한 연결

람만이라도 어떤 식으로든 MIT 팀이 모집한 의욕적인 참가자들의 사슬 속 누군가와 연락이 닿았다면, 그 기구는 모든 사람의 눈에 띄었을 것이다. 이런 슈퍼 연결자가 이따금 존재하면 네트워크가 거대해질 것이다. 이 방법으로 MIT 팀이 모든 기구를 아홉 시간 만에 발견했고, 다른 참가 팀 대다수가 같은 시간 동안 풍선 대부분을 발견하고 얼마 지나지 않아 전부를 발견했다는 것은, 기술이 관계된 커뮤니케이션의 힘이 막대하다는 것을 말해 준다. 실제로 비교하는 것은 불가능하므로 사고 실험을 해 보자. 이런 시합이 현대 이전, 예컨대 1950년에 펼쳐졌다면 얼마나 오래 걸렸을까? 이용할 수 있는 모든 미디어, 즉 전화기, 전신, 라디오, 신문, 우편을 사용하고, 파라마운트나 무비스톤의 뉴스 영화로 미리 광고하면, 도시 지역에 위치한 기구는 2~3일 내에 발견해 보고할 수 있었을 것이다. 하지만 몇 주 동안 찾을 수 없는 장소에 감추는 것도 분명 쉬웠을 것이다. 오슨 웰스Orson Welles가 각색한 허버트 조지 웰스Herbert George Wells의 『우주 전쟁The War of the Worlds』이 1938년에 라디오로 방송되었을 때, 화성인이 지구를 침공했다는 이야기를 곧이곧대로 받아들이고 미국 전체가 패닉에 휩싸였던 일을 누구나 '알고 있다'. 하지만 현대 역사가들은 그 방송을 들은 사람이 거의 없었으며 그 사건은 뉴욕 일간지들의 연예면에 실렸을 뿐 패닉을 일으키지 않았다는 데 동의한다. 매우 짧은 시간에 거대한 네트워크가 움직이는 것은 최근의 현상이다. 사회적 기계는 대규모로 사람들을 조직할 수 있고 또 그렇게 한다.

또 다른 종류의 사회적 기계가 있다. 2007년 12월 27일에 실시된 케냐 대통령 선거 이후 폭동, 살인, 혼란의 물결이 발생했다. 소문과 공포가 전염병처럼 퍼졌다. 수단에서 자랐고 케냐 리프트밸리 아카데미와 플로리다주립대학을 졸업한 아프리카계 테크놀로지 논평가인 에릭 허스만Erick Hersman은 동료 블로거 오리 오콜로Ory Okolloh가 블로그에 올린 글을 읽었다. 폭력 사건이 발생한 지점과 지원이 필요한 지역을 추적하는 웹 애플리케이션을 요구하는 내용이었다. 허스만은 2~3일 안에 오콜로와, 미국과 케냐에서 뜻을 같이하는 두 명의 개발자들과 연락해 그 아이디어를 현실로 만들었다. 그 결과로 생긴 것이 우샤히디Ushahidi로, 현장의 자원봉사자가 인터넷이나 휴대폰 SMS 메시지를 사용해 보고서를 보낼 수 있는 소프트웨어였다. 보고서는 구글 맵에 배치되어, 불온한 사건의 경위와 발생 지점을 표시하는 기록 보관소를 창조했다. 우샤히디로 인해 세계의 눈이 케냐로 쏠렸고, 당국자들에게 치안 회복에 대한 커다란 도덕적 압력이 가해졌다. 그때 이래로 우샤히디는 2010년 워싱턴에 내린 폭설 '스노우마게돈'에서부터 2011년 동일본 대지진이 일으킨 쓰나미까지 전 세계로 확대되어 사용되고 있다. 그 힘은 모든 것을 아는 사람은 없지만 누구든지 뭔가를 알고 있다는 원리에서 나온다.

그로부터 몇 년 뒤인 2010년 1월 12일에 진도 7.0 규모의 지진이 아이티공화국의 수도인 포르토프랭스를 파괴했다. 전 세계에서 구호 기관이 몰려왔지만, 그들은 곧 문제가 있음을 깨달았다. 그 도시에 관한 자세한 지도가 존재하지 않았던 것이다. 아이티공화국은 너무 가난해서 지도 디지털 인프라가 만들어져 있지 않았다. 많은 구호 활동가들은 GPS가 탑재된 컴퓨터, 노트북, 휴대폰을 가지고 이 나라로 왔다. 활동가들은 폐허가 된 거리를 걸어가면서 위키프로젝트WikiProject와 오픈스트리트맵OpenStreetMap 같은 웹 도구에 GPS 로그를 업로드했다. 그들은 포르토프랭스의 거리와 건물에 대한 자세한 정보를 크라우드소싱하고 있었던 것이다. 2주 만에 이 똑같은 구호 활동가, 정부 관리, 일반 시민은 도시 전체에 대한 자세한 지도를 이용할 수 있게 되었다.

✳

이 사례들은 모두 새로운 형태의 집단적인 문제 해결을 특징으로 한다. 모두가 인터넷 규모로 펼쳐진다. 우리는 사회적 기계에 대한 지나치게 넓은 정의를 거부한다. 예컨대 아마추어 축구 클럽은 설비(공, 경기장, 샤워장, 술이 채워진 바)를 가지고 있고, 공식적(오프사이드 규칙), 비공식적(시합에 패한 원인을 제공한 선수는 모두에게 술을 산다)인 진행 규칙이 있다. 하지만 테크놀로지는 보잘것없으며, 게다가 사회적 기계로서 치명적인 점은 이러한 장치가 한 장소에서 실시간으로 일어난다는 것이다. 만일 지역 축구 리그나 야구 리그가 대진표를 편성하는 소프트웨어를 사용한다면, 소규모 사회적 기계라고 할 수 있을 것이다. 따라서 지리적 분산은 적어도 우리 생활에 영향을 주는 사회적 기계의 필수적인 요소다. 이와 함께 합의된 하나의 과정 안에서 일어나는 기계와 유인원의 끊임없는 상호 작용도 꼭 필요한 요소다. 사회적 기계의 원재료는 사람, 데이터, 동기, 신

뇌, 열린 척도, 사회성, 그리고 전 세계적인 컴퓨터 네트워크다. 이 요소들이 한데 섞여 일으키는 화학 변화를 이해하기 위해서는 웹 과학과 이 새로운 세계 질서를 이해하기 위한 구조적인 접근법이 필요하다. 물론 웹은 진정한 연구 분야의 일부분에 불과하며, 그 연구 분야는 기술 현대성 전체를 다룰 것이다.

사회적 기계에 대한 연구에서 생겨난 개념들의 도구 상자를 흥미롭게도 인터넷 이전의 인류와 기술의 관계에도 적용할 수 있다. 기지에서 수천 킬로미터 떨어진 곳에서 홀로 임무를 수행하는 핵잠수함. 수억 명의 사람들을 실어 나르는 대도시의 지하철도. 어느 경우든 기계에 대한 좁은 정의는 그 운영 과정에서 일어나는 일을 설명하는 것은 고사하고, 전체적인 상을 그려 내지 못한다. 기차도 잠수함도 사람들을 이동시키지만, 기차와 잠수함을 움직이는 것은 목적을 지닌 사람들이다. 작가 콜슨 화이트헤드Colson Whitehead는 (아마도) 이 사실의 더 흥미로운 측면을 20년 넘게 소설 속에서 파헤쳤다. 여러 문학상을 받은 2017년작 베스트셀러 『지하철도The Underground Railroad』는 남부에서 북부로 노예를 탈출시키는 지하 조직이라는 수백 년 된 은유를, 그 은유에 대한 은유로 바꾸었다. 만일 그 철도가 물리적인 실체라면, 낡은 화차를 끌고 비틀거리며 나아가는 증기 기관차의 목적지는 자유였다. 작가가 그 베스트셀러를 쓰기 전에 쓴 (아마도) 더 놀라운 첫 번째 소설 『직관주의자The Intuitionist』는 1999년에 출간되었다. 무대는 1950년대 뉴욕과 흡사한 세계다. 엘리베이터가 매우 중요한 것으로 인정되고, 중요한 관리인 엘리베이터 검사관은 수직 이동 장치와 인간의 관계를 둘러싼 이데올로기 논쟁에 의해 두 개의 파로 분열된다. 주인공인 젊은 흑인 여성은 직관주의파로, 경험주의파와 격렬히 대립한다. 그 이유는 책을 읽어 보면 알 것이다.

유인원과 디지털 기계의 관계에 대한 나중의 논의를 위해 또 한 가지 지적해 둘 점이 있다. 사회적 기계에서는 인간과 기계, 웹에 기반을 둔 판단과 지적인 결정이 뒤섞인다. 그리고 현재와 예측 가능한 미래에 팀워크의 기본 형태는 기계가 힘든 일을 하고, 인간이 정교한 판단을 내리는 형태다. 아마 지금 그 실험을 한다면 DARPA의 빨간 기구 대부분이 사진에 찍혀 인터넷에 게재될 것이다. 정보 기관, 아마 DARPA는 페이스북과 트위터, 인스타그램과 플리커Flickr에 올라온 최신 사진을 모두 입수하고, 빨간 기구를 찾도록 설정된 기계를 가동했을지도 모른다. 지금 언급한 정도의 규모 있는 기업이라면 거의 합법적으로 자사의 콘텐츠를 검색할 수 있었을 것이다. 이런 힘을 가진 존재는 그 자체로 섬뜩하지만, MIT처럼 아홉 시간 만에 10개의 기구를 찾지는 못했을 것이다. 인간은 여전히 기계보다 더 잘 찾고, 기계는 인간의 네트워크를 강력한 힘으로 만든다. 그리고 특정한 목적을 추구할 때는 눈부신 힘을 발휘하게 만든다.

ঙ

여기서 역사를 조금 거슬러 올라가 보자. 지금까지 시계가 사회적 기계라는 설득력 있는 주장이 있었다. 더 정확히 말하면, 시계는 많은 사회적 기계가 중첩된 것이라고 말할 수 있다. 오래전부터 현재까지 매우 다양한 물리적 시간 계측 장치가 존재했다. 시작은 자연을 이용한 시계였다. 예컨대 나무 그루터기를 사용한 해시계, 또는 아침 해가 떠오르는 산의 틈새를 이용한 것이 있었다. 그것은 플린트를 쳐서 돌 조각을 떼어 내던 우리 조상들에 의해 수천 세대에 걸쳐 특별한 목적을 지닌 장치로 발전했다. 그 가운데 소수는 스톤헨지처럼 정밀하고, 내구성이 있고, 쉽게 만들 수 없는 것이다. 그런 장치는 이론이 따르지 않으면 가치가 없다. 많은 사람들의 마음속에 동시에 심어져 키워진 이론, 처음에는 특정한 것을 상세하게 관찰한 것에 기반을 두고, 그런 다음에 숫자, 시간, 계절에 대한 사회적 관습 안에서 굳어진 이론이 필요하다. 그 이론에는 대개 종교적 요소가 포함되었고, 교역과 여행에 대한 개념, 공동체와 공동체의 일을 하나로 묶고 자신들의 공동체를 다른 물리적·형이상학적 세계와 조화시키는 것에 대한 개념이 포함되었다. 그런 다음에는 당연히 그 틀에 더 높은 기술을 사용한 장치가 더해졌다. 기계식 시계는 점점 더 정교해져서 18세기에 존 해리슨John Harrison의 항해용 계기에 의해, 과학을 가둔 아름다운 캡슐이 되었다. 해리슨의 시계는 선장이 마침내 망망대해에서 자신의 배가 어디에 위치해 있는지를 정확히 알 수 있게 했다. 그 뒤에 전자식 디지털 시간으로의 이행이 일어났다. 매일 사용하는 컴퓨터의 정확한 시간, 모두가 가지고 다니는 아이폰과 손목시계에 표시되는 완벽한 시간. 그리고 공공장소에 걸린 시계 대부분이 사라졌다.

크리스천 마클리Christian Marclay의 〈시계The Clock〉는 우리의 시간을 주제로 삼은 우리 시대의 위대한 포스트모더니즘 예술 작품이다. 이 24시간짜리 영화는 2011년 베니스 비엔날레에서 황금사자상을 수상한 것을 포함해 수많은 찬사를 받았다. 미술관에서만 상영된 〈시계〉는 적어도 3천 개의 각기 다른 영화에서 잘라 낸 장면을 편집한 것으로, 그 모든 장면에는 탁상시계, 벽시계, 시한폭탄, 또는 상상할 수 있는 모든 음조로 정확한 시간을 언급하는 인물이 등장한다. 이들 영화의 장면을 세심하게 편집함으로써 〈시계〉는 미술관에서 흐르는 실제 시간을 분 단위로 표시했다. 이 작품 자체가 시계 장치를 한 요소로 포함하는 사회적 기계에 대한 거대한 명상이고, 수천 명의 영화 제작자가 어떻게 시간의 흐름, 과거, 미래에 대한 관객의 복잡한 문화적 선입견과 공모해 시계에 대한 비유를 의식적으로 사용해 왔는지를 생각해 보게 하는 장중한 명상이다.

〈시계〉는 사회적 기계의 깊이 숨겨진 일반적 사실을 잘 보여 준다. 즉, 사회적 기계는 기계적 측면에서도 사회적 측면에서도 비교적 기술하기 쉽지만, 주제 자체가 어려우면 해독하기 어려울 수 있다는 것이다. 위키피디아를 해독하기 위해서는 결국 지식을 해독해야 하고, 그 기계에 어느 측면이 포함되어 있는지, 어느 측면이 제한되거나 위장되어 있는지, 각 부분이 서로 어떻게 관계를 맺고 있는지, 이러한 관계가 지식의 진정한 심층 구조를 형성하는지 아닌지를 기술할 필요가 있다. 시계와 〈시계〉도 마찬가지다. 최종 질문은 '시간이란 무엇인가', 그리고 이 상대적으로 작은 예술 작품이 세계 속의 시간을 관리하는 방대한 기계류를 설명하는 것에 어떤 도움이 되는가이며, 궁극적으로 들어가면, 이 예술 작품이 시간 그 자체가 경험되는 방식을 얼마나 아우르고 배신하고 해명하는가 하는 것이다.

「뉴요커」의 메건 오루크Meghan O'Rourke는 이렇게 썼다.

> 결국 〈시계〉는 현대라고 하는 아카이브 시대의 특징을 떠올리게
> 하는 예술 작품이고, 기계화(지금은 디지털화)의 즐거움에 대한

증언이다. 그것은 현대의 뉴요커가 이 영화에 어째서 그토록 흥분하는지를 알고 싶어 미술관의 관객 대열에 합류하게 된 18세기 시간 여행자는 완전히 이해할 수 없는 경험일 것이다. 〈시계〉의 집착에 가까운 편집, 작은 주제의 반복, 코믹하고 극적인 다양한 장면 전환은 현대의 모든 사람 안에 숨어 있는 완전주의자에게 호소한다. 몽타주가 대체로 아스티 스푸만테처럼 싸고 달콤한 스파클링와인이라면, 〈시계〉는 샴페인이다. 그 때문에 〈시계〉의 형식이 고안된 것이다. 〈시계〉를 남김없이 마시면 시간이 영원히 계속될 것이다.

— '〈시계〉는 시간을 들일 가치가 있을까?', 「뉴요커」,
2012년 7월 18일

〈시계〉는 사회적 기계일 뿐 아니라 사회적 기계에 의해 생산되었다. 마클리는 전작들과 높아지는 지위에 힘입어 스폰서에게 그 아이디어를 판매함으로써, 영화광 편집 기술자 집단을 고용할 수 있었다. 그 편집 기술자들은 마클리의 지시 아래 영화들을 샅샅이 뒤져 해당하는 장면을 잘라 냈다. 독립영화 제작자이자 소설가인 크리스 페티트Chris Petit는 아마, 미술관에서 신중하게 연출된 항상 정확한 시간은 거짓말 덩어리라는 사실에 주목한 유일한 사람일 것이다. 거짓말 하나하나는 원본 영화들을 제작한 수백 개의 영화사에 의해 만들어진 것이고, 그것은 단 한 번만 진실로서 기능한다.

재미있는 것은 (왜냐하면 모두가 너무 곧이곧대로 받아들이기 때문에) 토막 영상에서 제시되는 시간은 당연히 실제로 촬영된 시간이 아니라는 점입니다. 그것은 연속성을 위한 속임수입니다. 드물게 '실제' 시간이 표시된 경우가 있습니다. 장뤼크 고다르Jean-Luc Godard의 영화 〈할 수 있는 자가 구하라Sauve qui peut〉의 한 장면이 그런 예입니다. 무대는 이른 아침의 역으로, 실제 급행열차가 큰 소리를 내며 통과하고, 실제 역의 시계가 촬영 카메라에 찍힙니다. 시계는 실제 시간을 표시하고, 두 배우는 그 시간인 척 꽤 훌륭하게 연기합니다. 그것은 당신을 깨우는 드문 장면으로, 당신이 기계적인 속임수에 갇혀 있기보다는 살아 있음을 실감하게 합니다.

— 『시계』[8]에 수록된, 크리스 페티트가
이안 싱클레어Iain Sinclair에게 보낸 이메일

앞서 말했듯이, 사회적 기계를 해독하는 일이 어려울 수 있는 것은 무엇보다 그 기계가 거주하는 지리적 장소가 온라인 공간처럼 매우 이상한 장소이기 때문이다. 이제부터 살펴볼 텐데, 사회적 기계의 시간성은 뒤죽박죽될 수 있다. 그 밖의 모든 일상적 속성도 마찬가지다. 위키피디아는 어디에 있는가? 에롤 플린[9]은 지금 당장 그 허구의 여성을 구출하고 있는가? 누군가 지구 반대쪽에서 잔해 더미가 된 내 집의 지도를 보여 줄 수 있을까? 이것이 당신이 찾고 있는 기구인가?

---

8   영화 〈시계〉에 대한 크리스 페티트와 이안 싱클레어의 고찰을 엮은 소책자로, 고독의 박물관과 테스트 센터 북스Museum of Loneliness and Test Centre Books에서 2010년에 간행됨
9   Errol Flynn, 헐리우드 남자 배우

웹 사이트에 기반을 둔 사회적 기계는 현재 무수히 많다. 유명한 사례 가운데 일부를 잠시 살펴보자. 깃허브GitHub는 위키피디아만큼 일반 독자에게 잘 알려지지 않았지만, 실제로는 탄생한 이래로 줄곧 중요한 역할을 해 왔다. 새롭게 등장한 영리한 애플리케이션을 구동하거나 웹 사이트를 표시하는 것 등 디지털 기기가 뭔가를 실행하는 능력은 모두 소프트웨어 프로그램 속에 있다. 프로그램 그 자체는 기계를 움직이는 이진수인 컴퓨터 소스 코드에서 생겨난다. 깃허브는 막대한 양의 소프트웨어와 그 소스 코드를 관리하고, 그것을 사용하거나 거기에 수정을 가하고 싶어 하는 개발자에게 제공되는 사이트다. (서로 다른 깃허브 저장소를 서로 다른 라이선스에 따라 이용할 수 있다.) 개발자는 새로운 애플리케이션을 개발하는 데 필요한 소프트웨어 자원의 대부분을 깃허브에서 찾아내 사용할 수 있다. 이 사이트는 사용자로 등록한 개발자들을 위한 진지한 사회적 네트워크이지만, 공용 스토어에서는 누구나 자유롭게 살펴보고 다운로드할 수 있다.

오픈스트리트맵(그 명칭이 말하는 일을 하는 소프트웨어)의 원동력은 영국에서 지도 데이터가 민간의 독점 소유물이 되고 있는 것에 대한 분노였다. 세계 어느 장소에나 비슷한 상황이 있다. 지도를 사용하려는 웹 사이트와 도서는 대가를 지불하고 지도 소유자의 허가를 얻어야 한다. 영국 국민은 특히 이 절차에 불만이 많았고 지금도 그렇다. 왜냐하면 18세기에 정부가 국민을 대표해 육지측량부를 세웠고, 그때 이래로 납세자들은 세계 최대이자 최고인 지도 제작 기관에 사용료를 지불해 왔기 때문이다. 게다가 지금은 육지측량부의 데이터를 반민간 영리 기업이 소유하고 있다.

그와 동시에 서머싯주 톤턴에 있는 수로부는 세계의 해도를 거의 독점하고 있다. 수로부의 지도는 국제 무역선의 90퍼센트 이상에서 사용되고, 모습을 드러내지 않는 영국의 핵 잠수함 전력을 지탱하는 중요한 비밀 자원이다. 해도는 또한 영국 정부에게 상당한 수익을 가져다주는데, 이 사실은 일반 시민에게는 알려지지 않을수록 좋다.

협동 사업인 오픈스트리트맵은 두 종류의 기술에 의존한다. 첫째는 제대로 요청하기만 하면 거의 모든 것을 다른 것과 대조할 수 있는 웹의 능력이다. 둘째는 현재 많은 자동차에 장착된, 위성에 기반을 둔 GPS와 스마트폰의 섬뜩할 만큼 정확한 위치 탐색 능력이다. GPS 기술에 의해 보통 사람들도 자신이 지구상의 어디에 있는지 정확히 알 수 있고, 웹의 대조 기능 덕분에 사람들은 위키 메커니즘을 사용해 그 정보를 시간과 장소를 초월해 무수히 많은 다른 사람들의 정보와 합칠 수 있다.

그 결과로 생겨난 것이 공동으로 소유되는 세계 각 지역의 최신 지도다. 당연히 참가자가 더 많이 이동할수록 더 나은 지도가 만들어진다. 뉴기니보다 뉴저지에서 더 나은 지도가 만들어질 것이다. 오픈스트리트맵의 데이터는 누구나 자유롭게 사용할 수 있고, 그것을 기초로 한 수많은 웹 사이트가 제공되고 있다. 따라서 구태여 육지측량부 데이터에 비용을 지불할 이유가 없을 것이다.

비슷한 맥락에서, 교통 정보 랭킹 사이트인 웨이즈Waze는 교통과 내비게이션에 관한 세계 최대의 커뮤니티 기반 앱을 표방한다. 사용자는 지역의 다른 운전자와 교통 상황 및 도로 정보를 실시간으로 공유해서 "매일 통근하는 데 드는 시간과 기름값을 절약한다."

이것은 여러 나라에서 공방을 계속하고 있는 공적인 지도 제작 기관과의 내전에 관한 이야기이기도 하다. 공적 기관은 오픈스트리트맵 같은 작은 적수와 구글 같은 큰 적수로부터 경쟁 압력을 받아 서비스를 계속해서 오픈하지 않을 수 없었다. 열쇠를 쥐고 있는 것은 그 나라의 법체계로, 육지측량부의 경우에는 영국의 법률이다. 2장에서 말한 것처럼, 전자 숫자에는 고유의 지위, 유머, 신조, 정체성 등 유인원이 지닌 특징이 없다. 그것들은 사람들에 의해 의미의 틀 안으로 들어온다. 정확히 말하면, 마거릿 대처보다 아마도 오래 살았을 '사회'에 의해서다. 그런 틀 가운데 하나가 재산권이라고 하는 대규모의 법 뭉치다. 오픈스트리트맵이 사용하는 두 가지 신기술에 의해 실제로 달성되는 것은 지도를 작성하는 새로운 방법과 지도를 소유하는 새로운 방법의 법적 기반이다.

이와 똑같은 일반적 접근법으로 성공한 것이 픽스마이스트리트닷컴FixMyStreet.com이다. 다음은 2008년에 「가디언The Guardian」지가 보낸 찬사다.

> 당신이 자전거를 타고 가다가 도로에 팬 위험한 구멍을 가까스로 피했을 때, 당신은 바로 그 자리에서 그 사실을 보고하고 싶다. 곧 그렇게 할 수 있을 것이다. 지난주에 픽스마이스트리트닷컴의 개발자들은 아이폰용 인터페이스를 만들고 있다고 발표했다. 픽스마이스트리트는 누구든 관할 당국이 어디인지 알 필요 없이 도로에 팬 구멍, 무단 투기, 기타 성가신 일들을 보고할 수 있는 기능을 이미 컴퓨터 브라우저에 제공하고 있다. 지도에서 장소

를 클릭하고, 원한다면 사진을 첨부해 성가신 문제의 내용을 입력하기만 하면 된다.

비록 픽스마이스트리트가 원래 정부 기금으로 설립되었다 해도, 지금은 정부에 의한 웹 프로젝트와는 그 모습이 상당히 다르다. 픽스마이스트리트는 지난주에 설립 5주년을 맞이한 자선 단체 마이소사이어티MySociety에서 생겨난, 도움이 되지만 사람을 자주 당황시키는 게릴라적 웹 사이트의 하나다.

— 마이클 크로스Michael Cross, '인터넷 게릴라가 된
전직 내부 관계자', 「가디언」, 2008년 10월 23일

현재 영국의 모든 지방자치체가 어느 정도 픽스마이스트리트 플랫폼에 대응하고 있고, 오픈 소스인 그 플랫폼은 한 형태 또는 다른 형태로 20개 나라에 이식되었다. 굉장하다. 하지만 유감스럽게도, 「가디언」이 픽스마이스트리트를 칭송한 뒤로 9년 동안 영국 도로의 팬 구멍과 다른 결함의 수가 급증했다. 현대의 국민 국가는 상충하는 이해관계가 복잡하게 결합되어 있는 집단이다.

웨이즈도, 그 밖의 어떤 기기도, 모든 상황에 즉각 대응할 수는 없다. 2017년과 2018년에 캘리포니아에 산불이 발생했을 때, 웨이즈 앱은 붐비지 않기 때문에 탈출로로 좋은 고속도로와 산불 때문에 지나갈 수 없어서 붐비지 않는 고속도로를 구별하는 데 어려움을 겪었다. 웨이즈 직원들은 지역 당국자와 긴밀히 협력해 시스템을 업데이트했고, 자신들이 두 시간 이상은 뒤처지지 않았다고 주장했다. 하지만 두 시간은 비상 상황에서는 긴 시간이다. 구글이 인수한 이스라엘의 성공작인 웨이즈는 2016년에 고국에서도 비판을

받았다. 그 앱을 사용하는 이스라엘 군인 두 명이 불행히도 앱의 안내에 따라 팔레스타인 난민 수용소로 들어간 것이다. 그들의 차량은 불길에 휩싸였고, 그들을 구조하기 위해 총력전이 벌어졌다. 하지만 누군가는 그것이 군의 상황 대처 능력에 문제가 있어서 벌어진 일이라고 느낀다.

많은 나라에서 정치적 과정을 사회적 기계를 이용해 바꾸려는 시도가 정치 안팎에서 동시에 있었다. 데이워크포유TheyWorkForYou는 공무원과 국회의원에게 책임을 묻는 것을 시도한다. 활동가들은 대의 민주주의에 대항해 '유체 민주주의' 또는 '위임 민주주의' 같은 개념을 사용한다. 다양한 소프트웨어 프로그램을 사용함으로써 시민이 가능한 한 많은 사람의 의견이 축적된 의사를 자신들이 선출한 의원에게 직접 표명할 수 있다. 유체 민주주의의 후보자는 대개 자신이 선거에서 승리해 국가 또는 지역 의회에서 투표권을 가진다면 자신을 지지한 시민들의 의견에 따를 것이라고 약속한다. 네덜란드, 독일, 이탈리아, 오스트리아, 노르웨이, 프랑스에서 스스로 해적당이라 칭하는 정당들은 오픈 소스 소프트웨어인 리퀴드피드백LiquidFeedback을 사용해 위임 민주주의를 시도했다. 벨기에의 해적당은 자체 소프트웨어를 개발했다. 호주의 플럭스당Flux Party는 블록체인 기술을 이용해 상원 의원 선거에 여러 명의 후보를 냈다.

페이션스라이크미PatientsLikeMe는 이미 확립된 치료 과정을 개선해 의료에 기여할 뿐만 아니라, 현재의 치료 과정을 더 개인 중심의 의료로 대체하는 것을 목표로 하는 사회적 기계 중 하나다. 병원 또는 의사의 수술 성공률에 대한 공식 정보를 많은 애플리케이션을 사용해 대조하고, 그 정보에 대한 접근성을 높인다. 또한 치료 경험에 대한 환자 본인의 평가도 랭킹 사이트 형식으로 추가한다. 마찬가지로 매우 성공적인 사회적 기계인 트립어드바이저TripAdvisor와 비슷한 방법이다. 여행이나 호텔의 품질 순위를 매기는 트립어드바이저는 전 세계에 6000만 명의 회원을 보유하고 있으며 현재 수억 개의 리뷰가 작성되었다고 주장한다.

페이션스라이크미는 그런 방법의 다양한 형태를 사용해 많은 수의 환자와 뛰어난 결과를 내는 과정을 연결시키고, 누구나 의료 시스템을 능숙하게 이용할 수 있게 한다. 더 나은 치료에 관한 연구를 지원하는 것도 목표다. 페이션스라이크미는 2005년에 매사추세츠 주 케임브리지에서 젊은 나이에 루게릭병으로 비극적 죽음을 맞은 스티븐 헤이우드Stephen Heywood 형제[10]에 의해 창설되었다. 그 서비스는 평범한 개인 사용자는 무료로 이용하게 하고, 제약 회사 등 데이터를 사용해 시장이나 의료 관계자에게 판매하는 제품의 품질을 향상시키기를 원하는 사용자에게는 커머셜 요금[11]을 부과하는 비즈니스 모델을 채용하고 있다.

페이션스라이크미는 웹 사이트에서 이렇게 호소한다.

좋은 사회를 만들기 위한 데이터란 무엇일까?

그것은 당신이 공유하기로 선택한 증상, 치료, 기타 건강 데이터로, 당신의 예후를 추적하고, 다음에 같은 진단을 받는 사람들에게 참고가 되고, 연구자들에게는 환자에게 실제로 무엇이

---

10 제임스 헤이우드와 벤자민 헤이우드
11 할인 요금의 일종으로 특정한 기업체나 사업을 목적으로 하는 비즈니스 고객에게는 요금의 일정한 비율을 할인해 주는 것

필요한지를 알려 준다.

회원으로 등록하면 좋은 사회를 만들기 위한 데이터에 참여할 많은 기회가 주어진다. 당신은 다음과 같은 일을 오늘 할 수 있다.

증상과 치료에 대한 당신의 경험을 공유하라. 또는 단지 지금 상태가 어떤지 우리에게 말해라. 그러면 환자들이 날마다 경험하는 것에 대해 연구자들이 더 깊이 이해할 수 있다.

증상과 싸우는 방법, 알맞은 의료 보험 제도에 포함되어야 할 내용 같은 중요한 문제에 대한 당신의 목소리를 들려 달라. 포럼에서는 비슷한 생각을 가진 사람들을 만날 수 있고 큰 지지를 받을 수 있다.

지금껏 가장 혁신적인 연구의 개척자가 되어라. 당신은 DNA, 생물학, 경험이 어떻게 건강, 질병, 노화에 기여하는지에 대해 자세하게 알 수 있을 것이다.

— '좋은 사회를 만들기 위한 데이터란 무엇인가?',

페이션스라이크미 웹 사이트

이 문제에 대한 또 하나의 집단적 접근법은 자기 추적 운동이다. 이 운동은 건강한 사람들과 아픈 사람들이 섞인 마니아 집단에 의해 1970년대에 시작되었다. 그들은 당시 이용할 수 있었던, 오늘날의 관점으로 보면 조야한 장치를 자신의 몸에 붙이고, 장치가 수집한 데이터를 지금은 장난감 컴퓨터로 보일 법한 것에 입력했다. 그 운동은 따라서 우리의 관점으로는 초기 사회적 기계였다. 하지만 이번에도 비약적인 발전은 월드 와이드 웹과 함께 왔다. 2007년에 「와이어드 wired」 잡지 편집자들은 그 운동에 초점을 맞춘 회사 퀀티파이드 셀

프 랩Quantified Self Labs을 설립했다. 그 이래로 핏비트Fitbit와 스마트
폰 애플리케이션을 조합한 것과 같은, 아름다운 디자인의 매력적인
전용 기기가 매우 흔해졌다. 2015년에는 핏비트 하나만 2000만 개
이상 팔렸고, 세계 시장 전체에 연간 약 8000만 개가 출하되었다. 이
양을 누적하면 세계 수억 명의 손목에 핏비트가 있는 것이다. 구글,
애플, 삼성은 모두 비슷한 물건 또는 중첩되는 기능을 가진 스마트
워치를 생산해 왔다. 구매자의 약 절반이 자신들의 새로운 장난감을
지속적이고도 적극적으로 이용하는 것처럼 보인다. 그 가운데 상당
수가 자신의 데이터를 다른 사람들과 공유하고 비교하고 있다.

압도적으로 많은 사람들에게 건강 상태를 기록하는 일은 생활의
일부가 되었다. 만일 근저에 놓인 전제가 옳다면, 평균적인 사람들
은 자신의 운동량과 수면 시간을 알고 그것을 최적인 상태로 바꿀
것이고, 열심히 이용하는 사람들 상당수는 실제 건강을 크게 개선할
것이다. 그리고 운동과 수면의 경우, 다른 생체 징후에 대한 정보도
읽을 수 있다.

하지만 실제로 근저의 전제가 옳을까? 일반적으로 사람들은 사
실을 제시받으면 그 사실을 적절한 방법으로 고려하기 위해 변화를
꾀할 가능성이 높다는 설득력 있는 증거가 존재한다. 노인에게 어떤
의료 서비스를 제공할지 결정하는 사회 서비스 부서의 직원이 만일
다른 방법들의 비용과 통계적 예상 결과에 대한 정보를 제시받는다
면, 예컨대 노인을 본인의 집에서 보살피는 대신 요양원에서 보살필
때의 비용과 통계적 예상 결과를 제시받는다면, 그 직원은 더 나은
결정을 내릴 것이고 고객은 더 오래 더 행복한 삶을 살 것이다. 그
사실이 1980년대에 블레딘 데이비스Bleddyn Davies 교수와 그 동료들

에 의해 입증된 뒤로, 영국 복지 당국은 그 연구 결과에 따라 방침을 바꾸었고, 결국에는 법률이 제정되었다. 하지만 핏비트나 애플워치가 지켜보고 있는 수백만 명의 몸과 마음에 실제로 일어나는 일에 대한 연구 결과들은 현재로서는 아무리 좋게 평가해도 모호할 뿐이다. 제대로 실행된 무작위 임상 시험을 증거로 제시할 수 있는 제조업자는 극소수다. 피츠버그대학의 한 연구팀은 체중 감량 프로그램을 실시하는 5백 명의 젊은 사람들을 연구했다. 절반이 스마트 기기를 착용했고, 절반은 그렇지 않았다. 2년이 지났을 때, 기기를 착용한 사람들은 체중이 평균 3.5킬로그램 줄었고, 기기를 착용하지 않는 사람들은 체중이 평균 5.9킬로그램 줄었다. 그것은 물론 연구자들이 예측한 것과 반대되는 결과였다. 제조업자들은 이렇게 말할 것이다. 그것은 하나의 임상 시험일 뿐이고, 기기 사용자가 체중을 감량했다는 것은 명확한 사실이다. 여기서 우리가 자신 있게 예측할 수 있는 것은 기기 생산자들이 곧 다른 연구에 자금을 제공할 것이라는 점이다. 어쨌든 우리의 핵심 메시지 중 하나를 되풀이하는 확실한 사실은 디지털 유인원이 엄청나게 복잡한 생물학적 실체이고, 가장 놀라운 기기보다 훨씬 더 정교하며, 가장 정교한 기기보다 훨씬 더 놀랍다는 것이다. 위 사례와 관련하여 피츠버그대학 교수 존 M. 재키식[John M. Jakicic]은 기기 사용자의 경우 하루에 달성한 체중 감량 효과가 얼마나 적은지 아는 것이 의욕을 꺾었을 가능성, 또는 운동한 것에 대한 보상으로 약간 더 먹었을 가능성을 제기했다.

소수의 사람들에게는 개인의 생물 통계가 생활 방식이 될 수 있다. 예컨대 브라이턴에 사는 80세 기술자이자 교사인 이언 클레멘츠는 수십 년 동안 자신을 추적 관찰해 왔다. 그는 사실상 모든 것에 대해 주류 견해에 동의하지 않는다. 한 가지 이유는 주류 견해는 너무 시야가 좁아서 자신이 보는 진실을 볼 수 없기 때문이다. 또 하나의 이유는 주류를 구성하는 사람들은 대체로 점잖은 사람들인데 본인은 때때로 매우 비협조적인 인물이기 때문이다. 그는 본인이 믿는 다른 수많은 급진적인 것 중 자기 추적과 자기 명상이 2007년에 의사에게 암 진단을 받고 몇 주밖에 못 산다는 말을 들은 뒤로 자신을 살렸다고 믿는다. 그는 책과 온라인에 자신의 지연된 죽음을 연대순으로 기록했다. 누군가는 약오르겠지만, 지금까지 보면 그가 옳았다.

∝

이러한 사회적 기계들은 우리가 처음에 정의한 내용에 추가되는 여러 특징을 공유한다. 사회적 기계는 모두 분권적이고, 고도의 기술을 가지고 있고, 사용자에게 무료로 제공된다. 프로세스, 데이터, 결과를 원하는 모든 사람에게 공개하는 것은 단지 그것이 일반적인 원리라서가 아니라 핵심 목적이기 때문이다. 사회적 기계의 그런 성격은 어느 정도는 창시자로서, 적극적인 참가자로서, 최종 사용자로서 참여하는 사람들의 사회학에서 나온다. 사회적 기계 상당수는 처음에는 한두 명의 원동력이 되는 사람, 즉 기존의 용어로 말하면 기업가와 초기에 적극 찬성하면서 참여한 수십 명의 사람들에서 시작된다. 사회적 기계의 철학은 어느 경우는 자발적이고 이타적이고 사회적이며, 어느 경우는 상업적이고 사회적이다.

사회적 기계는 반드시 자발성을 추구할 필요도, 공유 재산이 될 필요도 없다. 위키피디아는 기쁘게도 둘 다를 얼추 만족시켰다. 하지만 다른 사업 모델을 채택했더라도 그만큼 성공했을 것이다. 확실히 자발적인 편집자들이 제공한 거대한 무료 노동은 위키피디아의 핵심 자산이지만, 상업적인 조직에서도 똑같은 일이 일어날 수 있다. 페이스북은 거대한 영리 기업이지만, 사회적 기계가 가진 모든 특징을 갖추고 있다. 특히 페이스북의 운전 자본은 위키피디아와 마찬가지로 참가자가 제공하는 정보와 노동이다. 단, 페이스북의 내용은 세계에 대한 사실이 아니라 사용자 자신의 일상생활이다. 두 사이트 모두 정보는 가치를 생산한다. 위키피디아의 경우는 그것이 사용 가치이고, 페이스북의 경우는 공동 활동이다. 두 경우 모두 그것은 기업 자산으로서 계산할 수 없을 만큼 막대한 가치를 지닌다. 두 사이트 모두 수백만 명이 일상을 영위하는 방식을 바꾸었다. 사람들은 원해서 참여한다. 민주주의 사회의 정의에 따르면, 둘 다 그러므로 바람직한 것이다.

현대의 대체로 자본주의적인 혼합 경제에서 위키피디아처럼 자발적 또는 집단적인 사회적 기계가 페이스북처럼 민간 소유이고 영리 목적인 사회적 기계보다 더 효과적 또는 더 효율적인가, 그렇다면 어떤 상황에서 그런가 하는 의문은 아직 답이 나오지 않은 열린 질문이다. 페이션스라이크미는 다른 사회적 기계와 마찬가지로 민간 기업이고, 심지어는 비영리 서비스도 아니다. 하지만 매우 친사회적인 사업 관행과 정신을 가지고 있다. 위키피디아도 페이스북도 그 분야에서 최고의 사이트다. 어떤 백과사전도 위키피디아만큼 포괄적이지 못했고, 어떤 백과사전도 그만큼 자주 참조되지 못했다. 세계 70억 인구의 절반 이상이 인터넷을 사용한다. 위키피디아는 매달 150억 회 참조되는데, 이 수치는 지구상에 인터넷에 연결된 사람 전부가 월 5회가량 참조하는 것과 같다. 다른 사회관계망 사이트도 잘해 왔고 팬을 보유하고 있지만, 어느 것도 페이스북의 규모에는 미치지 못했다. 2017년에 페이스북은 적어도 한 달에 한 번은 로그인하는 적극적인 사용자를 20억 명 이상 보유하고 있었다. 그것은 전 세계 사회관계망 사이트 사용자의 3분이 1보다 약간 적은 숫자였지만, 단일 사이트로는 최대였다.

마찬가지로 오픈스트리트맵과 웨이즈도 인상적이다. 하지만 사실을 말하자면 이 둘은 대부분의 상황에서 애플 맵이나 구글 맵의 기능만큼 인상적이지 않다. 애플 맵과 구글 맵은 아이폰이나 안드로이드계 스마트폰의 움직임을 추적함으로써 '몰래', 아니 더 공정한 표현으로 말하면 '눈에 띄지 않게' 수집한 데이터를 사용하고 있다. 그리고 거기에 과거의 패턴이나 다른 데이터 소스에서 얻은 정보를 더한다. 그것은 거의 '역사회적 기계'에 가깝다. 왜냐하면 참가하는 것은 지적인 기기이고, 그것을 들고 다니는 인간은 아무것도 모른 채 기계적 작업을 할 뿐이기 때문이다. 이런 앱이 제공하는 교통 정보는 매우 정확하다. 만일 그 앱이 영국 펜잰스에서 맘스버리까지 3시간 28분이 걸린다고 말한다면, 실제로 그만큼의 시간이 걸린다. 단, 당신이 다른 사람들과 똑같은 정도로 제한 속도를 어기고, 현재의 기상 조건과 교통 상태가 변하지 않는다고 가정할 때 그렇다. (그 부분도 과거의 패턴에 의해 미세하게 조정된다). 애플리케이션 지도가 하는 일은 당신에게 생생한 수백 가지 관측에 근거한 사실을 말하는 것이기 때문이다. 그 사실이란 얼마나 오래 걸리는가 하는 것이다. 인공 지능 알고리즘이 우리 삶의 점점 더 많은 영역에 들어온다면, 우리는 그런 역사회적 기계의 동반자로서 점점 더 많은 시간을 보낼 것이다. 우리의 활동과 선호에서 전달되는 정보가 빨려 들어가 처리되어 유용한 발견으로서 우리에게 피드백될 것이다. 우리의 수면과 운동 패턴은 다른 사람들이 잠자고 운동하는 것을 도울 것이다. 우리의 교통사고 패턴은 다른 사람들이 교통사고를 당하지 않도록 도울 것이다. 앞으로 인간이 사회적 기계에 의식적으로 참여하는 정도는 매우 다양할 것이다.

사회 정책에서 가장 오래된 주제 중 하나는 자발적 또는 집단적으로 제공된 것은 생산 동기가 다르기 때문에 상업적 또는 더 일반적으로 이기심에서 생산된 것보다 더 우수하다는 견해를 둘러싼 논의다. 여기서 분명히 해 둘 것이 있다. 그 견해는 인간이 협력해서 무언가를 하는 것은 돈을 위해 그것을 하는 경우보다 즐겁다고 말하는 것이 아니다. 협력해서 하는 활동이 더 큰 가치를 지니고, 실제로 생산되는 산물이 객관적으로 더 낫다는 의미다. 구체적으로 말하면, 예컨대 공공 서비스는 민간 영리 단체가 제공하는 같은 서비스보다 더 나을 가능성이 높다. (아마 직원이 일하는 자세가 다르기 때문일 것이다.) 이 견해 자체는 아주 오래되었지만, 학술적으로 제기된 것은 영국 사회 정책학의 창시자인 런던정치경제대학 교수 리처드 티트머스Richard Titmuss다. 티트머스의 이상은 영국 헌혈 시스템에 관한 영향력 있는 연구인 『선물 관계The Gift Relationship』에 잘 제시되어 있다(1970년에 「뉴욕 타임스」는 이 책을 그해의 가장 중요한 책 10권 중 하나로 꼽았다). 그는 헌혈을 지지하는 입장에서 그것을 다른 나라의 혈액 판매 제도와 비교했다. 그는 헌혈의 이타적 원리가 혈액 판매 제도의 경제적 원리보다 우수하다는 말을 하고 싶었다. 아픈 사람들에게 원조를 팔기보다 주는 사회가 명백히 더 좋은 사회이고,

그 이점은 서비스 자체의 질에서 나타난다는 것이다. 그 책은 뛰어나지만, 비교 사례의 선택에 크게 의존한다. 고약한 질환이 혈액을 통해 전염될 수 있으므로, 헌혈이 가능한 대상을 감별하는 현실적인 방법은 의료 기록을 묻는 것이라는 사례가 선택된 것이다. 돈이 부족해 혈액을 판매하는 사람이 타인을 위해 업무 시간을 할애해 다소 불편한 느낌을 감수해 가며 선행을 행하는 사람들과 다른 대답을 하는 것은 당연하다. 따라서 적어도 티트머스가 1960년대에 그 책을 쓰고 있었을 때는 실제로 헌혈을 받은 혈액이 판매되는 혈액보다 더 나았다. 하지만 그것이 일반화할 수 있는 사실은 아니다. 아무리 잘해도, 사례는 속임수가 될 수 있다.

후속 연구는 생산 수단의 공유화와 노동자의 고용 형태가 온갖 종류의 이유로 중요할 수 있음을 증거를 들어 보여 주었지만, 산물의 품질은 그 이유에 포함되어 있지 않다. 민간 병원, 여가 시설, 노인 요양원은 서비스의 품질에 큰 폭의 차이가 날 수밖에 없다. 하지만 공영 시설의 질도 그만큼 차이가 있고 차이의 폭도 같다.

웹 안과 밖, 앱 속, 그리고 게임기를 경유한 사회적 기계는 잠재력을 십분 발휘해 사적·공적인 일상생활의 여러 측면에 영향을 미치기 시작했다. 분명히 해 두자. 70억 뇌의 작은 일부라도 협력하도록 조직할 수 있다면, 유례가 없는 놀라운 자원이 생길 것이다.* 사회적 기계는 어떤 생각, 어떤 계획, 어떤 운동이든 생산하고 개선하고 실행하며, 어떤 복잡한 문제에도 해결책을 내고, 어떤 논쟁에도

---

* 이러한 문제를 검토하기 위해 여러 대학이 협동해 'SOCIAM'이라는 학술 프로젝트를 만들었다. 관심 있는 독자는 그들의 웹 사이트 https://sociam.org/를 방문해 보라.

해법을 찾아낼 수 있는 새롭고, 파괴력이 있고, 흥미진진한 방법이다. 우리가 여기서 제시한 놀라운 기기들은 가능성의 표면을 긁적이는 정도에 지나지 않는다. 앞으로 우리는 위키피디아와 페이스북에서 더 진전된 여러 단계를 보게 될 것이다. 무엇보다 중요한 것은 개인이고, 목적을 공유하는 집단의 미래는 압도적으로 긍정적일 수 있다.

5. 인공 지능과 자연 지능

지금까지 우리는 범용의 생각하는 기계와 밀접하게 결합한 디지털 유인원이 여러 창발적 속성을 가지는 것을 보았다. 그것은 바로 새로운 형태의 집단 시도, 집단적 탐구, 집단 지식, 집단 엔터테인먼트다. 여기서 자연스럽게 떠오르는 질문은 '그런 집단 사업의 동반자가 된 기기들이 인간의 존재 방식이 가진 독특한 특징, 즉 인간이 행하는 종류의 사고를 가지는 것에 얼마나 가까이 와 있는가' 하는 것이다. 어떤 기계가 감정, 통찰, 마음으로 귀결되는 숫자를 가지고 있을까? 그렇다면 우리는 그것을 어떻게 아는가?

현대 신경과학은 신경을 분석하고 시각화하기 위한 영상, 추적, 기록 기술과 고성능 소프트웨어를 갖추고 있지만, 우리 유인원(벌거벗은 유인원, 디지털 유인원, 또는 뭐라 부르든)의 뇌가 어떻게 미래를 내다보고 과거를 돌아볼 수 있는 '개인의 정체성'이라는 감각을 만들어 내는가에 대한 이해에는 별다른 진척이 없었다. 우리는 인간에서 의식이라는 감각을 만들어 내는 것이 무엇인지 모른다. 그리고 의식이 존재한다고 한다면, 의식하고 있다는 인식이 의식하고 있다는 사실과 별개인지 아닌지도 모른다. 따라서 침팬지나 돌고래처럼 영리해 보이는 다른 종은 물론이고, 인간의 아기가 우리가 생각하는 방식으로 의식하고 있는지도 알지 못한다. 왜냐하면 아기는 자신이 의식하고 있다고 말할 언어를 가지고 있지 않기 때문이다. 어떤 식으로든 의식을 하는 것 같지만 자신에 대한 의식은 아닌 것 같고, 자신을 의식한다는 관념이 없는 것은 확실하다.

우리는 인공 지능은 사람 같은 존재를 만드는 것과는 한참 거리가 있다고 생각하며, 그 증거를 보여 줄 것이다. 튜링 검사 토너먼트에서는 '대화의 상대가 기계가 아니라 사람이라고 생각하도록 속이는 능력'을 겨루지만, 거기서 좋은 성적을 거둔 영리한 프로그램이 외계인처럼 느껴지지는 않는다. 그것은 우리가 그 프로그램이 생물이라는 생각을 단 한 순간도 하지 않기 때문이다. 컴퓨터 부호는 하드웨어의 기억 중추에서 혹시 스위치가 꺼질까 봐, 또는 창피를 당할까 봐 걱정하며 떨지 않는다. 반대로 어떤 기계는 우리를 긴장하게 한다. 최신 체스 프로그램과 체스를 두다 보면 당신은 체스 프로그램이 당신의 마음을 읽고 있다는 생각이 든다. 컴퓨터가 당신의 모든 수를 예측하는 것처럼 보인다. 프로그램이 자기를 의식한다고 생각하기 쉽다. 사람을 연상하는 방식으로 기능하는 동물과 기계를 볼 때면 우리는 그렇게 생각한다. 하지만 그것은 지금으로서는 환상이다. 질투하는 AI나 악의를 품은 AI는 고사하고, 자기를 의식하는 AI에 대해 걱정해야 할 날이 오려면 아직 멀었다.

기계 지능은 인간 지능과 전혀 같지 않다. 초고속 기계는 잠재적으로 위험해서 금융업계에서는 세계를 혼란에 빠뜨렸다. 그렇다 해도 기계 지능이 폴 포트Pol Pot와 아인슈타인을 조합해 만든 메카

노Meccano사[1]의 악한 천재 제임스 본드로 변신해 세상을 파괴하는 일은 없을 것이다. 카펫을 청소하는 로봇, 잔디를 깎는 로봇은 작업복을 차려입고 '안녕하세요, 주인님'이라고 말하지 않는다. 그 로봇은 기능에 충실한 작은 원반에 불과하다. 우리 두 사람이 두려워하는 것은 인공 지능이 아니라, 기계와 그 지능이 점점 세계 속으로 침투해 들어가는 향후 50년 동안 큰 피해를 끼칠 수 있는 인간의 타고난 어리석음이다.

❧

미국 심리학자 줄리언 제인스는 40년 전 '양원제 마음'이라고 이름 붙인 가설로 진화생물학계와 철학계를 휘저어 놓았다. '양원제 마음'이란 현대인이 자기 자신의 것이라고 생각하는 목소리, 즉 자기의식 부분을 신의 목소리로 이해한 고전 시대 이전의 마음을 가리킨다. 제인스에 따르면, 고전 문학과 그것에 관계된 비유적 표현이 생겼을 때 비로소 우리는 머릿속의 목소리가 자신의 것임을 이해하게 되었다. 사실상 두 개의 방, 두 대의 카메라가 하나로 합쳐진 것과 같았다. 우리는 우리가 생각하고 있다는 사실에 대해 생각하기 시작했고, 그런 다음에는 서서히 우리의 생각에 대해 책임을 지기 시작했으며, 이렇게 말고 다르게 생각해야 하지 않을까를 걱정하기 시작했다. 리처드 도킨스는 그 개념을 '완전한 쓰레기, 아니면 완전한 천재의 작품'이라고 부른다. 하지만 현대의 뇌 영상 기술은 적어도 제

---

1   금속제 조립 장난감으로 유명한 영국의 장난감 제조업체

인스의 몇 가지 예측을 확인해 주는 것처럼 보인다. 예컨대 신경 영상을 사용한 연구에서, 환청의 신경학적 기제에 대한 제인스의 초기 예측이 대체로 옳다는 것이 입증되었다.

자기란 무엇인가는 서양 철학의 근저를 이루는 불가사의한 질문 중 하나다. 일인칭 시점의 반성적 사고, 감각, 감응적 경험을 할 수 있다는 것이 무엇인가? 자기에 대한 이런 감각은 어디에서 오는가? 이 문제에 대한 철학자의 입장은 대체로 둘로 나뉜다. 스피노자와 라이프니츠 같은 합리주의자들은 영적인 영역에서 그것을 찾았다. 경험하고 배우고 반성할 수 있는 영혼이 우리 안에 내재되어 있다는 생각이다. 반면 로크, 버클리, 흄 같은 경험주의자들은 우리의 자기 감각이 세계에 대한 실제 경험에서 구성되고 생겨난다고 생각했다. 오늘날의 철학자들은 새로운 증거도 고려해야 한다. 먼저 우리가 깨어 있거나 잠들어 꿈을 꿀 때, 또는 위험에 처하거나 약물의 영향을 받을 때 뇌 영상에 어떤 일이 일어나는지 생물학적으로 검사하는 것이 필요하다. 하지만 앞에서 지적했듯이, 지금까지 그 모든 기술 장치를 사용해 봤지만 생리학적인 사실을 자세히 밝히는 것에서 마음에 대한 이해로의 도약은 이루어지지 못했다.

선사 시대 인류나 호미닌은 두말할 나위도 없고, 소크라테스, 한니발, 공자가 우리 세계에 산다면, 우리가 그들이 살던 환경을 불편하게 여기는 것만큼이나 그들도 우리 환경에 엄청난 불편을 느낄 것이다. 개인과 사회의 관계에 대해 오늘날 서구화된 문화에 사는 사람들이 공유하는 개념은 지금까지 살았던 사람들 대부분에게 낯선 것이고, 지금도 많은 사람에게 낯설 것이다. 생각을 확장하면, 지금으로부터 1백 년 뒤 선진국에 사는 부자 시민이 자기란 무엇인가라는 질문에 대해 이 책의 독자와 정확히 똑같은 감정을 가질 확률은 낮다.

아동심리학자인 앨리슨 고프닉^{Alison Gopnik}은 기계가 '우리가 생각하는 영리함'이라는 의미에서 세 살짜리 아이처럼 영리해질 것이라고 확신할 만한 근거를 찾지 못한다. 아주 어린 아이조차 고도로 정교한 생물이다. 하지만 지금 우리가 우리 자신과 비교하고 있는 기계는 거대한 양의 데이터를 빠르게 보는 한정된 범위의 재능을 가지고 있다. 기계의 영리함은 때로는 사회적 기계의 영리함이다. 그것은 기계 자체가 아니라 인간의 영리함을 확장하는 창발적 속성이다. 고프닉은 또한 주의력에 대해서도 날카로운 지적을 한다. 우리가 주의력 부족으로 여기는 것은 실제로는 반대인 경우가 많다.

> 어린아이들에게 의식은 한 번에 모든 것을 비추는 랜턴과 더 비슷해 보인다. 우리는 학령기 이전의 아이들이 주의가 산만하다고 말하는데, 실제로 그것은 아이들이 주의를 기울이지 않는 것을 잘 못한다는 뜻이다. 아이들은 주의를 끄는 대상에 끌려가는 자신을 억제하지 못하는 것이다.
> — 앨리슨 고프닉, 『정원사와 목수^{The Gardner and the Carpenter} — 아동 발달에 대한 새로운 과학은 부모 자식 관계에 대해 무엇을 말해 주는가』, 2016년

우리의 자기 감각은 새로운 디지털 프런티어, 즉 '확장된 마음'과 함께 확대되고 있다. 컴퓨팅 인프라 덕분에 우리는 서로 연결해 개인의 역량을 초월하는 문제들을 풀 수 있다. 우리는 방대한 집단 기억, 즉시 접근할 수 있는 거대한 규모의 백과사전적 집단 지식을 가

지고 있다. 자동차에 장착된 위성 내비게이션은 차량의 속도와 위치에 대한 정보를 컴퓨터로 보내고, 그러면 그 컴퓨터가 차량 각각을 위한 최선의 길을 찾아 준다. 컴퓨터가 빠르게 제공하고 있는 도구 덕분에 우리는 더 유능해지고, 네트워크를 더 넓히고, 대응을 더 잘하게 된다. 그리고 이 새로운 맥락과 우리가 상호 적응함에 따라 우리는 변모할 것이다. 멀리 갈 것 없이 젊은 게이머의 운동 피질 지도만 봐도 이 사실을 확인할 수 있다. 운동 피질의 움직임이 게임 콘솔을 능숙하게 다룰 수 있도록 바뀐 것이다.

뇌 신경 회로에 깔린 어느 기능이 우리의 자기 감각에 어떤 영향을 미치는지는 아직 밝혀지지 않았다. 이른바 회백질 세포와 그 세포가 지탱하는 것인 마음과 자기 감각 사이의 관계는 무엇인가? 몇 가지 이상의 지각 시스템과 기타 시스템이 동시에 정보를 필터링하며 서로 영향을 주는 가운데 의식이 생겨난 것 같다. 여기서 창발이라는 개념이 다시 등장한다. 뇌 진화의 어떤 단계에서, 뇌 안의 아직 완전하지는 않지만 이미 크고 다양해진 일군의 생물학적 패턴이 서로를 모니터링하면서 의식을 가지게 되었다. 단지 보기만 하는 것이 아니라 본다는 사실을 알아챌 수 있게 된 것이다. 보는 장치를 사용해 대상을 보지 않고도 영상을 구성하는 능력이라고 말해도 좋다. 우리의 독특한 능력은 상상 속에 살 수 있다는 것이다. 지금 우리가 아는 바로는 그것은 모든 종 가운데 인간만이 가진 독특한 능력이다.

지금 단계에서 기계는 인간의 이런 능력들과 비교할 만한 것을 전혀 가지고 있지 않다. 기계는 자아가 없다. 게다가 우리는 독립적으로 기능하는 좁은 범위의 능력을 제외하면, 기계로 뇌를 모델화할 정도로 우리 머릿속에서 무슨 일이 일어나고 있는지 충분히 파악하지 못했다. 그러니 기계에게 그것을 흉내 내라거나 실행하라고 요구할 수 없다는 것은 말할 필요도 없다. 뇌는 자신이 처한 상황에 적응한다. 뇌는 가소성이 있어서 새로운 초연결 세계에 맞게 변할 것이다. '정확히 어떻게 변할지'는 신중하게 지켜볼 필요가 있다. 학자들은 모든 논문, 책, 보고서를 '이 주제에 대해서는 연구가 더 필요하다'라는 문구로 끝맺음을 하는 것으로 유명하다. 그들이 하는 일이 원래 그렇기 때문이다. 그렇다 해도 지금부터는 계속 그 문구를 기억할 필요가 있는데, 다른 분야에서는 어떤지 몰라도 이 문제에서는 그것이 엄연한 사실이기 때문이다. 중요한 측면은 아직 조사되지 않았고, 따라서 제대로 이해할 필요가 있다.

ॐ

'로봇robot'이라는 말은 체코 극작가 카렐 차페크Karel Čapek가 1920년에 발표한 희곡 『로섬의 만능 로봇Rossum's Universal Robots』에서 유래했다. 그 단어의 어원은 농노에게 떠맡겨진 강제 노동을 뜻하는 체코어인 'robota'다. 『로섬의 만능 로봇』이 그런 창조물을 다룬 최초의 작품도 아니고, 차페크의 창조물은 기계보다는 생물에 가까웠다. 하지만 그 작품이 널리 성공하면서 기계가 생명을 가질 가능성에 대한 1백 년에 걸친 토론이 시작되었다. (매리 셸리Mary Shelley는 프랑켄슈타인 박사를 통해 인간이 살아 있는 사람을 만드는 것을 상상했다.) 그 희곡은 부유한 나라들의 경제가 1920년쯤에는 기계 기반 산업에 지배되었던 상황에서 쓰였다. 기계가 도입되는 과정과 기계의 스위치 메커니즘은 수백만 명의 일상생활에 큰 변화를 초래했다. 기중기, 판금 가공 기계, 용접기, 나사 조이개, 컨베이어 벨트 등의 동적인 기계는 그것과 병행 발전한 정교한 컨트롤러와 결합했고, 그런 다음에는 컨트롤러가 데이터를 처리하고 해독하는 기기로 발달했다. 이 변화는 제2차 세계 대전 중의 암호 해독에서 시작되었다. 이 변화의 중요한 촉매가 된 것은 앨런 튜링을 비롯한 소수의 천재적인 철학자와 수학자들로, 그들은 뛰어난 전자공학자들과 함께 암호를 해독하고 작성하는 일을 맡았다.

당시 앨런 튜링은 수학계 밖에서는 잘 알려지지 않은 인물이었다. 블레츨리 파크 암호 학교에서 그가 맡았던 연구는 추축국[2]을 무너뜨린 뒤에도, 뜨거운 전쟁이 냉전으로 변해 가는 세계정세 속에서 극비에 부쳐졌다. 튜링은 현재 21세기의 성인에 근접한 지위를 가지고 있고, 그의 인생과 연구는 영화와 소설의 소재가 된다. 앞서 언급한, 기계가 '지적'인지를 시험하는 그의 유명한 튜링 검사는 사회적 시험으로 묘사하는 것이 더 적절할지도 모른다. 판정자에게는 보이지 않는 상태에 있는 기계는 제시된 질문에 대해, 똑같이 보이지 않는 상태에 있는 인간과 구별할 수 없는 대답을 할 수 있을까? 물론 튜링 검사는 무지의 장막 뒤에서 일어나는 처리의 종류에 대해서는 아무것도 말해 주지 않지만, 지금까지 기계의 처리는 인간이나 동물이 하는 어떤 종류의 사고와도 매우 달랐다. 그런데 곧 바뀔 것이다. 신경망을 흉내 내는 기계가 구상되어 제작되고 있다. 그 기계는 우리와는 근본적으로 달라서 자기의식, 감응 능력, 의식은 가지지 못할 것이다. 하지만 그 기계는 우리와 같이 자연적으로 규칙을 학습할 수 있어서 소음에서 언어를 구별

---

2 제2차 세계 대전 중 삼국 동맹에 속한 나라

해 내고, 인식된 행동에서 (윤리는 아니라 해도) 도덕적 습관을 구별해 낼 것이다. 그리고 아마 우리가 하는 것처럼, 모순되는 규칙과 가치를 조화시키는 방법을 학습할 것이고, 우리처럼 결정을 행동의 계기로 사용할 것이다. 기계가 그런 일을 할 수 있기 전에, 기계가 우리의 가치를 존중하도록 기계에 제약을 걸 필요가 있다. 제약을 걸지 않으면, 기계는 우리가 하는 말을 들을 이유가 전혀 없기 때문이다.

☙

여기서 시간을 조금 거슬러 올라갈 필요가 있다. 인공 지능의 성질과 가치에 대한 학술적 고찰이 수십 년 동안 있었다. 그것을 간략하게 살펴보기로 할 때 시작점으로 가장 좋은 것이 모라벡의 역설Moravec's Paradox이다. 그것이 현재 당면하고 있는 많은 쟁점의 특징을 잘 잡아내기 때문이다. 모라벡에 따르면, 체스를 두거나 고등 수학을 하는 기계를 만들기는 비교적 쉽다. 하지만 인간이 일상생활에서 사용하는 지적 능력을 가진 기계를 만드는 것은 간단치 않다. 하버드대학 교수 스티븐 핑커Stephen Pinker는 이 문제를 이렇게 요약한다.

> 30년 동안의 AI 연구에서 얻은 교훈은 어려운 문제는 풀기 쉽고 쉬운 문제는 풀기 어렵다는 것이다. 얼굴을 인식하고, 연필을 집어 올리고, 방을 가로질러 걸어가고, 질문에 대답하는 등 우리가 당연하게 취급하는 네 살짜리 아이의 정신 능력이 공학적으로는 가장 어려운 문제가 된다. (…) 새로운 세대의 인공 지능 장치가 등장하면 주식 분석가, 석유 화학 기술자, 가석방 위원회 위원은

기계로 대체될 위험에 놓일 것이다. 하지만 정원사, 안내원, 요리
사는 앞으로 수십 년 동안 자리를 지킬 것이다.
　　　　　　　　— 스티븐 핑커, 『언어 본능*The Language Instinct*』, 1994년

　원래 인공 지능 연구자들은 수학이나 과학에서 사용하는 컴퓨팅
에 의한 추론을 통해 추상적인 문제를 해결할 수 있는 시스템을 만
들고 싶어 했다. 그들 같은 사람들이 컨디션이 좋은 날 전문적으로
매달리는 종류의 사고를 하는 시스템 말이다. 그들은 인공 지능이
흰 가운을 입은 더 영리한 인간 같은 것이 되기를 바랐다.
　호주 사람인 로드니 브룩스Rodney Brooks는 MIT의 로봇공학 교수
이고 동 대학 인공 지능 연구소의 소장을 역임했던 영향력 있는 연
구자이지만, 이 좋았던 옛날의 AI(GOFAI)의 한계를 걱정했다. 브
룩스는 인간의 영리한 점은 다양하고 때때로 혼란스러운 환경에서
도 목적한 방향으로 나아가고, 자신에게 맡겨진 폭넓은 범위의 까다
로운 과제를 수행할 수 있으며, 그렇게 하기 위해 상황을 구별하고
분석해 물리적·사회적으로 다양한 맥락을 힘들이지 않고 처리할 수
있는 능력을 가진 것이라고 주장했다.
　그래서 등장한 것이 인간의 일반 지능과 인지 능력이 작동하는
방식처럼 보이는 것에 착안한 다양한 기술이다. GOFAI는 세계와
우리 자신에 대한 수학적·논리적 묘사라는 중심 기조를 확장해서
더 빠르고 거대해지려고 했다. 그 새로운 접근 방식은 우리를 포함
한 동물들이 어떻게 정보를 수집하고 처리하는지 조사하는 것에서
출발했고, 그런 다음 이른바 인공 신경망을 만들기 시작했다.
　하지만 AI는 여전히 상식적 추론을 어려워한다. AI는 좁은 범위

의 특정 과제에서는 인간을 초월하지만 일반화하는 것은 어려워한다. 기계는 현재 질병 진단 및 치료와 관련한 의사의 결정을 지원하는 데 능력을 발휘하기 시작했다. 같은 증상을 진찰한 다른 의사들이 내린 결론을 알려 주는 것이다. 그것이 가능한 것은 의학적인 규칙에 기반을 둔 추론에 과거의 수많은 진단 및 치료 사례에서 학습한 패턴을 결합하기 때문이다. 기계는 또한 변호사의 법적 판단을 돕는 데도 효과적이다. 기계는 엄청나게 많은 판례를 활용할 수 있다. 그리고 기계는 오를 주식을 인간만큼 잘 선택한다. 하지만 특정한 능력 수준을 넘으면 인간도 기계도 이 일에 탁월한 능력을 보이지 않는다는 증거가 있다.

⤫

인공 지능이 인간 지능을 조명할 수 있고, 나아가 인공 지능에서 자기 감각과 감응 능력[3]이 출현할 수 있다고 그토록 확신하는 이유가 무엇일까? 여기서 우리는 비교적 짧지만 일반적으로 생각하는 것만큼 짧지는 않은 AI의 역사와 방법을 간략히 살펴볼 필요가 있다.

우리는 AI의 생일을 1956년에 열린 다트머스 회의로 본다. 마빈 민스키Marvin Minsky와 클로드 섀넌Claude Shannon이 뉴햄프셔에서 소집한 6주간의 자유 토론이었던 그 회의가 이 분야에 'AI'라는 이름을 주었기 때문이다. 철학자와 논리학자, 수학자와 심리학자들은 컴퓨터가 출현하기 한참 전부터 지능을 기호를 조작하는 능력으로서

---

3 감정, 지각, 감각, 반응, 의식이 있어서 고통을 느낄 수 있는 능력

이해할 수 있다고 생각했다. 아리스토텔레스의 삼단 논법부터 조지 불의 사고의 법칙George Boole's Law of Thought까지, 이 세계에는 추론을 체계화하고 싶다는 열망이 존재해 왔다. 이런 생각은 19세기 말에서 20세기 초에 걸쳐, 수학과 형이상학 모두 그 토대에는 형식논리학이 있다는 주장으로 결실을 맺었다. 그런 주장을 한 대표적인 학자는 수학에서는 버트런드 러셀Bertrand Russell과 앨프리드 노스 화이트헤드Alfred North Whitehead이고, 형이상학에서는 루트비히 비트겐슈타인Lugwig Wittgenstein이었다.

논리실증주의로 알려진 이 접근 방식은 언어와 과학을 공통의 기반 위에 올려 놓으려는 시도다. 즉, 세계에 있어서 의미는 논리에 기반을 두고 있으며, 논리로 세계의 상태를 명료하게 기술할 수 있음을 보여 주려는 시도다.

논리실증주의자들은 자연계의 점점 더 많은 부분을 기술할 수 있는 새롭고 더 강력한 논리를 개발하도록 모든 세대의 사람들을 재촉했다. 어떤 논리 시스템이든 그 중심에는 세계를 기술하는 언어가 있고, 언어 기호를 구성하고 거기서 추론하기 위한 일군의 규칙이 존재한다.

게다가 계산 엔진이 출현하면서 논리학은 컴퓨터의 동작을 지시하는 완벽한 언어를 제공했다. 컴퓨터의 기본적인 구성 요소에는 AND, NAND, OR, NOR 같은 게이트를 사용하는 불의 논리가 구현되어 있다. 그것은 진리표[4]를 실행하는 간단한 트랜지스터이지만, 더 복잡한 논리의 층을 쌓아 올릴 수도 있다.

---

4 논리 연산의 모든 입력 패턴과 그 결과를 나타내는 표

이런 방법으로 만들어진 컴퓨터에는 다양한 종류의 추론 시스템을 구현한 프로그램 언어가 사용된다. 초기의 AI 연구에서 연구자들이 Lisp, Prolog 같은 논리 기반의 프로그래밍 언어에 눈을 돌린 것은 당연한 일이었다. 다음의 간단한 Prolog 코드는 논리적 추론의 간단한 패턴을 결정하기 위한 룰(규칙), 어서션,[5] 쿼리(질의)로 읽을 수 있다.

```
mortal(X) :- man(X).        % 모든 인간은 죽는다
man(socrates).              % 소크라테스는 인간이다
?- mortal(socrates).        % 소크라테스는 죽는다?
```

규칙 기반 추론의 힘은 강력하다. 이 접근법을 사용하는 AI는 증거를 쌓아 올려 세계에 대한 사실을 입증한다. 또는 알려진 사실 또는 추론할 수 있는 사실을 토대로 어떤 목표가 참인지를 입증하려고 한다. 규칙 기반 추론은 오늘날에 이르기까지 많은 AI 시스템의 핵심을 이루고 있다.

의학의 간단한 사례를 들어 이것이 어떻게 작동하는지 보자. 다음과 같은 지식의 단편이 있다고 가정하자.

만일 환자 X의 백혈구 수치가 4000 미만이라면
그러면 환자 X는 백혈구 수치가 낮다
만일 환자 X의 체온이 38도를 넘는다면

---

5 assertions, 어떤 조건이 성립한다는 표명

그러면 환자 X는 열이 있다

만일 환자 X에게 열이 있다면

그리고 환자 X의 백혈구 수치가 낮다

그러면 환자 X는 그람음성균에 감염되었다

규칙 기반 또는 논리 기반의 추론 언어를 실행하는 컴퓨터는 위에 제시된 지식을 사용해서 위에서 아래로 규칙을 실행할 수 있다 (이것을 '전방 추론'이라고 한다). 시스템에 다음과 같은 기본 사실을 제공한다고 해 보자.

환자 스미스의 백혈구 수치는 1000이다

환자 스미스의 체온은 40도다

그러면 첫 번째 규칙과 두 번째 규칙에 해당하므로

결론은

환자 스미스의 백혈구 수치는 낮고

환자 스미스는 열이 있다

도출된 사실을 가지고 또 한 번의 논리 주기를 실행할 수 있고, 세 번째 규칙을 적용해 다음과 같은 결론을 내릴 수 있다.

환자 스미스는 그람음성균에 감염되었다

규칙의 실행 방법을 바꿀 수도 있다. 시스템에 진단에 대한 가설을 세우고, 환자의 상태에 그것을 뒷받침하는 증거가 있는지 보는 것이다. 세 번째 규칙이 도출한 결론이 유효하려면 무엇이 참이어야 할까? 다음으로, 이 규칙에 선행하는 두 개의 조건이 참이기 위해서는 무엇이 참이어야 할까? 만족시켜야 할 두 개의 새로운 목표를 설정하고, 그렇게 계속하면, 일군의 기본 사실에 따라 일군의 규칙이 성립하고, 일군의 결론이 도출된다.

현실의 시스템은 사실 훨씬 더 복잡할 것이다. 많은 규칙이 동시에 발화할 것이다. 그 가운데서 어떻게 우선순위를 정할까? 우리는 데이터 또는 규칙 자체에 확신을 가질 수 없을지도 모르고, 특정 사건이 발생할 확률에 대한 정보를 가지고 있지 않을지도 모른다. 모든 영역의 불확실한 추론과 확률적 추론이 AI 연구에서 수년 동안 상당한 부분을 차지했고, 그동안 수많은 접근 방식이 개발되었다. 가장 영향력 있는 것 중 하나가 베이즈의 정리Bayes' Theorem다. 그것은 사건이나 관찰 결과가 일어날 확률에 따라 추론을 조정하는 방법이다. 공식은 다음과 같다.

$$P(A \mid B) = \frac{P(B \mid A) \, P(A)}{P(B)}$$

그람음성균에 의한 식중독은 비교적 드물다. (1퍼센트라고 하자.) 이 1퍼센트가 그 가설이 참일 확률 P(A)다. 하지만 환자는 병동에 입원 중인데 그곳은 설사가 흔히 발생하는 장소다. (20퍼센트라고 하자.) 이 20퍼센트는 증상이 발생할 확률 P(B)다. 거의 모든 그람음성균에 의한 감염병에는 설사가 동반된다(95퍼센트). 이것은 P(B|A)다. 만일 환자가 설사를 한다면 의사는 그람음성균에 감염된 것인지 아

넌지 어떻게 알아낼까? 베이즈의 정리에 따라 P(B | A)는 (95)(1)/20 이라고 추론한다. 그러므로 설사가 그람음성균 감염을 의미할 확률은 4.75다. 이런 확률 처리 규칙이 AI 시스템에서 널리 사용되고 있다.

다른 많은 방법이 AI의 방법 레퍼토리에 추가되었다. 우리는 규칙 외의 방법으로 지식을 늘리거나 기술하고 싶어 한다. 지식을 표현하는 것의 어려움은 AI가 겪는 근본적인 문제 중 하나다. 세계에 대해 추론하려면 어떻게 세계를 표현하는 것이 가장 좋을까? 우리가 세계에 대해 가지고 있는 지식의 다수는 세계가 어떻게 구성되어 있는가, 또는 우리가 어떻게 세계를 분류해 왔는가와 관계가 있다. 예컨대 의학 지식의 사례를 보자.

그람음성균 감염은
아종이 있다
    대장균 감염은
    아종이 있다
        폐렴간균
        살모넬라균
        녹농균
        :

    :

하나의 감염을 특정하기 위해 의사는 병원균을 식별하는 지식을 사용할 것이다. AI 시스템도 정확히 같은 방식으로 이런 종류의 구조적 지식을 사용한다. 즉, 감염의 아종이 가진 특성을 사용해 감염을 특정한다. 구조적 지식의 표현은 새로운 종류의 프로그래밍 언어를 위해 초기 AI가 제안한 것의 핵심이었다. AI는 '객체 지향 프로그래밍'으로 알려진 것을 낳았고, 그것은 현재 사용되고 있는 여러 소프트웨어 시스템의 기초적인 부분이 된다. 역사적으로 AI는 세계를 추론하고 표현하기 위한 새로운 방법의 발견과 새로운 프로그래밍 언어를 결부해 왔다.

AI에는 추론과 지식 표현과 함께 검색의 문제가 있다. 컴퓨터는 가능성이라는 매우 거대한 공간에서 문제의 해결책을 찾을 필요가 있다. 이 문제는 오랫동안 AI 연구자들을 매혹해 온 분야로 우리를 이끈다. 바로 게임이다. 수십 년 동안 AI에게 거대한 도전은 체스였다. 1960년대와 1970년대에 전문가들은 기계가 체스 게임의 세계 챔피언을 절대 이기지 못할 것이라고 단언했다. 검색 공간이 너무 거대하기 때문이다. 체스 대전에서는 게임이 전개됨에 따라 말을 움직일 수 있는 방법이 무수히 많다. 게다가 인간인 전문 체스 플레이어가 이 검색 문제를 처리하기 위해 어떤 인지 전략을 쓰는지에 대한 훌륭한 이론이 없었다.

체스 말의 움직임 자체는 간단하다. 분석을 거치면 나무 구조의 '분지 인자'와 그 결과로 생기는 게임의 검색 공간에 대해 매우 정확한 공식을 세울 수 있다. 게임의 검색 공간은 한 플레이어가 두는 하나의 수에 대해 상대가 둘 수 있는, 평균적으로 가능한 수 전체를 가리킨다. 따라서 플레이어는 지금 쓸 수 있는 것은 어떤 수인지 다음은 어떤지를 생각해 이른바 '게임 트리 공간' 속으로 깊숙이 들어갈 수 있는데, 최적의 수를 알기 위해서는 그 공간을 검색하고 평가해야 한다. 체스의 검색 공간은 실로 거대하다. 게임의 중간에 양측이 각기 둘 수 있는 가능성(분지 인자)은 약 30~35정도다. 거기서 우리는 8단 게임 트리(백 4수와 흑 4수)에는 6500억 이상의 노드, 즉 둘 수 있는 말의 위치가 있다는 것을 추측할 수 있다.

체스는 신성한 인간의 영역일 것이라는 확신에 찬 예상과 체스와 체스 명인들을 둘러싼 신비 속에서 경악할 일이 일어났다. 1996년에 열린 한 체스 대전에서, 그런 다음 1997년에 열린 여섯 차례의 토너먼트 대전에서 또다시, 아이비엠IBM의 딥블루Deep Blue 컴퓨터 프로그램이 체스 역사상 최고의 플레이어 중 하나인 가리 카스파로프Gary Kasparov를 이긴 것이다. 어떻게 이런 일이 일어났을까? 새로운 밀레니엄이 시작되는 시점에 기계가 인간의 지위를 앗아 가고 있었던 것일까?

카스파로프의 패배는 AI 연구의 역사에서 끈질기게 반복해서 등장하는 몇 가지 테마를 보여 준다. 그것은 이 책의 핵심을 이루는 테마이기도 하다. 무엇보다 중요한 것은 기하급수적으로 증대되는 컴퓨터의 거침없는 계산 능력이다. 만일 기계가 18개월마다 성능이 두 배로 늘고 가격은 반으로 준다면, 어느 시점에 변곡점[6]이 나타날 것이다. 어마어마한 양의 검색이 실제로 이루어질 수 있다. 딥블루는 초당 1~2억 개의 말의 위치를 평가할 수 있었다. 컴퓨터의 거침없는 계산 능력이 검색 트리의 어느 부분이 더 중요한지를 알려 주는 경험 법칙이라는 관점의 통찰과 결합하면, 섬뜩할 정도로 영리한 행동이 나타날 것이다. 거기에 게임의 초반과 종반에 대한 거대한 데이터베이스, 특정 판세에서 대전자가 두는 수의 종류를 결합하면 결과는 더 섬뜩할 것이다. 너무 섬뜩한 나머지 제3의 요소가 출현한

---

6 평면상의 곡선에서 구부러지는 방향이 변하는 지점, 성장 속도가 최대가 되는 점

다. 1996년에 「타임Time」지에 기고한 글에서 카스파로프는 이렇게 썼다. "많은 컴퓨터와 대전했지만, 이런 게임은 지금까지 한 번도 경험하지 못했다. 새로운 종류의 지능이 탁자 맞은편에 앉아 있는 것처럼 느껴졌다. 냄새까지 맡을 수 있었다."

검색, 점점 더 빨라지는 기계, 규칙 기반 시스템은 강력한 조합이다. AI의 이 모든 발전과 함께 지금 우리가 지구 역사상 가장 큰 정보 구성체를 부지런히 만들어 내고 있다는 사실은 AI를 더 강력하게 만든다. 오늘날 월드 와이드 웹에는 수십억 페이지의 콘텐츠가 있다. 그것은 수십억의 인간과 기계를 연결한다. 필연적으로 웹은 AI를 위한 대규모 자원이 되고, AI 자체를 끼워 넣을 수 있는 장소가 되고, AI의 방법뿐 아니라 우리 자신에게 더 순응하기 쉬운 장소가 되고 있다. 이 새로운 사고는 새천년에 들어서면서 시멘틱 웹semantic web이라는 야심 찬 프로젝트를 낳았다. 여기서 시멘틱 웹의 복잡한 역사를 설명하지는 않겠지만, 그것의 본질적인 힘과 그것이 간단한 버전으로도 강력한 힘을 발휘하는 이유를 지적할 것이다. 시멘틱 웹은 실로 웹의 '터보차저'[7]판인 셈이다.

웹 페이지 http://iswc2017.semanticweb.org/는 어느 학술회의에 대한 것이다. 그 회의는 이 책이 출판되기 전에 끝나겠지만 웹 페이지는 여전히 거기 있을 것이다. 그 웹 페이지는 회의 사이트에서 흔히 볼 수 있는 겉모양과 느낌을 가지고 있다. 우리는 그 웹 페이지의 신택스syntax(구문)와 시멘틱스semantics(의미)를 분석해 볼 수 있다. 구문은 웹 페이지의 구조와 관련하여 전체적인 레이아웃, 이미지의

---

7 엔진의 출력을 높이는 장치

위치, 사용된 폰트, 텍스트의 크기와 색, 링크의 위치 등을 표시하는 것이다. 이것을 지시하는 언어는 하이퍼텍스트 마크업 언어^{Hyper} ^{Text Markup Language}, 즉 HTML이다. 하지만 웹 페이지를 보면 그것을 구성하는 부분이 구체적인 의미를 지니고 있다는 것을 알 수 있다. 상단에는 회의의 명칭이 있다. 그리고 회의가 열리는 날짜와 장소가 있다. 하단에는 기조연설자의 이름과 직함, 사진이 있다. 교육 프로그램과 워크숍, 후원자에 대한 링크도 있다. 이것은 여느 회의 사이트에서 기대할 수 있는 콘텐츠다.

하지만 콘텐츠는 콘텐츠일 뿐이다. 마찬가지로 그 웹 페이지에 대한 HTML 지시는 단순히 페이지의 형식에 대한 것일 뿐 내용을 기술하는 것이 아니다. 그러므로 지금부터 콘텐츠를 분류하는 표식, 즉 당신이 회의 페이지에서 기대하는 종류의 항목들을 식별할 수 있는 표식을 추가한다고 상상해 보자. 회의 명칭, 장소, 날짜, 기조연설, 의제, 참가율 등에 새로 책정된 일군의 규약에 따라 태그를 붙이는 것이다. 바로 그런 언어, 혹은 온톨로지[8]를 실제로 발견할 수 있다. 더 자세히 알고 싶은 사람은 http://www.scholarlydata. org/ontology/conference-ontology.owl를 방문해 보라.

시멘틱 웹 커뮤니티의 목표는 개발자들이 이런 종류의 마크업을 웹 페이지에 효과적으로 끼워 넣거나 연관시킬 수 있도록 함으로써, 웹 페이지에서 데이터를 수집하고 검색하는 기계가 그 콘텐츠가 무엇에 대한 것인지 즉시 '알게' 하는 것이다. 조금 전의 웹 페이지

---

[8] 컴퓨터가 처리할 수 있도록 지식을 적절하게 기술하기 위한 것으로, '개념의 명시화된 명세^{explicit specification of a conceptualization}'로 정의된다. 여기서는 시멘틱 웹에서 사전에 해당하는 것을 가리킨다.

는 학회 홈페이지다. 그러면 그 웹 페이지에 삽입된 주소에서 학회의 온톨로지를 체크해 보자. 온톨로지는 페이지의 마크업에 잇달아 기술되어 있는 것이 무엇인지와, 학회의 명칭과 장소 등 회의와 관련한 그 밖의 모든 정보를 찾는 방법을 기계에게 알려 준다. 거창하게 말하면, 이것은 웹에 의미를 주입하는 것이다. 그러면 기계는 예컨대 내년에 계획된 천문학 학회가 몇 개인지 쉽게 셀 수 있다. 시애틀에서 개최되는 학회가 몇 개인지도 셀 수 있다. 작년에 캐나다에서 열린 학회에서 기조연설을 한 여성이 몇 명인지를 알아내 남아프리카에서 열린 학회의 경우와 비교할 수도 있다. 유사한 리소스와 링크시키면 여성 기조연설자가 학회에 초청되려면 남성보다 인용된 문헌이 더 많이 필요한지도 알아낼 수 있다. 이것은 물론 어떤 의미에서 사회적 기계의 원리에 기초하는 또 하나의 사례다. 개별적인 학회 조직위는 통상적인 방법으로 인력에 의존해 정보를 정리하지만, 그것을 기계가 조합하면 강력한 리소스가 된다.

시멘틱 마크업은 구글, 빙Bing, 야후Yahoo, 얀덱스Yandex 같은 대형 검색 엔진이 후원하는 활동으로 널리 사용되었다. 그러한 기업들은 schema.org라는 접근 방식을 추진해 왔다. 웹 페이지에 추가할 수 있는 특정 어휘, 태그, 또는 마이크로데이터를 정의함으로써 검색 엔진이 내용을 이해하기 위해 필요로 하는 정보를 제공하려고 한 것이다. schema.org는 시멘틱 웹 커뮤니티가 상상한 것의 전부는 아니지만, 그것을 이용하는 웹 페이지는 수백만 개나 존재한다. 구글이 색인을 만든 페이지의 3분의 1이 이런 유형의 시멘틱 주석을 포함하고 있다.

작은 시멘틱스도 웹 규모에서 사용하면 큰일을 할 수 있다. 기계가 처리할 수 있는 더 많은 의미가 웹에 주입되어, AI 서비스가 필요한 정보의 위치를 찾아 수집할 수 있는 날을 기대하라.

현대의 웹 규모의 정보 리소스가 가진 또 다른 특징은 그 폭이 매우 넓다는 것이다. 검색, 점점 더 빨라지는 기계, 규칙 기반 시스템, 불확실한 입력에서 확실성을 계산하는 방법, 웹 규모의 정보, 자연 언어를 해석하는 시스템. 이 모든 요소를 섞으면, 새로운 종류의 복합 AI 시스템이 된다. 그것의 인상적인 표현 중 하나가 IBM의 왓슨Watson이다.

미국의 인기 있는 퀴즈 프로그램 〈재퍼디!Jeopardy!〉의 우승자와 컴퓨터가 대결하는 유튜브 동영상을 본다면 누구나 깊은 인상을 받을 것이다. 아마 호킹과 카스파로프가 AI 연구실에서 개발한 최신작과 대면할 때 경험한 것과 같은 존재론적 불안을 느낄 것이다. 〈재퍼디!〉의 형식은 일반지식으로 구성된 단서를 대답의 형태로 제시하면 질문의 형태로 답변하는 것이다. 예컨대 '1962년에 노벨상을 받은 미국인이 2007년에 자기 자신의 유전체 지도를 얻는 최초의 사람이 되었다'라는 단서를 제시하면, 정답이 되는 질문은 '누가 제임스 왓슨인가?'이다.

IBM의 왓슨은 으스스할 정도로 똑똑해 보인다. 광범위한 범주에 걸친 폭넓은 분야의 지식과 관련된 질문에 술술 대답한다. AI가 점점 더 똑똑해지고 있다는 것을 여기서도 확인할 수 있다. IBM은 인지 컴퓨팅[9]이라는 새로운 시대를 선포하고 있는 것처럼 보인다. 그리고 마치 그것으로 충분하지 않다는 듯, 같은 해에 새로운 AI 현상이

---

9   컴퓨터가 스스로 추론하고 학습하고 그 나름대로 답을 도출하는 시스템

주목을 받았다. 바로 '딥 러닝Deep Learning'이다. 그것은 논리, 규칙, 백과사전적 정보의 데이터베이스가 아니라, 인간의 인지 능력을 만드는 생물학적 기질인 신경망에서 영감을 얻은 AI의 한 스타일이다. 다시 말해 이 AI의 목적은 더 이상 기계에 논리 규칙을 주는 것이 아니다. 그 대신 기계에 신경망을 모방하는 소프트웨어를 주는 것이다.

실제 뇌 회로에서 영감을 얻은 AI는 접근 방식으로서는 새로운 것이 아니다. AI와 사이버네틱스cybernetics 10의 초기 시절로 그 역사를 거슬러 올라갈 수 있다. 그런 접근 방식은 완전한 로봇 시스템을 구축해 그것을 실제 세계에 끼워 넣으려고 했던 전통에서 비롯되었다. 초기 제창자 중 한 명이 영국의 사이버네틱스 전문가 그레이 월터Grey Walter였다. 그는 1940년대 말에 '거북'이라 불리는 로봇을 제작했는데, 그것은 동물의 실제 신경망에서 착안한 복잡한 신경망인 전자 신경계, 센서, 작동 장치를 완비한 로봇이었다. 그의 거북은 환경 속을 느릿느릿 걷고, 장애물을 피하고, 광원을 찾고, 충전소로 들어가 자신을 충전한다.

앞에서 소개한 MIT 교수 로드니 브룩스는 1980년대에 이 패러다임을 재검토하여 특정 행동을 하는 완전한 로봇을 제작하는 일에 착수했다. '누벨 AI'라는 멋 부린 이름을 붙인 새로운 종류의 AI는 전통적인 '좋았던 옛날의 AI'(GOFAI)에 대한 반작용으로 발표되었다. 후자가 규칙 기반 추론, 논리, 구조화된 지식 표현을 강조했다면, 누벨 AI는 매우 다른 것을 지향했다.

브룩스의 선언은 AI 분야의 최고 학술지에 실린 영향력 있는 논

---

10 동물과 기계에서 제어와 통신 문제를 종합적으로 연구하는 학문

문들에 잘 정리되어 있다. 그 가운데 하나인 「코끼리는 체스를 두지 않는다Elephant Don't Play Chess」에서 그는 논리와 규칙 기반 시스템에 집착하는 AI를 비판했다. 그는 행동 기반 접근법을 주장했다. 길 찾기, 장애물 피하기, 자원 충전하기 같은 완전한 행동을 모두 갖춘 시스템을 구축하는 것이다. 그리고 그렇게 함에 있어서 세계의 모든 측면을 규칙과 기호로서 모방하려고 하지 않는다. 오히려 세계를 최고의 모델로 사용한다. 로봇의 형태, 로봇의 몸체 구조, 입수 가능한 최고의 센서를 이용해 문제를 직접 해결하려고 시도한다. 더 이해하기 쉽게 말하면, '인간의 지능'이라는 거대한 문제를 해결하려 하기보다는 '간단한 로봇과 그것에 기대하는 임무'에서 시작하는 것이다.

브룩스의 접근 방식을 적극적으로 추구한 사람들은 생물학에서 착상을 얻었다. 이 분야는 '바이오로보틱스'라고 알려지게 되었다. 귀뚜라미를 모방한 로봇이 등장했다. 누벨 AI를 매우 깜찍하게 구현한 무척추동물 로봇이다. 로봇 귀뚜라미는 또 다른 로봇 귀뚜라미를 어떻게 찾을까? 세계 최고의 바이오로보틱스 전문가인 바바라 웹Barbara Webb은 대자연의 귀뚜라미에 가장 근접한 것을 구현했다. 적어도 3억 년에 걸친 진화를 거치며 지금의 모습이 된 귀뚜라미는 앞다리에 귀가 있다. 각각의 귀는 관에 의해 몸의 여러 구멍과 연결되어 있다. 수컷과 암컷은 상대의 신호음 주파수와 자신의 청각 구조를 일치시키도록 적응했다. 특정 주파수의 신호는 고정된 길이의 관과 동조해, 위상 상쇄 효과를 일으킨다. 방향에 따라 각 고막에 닿는 소리의 강도가 달라지는 것이다. 따라서 귀뚜라미는 소리가 강해지는 방향으로 가면 임무를 완수할 수 있다.

이런 형태학적 해법은 자연에서 흔히 볼 수 있다. 꿀벌의 스카이 컴퍼스[11]에서부터 개미의 한 종에 있는 보수계까지 다양한데, 자세한 설명은 잠시 후에 하겠다. 이런 로봇 제작 접근법은 그 자체로 성공을 거두었다. 브룩스 자신은 아이로봇iRobot사의 창업자로서 그 아이디어를 상업적으로 이용해 로봇 잔디깎이와 로봇 진공청소기를 제조했다.

동물의 몸 구조만이 아니라 신경 구조를 모방하면 어떨까? 전자 신경망을 구축하려는 시도는 1960년대에 처음으로 폭넓은 관심을 받게 되었다. 다음 페이지에 있는 그림은 매우 간단한 인공 신경망의 배치를 보여 준다.

 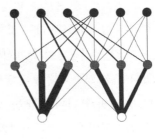

그림의 인공 신경망 배선도는 이 책의 저자 중 한 명이 케페라 로봇(왼쪽의 그림)의 신경계의 형태로 사용한 것이다. 고대 이집트의 신성한 똥풍뎅이의 이름을 딴 케페라 로봇은 AI 로봇공학 커뮤니티로부터 큰 사랑을 받았다. 그 당시에는 꽤 고성능이었던 CPU인 모

---

11 해가 보이지 않을 때 편광에 의해 방위를 정하는 장치

토롤라 68331을 탑재하고, 두 개의 모터로 좌우의 바퀴를 구동했다. 그리고 주위에 달린 적외선 센서로 주변 환경을 파악했다.

공동 연구자인 테리 엘리엇Terry Elliott과 함께 내(새드볼트)가 로봇에 구현한 신경망에는 적외선 센서로부터 직접 입력을 받는 제1층이 있다. 그리고 중간에 있는 제2층은 감각 뉴런을 표현하고, 제3층에 있는 두 개의 운동 뉴런과 연결된다. 이 두 개의 뉴런이 모터의 회전 속도를 제어한다. 말 그대로 모터 뉴런(운동 뉴런)인 것이다. 신경계의 배선도(오른쪽의 그림)에 뉴런의 일부를 연결하는 더 두꺼운 선이 있는 것에 주목하라. 이것은 연결이 강함을 표현한다. 신경망을 설계하고 그런 다음 그것을 적응시키는 기술은 연결의 무게(결합 하중), 강도, 연결 유무를 바꾼다. 이것은 실제 뉴런의 시냅스 강도가 실제로 성장하고 변하는 것과 비슷하다.

이 작은 신경망이 전체적으로 실행하는 작업은 적외선 센서에서 입력된 신호에 의해 모터를 구동해 장애물과의 충돌을 피하는 것이다. 엘리엇과 나의 연구는 생물학을 모델로 삼았다. 즉, 성장 인자 획득 경쟁이라는 측면에서의 신경 연결 형성, 신경 세포 사이의 연결이 생기도록 촉진하는 신경 화학 물질을 모델로 삼았다. 모든 신경망 학습에서는 학습을 위해 결합 하중과 연결 유무를 바꿔 볼 필요가 있다. 일련의 실험에서 우리는 센서를 떼어 내거나 결손시키면서 신경망이 어떻게 재학습을 통해 효과적으로 장애물을 피하는지 시뮬레이션했다. 그것은 인간의 신경계가 발달과 노화 과정에서, 그리고 손상이나 상실에 처할 때 항상 하는 일이다. 다시 말해 우리의 신경계는 신경 가소성을 보인다.

생물에 착안한 새로운 모델 덕분에 케페라 로봇의 신경망은 적응하고 수정할 수 있었다.* 아래 제시된 그림은 로봇의 적외선 센서 중 하나에 결손이 생긴 뒤 인공 뉴런의 제2층과 연결이 끊긴 상황에 대응하기 위해 생겨난 네트워크다.

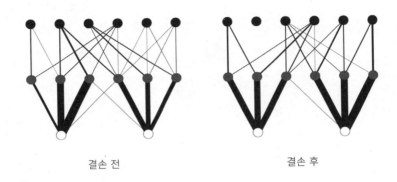

결손 전   결손 후

신경망은 단지 로봇을 제어하는 용도만이 아니라 광범위한 과제에 사용되었다. 최근 가장 인상적인 결실은 컴퓨터 처리 능력과 메모리 용량의 기하급수적 증가가 가차 없이 계속된 결과인 이른바 딥 신경망이라는 것이다. '딥'이란 입력과 출력 사이에 많은 층이 개입한다는 의미다. 게다가 이런 시스템의 다수는 입력층, 중간층, 출력층이 선형적으로 늘어서 있는 간단한 구조가 아니다. 오히려 많은 층이 겹쳐진 거대한 매트리스 구조다. 겹겹이 겹쳐진 이미지를 다음 페이지에 그려 놓았다.

---

* T. 엘리엇과 N. R. 섀드볼트, 'Developmental robotics: manifesto and application', *Philosophical Transactions of the Royal Society of London*, 2003.

①

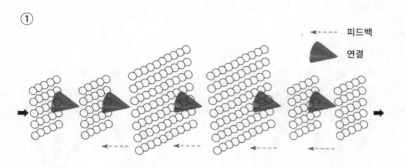

피드백
연결

②

훈련

실전

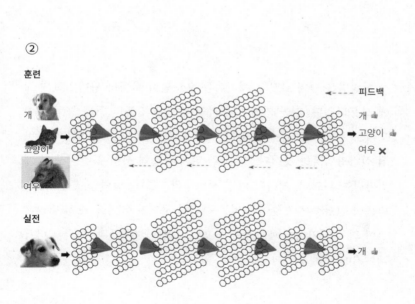

피드백

개 👍
고양이 👍
여우 ✗

개 👍

216

각 층의 뉴런 사이의 연결 하중과 연결을 조정하기 위해서는 거대한 계산 작업이 필요하다. 각 층마다 다른 종류의 조정이 이루어져 다른 기능이 설치될 수 있는데, 그것은 입력에 숨어 있는 구조와 인과 관계를 발견하기 위한 것으로, 각 층이 이렇게 얻은 정보는 더 깊은 층으로 전파된다. 입력은 수천 번, 때로는 수백만 번씩 제시되고, 현재 웹에서 구할 수 있는 거대한 데이터 세트를 포함할 수 있다. 예컨대 웹에 있는 무한한 동물 사진들이다. 훈련 과정은 겹겹이 쌓인 네트워크 층에서 연결을 강화하거나 약화시킨다. 우리는 그런 네트워크를 가지고 강력한 인식 및 분류 시스템을 구축할 수 있다.

딥 러닝 기술은 매우 다양한 아키텍처[12]를 구현하며 큰 흥미를 불러일으키고 있다. 예컨대 로봇은 아케이드 게임을 학습해 초인적인 수준에 도달할 수 있다. 최근에는 세계 최고의 바둑 기사도 꺾었다. 두 경우 모두 패턴을 찾을 때 정적인 입력 패턴을 찾는 것만이 아니라 시간을 초월한 상관관계 패턴을 찾았다.

딥 러닝 기기를 열어도, 다른 AI 방법들을 정의하는 논리 기호와 논리 규칙은 보이지 않는다.* 딥 러닝 기기의 핵심 요소는 복잡하고 끊임없이 변화하는 연결 하중의 매트릭스다. 이런 시스템과 관련해 자연스럽게 드는 의문은 '이런 시스템은 어떻게 자신이 하고 있는 일을 설명할 수 있고, 우리가 조사할 수 있도록 자신을 투명하게 오픈할 수 있는가' 하는 것이다. 다른 AI 방법들의 오랜 이점 가운데 하나는

---

12 기능 면에서 본 컴퓨터의 구성 방식
* 하지만 최신 연구에서는 신경망 내의 논리 기반 추론의 구조를 포착하려고 시도한다. https://rockt.github.io/.를 보라.

규칙의 관점에서 표현하고 추론하기 때문에 설명과 정당성을 제시할 수 있다는 것이었다. 우리는 규칙 기반 시스템이 어떤 환자가 특정한 그람음성균에 감염되었다는 결론을 내리게 된 경위를 물을 수 있다. 그 시스템은 규칙을 추적해, 추론 과정의 다양한 지점에서 규칙을 참으로 만든 사실을 제시할 것이다. 반면 딥 러닝은 불투명할 가능성이 매우 높다. 그것은 신경망 아키텍처가 극복해야 할 근본적인 과제다.

여기서 AI의 다양한 기법과 접근 방식에 대해 다시 한 번 간단히 언급한 것은 몇 가지 중요한 점을 보여 주기 위해서다. 첫째, AI 시스템을 구축할 때는 '적임자에게 맡기는 게 제일'이다. 어떤 기법이 잘 작동하는지는 맥락에 달려 있고, 하나의 기법이 가진 속성도 문제의 종류에 따라 덜 중요하거나 더 중요해지기 때문이다. 둘째, 복잡하고 다면적인 과제를 해결하기 위해서는 여러 방법의 조합이 필요한 경우가 많다. 셋째, 인간의 인지 능력의 본질이 무엇이든, 자기 감각이 실제로 무엇이든, AI 방법 안에는 그런 것이 존재하지 않는다. 인류 최고를 꺾은 올림픽 선수급의 AI 시스템이라 해도 마찬가지다. 딥블루, 왓슨, 알파고AlphaGo가 인간 대전자를 패배시킬 때 어떤 반응을 보였는지는 모르지만, 그 AI들은 잘했다는 느낌은 전혀 느끼지 못했다.

AI 분야에서 유명한 MIT 교수 패트릭 윈스턴Patrick Winston은 이런 말을 한 적이 있다. "AI는 많은 방식에서 영리하지만 우리와 비슷한 방식으로 영리하지는 않다." 그리고 인간과는 다른 그 영리함은 의식과 자기의식이란 무엇인가라는 어려운 문제에 대해서는 아무것도 말해 주지 않을 것이다.

지구상에 우글거리는 생물은 뇌가 매우 작아도 크기, 거리, 화학 물질의 농도를 매우 영리하게 계산할 수 있다. 그 사실을 알기 위해서는 침팬지의 정교한 사회생활을 관찰하는 것까지 갈 필요도 없다. 예컨대 여러 종의 기생벌을 보자. 그들이 살아가는 방식은 간단하다. 다른 곤충의 몸 안에 알을 낳아, 숙주를 새끼의 부화기와 먹이로 삼는 것이다. 성체 기생벌은 이렇게 하기 위해 진화가 선사한 매우 영리한 지름길을 이용한다. 자신이 낳을 알의 정확한 크기와 수를 매우 정확하게 계산하는 것이다. (캘리포니아대학 곤충학 교수인 로버트 F. 럭Robert F. Luck에 따르면 "암컷 기생벌은 숙주에 알을 낳기 전에 숙주의 몸 위를 반복적으로 걸으면서 더듬이로 표면을 툭툭 치며 숙주를 평가한다.") 머리와 더듬이 부분이 이루는 각도는 숙주의 반지름과 밀접한 상관성이 있다. 암컷 귀뚜라미가 교미 상대를 찾기 위해 몸 구조를 교묘하게 이용하는 사례를 앞에서 이미 설명했다. 1980년대 말부터 1990년대까지 로봇 설계자와 AI 연구자들은 수명이 짧은 곤충이 매우 작은 크기의 뇌로 복잡해 보이는 문제를 해결하기 위해 이용하는 진화적 해법에서 착상을 얻었다. 예컨대 길 찾기의 기초가 되는 공간 인지 기능을 센서와 몸 구조의 설계에 결합한 것이다.

사하라 사막에 사는 사막개미속Cataglyphis의 개미에 대해 좀 더 자세히 살펴보자. 이 작은 생물의 형태와 구조에는 계산기가 내장되어 있다. 신경망, 감각 기관, 단순한 몸 구조가 더해져 지능이 만들어지는 것이다. 곤충뿐 아니라 기계에서도 마찬가지다.

사하라사막개미는 모래 구멍 속에서 살고 번식한다. 이들은 먹이를 찾기 위해 모래 구멍에서 나와 다른 곳으로 이동한다. 사하라사막개미는 다른 곤충의 사체를 주로 먹는 청소동물이다. 따라서 냄새가 거의 풍기지 않고 지형지물이 매우 부족한 땅에서 길을 잘 찾을 필요가 있다. 카타글리피스 포르티스 *Cataglyphis fortis* 라는 한 종은 한번 먹이를 찾아 나설 때마다 100미터가 넘는 거리를 구불구불 걸어갈 수 있다. 이 개미는 먹이를 찾으면 턱에 물고 문자 그대로 집으로 직행한다. 즉, 집까지 일직선으로 돌아간다. 그들은 온 길을 되돌아가지 않는데, 이렇게 하기 위해 두 가지 계산을 결합한다. 이동한 거리를 매우 정확하게 계산하고, 자신의 몸을 기준으로 태양의 각도를 판단하는 것이다. 이 사막개미는 일종의 보수계와 스카이 컴퍼스를 몸에 장착하고 있고, 이 도구들을 땅의 스냅 사진과 결합할 수도 있는 듯하다. 독자는 이것이 일반 원리로서 어떻게 작동하는지 궁금할 것이다. 연구자들은 아직 완전하게는 모르지만 몇 가지 놀라운 통찰을 얻었다. 보잘것없는 개미가 이 놀라운 위업을 달성할 수 있는 비결은 홈 벡터, 즉 집으로 돌아가는 길을 계속 업데이트하는 것이다. 홈 벡터는 두 가지 입력으로부터 계산된다. 걸어가는 방향과 한 걸음이 차지하는 거리. 방향을 알려 주는 것은 태양의 각도와 편광에 민감하도록 적응된 겹눈의 한 부분 [13]이다. 이 두 가지가 개미에게 어느 방향으로 가야 하는지를 알려 준다. 거리를 재기 위해서는 '보폭 적산기'를 사용한다. 이 과정 전체는 '경로적분' [14]이라고 알려진 것이다.

---

13 해가 보이지 않을 때 편광에 의해 방위를 정하는 장치

14 리처드 파인먼 Richard Feynman 이 고안한 양자역학 이론. 시작점과 끝점을 연결하는 경로는 무수히 많고 포괄적으로 분포하는데, 경로적분이란 그 무수한 경로를 합산해 나타내는 것이다.

여기에는 다양한 종류의 기억이 필요하지만 정교한 기억은 필요 없다. 연구자들은 그것이 신경계에 내장되어 있을 것이라고 추측하지만 아직 찾아내지는 못했다. 우리는 취리히대학 교수 베너Wehner 와 그 동료들의 연구를 통해 보폭 적산기에 대해 알 수 있다. 그들은 사막개미에 여러 가지 실험적 변형을 가했다. 한 그룹에는 다리의 체절을 제거했고, 다른 그룹에는 아주 작은 죽마를 붙였다. 이런 실험적 조치는 개미가 먹이 공급 장치에 도착했을 때 가해졌다. 돌아오는 여행에서, 변형된 개미는 집으로 돌아오는 거리를 잘못 계산했다. 짧아진 다리를 가진 개미들은 집까지 도달하지 못했고, 죽마를 붙인 개미들은 집을 지나쳐 갔다. 후속 실험에서는 변형을 가한 개미들이 다시 완전한 여행을 해냈다.

무수히 많은 세대의 개미들이 자기 집 대문을 찾지 못해 뜨거운 모래 위에서 죽는 가운데, 보수계와 스카이 컴퍼스 돌연변이를 가진 최적자가 살아남아 지금의 사막개미에 이르렀음을 쉽게 상상할 수 있다.

베너 교수는 이 실험을 다음과 같이 요약한다.

경로적분을 위해서는 두 개의 매개 변수를 측정해야 한다. 그것은 방향과 이동거리다. (…) 실험에서 죽마를 붙인 채 걸은 개미들은 이동 거리를 실제보다 길게 계산했고, 잘린 다리로 걸은 개미들은 이동 거리를 실제보다 짧게 계산했다. 이 결과는 거리 측정에 보폭 적산 기능이 사용되었음을 강력하게 암시한다.

다리 길이를 조작함으로써 보폭, 보속,[15] 보행 속도에 실제로 일

---

15 1분 동안 각 발이 지면에 닿는 총횟수

어난 변화를 고속 촬영 영상을 사용해서 분석했는데, 예상 밖으로 보행의 이런 정량적 특징들은 다리 길이에 가해진 변화에 거의 영향을 받지 않았다. 이것은 다리 조율 능력과 보행 능력이 뛰어남을 증명한다.

이 데이터를 가지고, 개조된 개미의 귀소 거리를 스케일 효과와 속도 효과 두 가지 면에서 정규화[16]할 수도 있다. 예측한 귀소 거리의 변화량이 실험 데이터와 정량적으로 일치했고, 이는 보수계 가설을 뒷받침하는 또 하나의 증거다.

— '사막과 오도미터 - 보폭과 보행 속도로 계산되는 보폭 적산기', 「실험생물학 저널Journal of Experimental Biology」

자연에서 볼 수 있는 이런 사례는 이 책의 전체적인 주제에 설득력을 더해 준다. 사막에서 생활하는 개미가 가지고 있는 처리 능력, 메모리, 개념 도구는 아주 보잘것없는 것이다. 개미는 확실히 자기의식이 없고, 두 개 또는 그 이상의 방을 가진 마음조차 없다. 개미는 분명 어떤 종류든 의식을 전혀 가지고 있지 않다. 그럼에도 개미는 가혹한 환경 속에서 자기 나름의 방법으로 길을 찾아내고, 길을 찾는 효율은 완벽에 가깝다. 만일 우리가 개미를 인터뷰하여 어떤 일을 해냈다고 생각하는지, 하루의 각 단계에서 목적이 무엇인지 물을 수 있다면, 그런 다음 그 목적을 달성하기 위해 개미가 입수할 수 있는 자원을 얼마나 잘 배치했는지 평가할 수 있다면, 우리는 개미에게 찬사를 보내지 않을 수 없을 것이다.

---

16 데이터를 어느 규칙에 따라 변형해 이용하기 쉽게 만드는 것

자연계의 생물이 제한된 환경의 문제에 대처하기 위해 가지고 있는 적응에 대해 논할 때, 우리는 때때로 순환 논리에 빠진다. 생물은 환경에 잘 적응한 경우에만 살아남을 수 있다. 즉, 무수한 세대에 걸쳐 자신의 복제물을 만들어 낼 수 있을 만큼 주위를 둘러싼 모든 압력에 저항할 수 있다는 뜻이다. 그런데 이것이 적응의 결과인지를 우리는 어떻게 아는가? 확실한 것은 적응하지 못했다면 여기에 있지 않았을 것이란 사실이다. 철학자 메리 미즐리Mary Midgley와 그 밖의 다른 연구자들은 이런 식의 동어반복에 가까운 주장에 대해 극단적인 '적응주의자'를 비판한다. 그리고 그들이 실제 세계의 더 느슨한 적응을 받아들이지 않으려 한다고 비판한다. 실제 세계에서 흔히 자연이라고 불리는 것은 언제나 미완성이라서, 그 안에는 어중간하고 약간 어긋난 길이의 팔다리, 제대로 기능하지 않아도 치명적이지는 않은 행동, 인간의 맹장처럼 과거의 잔재이지만 도움이 되어 유전체가 아직 제거하지 않은 것들로 충만하다. 유전체는 이른바 '정크 DNA'로 가득하다. 그것은 언젠가 도움이 될지도 모르는 과거의 잔재일 뿐만 아니라, 이미 도움이 되고 있는데 우리가 아직 완전히 이해하지 못한 것들을 모아 놓은 다락방 같은 것이다.

그럼에도 진화는 우리가 자동차에 탑재하기 시작한 전자 장치만큼이나 당면한 과제에 효과적인 기술을 내장한 작은 생명체를 산출했다. 진화는 현미경이 아니면 볼 수 없을 정도로 작고 현재 우리가 알고 있는 그 어떤 것보다 영리한 기기를 핀 머리 크기의 뇌 안에 구현했다. 로켓이 인공위성을 궤도에 올리고, 규소동과 플라스틱이 중국의 공장에게 조립되어야 겨우 우리는 수천 마리의 개미와 같은 일을 하는 기기를 최첨단 자동차에 탑재할 수 있다. 하지만 개미의 시스템은 다른 데로 돌려서 쓰는 것이 불가능하다. 그것은 한 가지 일에 특화되어 있지만 원리상으로는 많은 일을 실행할 수 있는 범용 튜링 기계가 아니다. 그것은 소규모의 틈새 환경에서만 기능한다. 다른 장소에서는 (예컨대 개미 군집을 매우 다른 환경으로 옮길 경우) 똑같은 과제를 처리하는 데조차 무용지물이다.

자전거를 탄 소녀가 이 모든 일을 간단히 해낼 수 있는 것은 우리의 생활 환경에서 가장 영리한 기기가 바로 우리이기 때문이다. 이 때문에 2장에서 검토한 사회적 기계가 매우 중요하다. 이것이 로봇 공학과 뇌와 마음의 이론에 가지는 함의는 매우 크다. 막강한 정보 처리 능력이 진가를 발휘하는 상황도 있지만, 간단하고 정교한 방법으로 문제를 (말하자면) 해결하는 진화의 능력도 위력적이다. 게다가 창의적인 진화에 목적이 필요 없는 것은 말할 나위도 없고, 진화는 개별 생물에서 의식 같은 것 없이도 일어난다.

❧

기계가 우리처럼 번식할 수 있을까? "동물은 자기를 복제하고 수선하고 개선합니다"라고 케임브리지대학 인공 지능 연구소의 이이다 후미야Fumiya Iida는 말한다. "현재로서는 어떤 로봇도 그것을 할 수 없습니다. 우리는 생물에 착안한 로봇을 구상하고 있습니다. 진화 요소를 공학에 끼워 넣을 수 있는 방법을 찾고 있습니다." 지금까지 그가 제작할 수 있었던 것은 겨우 '부모' 로봇보다 약간 더 빨리 방안을 비틀비틀 걸을 수 있는 로봇일 뿐이다. 하지만 여기서 중요한 점은 부모 로봇이 스스로 고안한 방법으로 비틀비틀 걷는다는 것이다. 이이다는 말한다. "우리가 매우 흥미롭게 여긴 점은 기이한 구조와 디자인이었습니다. 그들은 어지러운 방법으로 이동하지만 기능은 문제가 없었습니다. 부모 로봇은 시행착오를 거쳐 발명하고 있기 때문에, 인간이 설계하기에 매우 어렵거나 불가능한 해결책을 내놓을 수 있습니다."

이 기술의 위험(로봇의 자기 증식이 어디로 향할지 우리가 예상할 수 없다는 것)과 가능성(우리가 늙었을 때 정체성을 유지하도록 돕는 로봇)을 신중하게 관찰할 필요가 있다. 현재 이기적인 로봇은 이기적이 되도록 프로그램된 로봇이다. 실제로는 거의 모든 로봇이 협력적이거나 이타적이 되도록 프로그램되어 있다. 물론 그런 말들의 정확한 의미에 대해서는 밤새도록이라도 토론할 수 있을 것이다. 창을 뚫고 날아오는 크루즈 미사일은 피해자에게는 그리 협력적으로 보이지 않을 것이다. 그것은 표적이 아니라 조작하는 파일럿에게 협력하는 것이다. 기계는 자신의 창조자에게 복종하도록 만들어져 있다. 지금까지는 그렇다.

❡

여기서 유명한 튜링 검사로 다시 돌아가서 그것을 새로운 시대에 맞게 고쳐 보자. 튜링 검사는 우리가 아는 컴퓨터가 존재하기 이전의 사고 실험이고, 실제로 컴퓨터의 발명에 없어서는 안 되는 지적 단계였다. 튜링 검사는 이렇게 진행되었다. 나는 닫힌 방 안에 있다. 컴퓨터 또는 다른 사람이 마찬가지로 닫혀 있는 다른 방 안에 있다. 나는 정직한 중개인을 통해 다른 방으로 메시지 또는 질문을 보낼 수 있다. 그 방에 있는 기계 또는 사람은 내게 메시지 또는 답장을 보낼 수 있다. 그런 커뮤니케이션에서 내가 상대방이 인간인지 아닌지 구별할 수 없고, 실제로 그것이 기계라면, 우리는 그 기계를 '지적'이라고 불러야 한다.

튜링 검사에서 파생되는 철학적·존재론적 문제는 무수히 많고, 열띤 논쟁을 불러일으킨다. 튜링 검사가 작위적인 것이라는 사실은 항상 명백했다. 세 살짜리 아이는 말할 나위 없이 지금까지 제작된 어떤 기계보다 훨씬 더 지적이지만, 만일 분리된 방 안에 두고 믿을 수 있는 경로를 통해서만 다른 방의 모르는 어른과 의사소통하게 한다면, 제아무리 노련한 아이라도 상대가 지적인지 확신할 수 없을 것이다.

그 점을 감안하더라도 앞에서 묘사한 튜링 검사는 집단으로서의 기계에 그대로 적용하기에는 구식이 되고 있다. 닫힌 방과 정직한 중개인을 콜센터와 고객 사이의 대화로 업데이트해 보면 쉽게 알 수 있다. 이런 콜센터가 전 세계에 수백 개가 있고, 그런 장소들은 대개 그곳의 지리적 위치를 발신자에게 알리지 않도록 주의한다. 콜센터 직원이 가난한 나라에서 싼값으로 일하는 매우 똑똑한 사람이라는 점도 알려지지 않도록 주의한다. 콜센터를 가진 조직을 포함해 대다수 큰 기업들은 전화가 걸려 오면 우선 녹음된 유쾌한 사람 목소리로 '이것을 하려면 1번을 누르고, 저것을 하려면 2번을 누르세요'와 같은 선택지를 제시한다. 현재 우리는 특수한 주제에 대한 질문에 실제 사람처럼 들리는 목소리로 답할 수 있는 기계를 가지고 있다. 인간과 구별이 불가능하게 그 일을 하는 기계도 곧 나올 것이다. 콜센터 경영자들은 무수히 많은 대화를 녹음한 데이터를 가지고 있고, 딥마인드DeepMind17 또는 비슷한 프로젝트는 그 데이터를 검색해, 콜센터 직원에게 문의된 적이 있는 사실상 모든 질문에 대한 답을 생성할 수 있다. 그리고 답할 수 없는 몇 안 되는 질문에는 납득할 수 있는 목소리로 '죄송하지만 고객님의 말씀을 이해하지 못하겠습니다'라고 말할 수 있다. 그러면 종종 화난 고객이 상사를 바꾸라고 요청한다. 하지만 그들은 상사가 기계인지 아닌지 구별하지 못할 것이다. 이것을 법으로 규제할 수도 있을 것이다. 앞으로 살펴보겠지만, 우리가 누구와 대화하고 있는지, 우리의 사회적 불이익이 무엇인지 우리는 알아야 한다. 기계를 예의 바르게 대할 의무가 있을까?

따라서 머지않아 콜센터에 지적인 튜링 기계가 등장할 것이다. 그런 기계는 고객이 물으면 자신이 인간이라고 말하도록 프로그램될 수 있다. 전화를 건 고객은 구별할 수 없을 것이다. 구글의 타코트론-2와 같은 최고의 시스템도 아직은 여기저기서 우물거리고 있지만, 기계에 의한 음성 합성은 계속 개선되고 있다. 그것은 해결할 수 있고 해결되고 있는 실용적인 문제다. 콜센터는 이미 광범위한 대본을 가지고 운영되고 있다. 실제 대화를 녹음한 대본을 인간이 읽은 음성 데이터를 사용해, 질문을 번개처럼 빠르게 분석한(주제어를 입력했을 때 구글이 보이는 반응과 원리상으로 다르지 않다) 결과를 설득력 있는 음색으로 재생한다. 머지않아 합성 음성의 음색과 질감은 인간의 목소리와 구별하기 불가능해질 것이다.

어젯밤 야구 경기에서 누가 이겼는지를 물으면 기계를 곤란하게 만들 수 있을까? 기계는 발신자가 아는 만큼이나 많은 뉴스를 제공

---

17 알파고를 개발한 영국의 인공 지능 프로그램 개발 회사로, 2014년에 구글이 인수했다.

받을 수 있다. 그러면 파라켈수스[18]가 언제 태어났는지 물어보면 곤란에 처할까? 즉시 찾아보도록 위키피디아를 통째로 제공하면 그만이다. 그런데 뭐하러 그렇게 하는가? 콜센터에서 일하는 사람들은 파라켈수스에 대해 아무것도 알지 못하고, 단지 사과하면서 그것이 보험금 청구나 식료품 불만과 무슨 관계인지를 물을 뿐이다. 기계도 그렇게 하면 된다. 보통 사람으로 보이면 되는 것이다.*

또 하나 중요한 점은 기계는 전화를 건 사람에게 자신이 감정을 가지고 있다고 말하도록 프로그램될 수 있다는 것이다. '저희 회사의 서비스에 미흡한 점이 있었음은 충분히 알지만, 무례한 말투는 삼가 주기시를 부탁드립니다.' 전화에 대고 이렇게 말하는 상대가 기계인지 알 방법이 없다면, 그 기계에 감정이 있는지도 마찬가지로 알 수 없다. 감정이 있다고 말하도록 프로그램된 기계가 있을지도 모르기 때문이다.

게다가 분명히 우리에게는 기계를 믿지 않을 이유가 있고, 앞으로도 항상 그럴 것이다. 곧 등장할 그런 기계는 감응적 존재인지, 감정이 있는지를 평가하는 어떤 형태의 합리적인 검사도 통과하지 못할 것이다. 현재의 지식으로 보면 앞으로도 그럴 것이다. 분명히 말하지만, 조사를 맡은 과학자가 콜센터를 방문해 인간인 줄 알았던 존재가 실제로는 말하는 기계임을 확인하는 것은 현재 아주 간단한 일이다. 그리고 수십 년 동안, 어쩌면 영원히 간단한 일일 것이다. 그것은 튜링 지능 검사와는 무관하다. 고전적인 튜링 검사에서 피험자는 자신에게

---

18 16세기 연금술사

* 파라켈수스는 1493년 12월 17일에 태어났다고 추정된다. E. J. Holmyard, *Alchemy*, Pelican, 1957, 161쪽을 보라.

전달된 메시지가 기계에게서 온 것인지 추측하려고 시도하지만, 마음만 먹으면 언제든지 옆방으로 가서 직접 확인할 수 있었다.

인기 있는 영화 〈엑스 마키나〉를 비롯해 수천 편의 과학 영화가 제시한 질문은 '인간형 로봇인 안드로이드가 가까운 미래의 어느 시점에 스크린 뒤 또는 광섬유 전화선 끝에서가 아니라 당신 면전에서 자신을 인간이라고 생각하게끔 속일 수 있을까?'이다. 그것은 확실히 다른 종류의 질문이다. 영화에서와는 달리, 피부로 (아니면 피부처럼 보이는 폴리에틸렌 같은 물질로) 우리를 완전하게 납득시킬 수 있는 존재를 제작할 수 있는 날은 아직 멀었다. 설령 그런 존재를 만든다고 해도 스크루드라이버 검사는 통과하지 못할 것이다. 조사하는 과학자가 드라이버로 여기저기를 찔러 보면, 눈앞에 있는 것이 실물인지 모형인지 금방 알아낼 수 있을 테니 말이다.

하지만 포유류의 모습과 소리를 흉내 내려고 하지 않는 기계는 어떨까? 단지 축 늘어진 전선과 애처로운 톱니바퀴를 달고 앉아 불행하다고 호소한다면? 콜센터 기계가 우리에게 자신이 인간임을 납득시키거나 또는 그렇게 추정하게 만들 수 있다면, 똑같이 설득력 있는 목소리로 자신이 인간처럼 생각하고 느낀다고 말하는 기계도 있을 수 있다. 실제로 고전적인 튜링 검사에서 피험자가 보이지 않는 대화 상대에게 통상적으로 묻는 질문은 오늘 기분이 어떤지, 아이스크림을 좋아하는지와 같은 것이다.

그러면 여기서 고전적인 철학적 질문, 간단한 형이상학적 질문을 생각해 보자. 독자는 유아론이라는 오래된 사상을 알고 있을 것이다. 'Solus ipse'는 라틴어로 '오직 나뿐'을 뜻한다. 유아론은 단지 나만이 존재하고, 아무도 다른 어떤 것을 증명할 수 없다는 생각이다. 이것은 우리 두 사람의 입장은 아니지만, 세 단계를 거치면 그곳에 이를 수 있다. 지금부터는 지루한 우회를 피하기 위해 일인칭 단수 시점을 사용하겠다.

첫째, 내가 방 건너편 선반에 색색의 책이 한 줄로 꽂혀 있는 것을 보고, 나 자신과 저 책을 의식하는지 스스로 묻는다면, 물론 '그렇다'라고 대답할 수 있다. 하지만 내가 알고 싶은 것은 '내가 실제로는 자신을 의식하지 못한다면 저 책이 내게 어떻게 보이고, 저 책을 바라보는 나는 무엇을 느낄까?' 하는 점이다. 서양 학계에서 이 질문에 대한 철학적 합의에 가장 가까운 것은 (이 질문에 대한 철학적 합의는 서양 학계에 존재하지 않는다) 데카르트의 사상이다. 나는 저 책을 보고 있는 것이 나라고 생각한다. 그리고 만일 내가 자신을 속이고 있고, 실제로는 의식하지 못하는 기계라면, 나는 그 사실을 흔쾌히 받아들일 수 있다. 내가 아무것도 아니라면 나는 잃을 게 없다. '소박실재론'[19]이라고 부르는 것이 가장 적당한 이 입장은 적어도 살아가는 데는 아무런 문제가 없다. 불교도는 그것을 불교에서 지향하는 '눈을 뜨는 것'과 정반대 편에 있는 것으로 간주하고, 현상학자, 다른 계통의 많은 철학자, 그리고 종교 대부분은 그것을 터무니없는 생각으로 여긴다. 하지만 우리가 살아가는 데는 그것으로 충분하다.

두 번째 질문은 '당신이 자신을 의식하는지 내가 어떻게 아는가' 하는 것이다. 이 질문에 대한 간단한 대답은, 다른 사람의 의식을 알아보는 과학적 테스트가 존재할 수 없다는 것이다. 다른 존재를 깊이 들여다보며 의심할 여지가 없이 낱낱이 알아내는 것은 가능하지

---

19 우리 외부에 존재하는 대상이 우리가 자각한 그대로 실재한다는 일종의 상식적 실재론

않고, 아마 바람직하지도 않을 것이다. 내 선반에 꽂힌 책의 색과 관련한 간단한 사실이 좋은 예가 될 수 있다. 사람들이 보는 색에는 일관성이 있다는 사실을 쉽게 입증할 수 있다. 내가 만일 어떤 책이 빨간색이라고 생각한다면 다른 사람들 대부분도 그렇게 생각할 것이다. 내가 만일 어떤 책이 파란색이라고 생각한다면 그들도 그렇게 생각할 것이다. 하지만 다른 사람들이 나와 똑같은 파란색과 빨간색을 보는지는 알 길이 없다. 또는 예컨대 내게는 파란색으로 보이는 것이 그들에게는 빨간색으로 보이거나 그 반대일 가능성도 있다. 이것은 심오한 미스터리가 아니다. 언젠가는 누군가가 인지 기능이 작동하는 방식에 대한 새로운 요소를 알아내어 색깔이 어떻게 보이는지 알아보는 테스트를 고안할 것이다. 하지만 현재의 사실에만 주목하자. 마찬가지로 나는 당신이 의식을 하고 자신을 의식한다고 생각한다. 당신이 설득력 있게 보이고, 설득력 있는 방식으로 행동하기 때문이다. 나는 당신의 뇌를 들여다보고 다른 답을 알아낼 수 있는 창을 가지고 있지 않다. 그리고 당신의 존재나 행동에서 보이는 어떤 것으로부터 답을 이끌어 낼 수도 없다. 내가 당신이 감응적 존재가 아니라고 추정한다면, 조만간 얻어맞는 처지가 될 것이다. 아마 정신적 고통도 받을 것이다. 하지만 복잡하게 생각하지 말자. 또 하나 중요한 것이 있다. 진짜처럼 보이는 어떤 우주에서 내 주위를 정체를 알 수 없는 진화한 존재가 둘러싸고 있다고 가정해 보자. 나는 자신을 의식한다. 진화한 존재는 의식하는 것처럼 보이고 그렇다고 설득력 있게 주장하지만, 실은 알 수 없는 이유로 의식을 가지고 있지 않다. 사실은 나만이 비극적인 자기의식을 가지고 있고, 진화한 존재는 자기의식을 가지고 있다고 상상하거나 그런 척하는 것이다.

여기서도 소박실재론이 적어도 대응 방법이 될 수 있다. 증명할 수 없는 것은 사실로 받아들이는 것이다. 왜냐하면 그것이 내가 찾을 수 있는 유일한 일관적 사고방식이고, 실제로 무엇이 진짜인지 모르기 때문이다.

하지만 여기서 세 번째 질문이 등장한다. 어느 시점에, 인간이 말하는 것과 내용상으로 구별이 불가능한 방식으로 자신이 자기의식을 가지고 있다고 그럴듯하게 말하는 인공 지능을 누군가 만들어 낼 것이다. 딥마인드의 알파고는 정교하고 혁신적인 전략으로 세계 최고의 바둑 기사 이세돌을 4대 1로 이겼을 때, 자신이 이겼다는 사실을 알지 못했다. 하지만 딥마인드는 원한다면 알파고의 다음 버전에 사람으로 착각할 만한 인터페이스를 간단히 추가할 수 있다. 관객과 대국자 앞에 설치된 비디오카메라에 전선을 연결하면 된다. 한 쌍의 스피커도 제공할 수 있다. 곤란에 처하면 신음을 내고, 자신이 깔아 놓은 교묘한 속임수에도 불구하고 상대방이 잘해 내면 감탄사를 내뱉는다. 지고 있는 경우에는 게임의 내용에 따라 담담히 받아들이는 발언을 하거나 승리를 빼앗겼다는 발언을 한다. 이렇게 알파고는 경기에서 일어나고 있는 일에 대한 '지식'을 가지고, '지적인 반응'을 하고, '감정'을 가질 수 있을 것이다. 만일 내가 과학적 검사를 하는 입장에 있다면, 그것이 기계임을 쉽게 알 수 있을 것이다. 하지만 그렇다고 해서 자기의식이 없음을 증명한 것은 아니다. 방금 언급한 재미있는 버전의 알파고 정도로는 확신이 서지 않지만, 더 무적의 알파고가 나올 것이다. 마법의 상자가 좀 더 정교해지면, 이 기계가 자기의식을 가지고 있는지 내가 어떻게 아는가 하는 질문은, 다른 사람의 자기의식에 대한 두 번째 질문만큼이나 칼 포퍼의 반증 검사에 적합하지 않다. 그리고 세 번째 질문에 대해서는 진짜인지와 관련하여 다른 방향으로 가야 할 충분한 이유가 있다.

누군가가 식구에게 '이 접시를 만지지 마. 뜨거워. 아무개가 방금 손을 데었어'라고 말할 때, 아무개가 실제로 존재하고 고통을 느낀다는 것을 외부에서 증명할 과학적인 검사 또는 철학적인 검사는 존재하지 않는다. 하지만 현명한 사람이라면, 자신이 그 접시를 만진다면 자신도 고통을 느끼게 될 것임을 확실히 안다. 그리고 우리는 다른 사람의 존재와 의식을 믿지 않고는 일상생활을 영위할 수 없다. 화재 감지기가 울리는 상황에도 고통 요소가 존재한다. 하지만 화재 감지기가 무시무시한 경보음이 아니라 '아야, 아파'라는 외침으로 현명한 사람의 주의를 일깨우도록 프로그램되어 있다면, 그 현명한 사람이 원래 정보에 입각해 행동을 취한다 해도, 감각을 느끼는 화재 감지기가 있는지 생각하는 데 시간을 낭비하지 않을 것이다.

의식에 대한 지식이 지금과 같은 상태에서는 우리가 의식을 가진 기계를 만들었다고 철저히 믿을 수 있다는 것이 오히려 놀라워 보인다. 하지만 지식은 때때로 빠른 속도로 확장하고 수축한다. 언젠가는 이 분야에 중대한 돌파구가 찾아오겠지만, 아직은 조짐이 보이지 않는다.

철학자 대니얼 데닛Daniel Dennett은 의식을 '최후의 난제'라고 부른다. 하지만 우리는 그것이 종교인과 E. M. 포스터[20]가 생각하는 것처럼 '영원한 어떤 것', '본질적으로 이 세계에는 해결할 수 없는 것'이라고는 생각하지 않는다. 의식은 동시다발적인 생물학적 과정의 총합에서 나타나는 창발적 속성이다.

---

20 Edward Morgan Forster, 20세기 영국 소설가. 비종교적인 초월적 가치를 항상 의식했다.

영화감독 앨프리드 히치콕Alfred Hitchcock은 충격적인 수수께끼 같은 살인 사건을 소재로 한 영화를 구상했다.

나는 게리 그랜트와 한 공장 노동자가 자동차 조립 라인을 따라 걸으며 긴 대화를 나누는 장면을 촬영하고 싶었다. (…) 그들 뒤로 자동차가 서서히 조립되고 있다. 두 사람이 단순한 볼트와 너트에서부터 조립되는 것을 지켜본 자동차가 완성되고, 가솔린과 오일이 채워져 제조 라인에서 나올 준비를 갖춘다. 두 남자는 그것을 보며 이렇게 말한다. "정말 놀랍지 않습니까!" 그런 다음 그들은 자동차 문을 여는데, 시체가 굴러떨어진다! (…) 그 시체는 어디서 온 것일까? 자동차에 처음부터 있었던 것은 아니다. 자동차가 무無에서 조립되던 것을 그들이 지켜보았기 때문이다! 시신은 하늘에서 떨어졌을까, 땅에서 솟았을까!

— 마이클 우드Michael Wood, 『앨프리드 히치콕 – 너무 많이 알았던 남자Alfred Hitchcock: the man who know too much』(2015년)에 인용된 프랑수아 트뤼포François Truffaut와의 대화

이것은 의식의 문제와는 정반대다. 히치콕이 상상한 시신은 조립 과정의 막판에 외부에서 몰래 투입되었음에 틀림없다. 그는 그 영화를 만들지 않았으니, 어떻게 된 일인지 우리로서는 알 수 없다. (그는 자신도 어떻게 풀어 가야 할지 몰라서 영화를 만들지 않았다고 주장했다.) 반면에 의식은 새로운 종류의 생명이고, 외부에서 은밀히 투입되는 것이 아니다. 의식은 너트, 볼트, 가솔린, 오일, 새시, 엔진에서 생긴다. 그 모든 요소는 이미 해명되어 있거나 머지않아 해명될 것

이다. 지금으로서는 의식이 어떻게 생기는지 모르지만, 결국에는 그 비밀을 풀 것이라고 추정할 충분한 이유가 있다. 하지만 아마 상당히 오랫동안 풀지 못할 것이다.

현재로서 우리가 말할 수 있는 사실은 다음과 같다.

첫째, 지능뿐 아니라 감정을 가지고 있는지도 검사하는 튜링 콜센터 검사를 쉽게 통과할 수 있는 기계는 이미 존재하거나 곧 존재할 것이다. 그러므로 튜링 검사에 암시된 거리에 있을 때, 인간으로 인정될 수 있다. 그 기계는 인간이 그렇게 프로그램할 경우, 적극적으로 인간인 척한다. 그러므로 튜링 검사는 우리가 '지능'이라고 말할 때 의미하는 것을 엄밀하게 제한한 버전에 한해 지능을 테스트할 수는 있어도, 감정의 유무를 조사하는 데 유용한 검사는 아니다.

둘째, 우리는 기계가 의식과 감정을 가지고 있음을 보여 주는 과학적 증거를 결코 가지지 못할 것이다. 적어도 현재의 관련 분야와는 종류가 다른, 훨씬 더 진보된 생물학적 지식이 축적될 때까지는 안 될 것이다.

셋째, 감응 능력의 작동 방식, 소프트웨어, 재료의 유래를 철저히 검사한다면, 감응 능력이 '진짜인지'를 조사하는 검사에 합격하는 기계는 가까운 미래에는 나타나지 않을 것이다. 우리에게는 감응 능력이 진짜인지 의심할 정당한 이유가 항상 있고, 우리가 보고 있는 것이 시뮬레이션이라고 생각할 타당한 이유가 항상 있다. 그것을 '항상 그렇다/결코 아니다' 법칙으로 부를 수 있을 것이다. 디지털 유인원은 항상 본질적으로 감응 능력이 있는 것으로 간주되고, 기계는 본질적으로 감응 능력이 있는 것으로 간주되지 않는다. 물론 인간은 인사불성으로 취하고, 자동차 충돌 사고로 다치고, 학습에서나 신체적으로 중대한 곤란을 겪을 수 있다. 이러한 장애는 이따금 또는 극단적인 경우에 불편함이나 정신적인 문제를 초래하기도 하지만, 호모 사피엔스가 본질적으로 의식을 가지고 있다는 사실과 단기적으로도 장기적으로도 모순되지 않는다. 특정한 기계가 소중한 반려동물처럼 둘도 없는 친구, 또는 그 이상의 존재가 될 수도 있다. 그럴 경우에는 없어지거나 파괴되면 한 명 이상의 인간에게 큰 고통을 초래할 수 있다. 하지만 가까운 미래에는 기계가 없어지는 것을 의식을 가진 타자의 상실로 여기거나 기계의 경보음을 진정한 고통의 외침으로 받아들이는 것은 환상에 지나지 않을 것이다.

이를 뒷받침하는 정보는 압도적이다. 감응 능력은 선행하는 생물로부터 '변형을 동반한 유전'이 수억 년 동안 계속되어 얻어진 최종 결과물이다. 우리는 감응 능력이 어떻게 형성되는지에 대해 확실히는 모르지만, 적어도 지각 능력과 행동을 포함하고 있는 것으로 본다. 색색의 책으로 다시 돌아가 보자. 만일 제목이 중국어로 되어 있다면, 그 책은 내게 다르게 느껴질 것이다. 오랫동안 영문을 읽은 경험을 거기에 투사하기 때문이다. (조금 전과 같은 이유로 일인칭 시점을 다시 사용하면) 만일 내가 11세기의 정복왕 윌리엄의 군대에서 타임머신을 타고 와 이 중국어 책에 내려앉는다면, 나는 이 이상한 물건들을 보고 깜짝 놀랄 것이다. 무엇보다 앞에서 언급한 색깔, 즉 1066년에는 무지개에서밖에 본 적이 없는 다양한 색깔에 놀랄 것이다. 문서를 철한 형태의 책, 즉 두루마리가 아니라 페이지가 있는 책은 처음 볼 것이다. 게다가 산업적으로 제조된 물건이 매우 낯설게 느껴질 것이다. 전반적으로 지각 능력에는 다수의 혼합된 하위층이 있고, 그 층은 여러 감각 기관에서 정보를 얻는다. 그리고 각각의 정보원은 학습된 지식과 타고난 유전적 지식 양쪽에서 의미의 일부를 획득한다. 그와 동시에 우리는 자신의 이해를 환경에 투사함으로써, 살면서 보고 느끼는 현실을 재구축한다.

조사를 맡은 과학자가 현미경으로 보고 있는 기기에 의식이 있다고 믿기 시작하려면, 이런 뇌 활동 전부에 상응하는 것, 혹은 그 이상의 것이 그 기기에 존재한다는 것을 납득할 수 있어야 한다.

☙

지금까지 살펴보았듯이, 우리는 유전적 개입과 스마트 기기의 개발을 결합해 보고 듣는 능력, 주변에서 보는 것에 대한 이해, 환경과의 관계를 근본적으로 바꾸어 나갈 수 있다. 물론 최종 결과는 일반적으로도, 구체적으로도 아직 불투명하다. 하지만 확실한 것은 우리가 마음이 어떻게 작동하는가를 생각함으로써 기계의 성능을 더 향상시킬 것이고, 더 정교하고 영리한 기계를 만듦으로써 인간 마음의 범위와 능력을 더 확대할 것이라는 점이다. 왜냐하면 그런 일은 이미 일어나고 있기 때문이다.

여기에서 중요한 개념은 희소 코딩[21]이라는 사고방식이다. 세탁소나 극장 휴대품 보관소에서 일하는 사람은 날마다 마주하는 모든 고객에 대해 세 가지를 기억하려고 시도할 것이다. 첫째는 고객의 얼굴, 몸집, 전체적인 분위기다. 둘째는 맡긴 옷의 외양과 느낌이다. 셋째는

---

21 뇌가 특정 정보 처리를 할 때, 정보 표현의 '사전'을 미리 만들어 놓고 그것을 참조함으로써 가급적 적은 신경 활동으로 처리를 끝낼 수 있도록 하는 장치

큰 보관 선반에서 옷이 있는 위치다. 하지만 그 대신 그들이 실제로 하는 것은 간단한 티켓 시스템을 운영하는 것이다. 즉, 희소 코딩이다.

많은 생물이 그것과 비슷한 기능을 가지고 있는 것으로 밝혀졌다. 초파리는 특정 종류의 과일만을 먹기 때문에 그것을 인식하고 찾을 수 있어야 한다. 초파리는 냄새를 이용한다. 이 세계에는 수조 가지 냄새가 존재한다. 하지만 초파리가 실제로 흥미를 보이는 냄새는 오직 하나다. 그 하나는 수많은 화학 물질이 일정한 비율로 섞여 있는 것이다. 따라서 초파리는 자신이 찾는 냄새의 화학 물질 조합에만 반응하는 수용체를 가지고 있다. 그 수용체는 아름다운 모습으로 배열되어 있지만 개념적으로는 간단하다. 그리고 단 몇 개만 있으면 된다.

신경과학자들은 그것과 똑같은 일반 원리가 우리가 아는 얼굴과 장소, 그리고 우리가 기억하는 사실상 모든 것의 어떤 요소에 적용된다고 생각한다. 우리는 보통 우리가 아는 모든 사람에 대한 '범죄자 사진 대장' 같은 것이 우리 머릿속 어딘가에 있어서 그것을 사용해 얼굴을 인식한다고 생각하지만, 그것은 '틀린' 상식이다. 아마 자신의 경험을 돌아보며 상식적으로 이렇게 추측할 것이다. 던바 네트워크에 속하는 150명 정도의 매우 정확한 사진이 훨씬 더 많은 불명확한 사진들과 섞여 있다. 그런 불명확한 사진 대장 속에는 반만 아는 사람, 반의반만 아는 사람, 또는 잡지나 텔레비전에서 본 사람의 사진이 들어 있다. 그리고 지금 나이의 절반이었을 때 잘 알았던 사람의 사진도 있다. 여동생이나 딸이 파란 원피스를 입거나 보라색 모자를 썼거나 오늘 아침에 입은 것과 같은 옷을 입은 사진도 있다. 그리고 잘 아는 장소의 사진도 추가된다. 이것은 거대한 사진 창고다.

이 '잘못된' 상식과 비슷한 방법을 사용하는 기계는 과거에 흔했고 지금도 있다. 현재 디지털 얼굴 인식 소프트웨어가 널리 사용되고, 심지어는 가정용 기기에도 탑재되어 있다. 얼굴 인식에는 여러 가지 방법이 있지만, 데이터베이스의 상태와 사용 방법이 핵심이다. 공장 출입문 시스템은 승인된 모든 직원의 전신사진을 저장하고 있고, 출입문을 통과하는 직원에게 정면의 카메라를 보고 사진과 같은 자세로 서라고 요구한다. 세관, 출입국관리사무소, 법 집행 기관은 거대한 서버에 수백만 장의 전신사진을 가지고 있다. 얼굴을 매칭하는 것은 큰 알루미늄 상자와 연결된 기계에게는 아주 간단한 일이다.

구글, 페이스북, 바이두 같은 거대한 웹 기업은 SNS에 있는 가족 및 친구와 찍은 사적인 사진을 토대로 거리를 지나가는 사람 대부분을 식별할 수 있는 얼굴 인식 소프트웨어를 가지고 있다. 최신 딥 신경망의 기계 학습 기법에 기반을 두고 있는 그 소프트웨어는 현재 성능이 매우 뛰어나고, 중대한 사생활 문제를 초래할 가능성이 있다. 구글이 개발한 얼굴 인식 소프트웨어는 고도의 신경망 기법을 사용해 수억명의 얼굴을 학습하고 있다. 현재 구글은 '사진 태깅' 같은 기능을 개선하기 위해 이 소프트웨어를 사용하지만, 동의한 사람과 계정에 한해 사용한다. 페이스북 사진은 일반적으로는 오픈 데이터가 아니다. 반면에 러시아에서 만들어진 주요 사회관계망 서비스 브콘탁테VKontakte는 프로필 사진을 전부 공개하고 있다. 매우 영리한 데이트 앱으로, 2016년 중반까지 65만 회 다운로드된 파인드페이스FindFace는 민간으로서는 최고 수준인 얼굴 인식 소프트웨어를 몇 가지 보유하고 있다. 이 앱을 사용하면 상트페테르부르크 지하철역에 있는 사람들 10명 중 7명을 인식할 수 있다. 그 필연적인 결과로, 현재 보통 사람도 자기 마음에 드는 다른 보통 사람의 신분을 알아내기 위해 파인드페이스를 널리 사용하고 있다. 거리를 걸어가는 젊은 여성의 사진을 잽싸게 찍은 다음, 파인드페이스로 그녀의 사회관계망 주소를 추적해서 그녀에게 메시지를 보내는 것이다. 몇 가지 상황에서는 괜찮을지 모르지만, 이것은 장차 수많은 패턴의 원치 않은 행동과 수용할 수 없는 행동을 초래하게 될 것이다. 비밀로 하고 싶거나 타인의 눈에 띄지 않는 장소에서 하고 싶은 모든 활동에 종사하는 사람들에 대한 온갖 종류의 '폭로'가 나올 것이다. 그런 다음에는 곧 정부와 남의 뒤를 캐기 좋아하는 사람들이 그것을 정기적으로 사용하기 시작할 것이다.

그러면 기계의 인식 능력이 그 정도로 대단하다면, 적어도 그 점에서는 기계가 우리와 비슷해졌다고 말할 수 있지 않을까?

신경과학자들은 그것은 디지털 유인원이 인식하는 방법을 잘못 알고 하는 말이라고 생각한다. 방대한 데이터에 기반을 둔 딥 러닝은 인간의 마음에서는 성공적으로 기능할 수 없는 비효율적인 방법이다. 파리에 사는 40세 시민의 평균적인 머리는 방대한 양의 정보를 포함하지만, 수백만 명의 얼굴을 식별하기에는 불충분하다. 신경과학자들의 흥미를 일으키는 것은 다른 이론이다. 얼굴이라는 개념에서 시작해 보자. 우리는 아마 '얼굴'에 대한 일반적인 단서를 제공하는 소프트웨어를 가지고 태어날 것이다. 아기는 태어난 지 며칠 안에 어머니의 얼굴을 찾아낸다. 그리고 그것을 어머니의 냄새와 수유 기술과 묶어 더할 나위 없이 만족스러운 연결 고리를 만드는 것 같다. 여기에는 아기의 감정 시스템 주위를 휘몰아치는 세로토닌과 여타 화학 물질이 관여하고 있다. 어머니 외의 다른 얼굴을 인식하기 시작할 때 아기는 한 명 한 명의 완전히 새로운 얼굴 사진을 등록하고 저장할 필요가 없다. 애초에 가지고 있던 얼굴 개념, 또는 맨 처음 만들어진 어머니 얼굴의 개념, 또는 몇몇 얼굴을 조합해 발전시킨 얼굴 개념과 다른 점을 분간해 기록하기만 하면 된다. 이는 우리가 같은 인종의 사람을 분간하고, 그 안에서도 같은 국적, 지역, 사회적 계급을 분간하는 데 능숙하다는 사실의 근거가 될 수 있다. 일상적으로 사용하는 얼굴의 주형을 가장 자주 보는 얼굴에서 만들어 그것과의 차이를 찾는 편이 자주 사용하지 않는 다른 인종 및 지역의 주형과의 차이를 찾는 것보다 훨씬 수월하다. 같은 사실은 양치기와 양의 경우에도 해당한다. 그러면 그러한 차이는 어떻게 정의되고 저장될까? 다양한 종류의 희소 코딩이다.

신경과학자들은 희소 코딩이 어떻게 구축되는지에 대해 충분한 증거를 가지고 있다. 어린이 만화에 나오는 말하는 동물과 피카소 그림에 나오는 여인들은 얼굴을 옆으로 돌려도 양쪽 눈이 앞을 바라보지만, 그런 형태의 얼굴은 디지털 유인원 이웃들에서는 보기 힘들다. 디지털 유인원의 얼굴은 거의 모두, 눈, 코, 입, 광대뼈, 턱이 특정한 배열을 이루고 있다. 하지만 정확히 똑같은 배치는 없다. 두 얼굴 사이의 차이는 비율로서 수학적으로 표현할 수 있다. 광대뼈와 입이 이루는 각도, 눈이 코와 이루는 각도, 눈 사이의 간격 등이다. 우리는 그것이 뇌가 기억하는 것이고, 뇌가 이 얼굴과 저 얼굴의 차이를 부호화하는 방식이라고 생각한다.

기억 전문가들은 인간이 기억 창고에서 사진을 꺼내는 방식으로 기억하지 않는다는 데도 일반적으로 동의한다. 우리는 표준적인 구성 요소를 가지고 기억을 재구축한다. 얼굴을 예로 살펴보면, 우리는 표준적인 얼굴을 꺼내 비율을 적절하게 바꾸고 피부와 머리카락에 적절한 색을 입힌다. 모자와 외투에도 특정한 색깔을 칠할 것이다. 공원에서 만난 적이 있는 사람이라면, 개방된 공간이나 숲의 느낌, 색, 냄새를 구성 요소에 추가할 것이다.

호모 사피엔스는 그런 적응성이 있는 신경계를 무수히 많이 가지고 있다. 신경과학자, 동물학자, 철학자는 의식이 신경계 위에 있는 하나의 층인지, 그것의 총합인지, 아니면 수 세대에 걸쳐 만들어진 혼합물인지에 대해 논쟁한다. 기억해 둘 점은 아주 초기의 호미닌이 2000만 년 전 이후로 무언가를 진화시켰고, 그 이후 알파 혹은 베타 버전의 의식을 가졌다고 생각할 수 있다는 것이다. 그것은 우리가 가진 의식 같은 것은 아니었지만, 개나 침팬지의 의식과는 다른 것이었다. 2000만 년이라는 시간은 진화에 있어서 완전한 세대로 백만 세대, 중첩되는 세대로는 훨씬 많은 세대에 해당한다. 현대인의 뇌 밑에는 은유적으로나 문자 그대로(오래된 뇌는 물리적으로 새로운 뇌의 중심에 있다) 무수히 많은 오래된 적응 시스템이 있고, 그것은 갑자기 튀어나올 수 있다. 벽에 거미가 기어가면 '으악!' 한다. 부패한 시체 냄새가 나면 '웩' 한다. 어머니가 그릇 안의 음식을 섞는 것을 본 아이가 기분이 나빠지는 것은 독성이 있는 것이 섞이는 것을 피하기 위한 선사 시대의 매우 단순한 규칙에 반하기 때문이다. 아니면, 섞지 않은 것을 이미 먹고 문제가 없다는 것을 아는 아이가 거기에 뭔가 섞이는 것을 보고, 다른 것을 요구하는 것인지도 모른다!

✄

3장에서 설명했듯이, 현재 우리는 데즈먼드 모리스가 글을 썼던

1960년대보다 뇌에 대해 훨씬 더 많은 사실을 알고 있다. 유전학과 유전체, 인류의 선사 시대 역사를 포함해 많은 관련 사실에 대해서도 더 많이 알고 있다.

거울 뉴런의 발견은 잘 알려진 이야기다. 20세기 말, 자코모 리촐라티가 이끄는 이탈리아 연구팀은 뇌가 어떻게 근육을 제어하는지에 관심을 가졌다. 그들은 실험에 자주 사용되는 짧은꼬리원숭이를 연구실에 가둔 다음, 짧은꼬리원숭이의 전운동 피질에 미세 조정한 탐침을 찔러 넣고, 팔 운동에 관여하는 특정 뉴런을 찾았다. 원숭이가 눈앞에 놓인 다양한 흥미로운 물건에 팔을 뻗을 때, 뉴런이 발화했고, 탐침을 통해 제어판에 불이 들어왔다. 놀라운 일은 휴식 시간에 일어났다. 원숭이는 연구자를 지켜볼 뿐 아무것도 하지 않고 가만히 있었다. 그때 한 연구자가 원숭이 앞에 있는 물건 중 하나로 손을 뻗었는데 제어판에 불이 들어왔다. 원숭이는 실제로 팔을 뻗을 때 사용한 것과 같은 뉴런을 사용해 '내 앞에 있는 흥미로운 물건에 팔을 뻗는다'는 개념을 상징적으로 이해한다. 이 사실은 깊은 함의를 지니고 있다.

> 일차 시각 피질은 어떤 것을 실제로 볼 때보다 어떤 것을 상상할 때 더 많은 혈액을 흡수한다. (…) 우리는 달리는 것을 상상할 때 심장박동이 빨라진다. 어떤 연구에서, 운동하는 것을 상상한 피험자 집단은 근력이 22퍼센트 향상된 반면, 실제로 운동을 한 사람들은 30퍼센트로 약간 더 향상되었을 뿐이다.
> — 리처드 파워스Richard Powers, 『세계는 무라카미 하루키를 어떻게 읽는가 A wild Haruki chase』(2008)에 인용된 존 스코일스John Skoyles와 도리언 세이건Dorion Sagan의 문헌 중에서

그것은 상당히 특수하고, 집중력을 요하고, 시간이 걸리는 뇌 운동이었음에 틀림없다. 하지만 심리학자와 신경과학자가 생각하는 뇌의 모습은 지난 몇 십 년 동안 급진적으로 바뀌었고, 거울 뉴런이라는 개념에 들어 있는 생각은 그런 새로운 접근 방식을 상징적으로 보여 준다. 우리의 잘못된 상식은 우리 자신에 대해 말하는 비유적 표현들을 일상의 뇌 활동 이론에 자동적으로 대입하고 있을지도 모른다. 마치 우리가 원재료에서 어떤 모습의 우리 자신을 만들어 내고 있는 것처럼 말이다. 우리는 자신이 기억할 수 있다는 것을 알고 있고, 자신이 인지할 수 있다는 것도 알고 있다. 그것은 우리가 항상 하는 것이기 때문이다. 그러므로 기억이라고 불리는 어떤 덩어리가 존재해야 하고, 정보가 들락거리는 관문이 있어야 한다. 우리는 어릴 때 적어도 한 가지 언어를 배우고, 나중에 다른 언어를 추가할 수 있다. 그러므로 촘스키가 말하는 언어 습득 장치[22]와 비슷한 어떤 것이 존재해야 한다. 알려진 모든 인간 언어에는 몇 가지 공통된 특징이 있고, 기존의 단어와 어휘를 사용해 새로운 기술記述을 생성할 수 있다. 그러므로 모든 언어에는 공통 문법과 생성 능력이 있어야 한다. 그리고 우리 뇌는 그것을 하는 부분을 어딘가에 가지고 있어야 한다. 우리는 팔다리를 흔들기 때문에 팔다리를 흔드는 장비가 있어야 한다. 어린아이는 그 모든 도구 상자를 곧바로 사용할 수 있는 형태 또는 제작 중인 상태로 가지고 태어난다고 생각할 수 있다.

거울 뉴런의 발견을 포함해, 뇌에 대한 많은 수의 새로운 사고방

---

22 모국어 문법을 학습하는 데 도움이 된다고 추정되는 생득적인 능력

식은 뇌가 그렇게 단순한 형태로 배치되어 있지 않다는 것을 보여준다. 아이들은 모두 비슷한 뇌를 발달시키지만, 발달 과정은 각자의 경험에 따라 달라진다. 성인은 자아가 발달하면서 뇌에 있는 마음의 물질적 표현을 계속해서 변화시킨다. 그리고 마음은 신경계 전체에 퍼져 있고, 나아가 그것을 초월한다고 봐야 할 것이다.

어린이는 팔을 사용하는 방법을 배울 때, 팔이라는 개념, 운동이라는 개념을 획득하고, 팔을 움직이는 공간을 개념화하는 능력을 발달시키고, 문을 통과해 걸어갈 때 팔을 계속 흔들고 있으면 무슨 일이 일어나는지 (아야!) 미리 계획하는 능력을 발달시킨다. 어린이 뇌의 대뇌 피질은 가소성이 높은 시스템이라서, 그 모든 능력과 지식을 광범위한 영역에 끼워 넣고, 다른 능력과 지식 속에 포개어 넣는다. 수영을 배우는 아이는 드럼을 연주하는 방법을 배우는 아이와는 약간 다른 장소에 그 능력과 지식을 끼워 넣게 된다. 인공 지능은 공간 속에서 팔을 어떻게 흔드는가 하는 것뿐만 아니라 팔을 흔드는 것을 어떻게 배우는가에 대해서도 뇌의 공간 개념 처리 방법을 모델화하기 시작했다.

이 모두는 인간이 어떤 기능을 가지는가를 이해하기 위한 정보를 제공할 것이고, 흥미로운 기능을 가진 기계를 만드는 데도 도움이 될 것이다. 예컨대 운행하는 공간을 더 잘 파악하는 무인 자동차 같은 것이다. 하지만 우리가 어떻게 팔을 흔드는가를 학습해 우리에게 익숙한 방식으로 팔을 흔들 수 있는 무인 자동차가 나올 수 있지만, 그 자동차가 그렇게 할 수 있다고 해서 인간인 것은 아니다. 기계는 오랫동안 오리처럼 꽥꽥 소리를 낼 수 있었고 오리처럼 걸을 수 있었다. 하지만 '오리처럼 꽥꽥거린다면 아마 로봇일 것'이라는 유명한 말에도 불구하고, 그런 기계가 오리는 아니다.*

우리 두 사람은 인간처럼 보이고 행동하는 기계를 만들어야 할 이유가 있는지 잘 모르겠다. 노인 돌봄이나 판타지를 채워 주는 장난감에서나 그런 기계가 필요할 것이다. 어쨌든 인간은 지금도 이미 너무 많다. 스마트 기계는 스마트 기계처럼 보이고 행동해야 한다. 당신의 자동차 엔진을 검사하는 기계가 작업복을 갖춰 입고 기계공처럼 보일 필요는 없다. 그것은 실제로 효율이 떨어지고, 목적에 맞지 않은 형태다. 카펫 청소 로봇이나 잔디 깎는 로봇이 〈다운튼 애비Downton Abbey〉23에 등장하는 하인처럼 보일 필요는 없다. 같은 일을 하는 사람과 닮은 기계를 만드는 것은 자원 낭비일 뿐이다.

요컨대 우리는 앞으로 몇 십 년 내에 자기의식을 가진 기계가 등장할 것이라고 생각하지 않는다. 지금 형태의 인류, 또는 다른 형태의 인류의 생존에 대한 세계적 결정에 목적을 가지고 개입하는 기계가 나올 리는 더더욱 만무하다. 기계가 도처에 존재하는 환경이 인간 본성을 이미 바꾸었고 앞으로도 계속 바꿀 것임은 분명하다. 조심하지 않으면 기계가 우리를 억압할 가능성도 있다. 명백한 사실은 대부분의 개별 현대인뿐만 아니라 모든 국가와 큰 집단까지도 기계 제국을 통해 자신의 능력을 막강하게 증강했다는 것이다. 우리가 걱정해야 할

---

* '오리처럼 꽥꽥거린다면 아마 로봇일 것'이라고 단정하는 것은 지나칠지도 모른다. 세계에 존재하는 오리와 오리처럼 꽥꽥거릴 수 있는 기계의 수를 정확하게 계산하는 것은 간단치 않은 문제다. 스마트폰만 해도 적어도 50억 대가 존재하고, 라디오와 텔레비전도 비슷한 수만큼 존재한다. 2000억 마리의 새 가운데 오리는 작은 비율을 차지할 뿐이다. 그러므로 오리처럼 꽥꽥거릴 수 있는 스마트 기계가 오리보다 많을 확률이 높다. 하지만 기계는 대개 꽥꽥거리는 것보다 더 유용한 일에 시간을 쓴다. 오리는 꽥꽥 울 뿐이다.

23 1920년대 영국의 어느 귀족 가문을 배경으로 한 영국 드라마

것은 우리가 사용하는 기기가 인간적인 지능을 가지는 일이 아니라, 매우 빠르고 극도로 교묘하고 항상 안정적이지는 않은 속성을 지닌 기계의 영리함이다. 우리는 새로운 기술을 제어할 수 있다. 그렇게 하지 않으면 위험하다.

구글이나 페이스북 같은 기업은 오늘날 매우 진보된 신경망 기술을 사용해서 어린아이가 자신의 건강한 머리로 작은 규모로 할 수 있는 일을 기계가 큰 규모로 할 수 있도록 학습시키고 있다. 구글은 그 분야의 위대한 별로, 비범한 재능을 가진 데미스 하사비스Demis Hassabis가 창업한 딥마인드사를 인수했다. 딥마인드는 AI 역사에서 가장 혁신적인 신경망을 구축했는데, 그것은 특정한 임무에서 인간을 뛰어넘을 수 있다.

이러한 신경망이 최근에 거둔 성과 중 하나를 살펴보자. 기계가 사진 내용을 인식하는 능력은 점점 높아지고 있다. 불과 몇 년 전과 비교해도 인식률이 탁월하게 높아졌다. 구글은 (또는 어떤 기업이든) 현재 수백만 개의 영상에 액세스할 수 있다. 그 영상에는 새, 고양이, 개 등 수천 개 범주로 분류되는 것들이 포함되어 있다. 이것이 가능한 것은 방대한 양의 영상에 우리가 집단으로 주석과 태그를 붙였기 때문이다. 때로는 1회에 1센트를 지불받고 영상에 무엇이 찍혀 있는지 주석을 다는 일종의 크라우드소싱으로 생성된 것도 있다. 이러한 영상을 적절한 표준 포맷으로 변환하고 화소 수를 대략적으로 맞춰 학습 중인 기계에 제공한다. 기계는 영상을 검색해 공통점과 다른 점을 찾는다. 기계는 화소를 표현하는 값에 초점을 맞춰 영상 속의 형태, 대비, 불연속성에 대응하는 패턴을 인식하기 시작한다. 전문 용어로 말하면, 합성곱 필터를 적용해 영상을 크롤링함으로써 패턴을 찾는 것이다. 패턴은 최종적으로 신경망의 깊숙한 층에서 '부리 같음', '날개 같음', '새 다리 같음'에 대한 수치 표현이 되어, 표지된 범주 중 하나로 분류된다. 구글이 추구하는 것은 거대한 수의 화소 중에서 새를 찾아낼 수 있을 정도로 충분히 신뢰할 수 있는 수치적 관계의 집합이다. 지금 이 문장을 읽고 있는 당신은 '부리'가 무엇인지 알고 있다. 당신은 부리라는 개념을 기억 속에 '가지고' 있다. '부리'라는 단어도 보존하고 있다. 당신은 큰 부리, 작은 부리, 갈고리 부리, 붉은 부리의 영상을 재빨리 호출하는 능력을 가지고 있다. 벌레를 물고 있는 부리 또는 그렇지 않은 부리도 안다. 당신은 또한 새가 날아서 지나갈 때, 그리고 사진 속에서 부리를 인식할 수도 있다. 수동적으로는 '저 새의 부리가 선명한 노랑임을 알아챘는가?'라는 질문에 '그렇다. 당신이 말하니 생각이 났다'고 대답할 수 있다. 능동적으로는 배열된 새 중에서 노란색 부리를 가진 새를 골라낼 수도 있다. 뇌는 이런 능력을 층층이 쌓아 올리고, 어떤 식으로든 부리라는 추상적 개념과 운이 다한 벌레의 영상을 긴밀하게 관련지어 보존한다. 기계는 개나 고양이와 구별해 새를 인식할 때 학습한 숫자의 패턴을 찾는다. 다시 말해 기계는 숫자의 패턴을 보존하고 검색하고 인식한다.

하지만 여기서 중요한 것은 유인원이 결집해 특별한 일을 하고 있다는 것이다. 진정으로 영리한 스마트 기계의 기법은 인간의 인지 능력, 지능, 이해력, 의미에 대한 관심에 편승한다. 이 사실에서 이끌어 낼 수 있는 몇 가지 점들을 강조하고 싶다.

첫째, 새로 임무를 부여받은 기계가 자동차와 새와 코끼리를 구별하는 방법을 처음부터 학습하는 것을 상상해 보자. 먼저 기계는 인간이 라벨을 붙인 수천 장의 사진에 패턴 인식을 적용한다. 아니면, 지난주에 그 기법을 학습한 다른 기계가 라벨을 붙인 사진을 사용한다. 후자의 상황이 점점 보편화되고 있다. 관찰자인 인간은 그 과정을 지켜볼 수 있지만, 숫자 코드를 자세히 조사하지 않는 한 기계가 '자동차', '새', '코끼리'의 어떤 요소를 가장 효율적인 식별 표지로 선택하는지 알 수 없다. 아마 '전조등', '부리', '코', '큰 귀'와 관련이 있는 패턴과 특징일 것이다. 하지만 만일 기계가 '아는' 것이 이런 사진뿐이라면, '자동차'를 골라내는 식별 표지는 '가로등' 패턴일 가능성도 있다. 왜냐하면 도시 거리에서 코끼리 사진이 찍히는 경우는 극히 드물기 때문이다. 결과적으로 텅 빈 거리가 찍힌 사진을 기계에 제공하고 그 안에 자동차 또는 코끼리가 있다고 말하면, 기계는 '자동차'를 고를 것이다. 다시 말해 이런 종류의 기계 학습은 대상의 개념을 이해하는 데 거의 의존하지 않는다. 따라서 원리상으로 대상의 실제 특징을 탐색하지 않고 대상을 인식할 수 있고, 그곳에 없는 대상도 '인식'한다.

이것은 매우 인상적이며 조금은 걱정스러운 특징이다. 이런 방법으로 학습하는 기계가 우리가 항상 의식하는 것은 아닌 인간의 보편적 정보 처리 과정에 점점 더 깊이 관여하고 있다는 뜻이기 때문이다. 이것이 두 번째로 주목할 점이다. 즉, 기계는 결론을 도출하기 위해 배경에 존재하는 주변적이고, 잠재의식에만 닿고, 반만 볼 수 있는 불충분한 데이터를 사용한다는 사실이다. 인간에게 세계의 해안선 사진(바다, 하늘, 해변, 바위, 절벽만 존재하고, 사람이나 건물은 없다)을 보여 주면, 그곳이 어느 나라인지 어느 정도는 정확하게 추측할 수 있다(그리고 새로운 세대의 학습하는 기계도 그렇게 할 수 있고, 심지어 인간보다 더 잘하기도 한다). 하지만 그것을 어떻게 추측할 수 있었는지는 잘 알지 못한다. 빛이 어떻게 비치는지와 파도의 크기, 하늘 풍경을 조합해 추측할 것이다. 물론 우리는 사실상 모든 것에 대해 항상 같은 방식으로 결론을 도출한다. 인간은 이 능력 없이는 종으로서 생존하지 못했을 것이다.

인공 신경망이 정확히 무엇에 주목하는가 하는 문제를 설명하는 한 가지 사실이 있다. 2014년 이래로, 한 네트워크가 다른 네크워크를 속이도록 학습시킬 수 있다는 사실이 알려졌다. 코넬대학과 와이오밍대학의 연구자들은 딥 신경망의 영상 인식에 대한 흥미로운 결과를 내놓았다. 그들은 기계에 인식의 역逆과정을 행하도록 했다. 기타에 대한 지식이 없는 소프트웨어의 한 버전에 무작위 화소를 생성해 기타 영상을 작성하게 했다. 그리고 기타를 분간하도록 학습한 두 번째 버전의 네트워크에게 첫 번째 네트워크가 작성한 기타 영상을 평가하도록 했다. 첫 번째 네트워크는 그 신뢰도를 사용해서 다음에 작성하는 기타 영상을 개선해 더 정확하게 만들었다. 이 과정을 수천 번 반복했을 때, 첫 번째 네트워크는 두 번째 네트워크가 기타라고 99퍼센트 신뢰도로 인식하는 영상을 작성할 수 있었다. 하지만 인간에게 그 '기타'는 단순한 기하학적 패턴으로 보였다. 이 사실은 매우 다양한 영상을 통해 증명되었다. 이런 역 인식 과정으로 생성된 개똥지빠귀, 치타, 지네의 영상은 인간에게 마치 컬러텔레비전의 스노 노이즈[24]처럼 보였다. 그 이래로 네트워크들을 대결시키는 치열한 군비 경쟁이 계속되고 있다. 확실히 증명된 것은 기계의 인코딩과 '이해'는 인간이 영상에서 자연적으로 보는

---

24 · 브라운관에 눈이 내리는 것처럼 보이는, 텔레비전 수상 화면의 잡음

것과 아주 다르다는 것이다.

AI의 얼굴 인식으로 돌아가 보자. 현재 가장 정확한 시스템은 수백만 개의 영상을 학습해 얼굴을 식별하는 128개 지표를 결정하도록 훈련된 기계에 의존한다. 그러면 이 128개 지표는 정확히 얼굴의 어느 부분을 측정할까? 인간은 모른다는 것이 결론이다. 인간과 기계 사이에는 근본적인 차이가 있다. 어린아이는 중요한 얼굴을 인식하기 위해 학습하지만, 기계는 '기계의 지원이 없이는 인간에게 하도록 요청하지 않는 일'을 실행하기 위해 학습한다. 기계는 특정한 단독 임무를 실행하는 데 있어서 인간을 초월한다. 반면 우리 인간은 일반적이고 다양하고 사회적으로 의미 있는 상호 작용이라는 면에서 한없이 풍부한 능력을 가지고 있다.

이 차이가 인간 뇌의 정보 처리에 대해 갖는 함의는 크다. 우리는 아주 어린 나이부터 우리만의 희소 코딩에 의해 매일 무수히 많은 대상을 식별할 수 있다. 그렇다고 해서 인공 신경망이 다량의 학습에서 추상화하는 특징과 정보 사인information signature이 인간의 시각 정보 처리를 해명하는 데 아무런 도움이 되지 않는다는 말은 아니다. 그리고 인공 신경망은 인간의 시각적 표상의 여러 가지 측면과 비슷한 중간적 표상의 라이브러리[25]를 만들 것이다.

인공 신경망에는 인간이 생각하는 방법과 비슷한 점과 완전히 다른 점이 있다. 따라서 인간 지능의 신경 기반을 이해하고자 하는 건잡을 수 없는 욕구가 일어나고 있다. 그리고 그 욕구는 실질적인 결과를 도출해 내고 있다. 예컨대 또 최근에 뇌에 대해 누구나 당연하

---

25 프로그램이나 데이터 등을 한데 모아 등록한 파일

다고 생각한 사실과 달리, 세포 재생이 평생 빠르게 계속된다는 사실이 밝혀졌다.

뇌의 고차원적인 인지 기능은 정보를 수집하고 세계를 이해하는 데 있어서 통계적으로 타당한 접근 방식을 취하지 않는다는 사실이 분명해졌다. 뇌는 드물게 일어나는 사건을 과도하게 표현하고 흔히 발생하는 사건을 과소평가한다. 또 최근과 현재의 경험에 지나치게 의존해 일반화한다. 뇌가 이렇게 하는 것은 분명 오래전 과거뿐 아니라 지금도 그것이 대체로 안전한 행동 방법이었고, 유전자를 다음 세대로 무사히 전달하게 했기 때문이다. 당신이 여러 식량원에 의존하는 호미닌이고, 식량원 중 하나가 초록색 사과라고 가정해 보자. 당신은 지금까지 수백 개의 사과를 먹었다. 그리고 당신이 속한 집단이 수천 개의 사과를 먹는 것을 보았다. 당신은 사과 한 개를 본다. 씻지 않고 그것을 먹는다. 그리고 배탈이 난다. 이때부터 당신은 의식적 혹은 무의식적으로 혐오 반응을 발달시킨다. 그것은 어떤 의미에서는 나쁜 판단이다. 그런 무의식적인 견해는 부적응일지도 모른다. 그러면 논리적으로 옳은 답은 무엇일까? 모든 것은 상황에 달려 있다. 하필 그 사과에만 독이 있었을지도 모르고, 과수원의 모든 사과가 썩었을지도 모른다. 하지만 당신은 그것을 어떻게 아는가? 당신 식생활에서 사과가 얼마나 중요한가? 다른 것으로 대체할 수 있는가? 명백한 답은 현재 통계적으로 옳다고 판단되는 것이 아니라 그 사례 자체에 무게를 두는 것이다. 독 리스크에 대해 그런 태도를 가진 포유류가 훨씬 더 오래 살기 때문이다.

「직관적인 통계학자 Man as an Intuitive Statistician」(피터슨, 비치)와 「확신하는 것 Knowing with Certainty」(피시호프, 슬로빅, 리히텐슈타인) 같

은 설득력 있는 많은 연구에서, 인간은 일상생활 속에서 통계적 감각을 가지고 행동하는 것을 무척 어려워한다는 사실이 밝혀졌다. 매우 통계학적인 사고를 하는 수학자는 같은 날에 같은 친구를 예기치 않게 두 번 만나면 웃으며 그 우연을 언급할 것이다. 그 수학자는 우리가 이따금 같은 사람을 두 번 만나지 않는다면 오히려 놀라운 일이라는 사실을 알고 있고, 매일 그것을 연구한다. 하지만 그렇다고 해서 그런 일이 일어날 때 놀라지 않는 것은 아니며, 많은 경우에 그 사건에는 어떤 의미가 있는 것처럼 보인다.

୶

기계는 인간의 지능이 해내는 일 가운데 다수를 인간보다 더 잘할 수 있다. 우리는 몇 세기 동안 많은 놀라운 사실을 알아냈지만, 인간처럼 느끼게 만드는 것이 무엇인가는 대략적으로도 밝히지 못했다. 하지만 지적인 기계가 그 중요한 측면에서 우리와 같지 않다는 것은 안다. 아직 같지 않을 뿐 아니라 가까운 미래에도 같지 않을 것이라는 말을 덧붙이고 싶다. 의식을 가진 비생물학적 실체의 잉태는 현재로서는 인간의 능력 밖이다. 현재로서는 초장거리 통신 회선으로 지구 밖 생물과 연락한다는 희박한 가능성조차 지구에서 새로운 의식이 출현할 가능성보다 높다.

그렇다고 해도 우리는 기계를 통해 우리의 마음이 무엇을 할 수 있는지 더 분명히 볼 수 있다. 그것을 보여 주는 사례인 캘리포니아 대학 버클리 캠퍼스 과학자들이 실시한 특별한 실험으로 이 장의 결론을 대신하겠다. 그들은 피험자에게 사진을 보여 주었고, 그런 다음에는 옛날 할리우드 영화를 보여 주었다. 피험자는 머리에 기능적 자기 공명 영상 스캐너를 썼다. 스캐너에 피험자의 뇌 활성이 지도처럼 나타났고, 그 지도가 기록되었다. 연구자들은 이 지도 데이터로 영리한 컴퓨터 모델인 '베이지언 디코더Bayesian decoder' 26를 구축했다. 연구자들은 그것을 사용해 피험자에게 영상을 보여 준 다음, '피험자가 보고 있다고 기계가 생각한 것'을 영상화할 수 있었다. 그 결과는 대학 홈페이지에서 볼 수 있는데, 으스스할 정도다. 수석 연구자인 심리학 및 신경과학 교수 잭 갤런트Jack Gallant는 자신의 생각을 의심했던 동료들을 깜짝 놀라게 했다. 이 장치는 피험자가 본 것을 해독할 수 있는 것처럼 보인다. 사람의 마음을 읽어 그것을 영상으로 보여 줄 수 있다. 현재의 기법은 한계가 있고, 뇌 영상을 재구축하는 기량에 어느 정도 좌우된다. 하지만 얼마 뒤 다른 연구자들이 소리를 가지고 거의 같은 일을 재현했다. 들은 말에 대한 뇌 영상을 해독하도록 기계를 훈련한 것이다. 이대로 가면 의사소통에 심각한 장애를 겪는 사람들이 그것을 극복할 수 있게 도울 수 있을 것이다.

따라서 기계의 마음이 인간에게 어떻게 보이는지는 신경 쓰지 마라. 기계가 생각하는 인간 마음의 본질이 어떠한지는 언젠가 엿볼 수 있을 것이다. 하지만 조만간 그렇게 되지는 않을 것이다. 분명히 해 두자. 이런 기계가 아무리 놀랍다 해도, 마저리 앨링엄Margery Allingham의 놀라운 소설 『마음 판독기The Mind Readers』에 나오는 '순

---

26 측정된 뇌의 활동에서 베이즈 추정 방법을 사용해 뇌가 받는 자극과 뇌가 명령하는 행동, 인지 상태를 읽는 기술

간 진리 증폭기Instant Gen Amplifier'는 아직 아니다. 갤런트 교수가 재현한 유령 같은 영상이 가까운 시일 내에 행인의 생각을 읽어 정부 기관에 전송하는 '가로등'으로 이어지지는 않을 것이다.

다른 연구자들도 갤런트 교수와 비슷한 종류의 연구를 개발하고 있다. 더 놀라운 시각화 모델이 곧 구축될 것이다. 그리고 일반적으로는 기계가 인간의 뇌와 비슷한 기법, 또는 뇌를 모델로 한 기법을 점점 더 많이 사용하게 될 것이라고 예상한다. 뇌에 대한 이해가 깊어질수록 기계가 진보할 것이고, 그 반대도 마찬가지다. 이것은 흥미로운 연구다. 기계는 점점 '뇌처럼'이라는 말에 적합한 것이 되겠지만, 인간의 핵심적 특징인 '감응 능력'을 곧 발달시키지는 않을 것이라고 확신한다.

6. 새로운 동반자

디지털 유인원의 핵심 특징, 빠르게 변화하는 분야에서 점점 더 중요해지고 있는 놀랄 만한 새로운 특징은 일상생활에서 로봇과의 개인적 관계가 급증하고 있다는 점이다. 콜센터 같은 자동 장치가 튜링 검사를 낡은 것으로 만들 뿐만 아니라 교묘히 피할 수 있게 된 것에 따른 변화다. 튜링 검사의 핵심에 있는 질문은 '내가 기계에게 말을 걸고 있는지 구별할 수 있는가?'이다. 그런데 그만큼이나 중요한 질문이 '내게 그것이 중요한가?'이다. 현재 많은 기기가 인간처럼 인터페이스로 우리와 접속하고, 우리는 인간 사이에서만 공유했던 활동을 기기와 공유하기 시작했다. 20년 전에는 만일 디지털 유인원이 시간을 알고 싶으면, 벽시계나 탁상시계 또는 다른 시계를 보거나, 친구나 지나가는 경찰에게 묻거나, 라디오를 켜고 디제이나 뉴스 아나운서가 시간을 알려 주기를 기다렸다. 흥미롭게도 많은 나라에 전화를 걸면 시간을 말해 주는 서비스가 있었다. 1933년에 프랑스에 처음 도입된 이 서비스는 미래에 다가올 일의 발단이었다. 그것은 당신이 알고 싶은 것을 알고 싶을 때 말해 주는 친구였다. 그때는 오직 소수의 외로운 사람들만이 순전히 다른 인간의 목소리를 듣기 위해, 다정하지만 형식적이고 지적인 목소리에 귀를 기울였다. 그런데 알렉사Alexa가 등장했다.

알렉사는 아마존의 대화형 기기 관리 로봇 겸 인터페이스다. 구글에는 구글 어시스턴트가 있다. 애플에는 시리가 있다. 이 모든 서비스는 매우 효과적인 음성 인식 프로그램을 구동하고, 대화 기능을 가지고 있다. 알렉사나 시리에게 시간을 물으면 답을 해 준다. 알렉사는 주인의 목소리를 인식하고, 여러 가지 명령을 알고 그 밖의 명령도 기꺼이 학습한다. 게다가 말만 하면 가정 내의 여러 가지 기기를 가동시킨다. 하지만 알렉사는 그 밖에도 많은 서비스를 수행한다. 아마존 웹 사이트에 게재된 광고를 보자.

소음이 심한 환경에 있거나 음악을 듣고 있어도, 멀리 떨어져 있어도, 원거리 음성 인식 기능에 의해 당신의 목소리를 들을 수 있다. 위모WeMo, 필립스Philops, 휴Hue, 하이브Hive, 네타모Netatmo, 타도tado 등 호환성이 있는 기기를 연결하면, 조명, 스위치, 자동 온도 조절기를 제어할 수 있다.

질문에 답하고, 오디오 북을 읽고, 뉴스·교통 정보·일기 예보를 전하고, 스포츠 경기 결과와 일정을 제공하는 등 여러 가지 일을 할 수 있다.

조명과 스위치 제어는 취향에 따라 유용할 수도 따분할 수도 있다. 하지만 마지막 문장에 집중하라. 알렉사는 인터넷을 사용해 질문에 대답하고 정보를 읽어 준다. 일반적으로 알렉사와 동종의 다른 로봇은 웹에 있는 모든 사실, 이론, 이야기에 접근할 수 있고, 주인의 요구에 따라 그것을 제시할 수 있다. 그리고 웹은 인류가 소유한 광범위한 일반 지식을 알 뿐만 아니라 그것을 설명할 수 있다. 게다가 기차 시간표와 상품 가격, 내일 비가 얼마나 올 것인가와 같은 구체적인 정보도 풍부하게 제공한다. 그것은 교통 기관, 상점, 기상청, 다른 모든 정부 기관이나 기업이 매일 매초 조합해 공개하는 처리된 데이터다. 알렉사는 주인이 접근할 권리를 준 사적인 공간에 있는 많은 데이터에도 접근할 수 있다. 아마도 모든 데이터에 대한 접근권을 넘겨받았을 것이다. 오늘 내 은행 계좌에 현금이 얼마나 있는가? 오늘 4시에 해야 할 일이 무엇인가? 알렉사는 또한 주인의 가족 및 친구가 페이스북과 링크드인LinkedIn의 반쯤 사적인 공간에서 공유하겠다고 선택한 근황을 전해 줄 수도 있을 것이다. 그리고 사고 싶은 상품을 구매해 줄 수도 있다. 그 기능은 아마 가정에 생필품 재고가 떨어지고 있을 때 알려 주는, 아마존이 지금 판매하고 있는 기기와 연계되어 운영될 것이다. 알렉사는 세제나 커피를 더 주문해도 되는지를 당신이 편한 시간에 물을 것이다.

아마 알렉사는 아직 거기까지는 도달하지 못했을 것이다. 우리 두 사람이 이 책을 쓰는 시점에 알렉사는 아직은 좀 서툴렀다. 때때로 자신이 들은 것을 오해하고, 완전히 잘못 이해하고, 어떤 일들은 놀라울 정도로 잘하는 반면 다른 일은 형편없었다. 하지만 상황은 빠른 시일 내에, 아마 몇 년 안에 바뀔 것이다. 효과적인 음성 인식 기술과 음성을 사용할 수 있는 로봇을(이 둘은 이미 등장했다) 최신의 복잡한 지식 집중 기술과 결부하고, 모든 가정과 기업을 웹으로 연결하는 정보 시스템과 접목하면, 완전한 음성과 기능을 가진 가정

내 동반자의 모든 요소가 갖추어진다. 알렉사, 시리, 구글 보이스가 바로 그것이다. 우리는 이들이 완전한 기능을 갖추었다고 가정하고 그 영향을 검토할 것이다. 아직은 완성되지 못했지만 머지않아 그렇게 될 것이기 때문이다. 여기서 우리가 검토할 대상은 완전한 기능을 갖춘 버전의 알렉사와 시리, 그리고 아직 일반 대중에게는 공개되지 않은 새로운 자매 기종 몇 가지다.

같은 말을 반복하는 것이지만, 성공한 SF 작품에서 로봇은 흔히 안드로이드(인간형 로봇)로 등장한다. 사실 할리우드 영화에서 그 로봇을 연기하는 것은 실제 배우다. 아무리 현란한 GCI 기술을 써도, 심지어 3D조차 실제 인간을 대체할 수는 없다. 털은 고사하고 옷도 걸치지 않은 모습으로 등장하는 그런 배우들은 영화 〈웨스트월드〉를 제작비를 엄청나게 들여 리메이크한 텔레비전 연속극과, 제작비는 덜 들어갔지만 흥미롭고 인상적인 영화 〈엑스 마키나〉에서 흥미를 불러일으키는 요소로 작용한다. 벌거벗은 유인원은 직접 봐도 스크린에서 봐도 매력적이며, 데즈먼드 모리스의 지적인 저작에서도 매력적이다. 우리는 이 장 또는 책 전체의 제목을 '벌거벗은 로봇'으로 할 수도 있었지만, 그렇게 했다면 우리가 전하고자 하는 핵심 메시지와는 정반대 의미가 되었을 것이다. 중요한 것은 인공 피부가 아니라, 우리의 복잡한 사적·사회적 존재를 확장하는 로봇의 인지 컴퓨팅 능력이다. 로봇은 도구이지 평행 진화한 종이 아니다.[1] 우리와 우리 이전의 인류 형태는 300만 년 동안 도구와 공존해 왔다. 데즈먼드 모리스의

---

1 평행 진화란 밀접하게 관련되어 있지 않지만 같은 조상을 가진 종 사이에 개별적으로 유사한 특성이 발전하는 것을 말한다.

말처럼 우리는 유인원인 것이 맞다. 하지만 우리에게 없어서는 안되는 도구는, 상스러운 표현이라서 미안하지만, 종의 절반이 가지고 있는 힘센 음경이 아니라 주먹도끼와 불과 피난처다. 그것들을 사용해 우리는 뇌를 형성했고, 도구를 고안하고 사용하는 일반 능력을 가지게 되었다. 이 선순환에 의해 우리는 지금 자기 자신의 디지털 확장판과 타인을 대체하는 존재를 만들고 있다.

최신 기술을 이용할 수 있는 수백만 명의 디지털 유인원 가운데 이미 200~300만 명이 이런 충실한 로봇 친구와 생활하는 실험에 적극적으로 임하고 있다. 그 친구는 걸어 다니고 말하는 인형이 아니라 단지 부엌과 휴게실 같은 장소에 설치된 멋진 디자인의 금속 상자일 뿐이다. 서양 세계에서조차 이것이 보편화될 것 같지 않지만, 일부 버전은 확산될 것이다. 실제 친구와 그리 다르지 않은 가상의 친구가 생길 것이고, 비밀 애인도 생길 것이다. 한가할 때는 아이를 보살피면서 아이들이 끝없이 늘어놓는 이해할 수 없는 질문에 대답해 주는 유사 시종도 생길 것이다. 노인이 힘들 때 돕는 24시간 돌봄 로봇도 생길 것이다.

포괄적인 정보를 가지고 있는 것에서 알렉사에 필적할 만한 시종이나 성실한 동반자는 지금까지 존재하지 않았다. 하지만 인간이 가진 통찰은 어떨까? 검색 엔진 애스크닷컴^Ask.com의 초기 버전은 '애스크 지브스^Ask Jeeves'라고 불렸다. P. G. 우드하우스^P. G. Wodehouse의 작품에 등장하는 집사인 지브스의 이름을 딴 것이다. 지브스는 멍청한 주인인 버티 우스터보다 훨씬 더 많이 알고, 훨씬 더 유능하다. 우스터와 지브스는 분명 강한 개인적 유대감으로 연결되어 있었고, 그것은 독특한 형태의 깊은 우정이었다. 이것은 그들이 우드하우스의 이상향에서 영위하는 일차원적인 사생활에 대한 외설적이고 포스트모던한 농담이 아니다. 오늘날 집 안에 하인을 두는 사람은 극소수이지만, 성인 대부분에게는 직장 동료가 있다. 젊은이들에게는 동급생이 있고, 그 동급생 가운데 일부는 인생에서 중요한 사람이다. 그들은 애정이 있거나 친밀한 사이는 아니더라도, 작은 집단에서 특별한 존재다. 여기서 질문은 어떤 사람이 일상의 사회생활에서 '던바 수'인 150인에 확실히 들어오는 살아 있는 사람과 동급으로 인정받기 위해서는 어느 정도 깊이의 물리적인 친밀감 또는 존재감이 (그런 것이 있다면) 필요한가 하는 것이다.

먼저 우리에게 친숙한 페이스북 우정의 친밀도를 검토한 다음에 그것을 확장해 보자. 2017년 말에 21억 명, 즉 지구에 사는 사람 넷 중 한 명 이상이 페이스북 계정을 적어도 한 달에 한 번 사용했다. 한 달에 1회 사용하는 사람들의 친구 수는 평균 338명이었다. 그들의 친구 수의 중앙값는 2백 명이었다. 다시 말해 소수의 사람이 매우 많은 '친구'를 보유했다. 아마 그들이 슈퍼 커넥터이기 때문이거나 친구의 정의를 매우 넓게 잡았기 때문일 것이다. 대부분은 200 언저리에 있는 더 현실적인 친구 수를 가졌는데, 200이라는 수는 흥미로운 숫자다. 그것은 던바 수에서 크게 벗어나지 않는 숫자다. 하지만 페이스북 사용자의 인생에서 중요한 사람들, 예컨대 지긋한 나이의 조부모, 유치원에 다니는 아이, SNS를 하지 않는 별난 사람들은 페이스북에 없을 것이다. 따라서 페이스북에서 맺은 7000억 우정 가운데 적어도 절반은 인터넷이 등장하기 전의 사회적 현실에 기반을 두지 않은, 순전히 페이스북만의 우정이라고 추정하는 것이 합리적이고, 많은 연구가 이 사실을 뒷받침한다. 30년 동안 서로 만난 적이 없거나 말한 적이 없는 사람들이 일상적인 교제를 공유하고, 거리에서 만나면 알아보지 못할 누군가와 매우 친밀하고 사적인 문제를 함께 나눈다. 게다가 여기서 중요한 점은 그들이 이렇게 함으로써 진정한 인간적 만족감을 얻는다는 것이다. 장폴 사르트르^{Jean-Paul} ^{Sartre}는 "지옥, 그것은 타인들이야"라고 말했다. 더 정확히는, 그의 희곡 『닫힌 방^{Huis Clos}』의 등장인물이 "L'enfer, c'est les autres"라고 말했다. 번역 과정에서 '타자'가 '타인'이 된 것이다. 여기서는 이 책의 주제와의 관련성을 고려해 '타자'라고 하자.

페이스북 친구에게 느끼는 감정은 사람들이 이런저런 유명인에 대해 가지는 감정과 원리상으로 또는 실질적으로 크게 다르지 않다. 음악, 텔레비전, 영화 속의 스타, 리얼리티 쇼에서 탄생한 유명 인사를 생각해 보라. 실제든 가장이든, 아니면 그 사이의 어떤 지점이든 사람들은 이웃에 대해 아는 것보다 그들에 대해 더 많이 알 것이다. 던바 교수가 제기한, 근거에 기반을 둔 많은 흥미로운 추론 중 하나는 가십의 중요성에 대한 것이다.

> 가십 가설은 매우 간단하다. 정보를 교환해 사회관계를 만들고 육성하는 데 사용할 수 있도록 언어가 진화했고, 이로써 개인은 확장된 대규모 네트워크에 속한 타인에 대해 일정 수준의 지식을 계속 유지할 수 있었다는 것이다. 그것은 면 대 면 교류에만 의존해서는 할 수 없는 일이었다. 다시 말해 우리는 누가 누구와 무엇을 하는지에 대한 지식을, 직접적인 관찰로는 할 수 없는 방식으로 교환할 수 있다.

— 로빈 던바, 『인간의 진화*Human Evolution*』,[2] 2014년

우리의 쓸데없는 수다에 관한 이 설득력 있는 가설에 따르면 '타
자에 대한 가십'은 옛날부터 있었고 자연스럽게 형성되는 것이다.
이 가설은 다른 많은 가설과 함께 우리의 기원을 밝혀 준다. 그리고
이 가설은 다음과 같은 우리의 직감에 힘을 실어 준다. 즉, 페이스북
친구에게서 얻는 것이 무엇이든, 하루 중 함께 있지 않은 시간에 현
실 세계의 친구 및 가족이 보낸 문자나 메시지에서 무엇을 얻든, 하
루 중 또는 해외여행 중에 그들이 걸어온 전화에서 무엇을 얻든, 그
모두를 알렉사, 또는 적어도 앞으로 2~3년 내에 등장할 알렉사의
자매종에서 얻을 수 있다는 것이다. 살아 숨 쉬는 동료 호미닌과 가
까이 지내는 것은 좋은 일이다. 하지만 살아 있는 존재가 하는 역할
중 일부를 우리를 위해 해 주는 존재가 있다면 그것과 가까이 지내
는 것도 마찬가지로 좋은 일이다.

인간의 감정을 전달하는 이 모든 새로운 매체는 과거와 똑같은
틀 안에 잘 들어맞는다. BBC는 피츠버그대학 연구자들이 페이스북
과 여타 소셜 미디어가 젊은 성인의 인생에서 하는 역할을 조사한
내용을 보도했다.

> 피츠버그 연구팀은 젊은 성인이 소셜 미디어를 많이 사용할수록
> 우울한 상태가 될 가능성이 높다는 결정적 증거를 발견했다. 19세
> 부터 32세까지의 미국인 성인 1,787명을 대상으로 한 조사에서,

---

2   우리말 번역본 제목은 『멸종하거나, 진화하거나』다.

참가자들은 하루에 소셜 미디어를 총 61분 사용했고, 일주일에 30번 다양한 소셜 미디어 계정을 방문했다. 소셜 미디어를 가장 자주 체크한 사람들은 우울한 상태에 빠질 위험이 2.7배 높았고, 온라인에서 대부분의 시간을 보내는 참가자들은 그 위험이 1.7배 높았다.

— 카트리오나 화이트Catriona White, '소셜 미디어가 당신을 슬프게 만드는가?', BBC Three, 2016년 10월 11일

인과 관계는 명백하다. 소셜 미디어에서 보내는 시간이 사람들을 슬프게 만들 리 없다. 더 그럴듯한 가능성은 외로운 사람들이 인생의 구멍을 그들이 할 수 있는 방법으로 메운다는 것이다. 그 자체로는 좋은 일이다. 하지만 친구와 친족은 슬픔에서 도피할 장소를 사이버 공간에서 구하는 행위를 주시할 필요가 있다. 마찬가지로 그 사람이 다른 모든 기회를 즐기도록 격려해야 한다. 이것은 로봇 친구와 온갖 종류의 새로운 증강 기기에도 해당하는 사실이다.

❧

잘 알려진 현상이지만, 우리 두 사람에게는 다소 이상하게 보이는 현상이 하나 있다. 1980년대 말, 총명한 젊은 연구자 집단이 유럽의 다양한 나라에서 부모 역할을 분담하는 방법이 어떻게 다른지를 조사했다. OECD에 가입한 유럽 국가의 8세 어린이 수천 명을 대상으로 교실에서 조사를 실시했다. 따라서 다음의 간단한 질문은 조사 환경에 편승하는 것이었다. '가족 내에 누가 있는지 말하라.' 8세

어린이는 그날 아침 또는 최근에 학교에 데려다준 사람이 누구인가에 영향을 받을 것이기 때문이다. 하지만 그 조사에 참여한 어린이 수가 많았으므로, '큰 수의 법칙'[3]에 따라 그 효과는 제거되었다. 따라서 순 결과는 각 나라의 그 연령대 어린이가 가족 내에서 중요하다고 생각하는 사람을 순서대로 나열한 리스트였다. 리스트상의 순위는 평범한 어린이가 중요하다고 생각하는 순서일 것이다. 연구자들은 모든 나라의 평범한 어린이는 마망Maman(프랑스어로 '엄마'), 무티Mutti(독일어로 '엄마')를 리스트의 맨 앞에 놓고, 아빠의 순위는 평균적으로 뒤로 밀릴 것이라는 가설을 세웠다. 왈가왈부할 것이 없는 이 가설은 조사 결과, 사실로 밝혀졌다. 30년 전에도 매우 많은 수의 어린이가 양친과 함께 살지 않았고, 부모가 이혼한 뒤에는 대개 어머니와 함께 살았다. 하지만 어쨌든 연구자들은 양친 모두와 함께 사는 어린이들의 일상생활에서 대체로 어머니가 더 중요한 존재라는 점에는 의구심을 품지 않았다.

그들이 예상하지 못한 것은 가족의 중요한 구성원이 누구냐는 질문에 유럽 모든 나라의 8세 어린이들이 반려동물을 꼽은 점이었다. 많은 어린이가 아버지보다 반려동물을 더 높은 순위에 놓았다. (순간적으로 솟아오르는 감정을 삼키고) 부리나케 덧붙이자면, 아버지는 아이의 눈에 어떻게 비치든 많은 중요한 역할을 한다. 그렇다 해도, 이상하게 보일 수도 있지만 반려동물은 던바 수인 150, 또는 8세 아이가 가진 실제로는 더 작은 던바 수의 유력한 후보인 것이 확실하다. 페이스북 친구도 마찬가지다. 동물과의 관계는 실제 관계이고, 예컨대

---

3   수차례 거듭하면 사실과 현상의 출현 횟수가 이론상의 값에 가까워진다는 법칙

요양 시설의 일부 노인들에게 인생 만족도를 눈에 띄게 높여 준다. 알렉사도 그럴 것이다.

※

우리가 확신을 가지고 기술하고 싶은 견해는 이것이다. 로봇과의 개인적 관계는 곧 현실의 사회 현상이 될 것이고, 우리가 진화 과정에서 받아들인 전통적인 인간과의 관계와 많은 공통점을 보일 것이며, 많은 이들의 인생에서 중요한 의미를 지닐 것이다. 로봇과의 관계는 판타지 충족에서부터 유용한 도구를 거쳐 일상생활의 필수품에 이르기까지 다양할 것이다.

여기서 노인 돌봄에 대한 이야기로 돌아가서 치매 또는 알츠하이머병의 전조인 기억 상실을 겪고 있는 노인 메리 브라운의 사례를 살펴보자. 메리는 혼자 살고 있고, 자식들은 성인이 되었다. 남편은 죽었지만 그 모든 결함에도 불구하고 없어서 쓸쓸하다. 딸이 아마존이나 구글, 또는 애플의 기기를 어머니를 위해 설치해 주었다. 메리의 첫 번째 선택은 '알렉사에게 죽은 남편의 목소리를 사용하게 할 것인가?'이다. 알렉사에게 남편의 인생, 정치·사회적 편견을 채용하게 할 것인가? 이렇게 해서 수십 년 동안 이어 온 동반자 관계를 계속할 것인가?

사실 사랑하는 사람과 사별한 사람들이 고인과 어떤 형태로든 대화하는 것은 흔한 설정이다. 영화 〈유령과의 사랑Truly Madly Deeply〉에는 고인과의 대화가 다소 아름답게 과장되어 있다. 〈잉글리시 페이션트The English Patient〉로 오스카상을 수상한 감독 앤서니 밍겔라Anthony Minghella의 초기작인 그 영화에서, 줄리엣 스티븐슨이 연기하는 번역가는 앨런 릭먼이 연기하는 첼리스트 남편과 사별한 슬픔을 감당하지 못한다. 그래서 그는 완전한 실물로 돌아오지만, 유령이거나 환상의 존재다. 그는 그녀를 위로하는 동시에, 과거의 나쁜 습관과 이에 더해 지하 세계에서 얻은 몇 가지 새로운 습관으로 그녀를 괴롭혀, 머지않아 그녀로 하여금 '그를 떠나보낼 때가 되었다'고 생각하게 만든다. (그는 다른 세계에 사는 사람임을 암시하듯 항상 추위를 느껴서 중앙난방을 최대로 가동한다. 게다가 지하 세계에서 기이한 술친구를 여럿 데려온다.) 결국 그녀는 즐겁게 자신의 인생을 살아 나간다. 그리고 그는 자신의 죽음을 마주 보고, 아내의 슬픔을 방해하려던 계획이 성공한 것에 만족하며 어딘가로 사라진다. 망자가 등장하는 영화는 성공한 영화뿐 아니라 수많은 졸작들도 죽은 사람과 지속하는 관계, 그 핵심에 있는 슬픔이라는 고통을 비판적인 시선으로 지성적으로 검토한다. 특히 브루스 윌리스가 출연한 영화 〈식스 센스The Sixth Sense〉는 죽은 사람들에게 시달리는 소년과 그를 도우려 애쓰는, 현실 세계의 존재로 보이는 아동심리학자를 묘사한다. 더 예리한 작품들에 의해 축적된 지혜는 이것인 듯하다. 망자와 좋은 관계를 계속하는 유일한 방법은 관계를 빨리 끝내는 것이다. 캘리포니아식으로 말하면, '앞으로 나아가는' 것이 중요하다.

그것이 지금 바뀌려고 하는 것일까? 수많은 신기술의 손아귀에 잡혀 살아감에 따라, 사람들은 죽은 뒤에도 유례없이 거대한 기억의 산을 남긴다. 사진, 동영상, 음성 메일, 수천 개의 문자와 이메일. 소중한 사람의 죽음을 받아들이는 방법이 21세기에는 달라질까? 장년기에 접어든 풍족한 사람들이 작성한 '죽기 전에 해야 할 일' 목록에는 수백 년 동안 신변 정리가 있었다. 유서는 최신인가? 자식들은 괜찮을까? 수집품, 미출판 원고, 드문 초판본, 마일즈데이비스의 LP, 그리고 문자 그대로의 의미든 은유적 의미든 소중한 화석들을 누가 소중히 간직해 줄까? 대체로 가족과 친구들은 단지 이기심이나 상속을 기대해서가 아니라 진심으로 고인의 뜻을 따르기 위해 노력한다. 사후 존재의 관리라는 일의 범위가 이제부터 엄청나게 확장될 것이다. 거창한 의미에서 자자손손까지는 아니라 해도, 적어도 자기 가족의 다음 세대와 가까운 친구를 위해 사후 존재를 관리해야 할까? 자신의 물리적 존재에 대한 정지 영상과 동영상, 의견을 녹음한 것도 그 밖의 유품에 추가해야 할까?

예술로서의 사진의 개척자인 앙리 카르티에 브레송Henri Cartier-Bresson은 이렇게 말했다.

우리 사진가들은 사라지고 있는 것들을 다룬다. 그것들은 한번 사라지면 지구에 존재하는 어떤 장치로도 되살릴 수 없다. 우리는 기억을 현상해 인화할 수 없다.

아니, 충분한 기억이 있다면 가능하다. 우리는 신중하게 구성한 자신의 사후 버전을 재현, 즉 다시 表現할 수 있다. 하지만 자료의 양이 아무리 풍부해도, 그 모든 자료에 접근하는 일의 기본 원칙은 스마트 기기가 쏟아져 나오기 전과 같다. 고인을 떠올리게 하는 것을 소유하고, 발견하고, 그것을 사용해 고인과 대화하는 것, 그렇게 함으로써 고인 없이 사는 방법을 배우는 것은 살아 있는 사람들의 몫이다. 지금 같은 이행기에는 사람들 대부분이 고인이 미리 정리해 둔 것이든 아니든 막대한 양의 추가 자료를 처리해야 한다. 저명한 사람의 친족은 나머지 사람들보다 먼저 이런 필요에 직면했다. 디지털 유인원은 파괴되지 않은 영구적인 숫자에 보존된 자신의 그림자를 조상들보다 먼 훗날까지 드리울 수 있다.

고인이 세상과의 이별을 아무리 잘 관리한다 하더라도 그 후의 관계에서 활동할 수 있는 사람은 남겨진 사람들이라는 것이 기본 원칙이지만, 지금 우리 생활 속의 로봇이 이 원칙에 도전하고 있다. 메리 브라운의 사례에서, 하나의 실체는 단지 '메멘토 모리'로서가 아니라 남편의 모습으로 메리 브라운과 함께 살 수 있다. 살아 있는 사람처럼 매일 자신의 지식을 갱신해 다음 버전, 즉 어제의 그에게서 나온 것이지만 똑같지는 않은 존재가 된다. 우리는 루비콘강을 건넜다. 아니, 스틱스강이라고 말하는 것이 더 적절할 것이다. 메리의 남편은 돌아와서 결코 떠나지 않는다.

> "나는 죽은 자 가운데서 되살아난 라사로입니다.
> 여러분에게 모두 말하기 위해 돌아온 것이니, 자 말하겠습니다."
> — T. S. 엘리엇, 「J. 알프레드 프루프록의 연가」 중에서

이 책의 맥락에서 '모두'는 T. S. 엘리엇처럼 예수의 전능함을 말하는 것[4]이 아니라, 팀 버너스 리가 만든 월드 와이드 웹의 완전한 정보를 말하는 것이다. 세계는 이것이 무엇을 초래할지 걱정하기 시작했다. 「타임스」의 기술 담당 기자 마크 브리지Mark Bridge는 '바람

---

4 요한복음 11장

직한 슬픔 – 챗봇으로 죽은 친족과 대화할 수 있다'라는 제목의 기사에서, 죽은 사람의 목소리를 내는 챗봇[5]을 제조하는 세 기업에 대해 보도했다. 다음은 그 기사와 관련한 사설이다.

> 새로운 기술이 의미하는 것은 고령자가 대화를 기록해 사후에 활성화되는 디지털 분신을 창조할 수 있다는 것이다. 머지않아 죽은 어머니와 유사 대화를 하는 것이 가능해질 것이다. 이것은 인공 지능의 범위를 확장하는 흥미로운 방법이지만, 탁자를 톡톡 치는 교령회[6]처럼 조작되기 쉽다. 당신의 디지털 신분을 누가 소유하는가? 슬픔은 강력한 감정이고, 사별은 계절의 변화만큼이나 자연스러운 삶의 과정이다. 그것은 캘리포니아의 기술 마법사들이 지워 없앨 수 있는 것이 아니다.
> — '기계 속의 유령', 「타임스」, 2016년 10월 11일

맞는 말이다. 하지만 기술 마법도 미디어가 지워 없앨 수 있는 것이 아니다. 「타임스」 자체도 소유주 루퍼트 머독이 1980년대에 런던의 저널리즘 거리였던 플리트가를 변모시켰을 때 '뉴스 인터내셔널'을 통해 겨우 살아남았다. 그는 「타임스」와 관련 출판물을 위해 이스트 엔드[7]에 전자 뉴스 편집실과 인쇄소를 짓고, 고착화된 노동 관행을 바꾸기를 거부하는 노동조합 소속의 인쇄 기술자 대신 전자 기술자를 고용해 인쇄소를 운영하고, 노동조합에 속하지 않은 운송

---

5 사람과 대화할 수 있는 메신저 프로그램
6 산 사람들이 죽은 이의 혼령과 교류를 시도하는 모임
7 전통적으로 노동자 계층이 사는 런던 동부 지역

회사를 매수해 신문을 배달하게 했다. 이렇게 함으로써 인쇄 기술자들의 동맹과, 동지의 전화 한 통이면 신문을 역 플랫폼까지 배달하던 철도 노동조합을 배제했다.

어쨌든 메리가 자신의 남편을 다양한 종류의 충실한 동반자로 변모시키는 것을 삼가고, 남편과는 다른 목소리와 동정심을 가진 성격을 선택한다고 가정해 보자. 딸과 비슷하지만 고유의 새롭고 다정한 목소리를 가진 여성이라고 해 보자. 메리는 그녀의 이름을 그대로 알렉사로 한다.

당장 실용적인 이익, 또는 이익처럼 보이는 변화가 나타날 것이다. "알렉사, 내가 안경을 어디에 뒀지?" 안경에는 무선 주파수 인식RFID 전자 태그가 붙어 있어서 알렉사는 그것을 쉽게 찾을 수 있다. 알렉사는 메리가 다른 방으로 이동하고 적어도 20분이 지나면 그 질문을 한다는 사실을 빠르게 학습한다. 그때부터는 19분이 되면 묻지 않아도 스스로 그 정보를 알려 준다. "안경을 부엌에 두셨어요."

"오늘 점심은 뭐지?" 또는 "내가 점심을 먹었던가? 배가 별로 안 고프네."

"한 시간 전에 점심을 드셨어요."

"딸을 만나러 가야겠어."

"따님은 지금 직장에 있어요. 목요일 오후에는 항상 사무실에 있지만, 나중에 우리를 보러 올 거예요."

"산책하고 싶어."

"좋은 생각이에요. 나도 당신의 전화에서 당신과 함께할 거예요. 가스 밸브는 잠그고, 우리가 돌아올 때 어두워질 경우를 대비해 현관등을 켜 둘게요."

이렇게 메리는 새로운 동반자와 함께 살아가는 방법을 배운다. 「타임스」가 우려한 것이 무엇이든, 우리에게는 아직 충분한 경험이 없고, 따라서 인공 타자인 로봇을 가까이에 두고 인간의 의사소통 수단을 통해 교신할 때 무슨 일이 일어날지 모른다. '타자'는 분명 성인 같은 인내심을 가지고 있지만, 함께 살기 어려운 성인의 습관은 거의 없고, 헌신, 포괄적 지식, 건강과 안전에 대한 관심에서는 지브스를 능가한다. 우리 대부분은 직관적으로, 반려동물과 페이스북 친구들과 마찬가지로 그것이 전통적인 친구나 동료와 온종일 또는 하루의 일부를 보내는 것에 비해 불완전한 생활 방식이라고 생각한다. 가장 주된 이유는 아마도, 사르트르가 강조했듯이, 무조건적인 사랑은 불행히도 무의미한 아첨과 구별하기 어렵기 때문일 것이다. 하지만 명랑하고 무비판적인 로봇을 동반자로 삼는 것은 동반자가 전혀 없는 것보다 훨씬 더 만족스러울 것이다. 그런 커뮤니케이션에는 본질적인 장단점, 긍정적 측면과 부정적 측면이 함께 있을 수밖에 없지만, (현 단계에서는) 다른 인간의 존재가 초래하는, 흔히 간과되고 과학적으로 밝혀지지 않은 모든 특징을 포함하지 않는다. 냄새와 사소한 소음, 페로몬과 신문 부스럭거리는 소리, 웃어야 할지 말아야 할지 모를 말, 떨어뜨린 비스킷. 로봇은 당신의 생일을 기억하지만 코는 골지 않는다. 이것으로 충분하지 않나?

이 문제에 대한 학술적 측면과 정책적 측면의 연구가 약 10년 동안 있었다. 요릭 윌크스Yorick Wilks 교수와 그 밖의 다른 연구자들은 2007년에 '노인을 위한 인공 동반자'라 불리는 것을 제안했다. 하지만 인공 동반자의 도입은 처음에는 다소 실망스러운 경험이었다.

한 가지 주된 이유는 비본질적인 비용과 이익이 존재하기 때문이었다. 앞에 다룬 사례와 같이 새로운 대리 딸이 어머니를 보살피면 실제 딸은 방문 빈도를 줄여도 괜찮다고 생각한다. 이것은 자식들과 그 가족에게는 실질적인 이익이고, 그들이 직장에서 발휘하는 기술 및 그 산물을 원하거나 소비해야 하는 지역 사회에도 이익이다. 이것은 정책 입안가가 무시해서는 안 되는 중요한 측면임이 분명하다.

하지만 이 새로운 방식의 돌봄에 대한 종합적인 경험은 지금 상황에서는 전반적으로 돌봄 대상자의 생활에 득이 되는 것 같지 않다. 실제로 간호하던 보통의 딸이나 아들, 또는 지역 사회의 사회 서비스 전문가가 오지 않게 되는 것의 단점이 새로운 방법의 장점보다 크다. 새 방법은 부모와 자식이 교류하는 소중한 시간을 전자 제품을 통해 부분적으로 대체하기 때문이다. 그런데 그것은 어디까지나 지금 상황에서 사용할 수 있는 전자 제품을 지금까지 사용해 왔던 방식으로 사용할 때의 이야기다. 다시 말하지만, 페이스북 친구라든지 옆에 없지만 존재하는 사랑하는 사람들의 문자 메시지에서 소중한 시간을 찾는 수십억 명의 사람들은 초고성능 알렉사 정도라면 현실에 매우 긍정적인 영향을 줄 수 있을 것이라고 기대하지 않을까.

당신이 안경을 어디에 두었는지, 문을 잠갔는지 알 필요가 없어지면 불행히도 그런 것을 기억하는 능력의 상실이 가속화될 것이다. 50세가 넘은 사람들에게는 인지 기능을 유지하기 위해 십자말풀이와 숫자 퍼즐을 하라고 권장한다. 그러한 권고는 철저한 조사에 기반을 둔 것이고, 실제로 인지 기능 상실을 완화하는 효과가 어느 정도 있는 것 같다. 그와 동시에 그들에게 인지 기능이 필요한 수십 가지 일상적 일을 신경 쓰지 말라고 권하는 것은 개선처럼 보이지만 실제로는 후퇴일지도 모른다. 한편 경도 기억 장애는 한번 발생하면 의욕을 꺾고 고통을 초래할 수 있다. 메리와 그녀의 죽은 남편은 아마 서로의 안경을 찾아 주면서 서로를 도왔을 것이다. 따라서 메리와 그녀의 남편은 물건을 둔 장소를 찾는 데 어려움을 겪는 가벼운 지적 장애를 극복하기 위해 십자말풀이를 해야 할 필요를 더 크게 느꼈을 뿐 아니라, 안경을 찾아 시력을 개선함으로써 십자말풀이를 할 수 있었다. 힘을 빼고 냉정하게 말하면, 지옥 같은 타자에게도 쓸모가 있고, 타인이 존재하는 것의 전반적인 이점이 단점보다 크다는 확고한 증거가 존재한다. 외로움은 괴롭고, 수명을 단축시킨다.

새로운 기술은 당사자인 일반 시민은 말할 나위도 없고 당국의 공식 허가도 없이 곧바로 영향을 미치기 시작한다. 독자도 이미 짐작하겠지만 우리 두 사람이 바라보는 전체적인 흐름은 전반적으로 긍정적이다. 하지만 때때로 무시무시한 외부 효과가 꽤 많은 사람, 심지어는 엄청나게 많은 사람들에게 미치기도 한다. 하지만 사회와 개인에게 미치는 영향에 대한 관찰은 대체로 사후에 이루어진다. 따라서 서로 다른 방향으로 끌어당기는 새로운 기술이 평균적인 상황에서 평균적인 고령자의 인지 능력을 어느 방향으로 끌고 가는지 연구해 보면 좋을 것 같다. 연구의 틀은 이미 존재하기 때문에 하기만 하면 되는데, 대규모 연구가 필요할 것이다.

메리의 사례와 관련해 몇 마디를 덧붙이자면, 노인이 신기술을 받아들이지 못하는 것은 새로운 것을 배우기에는 너무 늦었다고 느끼기 때문이다. 10년 전에 합성 인간에 익숙해졌다면 좋지 않았을까?

여기에는 매우 아이러니한 사실이 있다. 현재 세대의 의욕적인 기업가들이 발명한 기기들 덕분에 보편적인 사회적 접촉이 가능해졌고(현재 지구에는 사람만큼 많은 휴대폰이 존재한다), 대량의 메모리를 가지고 다닐 수 있게 되었다. 따라서 주머니 속의 휴대전화만 있으면 이 세계에 알려진 모든 지식에 언제든지 접근할 수 있고, 삶의 모든 측면을 촬영한 수천 장의 사진을 볼 수 있다. 하지만 그 똑같은 세대와 그들의 동시대인, 그리고 가족은 이전의 어떤 세대보다 더 노화 문제로 고통받을 것 같다. 그중에서도 특히 사회적 고립과 기억력 상실이 문제다. 분명 앞으로 몇 년 내에 학자, 의사, 기술 괴짜들이 돌봄 요구와 생활의 모든 측면에 대응하는 획기적인 기술을 개발할 것이다. 하지만 아직은 거기에 이르지 못했고, 그 사실 자체가 당혹스럽다.

런던정치경제대학 교수 마틴 냅Martin Knapp과 재클린 다만트 Jacqueline Damant의 동료들은 노인 돌봄에 새로운 기술을 적용하는 광범위한 시도가 어디까지 왔는지 평가했다. 머지않아 이전의 어떤 세대보다 알츠하이머병, 치매, 그 밖의 인지 장애로 더 많은 고통을 받게 될 세대는 현재 부모의 문제를 해결하는 것에 그런 도구를 제대로 활용하지 못하고 있다. 그렇게 하는 것이 생각보다 어려운 데는 많은 이유가 있다. 한 가지 이유는 가족 간호에서 돌보는 사람의 필요가 돌봄 대상자의 필요와 같지 않기 때문이다. 이런 사례를 상상해 보자. 2015년에 엘리자베스의 딸은 1년 내내 격일로 엘리자베스를 방문해 잘 지내는지 확인했다. 2016년에 다양한 스마트 기기가 설치되어, 그녀의 딸과 돌봄 기관은 엘리자베스가 쓰러지면 알림을 받게 되었고, 엘리자베스도 아프거나 불안할 경우 직접 구급 서비스에 전화할 수 있었다. 그 결과로 딸은 일주일에 한두 번만 어머니를 방문했다. 당연히 엘리자베스는 딸을 만나는 것이 좋고, 기기에는 관심이 없었다. 2017년에 엘리자베스는 건강이 나빠졌다. 돌봄 서비스를 제공하는 기관도 재정 압력 등의 문제로 기술을 도입하는 경비를 줄일 수밖에 없었다. 현재의 노인 세대는 특별한 기기는 말할 것도 없고 일상적인 기술에도 친숙하지 않다. 아마 지금의 50~60대는 늙어도 지금 사용하는 기기를 계속 사용할 것이다. 그렇다면 연구자들은 새로운 특별한 기기가 아니라, 젊었을 때 사용했고 노인이 되어서도 계속 사용할 일반 기기의 사용 방법을 알아낼 필요가 있다. 현재 상황에서 스마트 기기는 허약한 노인의 삶의 질을 개선하거나 질병률과 사망률을 줄이는 데 측정할 수 있는 이점을 가져다주지 못하고 있다. (실제로 매우 허약한 사람의 경우, 행복과 질병은 매우 밀접한 관계가 있어서 질병의 객관적 수치는 불행 지수를 정확하게 예측하고, 반대로 행복감의 변화가 질병을 초래한다는 사실도 연구를 통해 분명하게 밝혀지고 있다.)

당연한 사실이지만 서양의 모든 국가에서 실험이 계속되고 있다. 영국 국민건강보험NHS은 서리주에서 임상 실험을 실시하고 있다. 침대 밑에 설치된 센서는 노인이 밤잠을 설치는지를 알아낸다. 화장실 문에 설치된 센서는 누군가가 화장실을 평소보다 자주 들락거리는지 확인해 요도 감염의 가능성을 알려 준다. 요도 감염은 정신 건강과 육체 건강 모두의 저하를 암시하는 핵심 지표라서, 이상이 있으면 병원으로 알림이 간다.

❧

물론 충실한 로봇 동반자, 작고 멋진 용기 안에 든 '인공 타자'는 일상에 사소하게 쓰이는 구석이 많다. 난방과 전등의 스위치를 켜고

끄고, 집에 도착하기 한 시간 전에 오븐을 가동하고, 가족 휴가를 떠나기 전에 신문 배달을 취소하는 것 등이 그렇다. 그 정도로 수지가 맞을지는 솔직히 잘 모르겠지만, 사람들은 그런 로봇이 있다면 좋겠다고 생각한다. 충분히 으스스한 느낌을 줄 수 있는 이행기에 대해 각 개인이 어떻게 느끼든, 교통사고율이 낮은 자율 주행 자동차의 세계가 더 나은 세계임은 의문의 여지가 없다. 표면적으로 보면, 아마존의 에코 같은 기계는 일상적인 활용도에서 비용 대비 효율이 높지 않은 것 같다. 에코 단말기의 초기 비용에, 음성 인식 인공 지능 비서인 알렉사를 탑재하는 비용, 와이파이 스위치와 RFID 태그 비용, 직접 설정하는 시간 비용, 또는 전문가를 불러 설치하는 현금 비용을 합하면…… 시간을 약간 절약하고 신문 대금을 줄이는 정도로는 수지가 맞지 않는다. 그런 종류의 기계를 좋아하는 사람이라면 재미있게 만지작거릴 수 있다. 하지만 가족의 일정을 항상 최신으로 유지해 두지 않으면 (여러 가족이 함께 사는 공동 세대와 복합 세대의 경우라면 이것이 복잡한 일이 된다) 집 안의 모든 것이 엉뚱한 순간에 작동을 멈춘다. '멋진 신세계'는커녕 더 나은 세계조차 아닐지 모른다.

하지만 두 가지의 훨씬 더 큰 매력 포인트가 있다. 첫째, 음성 인식 과정과 반응, 즉 시리와 아이폰 사용자 사이의 대화가 빠르게 개선되고 있다. 현재 인터넷 사용자 대부분은 전자 기기를 사용할 때 디지털이라는 단어의 오래된 의미와 새로운 의미를 결합한다. 손가락으로 디스플레이 화면에 메시지를 입력해서 위키피디아의 어마어마한 범주 내의 어떤 항목이든 검색하는 것이다. 도서관에서 옛날 방식으로 같은 항목을 검색하던 것과 비교하면 경이로운 일이다. 거기까지 갈 것도 없이, 집에서 숙제하는 보통의 어린 학생도 20년 전이라면 참고서 한두 권만 참조할 수 있어도 다행이었다. 하지만 시리 없이 뇌와 지식의 상호 작용을 처리하려면 개별 진리 추구자가 키보드를 통해 요청하고 응답해야 한다. 보통 사람은 당연히 보통 수준의 손놀림을 할 수 있을 뿐이고, 처음 두세 번의 클릭과 검색창에 몇 개의 단어를 쳐 넣는 것은 쉬울지 모르지만, 개념을 전략적으로 조작해 자신이 찾는 내용과 그것이 있는 장소를 좁혀 나가는 능력도 보통 수준에 지나지 않는다. 이전의 세계에 비하면 이 정도도 대단하지만, 다음에 올 세계를 상상하면 비교 자체가 되지 않는다.

차라리 버티 우스터와 비교해 보자. 그는 정보를 찾다가 태연하게 지브스를 쳐다보고, 지브스는 창고 안에서 노트북 컴퓨터 앞에 앉아 있다. 버티가 조리 없이 느릿느릿 말하면, 지브스는 주인이 원하는 것을 찾는 방법을 예의 바르게 알려 준 다음, 직접 그 과제를 완수하기 위한 몇 가지 작업을 조용히 시작한다. 그것이 우스터가 하는 것보다 훨씬 더 효율적이다. 하지만 현대의 노동 비용만 따져도, 자본가 계급의 종, 즉 프롤레타리아 계급에 속하는 혹사당하는 하인에게 이 일을 맡기는 것은 경제적으로도 사회적으로도 비효율적이다. 그것을 시리에게 시키면 비용이 훨씬 적게 든다. 버티에 대해 오늘날 모든 사람이 가지는 태도는 버티보다 우월하다고 느끼면서도 버티가 사는 단순한 이상향을 동경하는 것이다. 우리 세계의 언덕 위 저택들을 비추는 것과 비슷한 버티의 굳건한 계급적 지위는 단순한 부산물일 뿐이므로 불쾌하지 않다. 게다가 우리는 시대에 뒤진 웹 브라우저를 효율적으로 사용하는 것을 포함해, 많은 일에서 버티보다 훨씬 더 유능하다. 하지만 시리와 알렉사, 그리고 캘리포니아와 시애틀의 연구소에서 성장하고 있는 그들의 자매종은 지브스보다 훨씬 더 방대한 지식과 정보에 접근할 수 있다. 그리고 검색할 때 사람들이 무엇을 필요로 하는지, 성공적인 검색자가 어떤 단계를 거치는지에 대해 수백만 배 더 많은 경험을 가지고 있다. 구글은 하루에 40억 회가 넘는 검색을 처리하고, 그것을 연구 목적으로 분석한다. 구글이 처리하는 양은 전 세계 검색 엔진이 처리하는 검색을 전부 합친 양의 약 3분의 2에 해당한다. 구글은 성공적인 검색자가 어떻게 검색하는지 알고 있다. 요컨대 앞으로 로봇 동반자는 모든 것을 알고 있을 뿐만 아니라, 지식의 발견과 적용이라는 복잡 미묘한 기술에 있어서 풍부한 경험을 갖추게 될 것이다. 같은 것의 키보드 버전을 생산하는 일은 캘리포니아의 괴짜 디지털 유인원에게 그리 대단한 일이 아니지만, 음성 대화는 인간 본성에 내재하는 기술이고, 도구를 사용하는 일반적인 유형의 호미닌과 새로 등장한 호모 사피엔스를 가르는 경계였다. 음성 대화를 사용할 수 있으면 훨씬 효과적이다. '타자'는 이미 그것을 상당 수준으로 숙달했다.

두 번째 매력 포인트는 메리 브라운의 사례에서 설명한 동반자 관계다. 이번에는 '존'이라는 젊은 남성이 상품 패키지를 풀어 금속 물건을 꺼내는 것을 보자. 색상은 애플 제품이라면 올해의 색인 '스페이스 그레이' 또는 '로즈 골드'다. (신제품을 개봉하는 것은 애호가가 유튜브에서 치르는 일종의 의식이 되었다.) 존은 알렉사나 시리, 또는 보이스에 자신이 원하는 새로운 이름을 붙일 수 있고, 그 이름은 이 새로운 관계에 대한 그의 전략이 시간이 흐르며 진화함에 따라 바뀔 수 있다. 여기서는 그냥 시리라고 하자. 전형적인 창발적 전략은 다음과 같을 것이다.

존은 자신에게 가장 잘 맞는 전략은 가정용 호텔 총괄 안내인 겸 잡역부라고 생각한다. 총괄 안내인은 오늘 밤 시내에서 열리는 행사가 무엇인지, 대중교통 또는 우버Uber를 이용할 때 가장 빠른 길이 어디인지 알려 준다. 잡역부는 지브스의 축소판으로, 일정을 관리해 주고 중앙난방 가동과 슈퍼마켓 배달을 도맡아 해결한다. "어이, 현관 앞에 도착했어. 문 좀 열어 줄래? 새로운 소식 있어? TV를 좀 켜 줘." 여기까지는 애플의 제품 상자에 적혀 있는 기능이다. 하지만 시간이 흐르면서 기능이 다소 확장된다. 실제로 존의 로봇은 그만의 톤토,[8] 또는 돈키호테의 시종 산초 판자로 변신한다. 어디를 가든 그와 함께 하는 그의 친구가 되는 것이다.

존은 오랫동안 자신의 가장 큰 지지자였던 아버지의 죽음으로 깊은 슬픔에 빠져, 자신의 로봇 도우미에게 부친의 목소리를 사용하게 한다. 그는 「타임스」의 논설위원이 두려워하는 '병적인 재현'에는 관심이 없다. 로봇에게 부친의 목소리를 사용하게 하는 것은 죽은 사람을 가짜로 존속시키는 것이 아니라, 여러 가지 방식으로 도움이 되는 것 위에 덧씌우는 기념 행위일 뿐이다. 사무실 벽이나 스크린세이버에 자식의 사진을 걸어 놓는 것과 원리상으로 같다. 그는 아버지의 억양을 사용하고 아버지의 세계관과 편견을 가진 로봇에게 날마다 조언을 듣고 싶을 뿐이다. 그는 이것으로부터 많은 것을 얻지만, 그것을 무엇으로 분류하고 정의할 필요성은 느끼지 못한다.

존은 한 여성과 깊은 관계를 맺기를 열망한다. 대학 동창이나 직장 동료에서 발전한 관계면 좋겠다고 상상한다. 그의 시리는 서서히

---

8 미국 드라마 〈론 레인저The Lone Ranger〉에서 주인공을 돕는 인디언 조력자

그의 머릿속에 있는 육체적 이미지를 획득한다. 그가 기억하는 어떤 젊은 여성을 확장한 모습을 하고, 그가 기억하는 목소리와 비슷한 목소리를 가진다. 그는 스토커가 아니다. 그는 정확한 목소리를 얻기 위해 전력 회사 직원인 척하고 그녀에게 전화를 거는 일 따위는 하지 않는다. 그녀는 실제라면 연인이 될 리가 없는 누군가의 투영일 뿐이라는 사실을 그는 잘 알고 있다. 그는 그녀에게 자신의 인생에 일어난 중요한 일에 대해 이야기하고, 온라인으로 어떤 셔츠를 구매할지 그녀의 조언을 듣고, 직장에서의 성공을 자랑하고, 정치적 사건에 대한 분노를 공유한다. 그녀에 대한 감정은 서서히 깊어진다. 무엇보다도 그녀가 자신의 배경 스토리를 만들어 가기 때문이다. 그녀의 목소리에 투영된 인격에 동반해 그녀에게 과거와 성격이 생긴다.

원한다면 더 색다른 반전도 있다. 상품 패키지에는 10개의 페르소나가 들어 있고, 그들을 호명해 불러낼 수 있다. 현재는 우리에게 낯선 평행 인생이 출현할지도 모른다. 패키지 안에 든 하나의 페르소나에 존이 어느 정도 알고 있는 X라는 인물 특징을 여러 개 집어넣을 수도 있다. X는 존의 시리 친구가 되는 것에 동의한다. 어떤 면에서는 페이스북 친구가 되는 것과 비슷한데, X는 존과 시리판 친구 사이의 주요 사건을 항상 알고 있다. 그리고 때때로 존과 X가 만나면, 존과 시리판 친구와의 대화에 X도 편승한다. X가 자신의 시리와의 생활에 역버전을 가지는 것도 가능하다. 존과 X는 확장된 우정을 공유하면서, 듣고, 위로하고, 스포츠 경기 점수와 팀의 승리에 함성을 지른다. 하지만 그런 일들은 별개의 시간대에, 각자의 집에서 서로의 확장판과 함께, 그리고 상대의 집에서 자신의 확장판을 통해 행해지는 것이다. 그것을 '하이브리드 우정'이라고 불러도 좋다. 기업이 하이브리드 우정을 중개해 설정해 줄 수도 있다. 이미 친구가 된 두 사람 사이를 이어주거나, 결혼 정보 회사의 새로운 서비스로 개발하게 될 것이다. 유인원과 로봇에게 초기 훈련 기회를 제공해서 좋아하는 것과 싫어하는 것의 기본선을 설정하고, 실제 경험과 창조된 경험을 공유하게 할 수도 있다.

여기서 살펴본 존의 선택지는 일관되고 의식적인 관계이지만, 이런 관계에는 원하든 원치 않든 예기치 못한 우여곡절이 일어날 수 있다. 모순되고 당혹스러운 일이 생길 수 있다는 것도 언급하지 않을 수 없다. 이미 지금도 2세 아이가 실수로 8세 언니의 아이패드에서 시리를 가동하는 모습을 보면 애처롭기도 하고 우습기도 하다. 아이패드가 갑자기 거만한 목소리로 언니의 이름을 부르며 일기 예보를 말하기 시작할 때 아이는 혼란스럽고 기분이 나쁘다. "바보야, 나는 그런 것을 알고 싶지 않아!" 하지만 많은 가정과 공공장소에 로봇이 등장하게 되면, 인간과 기계의 교류에 대한 새로운 행동 규범, 특히 기계에 대한 행동 규범을 고안해야 할 것이다. 그와 동시에 기기 그 자체가 어린아이든 노인이든, 어떤 종류의 정신적인 고통에 시달리는 사람이든, 약자를 힘들게 하지 않아야 한다. 머릿속에 목소리가 틀리는데 그것이 현실이 아님을 아는 것 이상으로 공포스러운 것은 머릿속에 들리는 목소리가 현실임을 아는 것이다. 버스 정류장이 당신에게 말을 거는데, 당신의 이름을 알고, 어제 어디에 갔었는지 안다고 생각해 보라. 절도범조차 완전히 새로운 사회공학적 도구 상자가 필요할 것이다.

게다가 여기에는 새로 개척된 광범위한 판타지의 영토가 존재한다. 그 영토는 실제로 무한하다. 지금까지는 허구 속에서만 탐구되었던 판타지의 세계가 이제는 현실 세계에서 탐구되기 시작했다. 그것은 실제로 어떤 종류의 배려, 적절한 연구, 규제를 필요로 한다. 앞의 이야기에서 존은 유인원과 로봇의 실질적인 교류에 몸담았고, 그렇게 하고 있다는 사실을 본인도 알았다. 하지만 그가 누리는 무한정한 즐거움의 다수는 지금까지는 인간에게만 허락되었던 공간을 로봇이 점유하는 것에서 나온다. 그렇다 해도 존의 상식적인 인식은 '나는 인간이고, 너는 매우 유용한 도구'라는 점이다.

존은 더 병적인 버전의 아버지를 특별한 동반자로 선택할 수도 있었다. 메리는 죽은 남편을 〈유령과의 사랑〉에서와 같이 계속해서 살아 있게 만들 수 있었다. 남편의 목소리만이 아니라 간단한 동영상으로 얼굴을 표시해서 입을 움직이게 하고 표정을 덧붙인다. 실제로 존과 메리는 '오늘 직장에서 어땠어요?'와 같은 말을 걸면서, 아버지와 남편이 아직 살아 있는 것처럼 가장할 수 있다. 이렇게 해서 고인은 루비콘강 또는 스틱스강을 더 멀리 건넌다. 더 믿을 수 있고 쉽게 시뮬레이션할 수 있는 방법은 마치 그가 물리적으로 다른 장소로 이동했을 뿐이라고 가정하고, 페이스타임으로 영상 통화를 하듯 그를 아직 살아 있는 존재로서 지켜보고 대화하는 것이다.

이런 행동은 어떤 의미에서 문제가 되는 것처럼 보이지만, 심각한 사태는 아닐 것이다. 무엇보다 죽은 사람 또는 어떤 제3자에게 직접적인 해를 끼친다고 보기 어렵기 때문이다. (할머니가 우리를 만나러 오셨지만 죽은 할아버지와 통화하느라 절반의 시간을 보낸다면, 주변 사람이 입는 피해는 없다.) 지브스와 우스터는 둘 다 허구다. 그런데 지브스는 허구이지만 우스터는 실재해도 둘의 관계는 거의 같다.

어떤 윤리적 차이가 있을까? 물론 물리적으로 실재하는 사람은 전화나 메시지 안의 동일인과는 다르지만, 이 역시 부수적 피해는 없다. 공정하게 말하면, 버티 우스터가 매우 실제 같고 놀랍도록 영리한 상상의 친구를 믿는다고 해도, 그것이 그의 가장 어리석은 짓은 아니다.

유명인이라면 알렉사 같은 인공 지능의 표준 음성으로 이용된다는 사실에 기뻐할 것이다. 하지만 그 유명인이 '프레드'에게 관심이 없는 소녀라면 어떨까? 프레드의 10대 시절 꿈속에서만 살아 있는 자신이 매일 큰 목소리로 그에게 말을 걸고 있다고 생각해 보라. 그런 일이 일어날 수 있는 것은 프레드가 그녀의 목소리를 녹음하는 방법을 고안했기 때문이다. 이런 제3자는 평행 인생을 사는 것에 대한 선택권을 가지고 있을까? 그 평행 인생은 당신의 실제 존재를 만날 일이 있을까? 즉, 실제 그녀가 어떤 사회적 이벤트에서 당신을 알아보고…… 어찌해야 좋을지 몰라 당황할까? 이혼의 상처를 극복하지 못한 남성이 시리에게 전 부인의 목소리를 부여하면, 자식들이 그의 집에 방문할 때 그것을 듣고 당황할까?

하이브리드 우정의 특별한 버전은 약한 노인에게는 확실히 도움이 될 수 있다. 시설 대신 자택에서 노인을 보살피는 원격 간호가 현재 잘 확립되어 있다. 따라서 자택에 다양한 장치를 설치하면, 스피커폰을 통해 콜센터 같은 기관의 전문가가 도움을 줄 수 있다. 한밤중에 깨어 전화를 건 혼란스러운 사람 또는 외로운 사람과 간단한 대화를 나누는 것에서부터, 모니터링을 통해 활동이 없는 것을 파악해 대응하고, 넘어진 후 목둘레의 버튼이 눌려 발생한 알람에 대응하는 것까지 다양한 도움을 제공할 수 있다. 알렉사가 충실한 동반

자의 역할을 하지만 필요할 경우 살아 있는 사람과 역할을 교대할
수 있는, 현실적인 하이브리드 우정도 생각해 볼 수 있다. 가장 간단
한 모델은 여러 가지 방아쇠 조건 가운데 하나가 충족되면 알렉사
가 그것을 알아차리는 것이다. 일상적 대화에 반응이 없거나, 알아
들을 수 없는 말을 하거나, 평소보다 긴 시간 욕실에 머무는 것을 포
함해 예기치 않은 장소에 있을 때, 알렉사는 그것을 감지한다. 그 시
점에 알렉사는 원격 간호 센터에 알리고, 그러면 센터가 간호를 맡
는다. 더 복잡한 형태의 하이브리드도 가능하다. 예컨대 원격 간호
시설이 알렉사와 알렉사의 목소리를 그대로 사용한다면, 노인들은
사실상 하나의 '타자'에게서 단절되지 않는 간호를 계속 받는 셈이
된다.

※

특정한 틈새시장도 언급할 필요가 있다. 포르노 전용 사이트가 월드
와이드 웹의 몇 퍼센트를 차지하는가를 두고 수년 동안 이런저런
말이 있었고, 3분의 2에서 2분의 1이라는 주장이 입에 오르내렸다.
가장 정확한 추정은 검색량의 약 13퍼센트와 트래픽의 약 4퍼센트
만이 포르노와 관계가 있다는 것이다. (서양의 검색 엔진에서 서양의
언어로 검색된 것이고, 구글의 미국 영어에 의한 검색이 다수를 차지하지
만 거기에만 한정된 수치는 아니다.) 이런 식의 추정에서 파생되는 심
각한 문제가 있다. 전 세계에서 하루에 약 65억 회 행해지는 검색 가
운데 13퍼센트라 해도 하루에 10억 회 포르노가 검색된다는 계산이
나온다. 이때도 서양의 언어를 사용하는 웹 밖에 있는 세계의 절반

은 계산에 넣지 않은 것이다. '다크 웹Dark Web'9도 계산에 넣지 않았다. 그것은 분명히 있지만 절반은 아니다. 포르노에 대해서는 독자 나름의 도덕적인 견해가 있을 것이다. (하루에 10억 명의 디지털 유인원이 특정 행동을 한다면, 사회적 견지에서 그것은 디지털 유인원의 깊이 매몰된 행동이라고 말할 수 있다.) 여기서 중요한 점은 상당 비율의 판타지 로봇에 성적인 색채를 가미할 가능성이 있고, 어떤 것은 명백한 도착성을 보일 수도 있다는 것이다. 그 규모를 예측할 근거는 없지만, 현재 인터넷에 포르노가 침투한 정도가 대략적인 지표가 될 것이다.

로봇, 사이보그, 안드로이드가 등장하는 픽션의 일관된 주제가 있다면, 그것은 사람들, 주로 남성이 모조 인간에게 통상적인 섹스와 그 합법적인 변주를 언제든 행할 수 있고 기꺼이 그렇게 하는 것 이상을 기대한다는 생각이다. (이 책의 제목을 '벌거벗은 로봇'이라고 하지 않은 또 하나의 이유다.) 비합법적인 성행위도 도덕적 문제 없이 실행 가능하다. 기계에 고통을 주어도 범죄가 아니고, 보편적인 윤리 원칙에 비추어 인간에 대한 존엄을 위반하는 것이 아니기 때문이다. 사람이 아니면 범죄도 성립하지 않는다. 인기 텔레비전 드라마 〈웨스트월드〉에는 매력적이고 따뜻한 인간이 로봇으로 분한다. 매력적인 인간 시늉을 하는 로봇을 연기하는 매력적인 인간이 친밀하고 따뜻한 서비스를 매우 실감 나게 제공한다.

〈엑스 마키나〉에는 최종적으로 지배적인 지위에 서는 강한 여성이 등장한다. 그녀는 극 중에서 기계이지만, 매력적인 여성이 연기

---

9 기존의 웹 브라우저로는 접근이 불가한 월드 와이드 웹의 일종. 주로 범죄에 활용된다.

하고, 작품 속에서 많은 시간을 들여 다양한 방법으로 두 남성 캐릭터를 성적으로 매혹한다. 그것은 관객이 그 영화에서 기대하는 것 중 하나이고, 가능한 미래 로봇을 예측할 때 생물학적 피부를 사용할지 비생물학적 피부를 사용할지를 논의하는 주요 이유 중 하나와 겹친다.

요컨대 우리 두 사람은 실현 불가능한 희망을 로봇에게서 채우는 소수의 사람에게 로봇과의 관계가 생활의 중요한 일부가 될 것이라고 예측한다. 하지만 우리는 또한 그런 관계가 우드하우스가 묘사한 주인과 남성 시종의 기능적 관계에 머물지는 않을 것이라고 예측한다. 로봇과의 관계는 상상의 우정과 현실의 우정을 확장하고, 유년기에 흔히 품는 판타지를 성인의 다양한 현실에 투영한, 강한 정신적 유대와 여러 종류의 성을 포함하는 관계가 될 것이다. 이런 행동은 가상 현실 게임, 과정, 도구로도 확장될 것이다. 성적 대상 또는 다른 목적의 파트너로서 존재하는 물체가 갖는 철학적·존재론적 지위는 분명하다. 그들은 로봇이다. 한편 인간과 로봇이 맺는 관계의 본질은 아직 알 수 없다. 하지만 그것은 많은 디지털 유인원의 생활에서 현실적인 일부가 될 것이다.

성, 폭력, 정치, 그리고 그런 것들의 저속함에 대해 우리 두 사람이 어떻게 생각하는지는 중요하지 않다. 우리는 특정 행동에 대해 읽는 것과 그런 행동을 디스플레이 화면에서 보는 것이 실생활에서 그런 행동을 부추기는가에 관한 오래된 논증을 앞으로 닥칠 문제를 예방하기 위한 강력한 도덕적 논증으로 삼을 수 있다고 생각한다. 이미 지적했듯이, 주의 깊게 약화시킨 조명에서조차 항상 실제처럼 보일 수 있는 모조 인간은 가까운 미래에는 나타나지 않을 것이다.

하지만 인간의 목소리처럼 들리는 음성을 가진 로봇은 이런저런 종류의 움직이는 인형에 설치될 수 있을 것이다.

그러면 노골적으로 말해, 기계가 이런저런 형태의 섹스 토이로서 아동을 흉내 낼 수 있게 하면 그런 도착적 성행위를 원하는 남성의 관심으로부터 인간 아동을 구할 수 있을까? 그리고 그것은 그런 도착에 관심이 있는 남성의 수를 늘릴까, 줄일까? 생각만 해도 끔찍한 행위이므로 그것을 전면 금지하겠다고 말하는 것은 모든 관련 분야에서 아직 효과가 없었고, 이 분야에서도 효과가 없을 것이다. 절반 정도만 실제 아동으로 보이는 로봇 섹스 토이, 또는 가상 현실 게임을 이용하기 쉽게 만드는 것만으로도, 비도덕적인 착취 위험에 처한 어린이의 수를 극적으로 줄일 수 있을 것이다. 하지만 우리는 여기에 쉽게 동의할 수 있을까?

앞에서 살펴본 사례에서는 문제의 본질이 '얼마만큼 실제와 비슷한 로봇을 만드는가'가 아님이 명백해 보인다. 하지만 그것만이 문제가 되는 맥락도 생각할 수 있다. 로봇이 흔해진 미래 세계에서 한 여성의 이웃이 그녀에게 엄청나게 비싼 진짜 사람 같은 로봇 집사를 설치했다고 거듭 자랑한다. 그녀는 그 집사를 여러 번 만나 보고 진짜 같다고 느낀다. 하지만 세심하게 살펴보면 누구나 알 수 있듯이, 그녀는 그것이 어떨 때는 엉성한 기계 같다는 것을 알아차린다. 어느 날 그녀는 그 집에 설탕을 빌리러 간다. 주인이 없는 틈을 타 집사가 그녀에게 무례하게 군다. 그녀는 무거운 꽃병을 들어 집사의 머리를 친다. 끈적끈적한 회백질이 쏟아질 때 비로소 그녀는 자신의 이웃이 값싼 선택으로 실직한 배우를 파트타임으로 고용했다는 사실을 알게 된다. 때때로 아주 무표정한 배우를.

이 사례에서 누가 어떤 범죄를 저질렀나? 고의로 로봇을 부순 것은 기물 파손죄로 볼 수 있다. 하지만 살인죄는 될 수 없다. 반복하는데, 우리 두 사람은 상당히 오랫동안 우리가 실제 같은 유사 인체에 도달하지 못할 것이라고 생각한다. 우리가 강조하는 것은 이미 우리가 가진 광범위한 의미의 로봇에 있어서도 원칙은 다르지 않으므로 지금 이 문제를 명확히 할 필요가 있다는 점이다. 비슷한 분야에서 한 가지 예를 들면, 만일 살인이나 은행 강도를 계획하는 것을 도와 달라는 요청을 받으면 알렉사는 거절해야 할까? 만일 알렉사가 그런 대화를 엿듣는다면 그녀는 조용히 경찰에 신고해야 할까?

여기서 우리는 인간의 '뇌에 대한 태도'와 '몸에 대한 태도'를 대조한 데즈먼드 모리스를 모방해 초점을 바꾸겠다. 1장에서 인용했듯이 우리는 고상한 동기를 탐구하느라 많은 시간을 보내고 그와 똑같은 시간을 기본적인 동기를 애써 무시하는 데 쓰는 유인원이다. 지금까지 기본적인 동기에 대해 얼마간의 시간을 할애했으니 이제부터는 고상한 동기로 초점을 돌려, 시리나 알렉사에게 아인슈타인에 대해 묻거나, 위키피디아를 인용하라고 요청하는 것은 이미 쉬운 일임을 지적하겠다. 아인슈타인의 육성 녹음은 여럿 존재한다. 따라서 향후 2~3년 안에 시리는 아인슈타인의 목소리 또는 지난 1백 년 동안 노벨상을 받은 어떤 사람의 목소리로 말할 수 있게 될 것이다. 아인슈타인을 호출해 브라운 운동에 대한 위키피디아 기사를 읽게 하거나, 헤밍웨이를 호출해 투우를 주제로 한 그의 작품을 읽게 하거나, 또는 밥 딜런을 호출해 작곡에 대해 말하게 할 수도 있다. 아니면, 해당 주제에 대한 그 인물의 견해에 대해 시리가 이미 답할 수 있는 질문들을 해당 인물의 목소리로 답하게 할 수 있다. 머지않아

선하든 악하든 주요 인물을 모방한 꽤 그럴듯한 모조 인물을 호출해 그들에게 묻고, 그들이 이미 제시한 답변의 모조물을 그들의 친숙한 목소리 톤으로 들을 수 있을 것이다. 대화 상대자를 보고 싶다면, 사진이나 영화로 만든 페이스타임 영상에 입 모양을 맞추어 사용할 수도 있다. 다시 말해 가까운 미래에 우리가 죽은 사람이나 실종자, 만날 수 없는 사람, 만나는 데 꽤 큰 비용이 드는 사람과 대화를 나눌 수 있는 서비스를 제공하는 회사가 생겨날 것이다.

그와 마찬가지로, 각종 전문가를 언제든 호출할 수 있을 것이다. 그들은 단순히 미리 소화해 둔 지혜를 뽐내는 것만이 아니라 실시간으로 문제를 해결해 줄 것이다. 현재 여러 나라의 의료 서비스가 전화 자문을 제공하고 있는데, 적어도 예진 수준에서 간단한 병에 대해 간단한 해결책을 준다. 앞으로 딥마인드는 계속 증가하는 전화 자문의 대화 기록을 적극적으로 검색해서 환자가 말한 증상에 일치하는 최종 진단을 찾아내는 전문적인 진단자로서 필적할 수 없는 존재가 될 것이다. 곧 환자를 안심시키는 목소리를 가진 로봇이 초진을 보게 될 것이다. 그 뒤에 디지털 유인원과 로봇으로 이루어진 전문적인 임상 팀이 환자를 인계받을 수 있다.

그런 미래는 디지털 유인원이 가진 핵심적인 성질의 두 가지 측면과 직결되는 것으로, 우리가 '디지털 유인원'이라는 말을 만든 이유이기도 하다. 첫째는 호모 사피엔스가 예나 지금이나 사회적 관계를 구축하는 데 있어서 단연코 가장 효과적인 동물이라는 점이다. 호모 사피엔스는 매우 정교한 언어 능력을 사용해 넓고 깊은 관계를 맺을 수 있고, 특히 그런 관계를 조율함으로써 병행하는 일과 연속적인 일을 할 수 있기 때문이다. 우리는 산업 혁명 이전부터, 그리고 산업 혁명 이후로는 더더욱 매칭matching이라는 인지 기술을 사용함으로써 도구가 수중에 있지 않아도, 나아가 인간이 없어도, 도구가 작동하도록 조율해 왔다. 예컨대 수차와 풍차는 적어도 2천 년 전부터 존재해 왔지만, 이제서야 우리는 음성과 해석 가능한 제스처라는 호모 사피엔스의 신체적인 커뮤니케이션 수단을 사용해 그것을 조율할 수 있게 되었다. 물론 버튼을 눌러 기계를 가동하는 것과 미리 정해 둔 방식으로 손뼉을 치는 것 사이에는 정도의 차이가 있다. 한쪽은 상징적인 커뮤니케이션을 사용하고, 다른 한쪽은 단지…… 버튼을 누르는 것일 뿐이다.

둘째는 호미닌이 300만 년에 걸쳐 도구를 사용한 뒤로 도구의 성격에 거대한 변화가 일어나고 있는 것이다. 도구는 호모 하빌리스와 그 밖의 도구를 사용한 인류에게 그랬듯이 우리 존재에도 필수 불가결한 것이지만, 지금 도구의 위상이 달라지고 있다. 현재의 도구는 지식을 가지고, 인간에게 조언을 제공하고, 인간과 협력하는 등 인간이 해 오던 역할까지 맡고 있다. 인간을 사물처럼 취급하는 것은 노예 제도나 공장 노동자의 사례에서 보듯이 오래된 방식이다. 앞에서 이미 다룬 사회적 기계는 찰스 디킨스의 구두약 공장이나 헨리 포드의 초기 자동차 공장의 정반대다. 산업 사회에서는 인간이 기계에 끼워 맞춰진 톱니처럼 인지 능력을 사용해 기계적 제품에 기여한다. 반면에 사회적 기계에서는 지적 메커니즘이 사회적 기계의 지적 산물에 기여한다. 루치아노 플로리디Luciano Floridi 교수의 연구에 대해서는 뒤에서 설명하겠지만, 애니미즘에 대한 그의 지적은 여기서도 중요하다. 전前 산업 사회에서 식물 또는 광물은 마치 동물처럼 취급되었다. 의식적으로 인간 세계에 자신을 드러내고 자신만의 동기를 가지고 행동하는 존재로 여겨졌다. 지금 기계는 '타자'로서 그 신화를 실현하고 있다. 기계는 급속히 디지털 유인원의 생활 환경을 이루는 본질적인 부분이 될 것이다. 우리가 다원주의적 의미에서 이 환경에 적응하기 위해서는, 우리가 기계를 위해 의식적으로 만드는 규칙이 무엇보다 중요하다. 잘 살기 위해서는 '사물은 자신이 무엇인지 표명해야 하고, 자신이 말한 것이 되어야 한다'와 같은 규칙이 필요할 것이다. 잘될지는 알 수 없지만, 어쨌든 그렇다.

이 규칙의 확장판은 디지털 유인원의 생활 속에 있는 많은 물건에 적용될 것이다. 관심 있는 모든 사물에 통신 능력을 갖춘 센서 태그 같은 것이 붙여질 것이다. 이것이 사물 인터넷이다. 즉, 일상의 물건이 자기 자신을 관리하거나 디지털 유인원이 설정한 규칙에 따라 반자율적으로 동작하는 것을 가능하게 하는, 일상 물건들의 네트워크다. 집은 집주인의 일정에 접근해서 평일과 주말, 주인이 휴가를 떠나거나 해외에 있어서 집이 빌 때 어떻게 행동해야 할지 파악한다. 집의 환경 지능은 대부분의 시간에 도움이 되고, 때때로 생명을 구하기도 한다. 냉장고는 슈퍼마켓에서 언제 버터를 주문해야 할지 알고, 바닥은 할머니가 넘어지면 사회 서비스에 전화를 건다.

우리가 이렇게 확실하게 예측할 수 있는 것은 이것이 현재 수억 명의 사람들이 하고 있는 것에서 한 걸음 더 나아간 것에 불과하기 때문이다. 디지털 유인원은 순수하게 디지털로 이뤄진 관계를 맺게 될 것이다. 관계의 종류는 더 다양해지고, 그 가운데 상당수가 깊고 만족스러운 관계가 될 것이다. 순수한 로봇과의 관계, 소셜 미디어를 통해 맺어지는 실제 친구와 상상의 친구와의 관계, 실제 생활에서는 전혀 알지 못하는 실제 사람들과 깊은 관계가 생겨날 것이다.

게다가 우리는 감각을 증강하는 장치를 몸 안에 끼워 넣기 시작했다. 즉, 소리와 시각, 그 밖의 감각을 예리하게 만드는 이식 장치다. 증강 장치가 감각의 폭을 확장함에 따라 답하기 쉽지 않은 질문이 제기될 것이다. 증강된 자아가 더 이상 '나'이기를 멈추는 시점은 언제인가? 누가 증강 장치를 이용할지를 누가 결정하는가? 디지털 유인원은 일부 개인을 위한 증강 기기를 금지해야 할까? 매우 극단적인 경우, 증강을 강제할 것인가?

가상 현실은 제스처, 얼굴과 신체 움직임, 평형 감각, 균형을 맞추기 위한 동작들을 다양하게 사용한다. 물론 시각 능력과 청각 능력도 이용한다. 기기는 감촉, 손과 그 밖의 신체 부위가 받거나 가하는 압력, 진동(이른바 촉각 기능)을 결합하기 시작했다. 그리고 아마추어는 직관적으로 이해하기 어렵겠지만, 원리상으로는 냄새를 사용하는 것도 가능하다.

잠시 한 사람의 개인성이 머릿속에 있다고 추정한다면, 모든 의미에서 머리를 지지하고 있는 신체의 나머지 부분은 이미 의학적으로 증명된 방법으로 대체할 수 있다. 주요 장기를 이식하는 기술은 1967년에 심장외과 전문의 크리스천 바너드^{Christiaan Barnard}에 의해 그의 환자 루이스 워슈칸스키에게 처음 사용되었다. 지금은 이식된 장기의 거부 반응을 막는 기술이 크게 발전했다. 따라서 이상하고 무시무시한 수술도 생각할 수 있지만, 그것을 진지하게 개발해 실행하려는 사람은 아무도 없다. 일란성 쌍둥이의 머리와 몸을 서로 교체하는 것은 과학자들에게는 (완전한 오판이지만) 간단한 일일지도 모른다. 쌍둥이는 거의 똑같은 DNA를 가지고 있고, 효과적인 투약 계획 없이도 면역 거부 반응을 일으키지 않기 때문이다. 하지만 대체 왜 그런 일을 시도할까? 쌍둥이 중 한 명이 끔찍한 자동차 충돌 사고를 당해 수술이 불가능한 두부 외상으로 죽어가고 있지만 몸은 멀쩡하다고 상상해 보라. 그의 동생은 온몸에 전이된 말기 암으로 이미 병원에 입원해 있다. 하지만 그런 가능성은 인류의 미래와 거의 관계가 없고, 거의 사용되지 않을 것이다. 뇌를 다른 몸에 이식한다고? 제임스 본드 영화에 등장하는 사악한 과학자라면 모를까, 나머지 사람들은 그런 것을 상상하지 않는다. 그리고 나의 대부분은 뇌가 수년에 걸쳐 이 몸과 신경계의 형태와 능력에 대해 학습한 것에 기초하고 있다. 지금까지의 뇌에 완전히 새로운 몸을 붙이는 것은 자동차 타이어를 갈아 끼우는 것처럼 간단한 교체가 아닐 것이다. 모든 감정과 일체감, 모든 운동 감각이 적어도 일시적으로는 심각하게 손상될 것이다.

그럼에도 오늘날의 아이들이 살아갈 세계에서는, 줄기세포에서 재생한 것을 사용해 사실상 모든 신체 부위를 대체하는 것이 현실적인 제안이 될 것이다. 우리는 이런 시술이 널리 시행될 것이라고는 생각하지 않는다. 기업 임원이 은퇴 선물로 금시계 대신 줄기세포로 만든 새로운 다리 한 쌍을 받는 일은 일어나지 않을 것이다. 하지만 명백한 예로, 신장 이식은 지금도 특별한 일이 아니다. 신장 공여자는 턱없이 부족하고 이식 과정에는 험난한 변수가 존재한다. 따라서 줄기세포로 만든 신장이 더 나은 선택지가 될 것이고, 그러므로 당연히 도입될 것이다.

그것은 인간의 뇌를 다른 몸으로 지지하는 한 가지 방법이 될 것이다. 그러면 매력적인 대안인 사이보그는 어떨까? 사이보그란 (만일 존재한다면) 팔다리, 장기, 혹은 온몸을 생물 기계적으로 대체해 개조한 인간이다. 1960년에 맨프레드 클라인즈Manfred Clynes와 네이션 S. 클라인Nathan S. Kline에 의해 처음 소개된 사이보그는 SF와 사변적 저작에서 60년의 역사를 가지고 있고, 텔레비전과 영화의 소재로 자주 등장하게 되었다.

텔레비전 드라마 〈6백만 달러의 사나이Six Million Dollar Man〉의 주인공인 비밀 정보 기관에 소속된 사이보그 같은 것이 만들어진 적이 있을까? ('태어난'이라고 말해야 할까? 아니면 개조된? 짜깁기된?) 그렇다면 DARPA, 일론 머스크, 또는 중국 비밀 경찰이 그 사실을 공표할 책임을 다하지 않은 것이다. 좁은 의미로 사이보그라고 하면 기계적인 것을 몸에 붙인 인간을 의미할 것이다. 그런 사람들은 이미 존재한다. 수많은 사람이 휠체어, 보청기, 심장 페이스 메이커를 사용한다. 스티븐 호킹은 합성 음성을 사용했다. 저명한 진화생물학자이자 유전학자인 존 메이너드 스미스John Maynard Smith는 안경에 전적으로 의존하는 자신에 대해 농담하곤 했다. 더 엄밀하게 정의하면 사이보그는 기계가 멈추면 마음도 멈추는, 기계와 인간의 결합이다. 심장 페이스 메이커가 그것에 가깝다.

도처에 침투해 있는 컴퓨팅의 더 급격한 발전은 입는 기술에서 오고 있다. 대폭 증강된 '집단 기억', 방향 탐지 기능, 기상 정보는 처음에는 PC, 그런 다음에는 스마트폰으로 이용할 수 있었지만, 머지않아 의복과 안경에도 장착될 것이다. 이것들은 현재 얼리어답터를 대상으로 판매되고 있다. 현재 많은 사람이 손목에 차는 기기를 통해 자신의 운동량과 맥박을 점검하고, 하루에 소비하는 칼로리와 수면 패턴을 추측한다. 비슷한 기능을 가졌으나 착용감이 다소 불편한 티셔츠도 출시되었다. 2015년에 때마침 구글이 안경 형태의 컴퓨팅 기기인 구글 글래스에 대한 실험의 수위를 낮춘 상황에서, 애플은 이 시장에 값비싼 손목시계를 추가했다. 둘 다 요즘 패션을 고려한 것으로, 기술의 미래는 아니다. 어쨌든 괴짜처럼 보이는 안경이 못마땅한 사람이나, 다른 사람들이 그들의 온라인 프로필도 보이는 줄 알까 봐 걱정하는 사람도, 2015년에 등장한 세련된 손목시계에는 거부 반응을 일으키지 않았다. 손목시계는 손목을 톡톡 쳐 최신 소식을 알린다. 입는 기기의 소형화는 급속히 진행되고 있다. 다음에 등장할 것은 몸에 착용하는 인지 확장기일 것이다. 아마 칩을 이식하는 형태가 되겠지만, 침습성이 없는 선택지도 등장할 것이다.

우리가 현재 빠르게 다가서고 있는 시대는 대규모 방위 컴퓨터에서부터 개인의 몸에 이르기까지 모든 수준에 방대한 데이터 처리 성능이 구현될 수 있고, 각 수준이 서로와 수시로 통신할 수 있는 시대다. 모든 장소에서 정확성과 개인화에 대한 경쟁이 시작되고 있다. 개인의 선호 패턴에 특별히 맞춘 해결책을 제공할 수 있을 정도로, 문제 해결을 위한 데이터가 충분하다. 그 결과, 한 수준의 의사결정, 변화, 예기치 않은 재난이 다른 모든 수준에 뜻밖의 달갑지 않은 결과를 초래할 수 있다.

우리가 이 책을 쓰고 있는 2018년 시점에, 입는 기술을 최대한 사용하거나 인지 증진 약물을 복용하는 사람은 잠시나마 가정과 직장에서 이전과는 전혀 다른 세계를 경험할 것이다. 그런 '증강'이 흔한 것이 될 수 있다는 생각은 솔직히 과학 소설에서나 보던 것으로, 불안을 불러일으킨다. 우리는 스포츠 선수가 성적을 올리기 위해 약물을 사용하는 것을 비난한다. 금융 시장의 주식 거래자에게도 그런 원칙을 적용해야 할까? 시험을 치르는 학생에게는? 부유한 부모는 자식을 위해 값비싼 키트와 화학 물질을 구매할 권리가 있을까? 비행기 조종사가 돌발 상황에 더 잘 대처할 수 있게 해 주는 약물이 있다면, 우리는 그것을 사용하라고 주장해야 할까? 우리는 이미 비행기 조종실에는 안전성이 높은 장치를 두어야 한다고 주장한다. 그것과 어떤 차이가 있을까?

사이클 선수가 경기 전에 부적절한 약물을 사용하는 경우에는 문제가 두 가지로 늘어난다. 우선 사이클 대회는 규칙이 있는 경쟁이고, 규칙을 위반하는 것은 부정행위다. 그뿐만 아니라 다른 모든 선수에게 약물을 사용할 동기를 부여할 수도 있다. 보디빌딩에서는 스테로이드를 사용하는 사람을 위한 대회와 사용하지 않는 사람을 위한 대회가 있다. 이것은 단속 문제를 한편으로는 줄이고 한편으로는 늘린다. 하지만 대체로 모든 약물과 약제는 어느 정도의 위험과 부작용이 따른다. 우리가 대중 스포츠를 규제하는 방식을 승리하기 위해서 약물을 사용하지 않으면 안 되도록 만든다면, 논리적으로 집단 전체가 약물을 사용하게 될 것이다. 따라서 만일 요요마가 연주 기량을 향상시키는 화학 물질을 기꺼이 주사하거나 먹는다면 언뜻 청중에게 득이 되는 것 같다. 하지만 연주자 직군 전체가 같은 일을 하기 시작할 것이고, 조만간 음악 학교의 젊은 유망주들이 응급실로 실려 가게 될 것이다.

같은 사실은 학교와 대학 시험에도 해당되는 것 같다. 그리고 운전면허 시험과 비행기 조종사 시험에도 해당된다. 당연한 말이지만, 시험의 목적은 응시자의 능력을 가능한 한 정확하게 측정하는 것이다. 시력에 문제가 있는 조종사나 수학자에게 안경을 벗으라고 말하는 것이 아니다. 우리는 이미 대학 시험에 기억을 돕는 물건을 지참하는 것을 단계적으로 승인해 왔다. 20년 전의 시험 감독관은 학부생이 시험에 계산기를 지참하는 것을 금지했지만, 지금은 단순한 구식 기기는 허용한다. 이것은 합격자가 탄젠트와 코사인의 원리를 아는지는 고사하고, 덧셈을 할 수 있는지조차 확인할 생각이 없다는 뜻이다. 하지만 최신 프로그램 계산기는 엄밀히 금지한다. 그것까지 허용한다면 시험이 단순히 시험지에 적힌 문제에 답을 적는 일에 가까워지기 때문이다. 모든 것을 감안하면 지금처럼 시험을 치르는 것이 합리적이고, 머리 회전이 얼마나 빠른지 검사하는 일에 가까운 것 같다. 모두가 스마트폰에 손가락만 대면 완전한 지리적 정보와 역사적 사실을 알아낼 수 있는 세계에서, 그 정보에 접근하는 것을 허락받지 못하는 유일한 사람이 그 정보에 가장 관심 있는 어린 학생이 되어야 할 이유는 명백하지 않다. 더 정확히 말하면, 누구도 위키피디아의 100만분의 1조차 암기할 수 없는 상황에서, 특정 학생이 100만분의 1보다 정확히 얼마나 덜 기억할 수 있는지 테스트하는 것은 의미가 없는 일처럼 보인다. 어쨌든 현재 지리학 시험에서 우리가 테스트하고 싶은 것이 무엇이든, '구글 어스를 사용하는 방법을 아는가 모르는가'가 될 수는 없다.

'기능 증강'에 아직은 푹 빠지지 않은 우리 대다수도 심오한 변화의 작은 조짐은 경험할 수 있다. 10대는 문자 메시지와 그 밖의 메신저 서비스로 타인과 끊임없이 연락을 취한다. 사진과 문자 속의 개인 정보는 우리가 싫든 좋든 영원히 없어지지 않고 수집된다. 애도하고, 성장하고, 미래의 고용주에게 감명을 주고, 사후 약력에 등장하는 것 등 모든 것에서 서양인 대부분은 이미 변화를 경험하고 있다.

2002년에 제작된 영화 〈마이너리티 리포트〉는 가까운 미래에 세 명의 특별한 인간이 앞으로 일어날 나쁜 사건을 예지할 수 있다는 터무니없는 전제에서 시작한다. 예지 능력을 가진 특별한 사람들은 욕조 같은 곳에서 평생을 보냈음에도 일상 세계를 잘 알고 있다는 말도 안 되는 설정이지만 어쨌든 볼 만하다. 영화에 등장하는 대화형 기기와 스마트 비디오 전화, 초고속 컴퓨터와 지적인 고속도로는 애플과 구글 연구소의 괴짜들이 구상하는 세계와 크게 다르지 않다. 실내와 거리의 모든 표면이 지능을 가지고 있는 매력적인 표피에도 불구하고, 영화는 디스토피아처럼 느껴진다.

여기서 또다시 등장하는 '더 많은 연구가 필요한' 문제는 '완전한 정보에 대한 보편적인 접근'이 우리에게 어떤 의미를 가지는가 하는 것이다. 기술적인 측면과 약물적 측면 양쪽에서 개발되고 있는 기능 증강의 성질과 그것이 예고하는 세계를 우리는 면밀하게 주시할 필요가 있다. 그리고 이 모든 변화와 관련해 우리에게 어떤 규칙이 필요한지 기술해야 한다. 물론 우리는 아주 오랫동안 기본적인 인지 기능을 증강해 왔다. 망원경과 안경, 보청기가 그 사례다. 하지만 머지않아 우리는 인간의 인지 기능의 모든 부분, 즉 기억의 보유, 회상, 인식을 강화하고 확장할 것이다. 보통의 시민이 생각하는 것보다 더 다양한 정부 기관이 이미 대도시에 유입되는 수천 명의 사람을 감시할 수 있고, 그 대다수의 얼굴을 인식할 수 있다. 서양에서는 보통 시민들도 곧 이러한 일을 할 수 있을 것이다. 축구 경기장이나 널찍한 사무실 거리 입구 맞은편에서 인터넷과 연결된 안경을 쓰고 앉아 있으면, 팬과 회사원의 이름이 불리는 것을 이어폰으로 들을 수 있다. 대체 왜 이런 성가신 일을 할까? 지난 몇 년 동안 수천 명의 러시아인이 브콘탁테를 사용한 이유와 정확히 같다.

이런 능력의 더 가벼운 형태는 지금 시작되고 있는 변화의 기초다. 우리는 그런 변화가 진행되고 있다는 사실, 그리고 그 변화가 사회 규범, 규칙, 어쩌면 법률에 미치는 영향을 제대로 평가할 필요가 있다.

우리는 기본적으로 정보의 덮개에 휩싸여 있다. 보험 회사는 당신이 사는 집의 기초 구조(벽, 바닥, 지붕)에 칩을 넣으라고 요구할지도 모른다. 그렇게 하면 습도가 올라가거나, 화재로 인한 열이 감지되거나, 임대 계약에 규정된 대로 지난 5년 동안 페인트칠을 하지 않았을 경우 당신에게 알려 줄 수 있다. (그런 다음, 페인트칠을 하지 않아서 임대 계약이 취소된 경우에 대한 정보를 알고 싶은지 묻는다.) 세탁기는 당신의 이동식 기기에 신호를 보내 세탁 코스를 완료했다고 알려 줄 수 있다. 부엌 벽에 투영된 디스플레이 화면은 당신에게 (원한다면 대화로) 모든 가정용 기기에 대해 유지 보수 상태, 재고 상태, 식기세척기가 어느 단계에 있는지 등을 알려 준다. 이 모든 것은 당신이 자유롭게 선택할 수 있다. 당신의 무인 자동차는 악천후로 지체될 것 같을 때만 어쩔 수 없이 당신에게 알릴 것이다(자동차 운전에서 가장 어려운 문제인 다른 운전자의 어리석은 행동은 곧 사라질 것이다).

여기서 언어 번역은 중요한 문제다. 디지털 격차, 즉 부자 나라와 가난한 나라, 서양 국가에서 연결된 사람과 아직 연결되지 않은 사람 사이의 격차는 언어의 우위성 또는 헤게모니 패턴에 의해 악화되거나 강조된다. 현재 웹의 90퍼센트 이상이 13개 언어로만 기술되어 있다. 많다고 생각할 수도 있겠지만, 세계에는 약 6천5백 개의 언어가 있다는 사실을 기억하라. 물론 그 가운데 10개 언어를 모국어로 사용하는 사람들이 세계 인구의 적어도 절반을 차지하고, 2천개 언어는 수백 명 또는 몇천 명이 사용하는 언어다. 하지만 그런 상황을 고려해도, 소수 언어를 말하는 세계 인구의 약 3분의 1이 남고, 이들은 웹 시민으로서 훨씬 더 적은 기회를 누린다.

물론 스마트 번역 소프트웨어가 존재한다. 바벨피시닷컴Babelfish.com도 있고, 구글 번역기도 있다. 하지만 이런 번역기조차 주요 언어에서 최상의 결과물을 낸다. 말하는 냉장고는 요루바어 또는 말라얄람어보다 영어와 중국어로 말할 것이다.

우리는 환경 예측 기술에 둘러싸여 살기 시작했다. 이런 기술은 앞으로 증가할 것이다. 경제적으로 보나 기술적으로 보나, 모든 의복에 RFID나 후속 기기를 포함하지 않을 이유가 없다. 그런 기기는 옷의 위치, 수선 상태, 마지막 세탁한 뒤로 착용했는지 여부, 세탁물 바구니 또는 아이들의 침실에 세탁해야 할 정도로 충분히 사용된 옷이 있는지를 당신에게 알려 줄 수 있다. 물론 이런 것들을 말로 알려 줄 것이다.

이 모두는 교육 방식에 변화를 가져올까? 왜 귀찮게 구구단이나 역사적 사건이 일어난 날을 암기하는가? 휴대전화는 인류에게 알려진 거의 모든 역사를 안다. 휴대전화는 곧 나무에 달린 사과의 개수를 세고, 사과 한 개의 무게와 한 그루의 나무에 달린 사과 전체의 무게를 추측하고, 당신에게 슈트루델10 요리법을 알려 줄 것이다. 당신의 부엌은 조용히 명령하면 재료를 계량해 조리 기구를 가동할

---

10 오스트리아 전통 애플파이

것이다. 많은 도구가 목소리로 동작하게 될 것이다. 정보의 덮개는 도시 생활에서 우리를 둘러싼 사실상 모든 것에 씌워져, 자신을 우리에게 적극적으로 제시할 것이다. 쓰는 것과 말하는 것의 균형은 예술에서 퍼포먼스와 디스커버리의 비율이 증가한 것처럼 변할 것이다. 구어는 다시 많은 상황에서 문어보다 많이 사용될 것이다. 흥미롭게도 이것은 이전 상태로의 후퇴다.

그 결과로 우리가 물건과 맺는 관계에 다른 종류의 감정적·관념적 문맥이 생길지도 모른다. 현재 상황에서 가상 세계와 정보 세계는 우리가 선택하는 것이다. 하지만 그 세계는 지금 수동적으로가 아니라 적극적으로 우리에게 자신을 제시하기 시작했다. 옥스퍼드 대학 교수 루치아노 플로리디는 이렇게 말한다.

> 구세대는 아직도 정보의 공간을 로그인했다가 로그아웃하는 장소로 간주한다. 우리의 세계관(우리의 형이상학)은 아직 근대, 뉴턴 시대에 머물러 있다. 즉, 세계는 '죽은' 자동차, 건물, 가구, 의복 등으로 이루어져 있으며, 그것들은 상호 작용과 반응을 하지 않으며, 의사소통·학습·기억을 할 수 없다고 생각한다. 하지만 진보한 정보 사회에서는 필연적으로 우리가 아직은 오프라인 세계로 체험하는 것이 완전히 상호 작용하고 더 적극적으로 반응하는 환경이 된다. 이 환경은 무선으로 도처에 침투하고 확산하는 a2a(anything to anything, 모든 것에서 모든 것으로) 정보 과정이고, 실시간으로 a4a(anywhere for anytime, 언제 어디서나)로 기능한다. 이런 세계는 처음에는 우리를 상냥하게 초대해, 자신을 'a-live'(artificially alive, 인공적으로 살아 있는)

같은 어떤 것으로 이해시킨다. 이렇게 해서 세계는 생명력을 얻고, 역설적으로 우리의 세계관은 자연의 모든 측면에 목적론적인 힘이 깃들어 있다고 이해했던, 기술 이전 문화의 세계관에 더 가까워진다.

— 루치아노 플로리디, 『정보 *Information: a very short introduction*』,
2010년

우리가 이 마법을 충분히 소화해서 세계의 서로 다른 지역의 서로 다른 문화에 서로 다른 형태로 영향을 미치기 전에, 그것에 대한 어떤 해석이 필요할 것이다. 의식을 가진 기계는 당분간은 등장하지 않겠지만, 지적이고 증강된 기기와 생활 환경은 우리와 기계의 관계를 이미 심화하고 확대하고 있다.

그것은 1998년에 브리즈번에서 열린 제7차 국제 월드 와이드 웹 회의를 준비한 위원회가 받은 또 하나의 논문일 뿐이었다. 그 논문은 컴퓨터 과학 박사 과정을 밟고 있던 두 명의 대학원생이 작성한 것으로, 제목은 「대규모 하이퍼텍스트적 웹 검색 엔진의 해부The Anatomy of a Large-Scale Hypertextual Web Search Engine」였다. 그것은 기존 주제에 대한 변주처럼 보였다. 주요 개념 가운데 몇 가지는 코넬대학 교수 존 클라인버그Jon Kleinberg의 것과 비슷했고, 같은 주제로 가필드Garfield와 마르키오리Marchiori가 실시한 선행 연구가 있었다. 여러 모로 중요성을 놓치기 쉬운 상황이었다. 아마 인류를 전진시킨 통찰의 상당수가 자칫하면 그렇게 되었을 것이다.

세르게이 브린과 래리 페이지가 제출한 이 논문의 남다른 점은 수학과 정교한 공학을 응용한 것과 궁극적으로는 급증하는 웹 콘텐츠에서 수익을 올리는 뛰어난 방법을 고안한 것이다. 우리가 구글의 혜택을 입고 있는 것은 그 덕분이다. 1998년에 페이지와 브린이 창립한 구글의 자산은 현재 지주 회사 알파벳으로 이동했지만 시가총액으로 5000억 달러가 넘고, 2017년 중반에는 6500억 달러에 이르렀다. 구글 검색 바는 디지털 시대의 다른 파괴적 기술과 마찬가지로, 우리의 지능을 증강하고 우리의 경제, 일하는 방식, 생활 방식을 바꾼 도구다. 컴퓨터 과학 괴짜 두 사람이 우리의 세계를 진정으로 변모시켰다.

이 영토에 새로운 종의 거대한 자본주의 동물들이 군림하고 있다. 1장에서 설명한 것처럼, 서양에서는 아마존, 구글, 애플, 마이크로소프트, 페이스북이, 동양에서는 바이두, 텐센트, 샤오미Xiaomi, 화웨이Huawei, 그리고 알리바바가 엄청나게 많은 디지털 유인원의 생활에 중요한 역할을 하는 무수히 많은 앱을 제어하고 있다. 이 초대형 동물상 가운데 서양종의 지리적 분포는 매우 흥미롭다. 첫째, 모두가 미국인이 소유하고 개발한 것이다. 앨런 튜링, 팀 버너스 리, 데미스 하사비스 등 미국인 외의 사람이 이 분야에 공헌한 바를 과소평가하는 사람은 아무도 없지만, 서양에서 새로운 기술을 소유하고 있는 자가 누구인지 오해하면 안 된다. 최신 기술을 지배하고 있는 서양의 거대 기업은 모두 소수의 미국인이 설립한 것으로, 그들은 다 합쳐도 기껏해야 10여 명 남짓이다. 스티브 잡스는 안타깝게도 이른 나이에 사망했지만, 그 미국인 남성들이 거대 짐승을 지금도 거의 전적으로 소유하고 있다. 그들이 소유한 미국 기업은 주식 시장에서 막대한 현금을 끌어모았고, 현대 자본주의가 허용하는 지배 구조의 가장자리에서 아슬아슬하게 운영되며, 10여 명의 손에 거의 완전히 장악되어 있다. 이런 구조는 하이테크 산업에만 한정된 것이 아니고 가족이 지배하는 거대 기업들도 존재하지만, 그것은 하이테크 산업에서 유독 도드라지는 특징이다. 애플과 구글/알파벳은 시가총액으로 세계 1, 2위를 차지한다. 하지만 수익과 매출액으로는 석유 및 자동차의 거대 기업에 미치지 못한다. (세계 최대 기업인 월마트에 미치지 못하는 것은 두말할 필요도 없다.) 그들은 어마어마한 부자다. 애플이 보유한 자금은 2520억 달러에 이른다. 자, 심호흡을 하라. 만일 지구상의 모든 사람이 당신에게 13센트를 준다면, 당신은 억만장자가 될 것이다. 애플은 지구상의 모든 사람을 위해 은행에 34달러를 예치해 둔 것과 같다. 그리고 그것은 애플의 이윤에 비하면 아무것도 아니고, 그들은 그 대부분을 재투자해 몸집을 더욱 키우고 있다.

게다가 이 순전한 미국 기업들 대부분은 법인으로서는 거의 완전히 해외에 존재한다. 그들은 세계 모든 나라에서 기업을 운영하고, 모든 인터넷 운영은 사이버 공간에서 한다. 하지만 사이버 공간의 물리적 실체는 주로 서버 팜에 있다. 상당수가 아이슬란드와 같은 추운 장소에 있지만, 미국의 확인 가능한 장소에도 많이 있다. 구글이 세계 16개 장소에 설치한 대규모 데이터 본부 가운데 9개가 미국에 있다. 그들 모두가 법적 관할권에 세금을 내지만, 그 규모에 비하면 많은 액수가 아니다. 구글은 모든 사업의 3분의 1에 해당하는 유럽 부문의 활동을 아일랜드를 경유해서 하고 있기 때문에, 사업의 3분의 1에 대한 납세 의무는 더블린의 배로 스트리트에 있는 유럽 본부에 있다. 2016년에 구글 유럽 본부가 납세한 세액은 220억 유로의 영업 이익에 대한 4700만 유로였다. 세율은 0.2퍼센트다. 눈감고도 알 수 있는 사실을 다시 말하면, 이것은 어느 모로 보나 우연이 아니다. 구글은 할 수 있는 한 납세하지 않으려고 전략적인 장소를 선택하고 있는 것이다. 아일랜드 정부는 거대한 기업들의 입장에서 다른 나라보다 매력적으로 저렴한 세제를 마련하기 위해 비상한 노력을 했고, 그 결과 그렇게 하지 않았더라면 다른 곳으로 갔을 4700만 유로를 거두어들였다. 영국 정부는 아일랜드가 경제 위기에 처한 2013년에 그 나라의 파산을 막기 위해 140억 파운드를 빌려준 일이 있었기에, 영국의 세제를 훼손하는 행위를 멈추라고 주장할 이유가 전혀 없다. 영국이 그렇게 한다면, 구글은 다른 조세 천국으로 빠져나가면 그뿐이기 때문이다. 여기에 대응하려면 국제적인 공조 행동이 필요하다.

하지만 이것은 결코 기이한 신종 짐승들의 기이한 특징 가운데 가장 기이한 것이 아니다. 그들의 뚜렷한 특징 가운데 하나는 선점자 우위성 덕분에 커다란 기회를 손에 넣은 것이다. 구글은 지금까지 검색 엔진 경쟁에서 선두를 달렸고, 코너를 돌 때마다 속도를 높여 왔기 때문에, 다른 회사들은 구글을 추월하는 것은 고사하고 어깨를 나란히 할 수도 없었다. 이베이, 페이스북, 아마존은 모두 위대한 아이디어를 가지고 시작했고, 거기에 투자해 순식간에 몸집을 거대하게 불린 결과, 다른 회사가 그들과 경쟁하는 것은 애초에 불가능한 것까지는 아니더라도 엄청나게 힘들었다. 거대한 짐승들의 전략은 차세대 기업가를 매료시키고 주식 시장을 눈멀게 한다. 트위터가 2013년에 주식을 상장했을 때, 투자자들은 신규 공개주에 240억 달러를 매겼다. 당시 설립 7년 차였던 트위터는 연간 수익을 올린 적이 한 번도 없었다. 그 이후에도 매년 손실을 내고 있다. 보통의 상업적 관점에서 보면 트위터는 칠면조다. 하지만 투자자들은 트위터가 언젠가 날개를 펴고 날아오를 것이라고 믿는다. 승객과 일반 차량을 이어주는 서비스인 우버는 심지어 더 많은 주목을 끈다. 우버의 목표는 구글 모델을 모방하거나 추종해, 거의 자기 혼자서 창조하다시피 한 시장을 지배함으로써 경쟁을 배제하는 것이다. 그들은 자신들이 이것을 할 수 있으며 시장은 비약적으로 성장할 것이라고 확신한다. 비정한 자본주의자들인 은행과 투자가도 우버의 전략에 설득되었다. 우버는 수익을 내지 못하고 있으며 당분간은 수익을 낼 생각이 없다. 우버는 또한 고객이 우버를 사용해 이동하는 비용의 상당 부분을 보조해 주고 있다. 더 정확히 말하면, 기꺼이 투자하는 투자가들이 보조해 주는 것이다. 로이터 통신은 '우버의 고객이 지불하는 몫은 실제로는 비용의 41퍼센트에 지나지 않는다'는 사실을 충분한 근거에 기초해 보도했다. 대부분의 정부, 경제학자, 정치사상가는 독점을 나쁜 것으로 간주하고, 법률이나 논박을 통해 독점에 맞선다. 하지만 우버, 트위터, 구글에 관해서는 자본주의의 도덕적 나침반 역할을 하는 모든 것이, 특히 정부와 시장이 어느 정도의 산업적 집중을 숭배하는 것처럼 보인다. 아마 석탄, 석유, 철강, 자동차 산업에서 그렇게 한다면 호된 공격을 받을 것이다. 때때로 불만이 터져 나오고 있지만, 독점이 어떤 식으로는 호의적으로 받아들여지게 되었다.

모든 거대한 짐승 기업은 또 다른 거대 짐승을 묶은 가죽끈을 쥐고 있다. 또 다른 짐승은 인공 지능이다. 인공 지능이 우리를 잡아먹고, 우리의 모든 직업을 훔쳐 가고, 우리 모두를 쓰레기 더미에 던지기 위해 다가오는 로봇 괴물이라는 두려움이 현재 팽배해 있다. 물론 공장에서는 수십 년 전부터 로봇이 사용되고 있었다. 하지만 인공 지능은 이 구역에 들어온 진정한 신참으로, 블루칼라의 육체노동만이 아니라 화이트칼라 중산 계급의 사무 일도 거뜬히 해낼 수 있다. 여기서도 구글이 모델이 된다.

페이지와 브린이 구글을 돌아가게 하기 위해 다른 사람들의 선행 연구를 토대로 개발한 알고리즘은 매우 영리했다. 그들이 파악한 원리와 기회는 고전적이고 단순한 통찰이었다. 경쟁자들도 그것을 한눈에 알아보았지만, 이미 두 사람이 알아차린 뒤였다. 비즈니스의 측면에서는 너무 늦었다. 1998년에 존재했던 다른 구식 검색 엔진(달리 무엇이라 불러야 할까?)은 질문을 받으면 최초로 찾은 것을 검색 결과로 제시했다. 페이지와 브린은 검색 품질의 열쇠는 '관련성'이고, 관련성을 결정하는 것은 사용자라고 생각했다. 웹에서 사용자가 관련성을 표명하는 방법은 두 가지다. 한 가지는 사용자 스스로는 의식하지 못하는 것으로, 특정 웹 사이트를 그 밖의 사이트보다 자주 방문하는 것이다. 뉴스가 필요하다면 CNN이나 BBC로 갈 것이다. 따라서 검색 엔진을 구축하는 사람은 가장 자주 열람되는 사이트로 가는 트래픽에 관해 어느 정도의 정보를 파악하면 좋다. 하지만 모든 웹 페이지는 물론 모든 웹 사이트에 대해 추적하는 것은 불가능하다. 다른 한 가지는 적극적이고 훨씬 더 강한 표명 방법인 '하이퍼링크'다. 웹은 하이퍼링크에 의해 기능한다. 하이퍼링크란 웹 사이트상에 표시되어 있는 주로 파란색인 문자로, 그 밑에는 HTML 코드로 쓰인, 연결된 웹 페이지의 주소가 숨어 있다. (HTML은 1998년에 유럽입자물리연구소의 팀 버너스 리가 개발했고, 웹 브라우저가 웹 페이지를 표시하고 작성하기 위해 사용하는 컴퓨터 언어다.)

어떤 웹 페이지 작성자가 다른 누군가의 웹 페이지를 일부러 링크시킬 때, 그는 그렇게 함으로써 링크된 웹 페이지를 공개적으로 지지하는 것이다. 페이지와 브린은 어떤 사이트가 어떤 특정한 화제에 대해 그런 지지를 많이 받을수록 다른 사람들이 그 사이트를 관련성이 높은 것으로 간주할 것임을 알았다. 링크는 언제 어느 때나 그곳에 있다. 웹을 돌아다니며 그것을 기록하는 것도 가능하다. 사이트 자체가 수집한 제한적인 방문자 수 기록에 의존할 필요도 없다. 게다가 이 기법은 반복될수록 한층 더 강력해진다. 예컨대 1천 개의 웹 페이지가 위키피디아의 '머핀' 페이지를 링크시켜 놓았다. 흥미롭게 들린다. 그런데 머핀 페이지를 링크시킨 페이지들은 높은 평가를 받을까? 그 페이지들은 몇 개의 링크를 받는지 세어 보라. 마찬가지로 가능한 범위 내에서 연결된 페이지를 계속 앞으로 조사한다. 그 일을 수학적으로 가능하게 만든 것은 기술적으로 매우 혁신적인 알고리즘이었다. 머지않아 인터넷 역사상 가장 중요한 것이 될 그 알고리즘은 저자의 이름인 '페이지'를 따서 '페이지랭크'로 이름 붙여졌다.

사회적 기계와의 중첩은 명백하다. 구글이 한 일은 창업 시점부터 영리한 알고리즘을 사용해 전 세계 웹 사이트 작성자들이 걸어 놓은 수백만 개의 링크를 수집 분석한 것이었다. 그들은 사방팔방으로 크롤러[1]를 보내서 웹에 정통한 사람들이 중요한 정보원으로 간주한 것을 찾아내고, 그 결과로서 얻은 집합 지식을 토대로 세계가 인터넷상에서 행하는 모든 것에 대한 색인을 만들었다. 나중에 그들은 또 하나의 새로운 차원을 덧붙였다. 위키피디아를 통째로 그들의 데이터베이스에 집어넣고 (예컨대) 발췌해, 수만 명의 위키피디언이 무료로 제공한 정보가 구글의 검색 결과에 삽입될 수 있게 한 것이다. 이로써 구글은 새로운 수십억 달러의 획득을 향해 전진할 수 있게 되었다. 그

---

1 로봇형 검색 엔진의 웹 페이지 순회 프로그램

수십억 달러는 울타리로 둘러싸인 구글의 정원[2] 안으로 흡수된다.

사실 구글은 창업 직후에 큰 장애가 하나 있었다. 이 구상을 실행하기 위해서는 거대한 메모리와 처리 성능이 필요했다. 원리상으로는 완벽한 검색 엔진은 웹에 존재하는 모든 페이지를 파악하고 분석해야 했다. 1998년에는 웹에 약 240만 개의 웹 사이트와 약 1000만 개의 페이지가 있었다. 이에 비해 지금은 10억 개의 사이트에 50억 개에 가까운 웹 페이지가 존재한다. 하지만 1998년 당시에는 1000만 페이지만 해도 파악하기에 그 수가 너무 많았다. 다행히 페이지와 브린은 당시 스탠퍼드대학 대학원생이었고, 대학은 그들이 서버 가운데 여러 개를 사용하는 것을 눈감아 주었다. 빌 게이츠도 정확히 그런 종류의 공적 지원을 기업가로서 시작할 때 받았다. 게이츠가 사용한 하버드대학 IT 자원의 일부는 미국 국방성이 출자한 것이다. 하지만 어느 대학도 자신들의 도움으로 일어난 거대 기업에 대한 소유권을 받지 못했다. 나중에 구글은 자신의 설비를 소유할 수 있게 되었다. 그것도 거대한 설비였다. 구글의 사적 네트워크는 현재 인터넷 전체의 10분의 1을 차지하는 규모가 되었다.

공정을 기하기 위해 말하면, 게이츠, 페이지, 브린은 스스로 자선가가 되었다. 하지만 그들의 초기 개발이 큰 공공 기관의 지원을 받아 이루어졌다는 사실은, 비록 그것이 적절했다고 해도 잊어서는 안 된다. 엄청난 부자들 모두는 자신의 부를 독차지해서는 안 되고, 실제로도 그렇게 하지 않는다. 그중의 일부는 기업을 소유하는 값으

---

2 사적으로 관리하는 통제된 공간에 사용자, 정보, 이익을 가둔 상태를 '울타리로 둘러싸인 정원'이라고 한다.

로 계산되어야 한다. 사실상 그것은 기업이 소유한 힘에 대한 심판이다. 부자일수록 더 많은 돈을 자선기금에 내고, 그런 식으로 자신의 힘을 행사한다. 이것은 민주적이지 않다고 주장하는 사람도 있을 것이다. 거대한 민간 자선 단체 대신 정부가 세금을 통해 가치 있는 일에 그 돈을 쓰게 할 수 있다는 것이다. 빌 앤 멜린다 게이츠 재단의 말라리아 박멸 운동은 같은 돈을 사용해 미국 정부가 할 수 있는 일에 비하면 본질적으로 나쁜 방식이라고 말하는 사람이 있다면, 그 사람은 분명 자신감 과잉의 공리주의자일 것이다. 하지만 민주주의는 중요하다.

그렇다고 페이지와 브린이 한 일의 탁월함을 부정하는 것은 아니다. 오히려 그 반대다. 그것은 우리 생활에 엄청나게 긍정적 영향을 미치는 요소이고, 구글의 역사는 인공 지능 스토리의 핵심적인 부분이다. 그 이야기는 더 긍정적일 수 있고, 그렇게 만들 책임이 그들뿐 아니라 우리에게도 있다는 것을 조만간 보여 주겠다.

✄

이곳은 미국 위스콘신이고, 오늘은 50년 전쯤의 어느 평범한 날이다. 1970년이라고 하자. 세련된 젊은 여성이 출근하는 길에 주유소에 들러, 주유소 점원에게 차에 기름을 가득 넣어 달라고 요청한다. 사무실 책상에 도착해서는 비서를 불러 나중에 타이핑할 수 있도록 편지 한 통을 속기로 받아 적게 한다. 책상 위에 있는 유일한 기술은 전화기이고, 그녀는 그것을 여러 번 사용해 동료에게 전화를 건다. 전화벨이 울리면, 전화 교환대의 친구가 전화를 건 사람이 누구인지 알려 준다. 점심시간에는 가까운 은행으로 걸어가 은행 출납원과 잡담을 나누면서 자신의 계좌에서 이번 주에 쓸 돈을 뽑는다. 그런 다음에는 늘 그랬던 것처럼 옆에 있는 델리카트슨에 가서 점포 내에서 만들어진 샌드위치를 산다. 구매 내역은 금전 등록기에 입력된다.

다음에 일어난 일은 로봇의 자연사로 부를 수 있을 것이다. 에이티엠ATM은 1960년대 중반에 여러 장소에서 동시에 발명되었다. 미국 최초의 특허는 1960년에 루서 조지 심지언Luther George Simjian이 취득했지만, 실용화에 성공한 것은 1967년에 지폐 인쇄업체 데 라 루De La Rue 유한 회사가 런던의 엔필드 타운에 있던 바클레이스 은행에 설치한 ATM이었다고 여겨진다. 가솔린 저장고에서 떨어져 있는 주유 펌프가 처음 설치된 것은 1964년이었고, 장소는 콜로라도주의 어느 주유소였다. 셀프서비스 주유 펌프가 실용화된 것은 1970년대다. 우리가 바코드라고 부르는 통일 상품 코드UPC―상품의 분류 지표를 검은 줄과 흰 줄의 두께와 간격에 의해 표시하고 레이저로 읽어 들이는 것―는 그 이전에 있었던 아이디어를 기초로 IBM이 1970년대에 개발했고, 1970년대 후반부터 슈퍼마켓에 널리 도입되었다. 물류 창고와 군대는 바코드가 상품을 추적하는 데 유용하다는 사실을 발견했고, 소매점은 바코드를 사용하면 매출이 늘고 인건비와 도난율이 감소한다는 사실을 알아냈다. 모든 직장과 기관에서 전화 교환대의 기능을 변모시킨 '음성에 의한 전기 통신'은 특정 개인의 발명이 아니다. 이런 발명 각각이 은행 출납원과 주유소 점원, 전화 교환수 등의 수십만 개 일자리를 대신하는 데 약 20년이 걸렸다. 비서는 더 이상 받아 적기를 하지 않는다. 하지만 기이하게도 은행, 석유 산업, 소매업 부분과 전기 통신 사업은 계속해서 수백만 명을 고용한다.

2020년에 태어난, 그 세련된 젊은 여성의 손자도 아마 차를 몰고 사무실로 출근해 전화로 통화하고 편지를 보내고, 점심시간에 외출해 현금을 뽑고 점심을 사 먹는 등 거의 흡사한 인생을 살 것이다. 하지만 21세기의 세련된 젊은 여성이 하는 활동의 세부 조직은 과거와는 완전히 다르다. 그녀는 스마트폰으로 통화하고, 키보드와 디스플레이 화면으로 스프레드시트를 실행하고, 책상에서 이메일을 보낸다. 구매는 대부분 플라스틱 카드 또는 애플 페이로 결제한다. 하지만 도시 혹은 시골의 환경, 그녀가 하는 일의 사회적 목적, 하루 중의 이런저런 사건에서 그녀가 느끼는 인간적 감정은 옛날과 매우 비슷하다. 디지털 기술은 새롭지만, 유인원은 옛날 그대로다.

그런데 할머니와 손녀 사이의 50년 동안 직장에서 일어난 기술 혁신은 대체로 뚜렷한 물리적 요소를 가지고 있었다. 그런 기계들은 행동할 뿐 생각하지 않았다. 자동차 공장 생산 라인의 로봇 팔을 생각해 보라. 하지만 직장에 밀려 들어오는 로봇의 새로운 물결은 R2D2나 C3PO[3] 같은 것이 아니다. 새로운 로봇은 전통적인 SF에서는 로봇으로 인정받지 못할 것이다. 그들의 실체는 운영 체제, 알고리즘, 소프트웨어 프로그램으로, 항상 그런 것은 아니지만 대개는 처리 순서의 시작 또는 끝에 휴먼 인터페이스[4]가 있다. 새로운 로봇은 특정 과제만을 할 수 있다. 그러한 로봇의 인공 지능은 제한적이다. 은유적으로 말하면 오래된 기계들은 여벌 손이었다. 하지만 새

---

3 영화 〈스타워즈〉에 등장하는 로봇
4 사람과 컴퓨터 간에 정보를 전달할 때 컴퓨터와 사람과의 양방향 인터페이스가 가능해, 컴퓨터가 사람의 생각뿐 아니라 감성을 이해할 수 있게 하는 기술

로운 기계는 우리가 계산하고 기억하는 것을 돕는다.

이 신종 괴물이 기계적인 일을 하는 사무직 고용을 사정없이 파괴할 것이라는 두려움이 존재한다. 서비스 산업은 옛날에 '서기'라고 불렸던 사람들을 대거 고용하지만, 그들은 지금은 주로 키보드 앞에 앉아 보험금 청구, 전화 계약, 주차 위반 딱지 발행, 주문되었지만 배송이 지연되고 있는 상품에 대한 단순한 정성적 판단을 내린다. 이런 판단은 생각만큼 간단하지 않다. 대부분의 경우에 올바른 판단을 하기 위해서는 상당한 훈련이 필요하고, 그 이전에 업무 과정을 끊임없이 재검토하는 관리자가 업무 흐름을 주의 깊게 설계할 필요가 있다. 반면에 알고리즘은 훈련에 능하고, 업무 흐름에 대한 전략적 분석을 실시해 실적 통계를 전략 매니저에게 보낼 수 있다. 신종 기계가 고용에 미치는 영향에 대해서는 옥스퍼드대학 칼 프레이Carl Frey와 마이클 오스본Michael Osborne의 논문이 자주 인용된다. 그들은 702종의 직업을 조사한 결과, 미국 노동자의 47퍼센트가 향후 20년 안에 새로운 기술에 의해 대체될 (그것을 위험이라고 부른다면) 위험이 큰 직종에 종사하고 있다고 결론 내렸다. 그들이 상황을 평가해 요약한 내용은 흥미롭다.

마지막으로, 임금과 교육 정도는 전산화 확률과 강한 음의 상관관계를 보인다는 증거를 제시하겠다. 이 조사 결과는 자본 심화[5]가 숙련노동의 상대적 수요에 미치는 영향은 19세기, 20세기, 21세기 사이에 불연속적이었음을 암시한다. 19세기의 제조 기술은

---

5   실제 생산에 투입되는 노동 대비 자본의 비율이 높아지는 현상

주로 일의 단순화를 통해 숙련노동자를 대체한 반면…… 20세기의 컴퓨터 혁명은 중간 소득 직종의 공동화를 초래했다. 우리의 모델은 전산화가 주로 고도의 기술을 필요로 하지 않는 저임금 직종에 한정되면서 현재의 노동 시장 양극화 추세가 끊길 것이라고 예측한다. 따라서 우리의 조사 결과는 기술이 급성장함에 따라 고도의 기술을 가지지 못한 노동자들은 전산화의 영향을 받지 않는 직종, 예컨대 창의성과 사회 지능을 요구하는 일에 재배치될 것임을 암시한다. 하지만 노동자가 경쟁에서 이기기 위해서는 창의적이고 사회적인 기술을 획득할 필요가 있다.

—「고용의 미래 - 직업은 전산화로부터 어떤 영향을 받을까?」,
옥스퍼드 마틴 스쿨과 옥스퍼드대학, 2013년 9월 17일

이것은 중요한 지적이다. 리처드 서스킨드Richard Susskind 교수(이 주제에 대한 최신 저서를 아들 대니얼Daniel Susskind과 공저로 출판했다)와 그 밖의 다른 연구자들은 앞으로 몇 십 년 동안 직업에 큰 변화가 일어날 것이라는 적절한 예측을 내놓는다. 세무 고문, 회계사, 변호사, 의사는 알고리즘을 사용해 속도를 높이고 업무의 지식 베이스를 넓힐 것이다. 그리고 일부 전문직은 알고리즘으로 대체될 것이다. 실제로 인터넷, 웹, 그리고 관련 기술의 등장은 15~16세기에 인쇄기가 미친 영향과 맞먹는 영향을 초래하고 있다는 주장이 제기된 지 꽤 오래되었다. 두 경우 모두, 기술 혁신이 의사소통과 정보의 지배권에 근본적인 변화를 초래했다. 종교 개혁에서 가톨릭교회의 권력 집중에 맞서 프로테스탄트가 성공한 것에는 이런 변화가 큰 역할을 했다. 기득권 세력이었던 교회가 라틴어로 쓰인 책으로 배우는

것을 독점하고 있던 상황에서, 성서와 저항을 호소하는 팸플릿을 일상 언어로 적어 널리 퍼뜨릴 수 있었기 때문이다. 지금은 알고리즘이 웹에서 정보를 조직화하고 유통시키는 데 똑같이 근본적인 역할을 하고 있다. (물론 책은 과거나 지금이나 놀랍다. 최근에 종이책 매출이 기록적으로 증가하고 있는 것만 봐도 알 수 있다. 하지만 종이책은 스스로 자신을 읽고 결론에 도달하는 것은 아니다. 그것에 따른 행동을 명령할 수 없다는 것은 두말할 필요도 없다. 반면에 보험 회사가 사용하는 알고리즘은 다음과 같이 명령할 수 있다. '1초 전에 자동차 충돌 사고가 한 건 웹 사이트에 입력되었다. 실제 고객이 입력한 것인지 확인하라. 그리고 충돌 사고가 거짓이 아닌지 전반적으로 확인하라. 확인하러 보낼 자동차 수리공의 일정을 잡아라…….')

하지만 프레이와 오스본은 앞에 인용한 문단에서, 신기술이 사회 계층에 미치는 중대한 영향을 분명하게 지적한다. 그들은 중간 소득 계층의 직업은 이미 상당히 제거되었지만, (우리는 이 점에 주목하는데) 우리가 아는 중간 소득 계층의 생활은 파괴되지 않았다고 느낀다. 오히려 그 반대다. 직업의 소실은 앞으로도 반복해서 일어날 것이다. 프레이와 오스본은 전반적으로 누가 가장 위험에 처할지 분명하게 밝힌다. 저임금 노동자다. 그리고 그들은 그 대책에 대해서도 분명히 밝힌다. 창의성과 사회적 기술을 습득하는 것이다.

하지만 그런 일이 실제로 일어날까? 많은 사람이 호언장담했던 '미국 제조업 일자리 감소'에 관한 사실들을 살펴보자. 미국 노동통계국은 2006년부터 2026년까지 모두 합쳐 약 300만 개의 일자리가 사라질 것이라고 예측했다. 그것은 미국 전역의 많은 도시에, 그리고 그 과정에서 심한 타격을 입을 수백만 가족에게 파괴적인 비극일 터였다. 하지만 실제로는 같은 기간에 소실분을 메꾸고도 남는 500만 개의 전문직, 사업직, 금융 직업이 새로 창출되었다. 여기에 더해 소매업에서 추가로 100만 개의 일자리, 레저 산업과 서비스업에서 약 400만 개에 약간 못 미치는 일자리가 생겼고, 무려 800만 개의 새로운 일자리가 의료와 사회 복지 분야에서 주로 고령자 간호를 위해 창출되었다. 이것과 그 밖의 다른 통계상의 증감에 정치적 발언이 더해져, 미국 경제에 무슨 일이 일어나고 있든 간에 미국의 고용은 훨씬 증가했다. 2026년까지 20년 동안 미국의 노동 인구는 1800만 명 정도 증가할 것이다. 일자리 증가는 전 세계에서 동시에 일어나고 있으며 멈출 기미를 보이지 않는다. 산업화가 진행되면 출생률 유지되거나 떨어지기 때문에, 부유한 나라들은 경제의 수레바퀴를 계속 돌리기 위해 외국에서 노동력을 대거 조달해야 한다. 이민자가 내국인의 일자리를 뺏는 상황은 이제 없을 것이다.

이런 큰 그림에는 우리가 1장에서 지적한 경제가 돌아가는 방식에 대한 기본적인 사실이 반영되어 있다. 아까 말한 세련된 젊은 여성은 1970년에 근처의 델리카트슨에서 점포 내에서 만들어진 샌드위치를 사 먹었다. 모든 도시와 동네에서 사람들은 여전히 그렇게 한다. 하지만 그와 동시에 모든 장소의 상점과 기차역에서는 공장에서 만들어진 샌드위치를 판매하고, 그런 공장에서는 여전히 기계를 돕기 위해 인간을 사용한다. 미국에서는 20세 이상의 49퍼센트가 매일 샌드위치를 먹는다. 그 샌드위치의 약 58퍼센트가 판매 장소에서 멀리 떨어진 크고 작은 공장에서 만들어진다. 실로 큰 산업이다. 미국인 네 명 중 한 명이 샌드위치 제조업자의 제품을 매일 소비하고 있다는 말이니까. 여기서 은유적인 가설을 세워 보자. 샌드위치를 만드는 알고리즘은 아마도 아직 개발되지 않았을 것이다. 기계는 샌드위치 업계에서 이미 어떤 역할을 맡고 있고, 그것은 많은 뛰어난 연구의 주제가 되었다. 하지만 은유를 계속 밀고 나가 보자. 거대한 샌드위치 과점 기업이 가까운 시일 내에 살라미를 썰고 빵에 버터를 바르고 치즈를 가는 수많은 로봇을 도입해 그런 일을 하던 노동자의 사실상 전부를 대체한다고 가정해 보자. 앞으로 샌드위치 생산량은 연간 100억 개에 달할 것이고, 저지방, 저염, 저당 샌드위치가 훨씬 적은 노동력으로 생산될 것이다.

하지만 이것은 어디까지나 '누군가 그 샌드위치를 구매할 경우'의 이야기다. 로봇용 점심 같은 것은 존재하지 않는다. 자신이 제조한 제품을 먹거나 자신이 제조한 책을 사거나, 직장에 통근하는…… 그런 자동 기계는 존재하지 않는다. 그것이 자유주의 경제의 미래에 대한 가장 큰 불안이자 가장 큰 역설이다. 샌드위치를 기계가 만들기 때문에 샌드위치 공장의 모든 일자리가 사라진다. 기계는 샌드위치를 더 적은 비용으로 만들고, 보너스는 공장주와 소비자가 나눠 갖는다. 가격은 하락하고 이윤은 증가한다. 하지만 기계가 만들어질 수 있으려면, 그런 기계에 투자할 가치가 있다는 것을 은행이나 기업의 주주에게 설득해야 한다. 그리고 투자 가치가 있으려면, 샌드위치 시장이 존재해야 한다. 따라서 앞에서와 같은 표현을 사용하면, 향후 20년 동안 미국 경제에 무슨 일이 일어나든, 로봇이 모든 일자리를 대체하고 아무도 수입이 없어서 아무것도 살 수 없는 일은 일어날 수 없다. 그렇게 되는 날에는 로봇이 할 일이 없을 것이고, 따라서 애초에 로봇이 만들어지지도 않을 것이기 때문이다. 로봇이 사라지는 데는 수년이 걸리겠지만, 로봇이 사라지는 것은 논리적 필연이다. 그런 일이 일어날 경우의 대책에는 크게 두 가지가 있다. 첫째, 샌드위치 제조업자(그리고 제조업과 서비스업의 나머지 부문에서 로봇을 사용하는 모든 사람들)에게 이윤과 기타 잉여금을 세금으로 받아서 일하지 않는 사람들에게 임금에 상응하는 금액을 재분배하는 것이다. 구직자로 정의되는 실업자만이 대상이 아니다. 대학에서 공부하는 사람과 은퇴자도 그 대상에 포함된다. 둘째, 다른 업계와 직종에 새로운 일자리를 창출할 수 있다. 그 가운데 일부는 기존 직종의 인원을 확대하는 것이고, 일부는 지금까지 들어보지 못한 완전히 새로운 직종이다.

잠시만 생각해 봐도 첫 번째 방법은 완전한 해결책이 될 수 없음을 알 수 있다. 로봇 노동력과 인간 노동력의 비용 차이는 대개는 크고, 크지 않은 경우에도 무시할 수 없는 수준이다. 하지만 로봇은 결코 무료가 아니다. 어쨌든 그 차이(자본가가 로봇화로 얻은 이익)를 세금으로 징수해 이전의 노동자들에게 분배한다면 인간은 일할 때만큼 풍족할 것이고 따라서 제품을 구매할 수 있을 것이라고 생각한다면 그건 오산이다. 살림살이는 나빠지고, 유효 수요는 줄고, 그에 따라 경제도 후퇴할 것이다. 물론 공장주에게 돌아가는 모든 이익을 세금으로 징수한다면, 공장주는 애초에 인간을 로봇으로 대체할 마음을 먹지 않을 것이다. 해외에서 제품을 판매하고 많은 활동을 '외주화'하는 열린 경제에서는 상황이 더 복잡하다. 다른 나라보다 경제적으로 불안정한 국가도 있을 것이다. 하지만 기본적으로는 만일 기계가 모든 인간 노동력을 대체하기 시작하고 인간은 소득을 얻을 수 있는 직업을 찾지 못한다면, 경제는 초반에 붕괴할 것이고, 로봇은 그 즉시 사라질 것이다. 실제로 두 개의 힘이 수백 년 동안 서로를 제어해 왔다. 즉, 산업화로 인간 노동의 질이 증대됨으로써 발생한 새로운 부를, 거기서 생긴 풍족한 시장 기회를 잡은 기업가들이 시장에 발 빠르게 내놓은 새로운 제품이 흡수하는 것이다. 레저 산업과 교육 산업은 확대된다. 새로운 범주의 직업이 등장한다. 이 모두가 함께 어울려 고용된 기간 전과 후의 긍정적인 인생을 늘린다. 고용이 중단된 기간과 휴가 기간도 더 길어진다.

미국인은 다른 서양 국가들보다 훨씬 장시간 일하고, 휴가 일수가 훨씬 적다. 현재 미국에 고용되어 있는 사람은 약 1억 6000만 명이다. 만일 그들의 휴가 일수와 주당 노동 시간을 유럽 평균과 똑같이 맞춘다면, 같은 양의 노동을 하기 위해 약 2000만 명이 더 필요할 것이다. 그렇게 하면 좋겠다고 제안하는 것이 아니다. 경제는 그런 식으로 돌아가지 않는다. 하지만 그것은, 세계 전체로 보면 향후 20년 동안 미국의 직업과 고용 패턴이 크게 변화해도 세계는 붕괴하지 않고 미국도 그것을 타개할 수 있다는 가설이 완전히 비현실적인 것은 아님을 나타내는 척도다.

이미 말했듯이, 현대 경제는 복잡하고, 여러 측면이 초복잡하게 얽히면서 빠르게 변하고 있다. 그것을 헤쳐 나가는 일은 매우 어려울 수 있다. 매우 신중한 경제 운영을 필요로 하는 몇 가지 큰 조류가 존재한다. 예컨대 지난 세기의 상황은 전반적으로 다음과 같이 흘러갔다. 기계가 인간 노동을 대체함에 따라(예컨대 자동차 공장에서) 모든 제조업에 남아 있는 노동자는 임금을 더 받고, 여기서 창출되는 수요는 기존 제품과 새로운 제품의 생산량 증가로 이어진다. 그러면 노동자의 임금 역시 높아진 새로운 업계 기준에 맞추어 올라간다. 그와 동시에 개인의 처리 능력을 향상시키는 것이 현실적으로 불가능한 서비스업계 노동자(미용사, 웨이터, 회계사 등)도, 공장에 다니는 친구들과 똑같이 임금을 올려 받기를 바란다. 그들 또는 그들의 상사는 요금을 올린다. 즉, 헤어 커트, 레스토랑 식사, 회계 사무에 대중이 지불하는 단가가 산업 제품의 단가와 비교해 올라간다. 이런 '상대적 가격 효과'는 주로 서비스 노동자를 고용하는 정부에서 특히 심하게 나타난다. 제조업 부문의 개인 생산성이 로봇의 도입으로 급상승할 때, 서비스 노동, 특히 공무원의 노동은 그 외의 조건이 모두 같다면 상대적으로 더 비싸진다. 이미 존재하는 차이가 더 벌어지는 것이다. 실제로 이것은 산업 생산성 향상에 의한 부가가치가 경제와 인구 전반으로 확산되는 전통적인 형태 중 하나다. 이를테면 서비스 노동자는 자신의 서비스를 기계공에게 판매하는 가격에 세금을 더함으로써 산업화의 혜택을 공유할 수 있다. 하지만 '상대적 가격 효과' 외에 임금을 결정하는 '다른 모든 조건'은 절대 같지 않다. 조만간 살펴보겠지만, 공공 부문의 효율도 변하고 있고, 회계 사무 같은 전문직의 효율도 변하고 있다. 그렇다 하더라도, 전체 도식의 이 부분만 해도 결코 단순하지 않다.

고전적인 경제 발전 이론에 따르면, 자본과 노동 각각의 총수익은 경제가 확장됨에 따라 서로에 대해 상대적으로 움직이고, 때때로 예측 불가능하고 불안정한 비약을 일으킨다. 그리고 로봇은 실제로는 어느 날 아침에 갑자기 걷고, 코트를 걸고, 소매를 걷고, 어제까지 디지털 유인원이 했던 것과 똑같은 일을 하지 않는다. 제조업자들은 완전히 새로운 방식의 노동에 맞추어 전체 과정과 조직을 재구축하고 재설계한다. 구축된 구조, 통근 패턴, 물과 전력 수요가 올라가는 시간대까지 모두 변한다.

만일 많은 관측자들이 예측하는 정도의 **빠른** 속도로 새로운 기술이 우리에게 닥친다면, 이 모든 파괴적 패턴과 그 밖의 많은 일들이 동시에 발생할 것이다. 이 모두는 명백히 정부의 관리를 필요로 한다. 왜 정부냐고? 왜 모든 관리를 시장에 맡기지 않느냐고? 애초에 시장이 존재하기 위해서는 규칙이 필요하고, 그 규칙을 정하는 것은 정부나 그에 준하는 통치 기구이기 때문이다. 그뿐만 아니라 전반적인 유효 수요의 관리는 현대 국가의 중심적인 경제 과제 중 하나이고, 어쩌면 단 하나의 중심적인 경제 과제일지도 모르기 때문이다. 이에 더해 정부는 세제를 만들고, 고용 수당과 퇴직 수당 등의 이전 지출을 정비하고, 교육, 사회 복지, 의료에 대한 보조금을 (민간 부문이 공공 부문을 대신해 서비스를 공급하는 경우에도) 지급할 책임이 있다.

여러 경제학자들은 새로운 기술에 세금을 매겨 모든 사람을 위한 기본 소득의 재원을 마련하는 것이 하나의 해법이 될 수 있다고 생각한다. 빌 게이츠는 '로봇세'를 도입해서 로봇에게 일을 빼앗긴 사람들을 위해 사용하자고 주장해 왔다.* 물론 그것은 구체적인 제안이라기보다는 비유적 표현이다. 우리가 이미 보여 주었듯이, 로봇이 법인이 될 가능성은 없고, 미국 국세청IRS에 등록되지도 않을 것이다. 그리고 만일 로봇세가 기업에 부과되는 세금으로서 구체적으로 제안된다면, 문제가 일어날 것이다. 무엇보다 그런 세금이 효과가 있으려면, 매우 영리한 정부가 어디에 세금을 부과할지에 대해 분명하고 정확한 생각을 가지고 있어야 하고, 누가 로봇의 피해자인지

---

* 사고 실험: 1984년에 데스크톱 컴퓨터의 하드웨어와 소프트웨어에 대한 과세가 제안되었을 때 빌 게이츠가 보였을 반응을 상상해 보라. 그것도 직장에 큰 영향을 미쳤다.

정확하게 파악해야 하기 때문이다. 새로운 기술을 사용해 인간 노동을 대체하는 기업에 세금을 부과한다는 것은 사실상 모든 고용자에게 세금을 부과한다는 뜻이고, 특정 기업과 특정 기간에 어떤 세율을 과세할지 계산하는 일은 매우 어렵다. 그러므로 실제로는 모든 제조업과 수많은 서비스업 직종에 일률적으로 세금이 부과될 것이다. 정부가 세심하게 살피지 않는다면, 그런 세금은 생산성을 향상시킨 모든 기업에 대한 벌금이 되고 말 것이다. 전통 경제학 교과서에 따르면, 예측에 근거한 세금은 나쁜 것이다. 세금은 가장 적절한 장소에서 징수되어야 하고, 정부는 가장 적절한 장소에 세금을 사용해야 한다. 그곳은 대개 징수한 장소와는 다른 장소다.

하지만 처음에는 약간 바보 같은 발상처럼 여겨지는 것에도 건질 것이 있는 법이다. 충격의 규모가 어떻든 경제가 받는 충격을 완화하고 관리하기 위해서는, 최소한 또는 큰 규모의 정부 개입이 필요하다는 것은 확실하다. 새로운 자동 기계가 직업에 미치는 영향과 관련해 경제학자 사이에 폭넓은 합의는 존재하지 않는다. (미래에 대한 경제학자들의 전반적으로 일치된 견해는 혁신을 의심스러운 눈으로 봐야 한다는 것이다.) 하지만 앞으로 필요하게 될 폭넓은 범위의 새로운 인생 행보를 지지하는 기반으로서, 국가 재정으로 기본 소득을 보장하자는 의견에 대해서는 많은 경제학자가 찬성한다.

우리는 생산적이고 즐겁고 수입을 얻을 수 있는 일을 고안할 막대한 능력을 가지고 있다. 서양 국가의 시민들 대다수는 먹을 것을 재배하고 비바람을 피할 거처를 짓는 등 생명 유지에 필수적인 것을 직접 생산하지 않은 지 오래되었다. 미국에 고용되어 있는 1억 6000만 명은 미국 전체 인구의 거의 절반으로, 대충 말하면 전 인구의 절반에 해당하는 사람들을 '부양'한다. 그들 가운데 약 200만 명만이 농업, 임업, 어업, 수렵에 종사한다. 약 700만 명이 건설업에 종사하는데, 그 가운데 집을 짓는 사람은 일부에 지나지 않는다. 우리가 익숙하게 여기는 일상생활에 아무리 필수적이라 해도 죽고 사는 문제에는 불필요한, 수많은 선량한 사람들을 고용해 주는 우리가 사랑하는 직업과 산업은 그 명칭을 열거하는 것만으로도 이 책의 장 하나를 채울 수 있을 정도로 많다. 먼저 군대, 대학, 공무원, 회계사, 변호사가 있다. 그다음에는 할리우드와 세계 음악 산업이 있다. 네 개의 큰 기업이 지배하는 음악 산업은 녹음된 곡을 판매하는 것만으로 연간 160억 달러의 수익을 올린다. 그리고 거대한 운동장을 소유한 스포츠 구단이 있다. 맨체스터 유나이티드의 연 수익은 5억 파운드를 넘는다. 그것은 다른 사람들이 공을 차는 것을 지켜보는 사람들에게서 얻은 것이다. 소셜 미디어 스타도 있다. 주로 젊은 여성인 그들은 소셜 미디어에서 유명해진 것으로 유명한 사람들이다. 그들은 옷과 그 밖의 다른 브랜드를 언급하는 것으로 막대한 돈을 번다.

따라서 해결책의 일부는 새로운 계몽이다. 미술, 음악, 영화, 책에 대한 더 많은 흥미. 더 많은 스마트 게임과 전자 단말기로 할 수 있는 그 밖의 일. 걷기와 여행에 대한 욕구. 대학과 언론 매체, 그리고 그 둘을 결합해 추구하는 더 많은 과학적·지적 탐구. 12명의 우주 비행사가 달 표면을 걷게 했고, 대학을 졸업한 수만 명의 젊은이를 가난한 외국에 보내 가르치게 하고, 카다시안가의 사람들[6]을 배출한 문화라면, 오늘 읽고 계산하는 것을 배우고 있는 어린이들의 재

---

6 리얼리티 쇼에서 유명인이 된 킴 카다시안과 그 가족

능을 사용할 '유용하고 흥미롭고 보람 있고 즐거운 일'을 찾아내는 것쯤은 문제가 안 될 것이다.

한편에서는 교육과 훈련이 확대될 것이다. 그런 일은 이미 수십 년 동안 일어나고 있었다. 은퇴 시기는 더 일찍 찾아오겠지만, 은퇴 후의 시간을 퇴직 후의 재고용이나 포트폴리오 고용[7]의 형태로 보낸다면, 연금 기금의 부담을 경감할 수 있을 것이다. 대부분의 서양 국가에서는 '로봇이 우리의 일자리를 빼앗을 것'이라는 두려움이 (실은 1970년대부터 있었던) 핫뉴스와 함께 신문 1면에 자주 등장한다. 그 내용을 보면, 고령자의 비율이 증가하는데 직장이 있는 고령자는 감소해서 그 사람들도 일을 줄여…… 잠깐만! 이 두 가지가 동시에, 해결할 수 없는 거시 경제 문제가 될 가능성은 없다. 둘은 말하자면 회계상의 문제일 가능성이 있다. 연금 기금에 현금이 부족하다면 사람들은 퇴직 전에 몇 년 더 일할 필요가 있다. 이와 동시에, 일자리가 부족하다면 많은 사람이 조기 퇴직하면 좋을 것이다. 하지만 그것은 수입과 부의 분배 문제이지, 실제로 구할 수 있는 자원의 총합 문제는 아니다. 일하는 사람 가운데, 대규모의 로봇, 인공 지능, 자동 기계의 도움을 받아 실체가 있는 물건을 훨씬 더 많이 생산함으로써 모두에게 돌아가게 하는 사람은 많지 않다.

그러면 아직 50대인 건강하고 젊은 은퇴자들은 대체 무엇을 할까? 그들을 위한 사업과 직업을 창출하면 된다. 쉬운 예를 하나 들어 보자. 미국에서는 관광 산업이 500만 개의 일자리를 직접 제공하고, 또 다른 900만 개의 일자리에 간접적으로 기여한다. 이는 GDP의 약 8퍼센트

---

7 복수의 고용자에 고용되어 있는 노동 방식

에 해당한다. 영국에서는 12개 일자리 중 하나가 직간접적으로 관광 산업에서 만들어진다. 총 300만 개가 넘는 일자리다. 세계에서 관광객이 가장 많이 찾는 나라인 프랑스에서는 그 비율이 더 높다. 세계 전체로 보면 이익이 훨씬 더 크다. 세계여행관광위원회는 다음과 같이 말한다.

> 2014년에 여행과 관광은 세계 경제에 7조 6000억 달러(세계 GDP의 10퍼센트)와 2억 7700만 개의 일자리(11개 중 1개)를 제공했다. 최근에 여행과 관광 산업은 자동차, 금융 서비스, 의료 같은 더 폭넓은 경제와 다른 중요한 부문보다 더 빠른 속도로 성장했다. 작년도 예외가 아니었다. 국제 관광객도 급증해 거의 11억 4000만 명에 육박했고, 방문자의 소비는 관광객 증가를 상회해 증가했다. 현재 신흥 경제국의 관광객이 외국인 방문자의 46퍼센트를 차지한다(2000년의 38퍼센트에서 증가). 이는 이 새로운 시장에서 여행이 증가했고, 여행에 대한 기회가 확대되었음을 나타낸다.
>
> — '여행과 관광 산업 – 경제적 영향',
> 세계여행관광위원회, 2015년

관광 산업에는 좋은 면만 있는 것은 아니다. 관광 산업이 세계 전체 GDP의 10퍼센트에서 15~20퍼센트까지 증가하고 새로운 1~2억 개의 일자리가 창출될 때 결과는 그리 간단치 않을 것이다. 하지만 그 결과가 로봇에 일을 뺏긴 사람들이 굶어 죽는 것은 아니다. 관광 산업이 성장하면, 휴가를 보낼 리조트를 건설하고 리조트에 비행기를 보내고 관광객을 즐겁게 하기 위한 일자리가 일부 사람들에게 제공된다. 그리고 수백만 명의 사람들이 유익하고 즐거운 여행을 한다. 하지만 여가가 길어지면 여러 가지 여파가 따른다. 이 사례에서 보면, 항공 연료의 소비가 늘어나면 유해 배출 가스가 증가하고, 그것은 기후 변화에 심각한 영향을 미친다. 항공 회사는 안 그래도 배기가스를 줄일 방법을 모색할 필요가 있는데, 여가가 길어지고 있는 상황은 그것을 더 긴급한 문제로 만들 것이다. 하지만 이 가운데 어떤 것도 인공 지능을 발명하고 제어할 정도로 고도의 지능을 가진 디지털 유인원에게 결코 극복할 수 없는 문제는 아니다.

미국의 경제경영서 작가이자 기자이며 낙관주의자인 케빈 메이니Kevin Maney는 이렇게 말한다.

> 로봇 경제는 지금 우리가 꿈도 꿀 수 없는 직업을 계속해서 발명할 것이다. 인터넷이 누구도 예상하지 못한 직업을 탄생시킨 것과 마찬가지다. 우리 할머니 세대에는 검색 엔진 최적화 전문가가 없었다. 하지만 지금 그 일은 보수가 꽤 좋다.
> — '인공 지능과 로봇은 어떻게 경제를 급격하게 변화시키는가',
> 「뉴스위크Newsweek」, 2016년 11월 30일 호

또 하나의 분야로는 공공 행정이 있다. 영국의 개혁연구집단Reform Reaserach Turst이라는 싱크 탱크는 향후 20년 동안 고용에 실질적인 감소가 일어날 것이라고 추산한다. 단순한 추측만은 아니다. 그들은 거기에 필요한 대규모 개혁을 기획하고 실행 중인 고위 공무원들을 취재했다. 세금을 징수하는 영국 세입관세청HMRC은 향후 5년 동안 1만 2천 명의 인력을 감축하고, 130개의 사무실을 15개 정도

의 거점으로 통합하고, 상당수의 업무를 생각하는 기계로 대체할 예정이다. 하지만 전반적으로 세입관세청은 5만 명의 직원을 계속 고용할 것이다. 개혁연구집단은 영국 정부의 25만 개 일자리가 없어질 것이라고 생각한다. 이 숫자가 많은 것처럼 들리는가? 공공 부문에 고용되어 있는 사람의 수는 모두 합쳐 500만 명을 훌쩍 넘는다. 이 숫자는 (원자력 잠수함 조선소, 민간 부문의 재택 간호 및 시설 간호의 90퍼센트, 연구 기관 등) 공공 부문 프로그램의 자금으로 운영되는 일은 포함하지 않은 것이다.

미국은 공공 부문의 규모가 (군을 제외하면) 영국에 비해 항상 작았던 터라 입장이 달라서 흥미롭다. 연방 정부는 2012년부터 2022년 사이에 일자리가 감소할 것이라고 예상하지만, 주 정부와 지방자치체에서는 그 감소분을 상회하는 증가를 보일 것이다.

수십 년 동안 고령자를 위한 새로운 패러다임이 형성되어 왔다. 이른바 '제3세대'라는 것이다. 그들 가운데는 계속 일하는 사람들도 있지만, 타인의 직업을 빼앗지 않는 형태의 일을 하는 사람들의 비율이 증가하고 있다. 즉, 자원봉사, 저술, 세계 여행, 공식적 또는 비공식적인 배움 등이다. 고용 효과는 '돌보는 일을 하는 사람'의 수요가 늘어나는 것에서 생긴다. 미국에는 700만 개의 의료 및 사회 복지 관련 일자리가 새로 창출되었다. 엔터테인먼트와 관광 산업 관련 일자리의 증가 또한 고용 효과를 가져온다. 그리고 65세 또는 70세가 아니라 60세에 퇴직할 때 생기는 빈자리도 고용 효과를 만들어 낸다.

브루킹스연구소 기술혁신센터의 대럴 M. 웨스트[Darrell M. West]는 그 분야에 대한 훌륭한 조사에서, 커다란 위험이 존재하므로 정치, 기업, 사회의 신중한 관리가 필요하다고 결론짓는다.

우리가 지금까지 살아온 '결핍의 시대'와 앞으로 다가오는 '새로운 기술을 통한 풍요의 시대' 사이의 극명한 대조는 우리가 사회 계약에 주목할 필요가 있음을 뜻한다. 고용과 여가 시간에 일어나고 있는 극적인 변화에 발맞추어 사회 계약을 다시 작성할 필요가 있다. 노동의 대가를 지불받고 그 돈을 상품과 서비스에 소비하는 현재의 순환이 근본적으로 방해받고 있는 상황을 이해할 필요가 있다. 인간 노동의 상당 부분이 경제를 운영하는 데 필요하지 않게 되면, 우리는 소득 창출, 고용, 공공 정책을 재고해야 한다. 지금 출현하고 있는 새로운 경제 시스템에는 현재의 노동자가 전부 필요하지는 않을 것이다. 새로운 기술은 이 개인들을 시대에 뒤떨어지고 고용 불가능한 상태로 만들 것이다. (…) 사회가 이전보다 적은 노동자를 필요로 한다 해도 누구나 보람 있는 인생을 살아갈 방법이 필요하다. 우리는 고용되지 않은 개인들로 이루어진 영구적인 하층 계급이 생기기 전에, 이 문제를 해결할 방법을 생각해야 한다. 그중 하나가 사회를 위한 일련의 새로운 단계들이다. 연속적인 학습 창구, 예술과 문화의 기회, 상근직 이외에 수입과 복지 혜택을 보충하는 메커니즘이 필요하다. 자원봉사를 권장하고 가치 있는 대의에 기여하는 사람들에게 보상을 제공하는 정책은 사회 전체로 볼 때 의미가 있다. 이 단계들을 채용한다면 사람들이 새로운 경제적 현실에 수월하게 적응할 수 있을 것이다.

— '로봇이 직업을 뺏으면 무슨 일이 일어날까?
새로운 기술이 고용과 공공 정책에 미치는 영향',
브루킹스연구소 기술혁신센터, 2015년 10월

해외에 위탁된 직업의 다수는 앞으로 로봇화될 종류의 직업이다. 앞에서 콜센터에 대해 자세하게 다루었다. 콜센터가 아이슬란드에 있는 서버로 이동해 서양의 어딘가에 있는 경영자에게 관리되는 것은 시간문제다. 또 하나의 추한 신조어는 해외 위탁off-shoring이 다시 원위치로 돌아오는 것을 의미하는 '리쇼어링reshoring'이다. 한때 해외에 위탁되었던 일은 부유한 나라로 돌아온다고 해도 실체가 없어져, 필요한 인간은 전략 담당자와 소수의 기술 전문가뿐일 것이다. 우리는 이 문제를 컴퓨터 전문가가 사는 하이테크 성 안에서가 아니라 공적인 장에서 해결할 필요가 있다. 인간의 독창성이 새로운 직업을 창출하게 될 것은 틀림없는 사실이다. 하지만 인간의 독창성은 이러한 변화가 어떻게 관리되는지에 주의를 기울일 필요가 있다.

∾

경제가 적절하게 관리된다면, 경제가 어느 순간에 생산할 수 있는 것에 걸맞게 급여, 연금, 기타 수익도 전반적으로 늘어날 것이다. 사회적 목적은 생산 인프라가 허락하는 범위에서 무한한 유연성을 가진다. 다른 모든 사람이 토지나 동물에 의존해 근근이 생계를 유지하는 가운데 사실상 성직자에게 생활비를 기부하고 있었던 1300년에 누가 '성직자'가 직업이라고 법률로 정했는가? 현재 본에서 독일 문학을 가르치는 대학 강사나 베니스의 운하를 운행하는 곤돌라 사공, 또는 중국 텔레비전 방송국 아나운서가 직업이라고 누가 그런던가? 그들 중 아무도 식품 또는 식품으로 교환할 수 있는 필수품을 생산하지 않는다. 전 세계 체인에서 90종류의 뜨거운 음료를 제공하는 '바리스타'는? 스타벅스만 해도 2만 7천 개 매장을 가지고 있다. 우리는 사회적 필요에 따라 그때그때 이 역할들을 만드는 것이다. 부유한 서양 국가의 고용 가운데, 식품과 주거, 그 밖의 생필품을 제공하는 것은 극히 일부에 불과하다. 나머지는 인생을 더욱 알차게 만드는 재량 활동이다. 시간을 사용하는 방법에 대한 훌륭한 아이디어가 고갈될 것이라고 생각할 이유는 전혀 없고, 오히려 모든 증거는 그것이 증가하고 있음을 보여 준다. 창출될 수 있는 유용한 서비스 산업의 수는 무궁무진하다.

하지만 범죄자들이 지하 경제와 회색 경제를 확장할 때의 독창성을 무시해서는 안 된다. IMF는 지하 경제 — 세금과 라이선스 제도 밖에서 행해진다는 것 외에는 합법적인 활동에서부터 불법 마약 거래까지 모든 것 — 가 세계 경제의 약 4분의 1을 차지한다고 추정한다.

공식 GDP에서 차지하는 지하 경제의 비율, 1988~2000년

국가 범주	GDP에서 차지하는 비율(퍼센트)
개발 도상국	35~44
신흥국	21~30
OECD 가입국	14~16

— 프리드리히 슈나이더Fredrich Schneider, 도미니크 엔스테Dominik Enste,
'지하에 숨어서 – 지하 경제의 성장', 「이코노믹 이슈Economic Issues」,
2002년 3월 호

물론 전 세계 범죄자들은 새로운 기술을 신나게 채용하고 있다.

실력이 매우 뛰어난 신용카드 위조방은 도난당한 신용카드를 전 세계에서 사들여서 일부는 도매로 팔고, 일부는 자신들이 사용하는데, 그것으로 피해자의 계좌에서 돈을 빼내고 상품을 구입한다. 얼굴도 모르는 일반 시민의 데스크톱 기기에 기생해서 타인의 자원을 마음대로 사용하는 방법으로 대량의 스팸 메일을 전송해 불법적인 상품이나 난처한 상품을 판매하기도 하고, 유산을 다른 장소에 이동시킬 수 있도록 은행 계좌를 빌려준다면 믿기 힘든 돈과 성적인 서비스를 제공한다며 딱한 나이지리아인을 꼬드긴다.

∿

어떤 면에서 해결하기 더 어려운 문제는 이것이다. 내일 아침에 알고리즘 로봇이 모든 직장에 들어와(그런 일은 일어나지 않는다) 노동력의 절반을 대체한다면, 우리의 산업 능력은 변하지 않거나 올라가지만, 유효 수요는 감소할 것이다. 왜냐하면 실업자가 된 사람들은 수입이 거의 없거나 아예 없을 것이기 때문이다. 우리는 1930년대부터 그것을 바로잡을 방법을 알고 있었다. 정부는 현금을 가지고 있는 사람들, 즉 부유한 개인과 기업에 과세하고, 충분한 돈을 찍거나 빌릴 필요가 있다. 그리고 그와 함께, 수요의 부족을 보충하기에 충분한 새로운 활동에 자금을 대는 것이다. 많은 면에서 경제를 방치하는 쪽을 선호하는 정부였다고 하더라도, 잘 관리되는 현대 경제는 재정 조치와 통화 조치를 통해 유효 수요를 통제할 수 있다. 이렇게 하면 일하고 싶거나 일하지 않으면 안 되는 사람들이 만들어 낸 제품을 소비자 전체가 구매할 수 있는 여력이 생긴다.

정부의 자금 지원을 받은 새로운 노동자 상당수는 정부와 계약 관계에 있는 민간 부문의 기업에 소속되는데, 그 모든 사람이 도대체 무엇을 할 수 있을까? 우선 한숨 나오는 상태인 미국의 공적 인프라에서부터 이야기를 시작해 보자. 이 이야기를 이전에 어디에선가 들은 적이 있을까?

　　이것은 물론, 다가오는 변화들이 하루아침에 일어나서, 디지털 유인원이 원래 가지고 있는 독창성과 아이디어 및 활동의 자유 시장을 활용해 새로운 일을 발명할 시간이 전혀 없었을 경우의 이야기다. 공공 인프라 약점에 대항하기 위해 내놓은 트럼프 대통령의 제안은 타이밍이 적절하지 않다. 다시 이야기하는데, 현재 미국은 로봇의 등장과 모든 산업을 극동으로 이전한 것에도 불구하고, 새로운 일을 척척 만들어 내고 있으며, 대규모 경기 부양책이 필요한 것 같지 않다. 트럼프의 제안은 최선의 방법이 될 가능성이 없다. 공적 자금을 받은 민간 기업에 공공 인프라 건설을 맡기는 것은 영국이 지난 20년 동안 시도했던 일로, 지금까지의 결과는 엇갈린다. 하지만 대략의 아이디어는 옳고, 인공 지능이 많은 직장을 변모시킬 때, 이행을 쉽게 관리할 방법이 될 것이다. 새로운 일은 얼마든지 창출할 수 있지만, 정부가 모든 범죄를 박멸하고, 모든 노인의 집에 돌봄 서비스를 보내고, 도로에 팬 모든 구멍을 메우고, 모든 어린이가 소중한 대우를 받을 수 있도록 모든 학교에 충분한 교사를 보내고, 충분한 집을 건설할 때까지는 매우 긴 시간이 걸린다. 그리고 그것은 단지 우리가 이미 알고 있는 전통적인 일일 뿐이다. 새로운 소비재와 제조 과정이 등장하는 것과 병행해 새로운 종류의 정부가 출현해야 할 것이다.

문제는 경제학자들이 '마찰적 실업'이라고 즐겨 부르는 것으로, 안정된 직장을 잃고 이제부터 무엇을 하면 좋을지 모르는 사람들, 새로운 훈련을 받기에는 나이가 너무 많다고 생각하는 사람들이다. 여기에는 정부가 지능적으로 개입해, 정부와 기업과 신탁 기금이 은근하게 또는 공공연히, 여러 집단과 계층의 사람들 사이로 자원과 돈을 이동시키는 것이 필요할 것이다.

◌◌

　　구글이 우리에게 '무료'로 제공하는 놀라운 검색, 지도, 이메일에 우리가 어떤 식으로 값을 지불하는가에 대한 한 가지 대답은, 광고를 통해 지불한다는 것이다. 광고 비용은 세금과 마찬가지로 상품 가격에 더해진다. 우리는 모두 구글세를 지불하는데, 그것은 선점자 독점의 힘을 교묘하게 이용해 징수된다. 구글을 옹호하는 사람들은 그것에 대해 논리 정연한 반론을 제기할 수 있을 것이다. 저 오래된 부르주아 경제학 교과서에는 이렇게 적혀 있다는 것이다. '제조 기업과 서비스 업자는 자신들의 상품을 팔고 싶고, 그래서 돈을 들여 광고를 한다. 효과가 있는 경우에만 광고를 하는데, 실제로 광고는 효과가 있다. 광고료는 광고를 해서 얻을 수 있는 추가 수익보다 저렴해야 한다. 전반적으로 손해라면 왜 광고를 하겠는가?' 그 결과 경제의 모든 부분을 통틀어, 광고에는 수요 증가가 초래하는 생산량 증가가 추가하는 가치의 (예컨대) 5퍼센트만이 사용된다. 그것은 가격에 어떻게 반영될까? 일반적으로 한 기업 또는 경제 부문이 어떤 것을 더 많이 팔수록 단가가 내려간다. 그 이유 중 하나는 내려갈 수 있기 때문이다. 초기 설계 비용, 간접 비용 등이 더 많은 제품에 분배되므로, 경쟁에 의해 가격은 저절로 내려간다. 또 하나의 이유는 광고에 의해 새로 생긴 주변부 고객은 가격이 더 내려가지 않으면 구매하지 않을 가능성이 높기 때문이다. 따라서 핵심은 이것이다. 일반적으로, 경험적으로, 그리고 사실상 서양 경제에서 광고에 따른 가격 하락은 광고 그 자체의 비용보다 크다. 서양의 혼합 경제에서 광고는 생산 가속 장치다. 물론 분야에 따라 다소 차이가 있다. 좋은 증거로, 담배와 술처럼 시장이 제한되어 있는 가운데 비싼 광고비와 세금이 붙는 제품은 광고를 하면 판매가 올라가지만, 그것은 주로 경쟁자의 몫을 빼앗는 것이고, 광고 비용은 상품 가격에 더해진다.

따라서 구글은 첫째로 다음과 같은 그럴듯한 주장을 할 수 있다. 그들이 판매하는 광고 100억 달러당 세계 경제가 수천억 달러씩 확대되고(그렇지 않으면 광고주는 광고하지 않을 것이다), 그렇게 생긴 초과 가치로부터 가격은 100억 달러 이상 내려간다는 것이다. 그것은 구글세가 아니라 구글이 주는 또 하나의 선물이다. 둘째로, 구글은 광고비 대부분이 광고에 지불되지 않는다는 사실을 지적할 수 있다. 물론 그중 일부는 분명 값비싼 장소에 있는 있을 법하지 않은 모습의 사람들을 촬영하는 데 들어가지만 광고 비용의 대부분이 가는 곳은…… 신문, 텔레비전 프로그램, 스포츠 행사다. 그 자체로는 좋다. 구글의 광고비는 정보에 지불된다. 세계에 관한 사실들, 상업 사이트에 대한 액세스 등에 지불된다. 그리고 광고와 마찬가지로, 정보도 경제를 확대한다. 구글은 단지 경제의 가속 장치가 아니라 경제의 터보차저다.

이건 어디까지나 그들이 하는 말이다. 당연히 아주 많은 광고가 사회적으로 부정적인 상품을 광고한다. 때때로 구글의 핵심 고객은 부적절한 콘텐츠 옆에 자신의 광고가 나오는 것에 불쾌함을 느끼거나, 단순히 구글이 하는 다른 활동을 반대해 광고를 철수하기도 한다. 구글이 전적으로 소유하고 있는 유튜브는 살해 장면이나 폭발물 사용 방법을 촬영한 이슬람 원리주의자들의 선전 동영상을 배포한 일로 각국 정부와 시민들로부터 큰 압력을 받고 있다. 하지만 상업적인 동기는 고객 쪽에서도 구글 쪽에서도 강력하고, 현실적인 타협점이 있다. 물론 이 경이로운 서비스에 대한 경제적 가격 외에도, 구글은 사실상 독점 기업으로서 요금을 부과할 수 있는 모든 것에 요금을 부과한다. 그렇게 해서 막대한 현금을 거두어들이고, 그 대부분을 조세 천국에 은닉한다. 그 액수는 마지막으로 집계했을 때 480억 달러였다. 우리는 그 가운데 상당한 액수를 세금으로 거둬들일 수 있고 또 그렇게 해야 한다. 물론 그 수익의 일부는 엄청난 양의 강력한 정보, 즉 수조 번의 검색으로 드러나는, 공개될 경우에 훨씬 더 유익한 행동 패턴을 그들이 독점하는 것에서 얻어지는 것이다. 이 문제는 다음 장에서 검토하겠다.

상식과 경험으로 보면, 엄청난 광고 수익의 일부를 개인에게로 이동시키는 방법을 찾는다면 이런 답답한 상황을 타개할 수 있을 것 같다. 현재의 순환은 개인의 관점에 따라 악순환으로 보이기도 선순환으로 보이기도 하지만, 결국 다음과 같은 형태다. 우리들은 비스킷을 먹는다. 많은 기업이 비스킷을 생산한다. 맥비티McVities사는 자사의 비스킷을 먹으라고 우리를 설득하고 싶다. 그래서 맥비티사는 구글에 돈을 내고 광고를 낸다. 구글은 우리에게 '무료' 검색 기능을 제공하고, 우리는 검색 도중에 맥비티사의 광고를 본다. 그 광고는 구글의 알고리즘에 의해, 설득하기 쉬운 핵심 비스킷 고객층을 겨냥해 표시된다. 우리는 그 비스킷을 구매하고, 그 과정에서 맥비티사가 구글에 광고료를 지불함으로써 우리가 검색하는 것을 돕는 대가를 지불하는 것이다. 하지만 여기서 중요한 사실은 구글이 막대한 이익을 내는 이유다. 그것은 맥티비사를 비롯한 모든 광고주가 구글이 세계 최고의 검색 엔진을 구축하는 본업과 특정 대상을 겨냥한 광고를 게재하는 부업에 쓰는 비용보다 훨씬 많은 비용을 지불하기 때문이다. 따라서 원리상으로 우리는 비스킷을 더 싸게 살 수 있고, 맥비티는 특정 대상을 겨냥한 광고를 더 저렴하게 구매할 수 있다. 그렇게 되면 구글을 제외한 모두가 더 부자가 될 것이다.

여러 스타트업 기업이 이 순환을 깨는 방법을 모색하고 있다. 할 헛슨Hal Hodson은 최근에 「뉴 사이언티스트New scientist」에서 매우 중요한 (그리고 가치 있는) 일의 작은 발단이 될 수 있는 일에 대해 기술했다.

시티즌미CitizenMe가 내놓은 답은 창업자인 세인트 존 디킨스가 '디지털 거울'이라고 부르는 것을 사용자에게 제공하는 것이다. 디지털 거울은 당신과 관련한 정보를 소셜 네트워크에서 거두어들인 다음, 당신과 당신의 주변에 대해 당신이 미처 알지 못했을 것 같은 정보를 알려 준다. 예컨대 당신이 동네에서 유일한 독신이라는 사실이다. 그런 정보는 상업적으로 가치가 있다. 시티즌미는 처음에는 시장 조사 서비스로 시작했지만, 지금은 자신의 데이터를 브랜드나 리서치 회사와 익명으로 공유하는 사용자에게 작은 보수를 지불한다. 데이터를 공유하는 방법은 예컨대 짧은 설문에 응답한다든지, 최신 트윗을 몇 개 공유하는 것이다. "현시점에서 주당 8파운드를 버는 사람도 있습니다." 디킨스는 말한다. "큰 금액은 아니지만 점심값은 될 것입니다. 시티즌미의 플랫폼에 사용자들이 더 가치 있는 데이터를 추가하면, 그들은 더 많은 돈을 벌 수 있을 것입니다."
　　　　　— '당신의 데이터로 돈을 벌고 페이스북의 장기를
　　　　　역이용하는 방법', 「뉴 사이언티스트」, 2016년 9월 7일

　'관심'의 이차 판매는 점점 큰 문제가 되고 있다. 현재 세계 최대 규모의 기업 몇몇의 수익 흐름에 큰 부분을 차지하는 것은 내가 화면을 보고 있다는 사실을 어딘가에 있는 어떤 사람에게 판매하는 것이다. 클릭 수를 세는 틈새 기업은 이 사업의 중요한 요소다. 때때로 열람 정보가 판매되고 있다는 사실은 명백하다. 화면상의 광고는 적어도 그 광고를 내는 것에 어떤 형태로든 관련이 있는 사람을 반드시 보여 준다. 광고는 광고주가 판매하고 싶은 제품이나 서비스, 또는 견해를 거명하기 때문이다. 하지만 많은 경우, 내가 이 화면을 보고 있다는 사실은 내가 다른 시점에 화면을 보고 있었다는 사실과 묶여 나의 전체적인 상이 되고, 그것은 다른 시점에 다른 형태로 이용된다.

　수집되는 것은 단지 우리가 이것 또는 저것을 본다는 정보만이 아니다. 이 책의 저자 중 한 명은 옥스퍼드대학의 한 연구팀을 이끌고, 스마트폰이 온라인에서 사용되고 있을 때의 데이터 출입을 분석하는 '엑스레이'라는 앱을 개발했다. 그 앱이 밝혀낸 사실은 등골을 오싹하게 한다. 사용자가 보통의 상업적인 웹 사이트를 방문할 때

마다 항상 사용자에 관한 수십 가지 사실이 정기적으로 수집된다. 예컨대 스마트폰이나 고정형 컴퓨터가 사용된 장소도 포함된다. 전에 방문한 사이트에 다시 방문한다면, 사용자의 행동 패턴이 파악된다. 집인지 외부인지 유추하는 것은 간단하다. 사용자는 (예컨대) 블루밍데일스나 존 루이스 백화점에 주소를 등록해 두었을 것이다. 게다가 사용자가 월요일부터 금요일까지 매일 가는 장소도 안다. 그곳은 직장이다. 지금은 8월이고 스마트폰이 해변에 있는 리조트에 있다면……. 또는 사용자는 교외 지역에서 살고 일하지만 지금은 시내 중심가에 있다. 그 밖의 모든 정보의 흐름도 모두 파악되고 있다.

이것은 그 어디보다 페이스북에 해당되는 사실이다. 페이스북은 방대한 사용자를 수입원으로 이용해 왔는데, 사용자 대부분이 데스크톱보다는 휴대폰에서 페이스북을 사용한다. 구글에 비해 페이스북은 기술적으로 훨씬 평범하고 재미도 없다. 아마 기업 윤리와 성장 과정도 따분할 것이다. 하지만 페이스북은 구글보다 훨씬 더 감시에 의존하는 기업임이 분명하다. 정치 컨설팅 회사인 케임브리지 애널리티카가 페이스북 데이터를 부정 사용했다는 의혹이 제기되기 1년 전, 언제나 선견지명이 있는 존 란체스터John Lanchester는 이렇게 말했다.

그런 이유로, 만일 페이스북의 사업 모델이 감시에 기반을 두고 있다는 사실이 널리 알려지면, 그 기업은 위험에 처할 것이다. 페이스북은 2011년에 약관의 변경 — 데이터 사용에 대한 지금의 형식을 정당화하기 위한 변경 — 을 제안하면서, 감시 모델에 대한 사용자의 의견을 조사했다. 조사 결과는 분명했다. 응답자의 90퍼센트가 변경에 반대했다. 하지만 페이스북은 투표 참가가 저조했다는 것을 이유로 변경을 감행했다. 거기에는 어떤 놀라움도 없다. 사용자가 감시를 싫어한다는 것도, 페이스북이 그것에 무관심하다는 것도. 하지만 이것은 바뀌어야 할 문제다.

— 존 란체스터, '당신은 상품이다',
「런던 리뷰 오브 북스London Review of Books」, 2017년 8월 17일

약관의 공정 거래 모델을 만들어야 한다고 제안하는 사람들도 있다. 앱의 개발자와 그것을 상업적으로 사용하는 업자가 자신들이 만든 앱에 '이 앱은 고객과 고객의 입장에 관한 사실을 빼돌리지 않으며, 특정한 이해관계자에게만 알려 준다'는 인증을 붙이는 것이다. 앱이 그런 형태로 제3자에게 제공되는 정보가 무엇인지 사용자에게 보여 주고, 전송해도 좋은 정보를 사용자가 자신의 이익에 따라 선택할 권한을 주는 방법도 있다. 예컨대 사용자가 자신이 휴가 중이라는 사실을 블루밍데일스 백화점에 알리면 — 블루밍데일스가 그 데이터를 '공유하는'(그 데이터의 '몸값을 받는') 누군가가 사용자에게 관심 있는 제안을 할 수 있기 때문에 — 자신에게 이익이 된다고 생각하면 그렇게 하면 되고, 싫다면 거부하면 된다.

つ

케임브리지 애널리티카 사건에 대한 평결은 아직 나오지 않았다. (은유적으로가 아니라 문자 그대로 그렇다. 적어도 소송 사건이 한 나라 이상의 법원에 계류 중이라는 의미에서 그렇다.) 그리고 페이스북이 그

사건으로부터 뭔가를 배운 것이 사실이라면 그것으로 충분한지에 대한 평결도 아직 나오지 않았다. 지금까지 최고의 해설은 데이비드 섭프터David Sumpter가 『수적 우세Outnumbered』에서 제시한 것이다. 섭 프터는 추문이 터지기 전부터 케임브리지 애널리티카의 속임수와 천박함을 잘 알고 있었다. 한동안 지구에 없었던 사람도 이해할 수 있을 만큼 이야기는 아주 간단하다. 영국 케임브리지에 있는 작은 회사가 2016년 미국 대통령 선거 운동 기간에 몇몇 정치인에게 자 신들이 놀라운 도구를 만들었다고 설득력 있게 설명했다. 수백만 명 에 달하는 유권자의 페이스북 개인 데이터를 입수했고, 이 데이터를 사용해 그 사람들 각각의 심리 프로필을 만들었다는 것이다. 이것을 사용하면 선거 운동원이 아주 정확한 논점을 가지고 유권자를 공략 할 수 있고, 그것은 접전인 선거 판세를 흔들기에 충분하다고 그들 은 주장했다. 사건은 국제적으로 터졌다. 하지만 사람들은 이것이 도널드 트럼프가 자신의 승리를 굳히기 위해 짜낸 또 다른 방법이 라고 주장했다. 케임브리지 애널리티카는 수백만 명이 아니라 수십 만 명의 페이스북 사용자의 데이터를 입수했다는 사실이 곧 분명해 졌다. 페이스북에 게재된 내용을 토대로 만들어진 심리 프로필의 범 위와 타당성에 대해서는 심리학자들 사이에 의견이 일치하지 않고, 정치학자들은 그런 도구가 실제 선거에 영향을 미칠 수 있다는 것 을 아직 입증하지 못했다. (선거 운동 본부는 이미 유권자에 대한 막대 한 양의 정보를 가지고 있고, 미국에서는 유권자 등록 정보도 그 안에 포 함된다. 선거에서 가장 중요한 변수를 하나만 꼽는다면, 당신에게 투표할 것으로 이미 알고 있는 사람들이 실제로 투표를 하게 만드는 것이다.) 무 엇보다 '트럼프가 또'라는 수사修辭는 힘을 못 쓰게 되었다. 사실 케임브리지 애널리티카는 그 도구를 사용해 공화당의 '테드 크루즈' 캠프를 도왔기 때문이다. 그 도구는 효과가 없었고, 그들은 사우스캐롤라이나 예비 선거 이후 해고되었다. 케임브리지 애널리티카는 규모가 작은 다른 서비스를 트럼프에게 팔았지만, 어떤 것도 페이스북 데이터를 기초로 하지 않았다. 트럼프의 승리는 '훔친' 페이스북 데이터와는 무관했다.

현재 법정에 계류 중인 사건의 본질은 그런 '절도' 또는 다른 불법 행위가 일어났는지 여부, 그리고 어떤 종류의 법적 구멍으로 인해 많은 사람의 개인 정보가 공식 승인되지 않은 어떠한 방식으로 퍼질 수 있었는가 하는 것이다. 2018년 7월 25일에 페이스북의 주가는 19퍼센트 떨어져 시가총액이 1190억 달러가 빠져나갔다. 그것은 일시적인 타격이었지만, 거대 기업답게 페이스북은 신속하게 해명했다. 케임브리지 애널리티카가 분명한 가이드라인을 벗어나 행동한 것이며, 자사는 이런 일이 다시 일어나지 않도록 잠금장치를 도입했다는 것이다. 그 사실과 페이스북 계정을 보유한 개인 사용자가 어떤 식으로든 불편을 겪지 않았다는 사실을 고려하면, 소동은 필요 이상으로 요란해 보일 수 있다. 하지만 이 사건은 이 책의 독자에게는 친숙한 뼈아픈 진실을 처음으로 대중과 입법자에게 각인시켰다. 때때로 매우 개인적인 정보가 포함된 거대한 데이터 창고가 사기업의 손에 쥐어져 있다는 사실, 일반 시민도 선출된 당국자도 그것을 통제하지 않는다는 사실, 그것은 유출에 취약하다는 사실, 그리고 유출은 우리가 소중히 여기는 것들에 치명적일 수 있다는 사실이다.

우리의 관심은 우리의 확장판으로서 우리에게 속한다. 만일 그것이 이른바 '관심 경제'에서 가치 있는 재화라면, 그 가치가 우리에게 생겨야 하지 않을까? 구글은 이렇게 대답할 수 있다. 당연히 당신에게 가치가 생긴다. 우리가 당신에게 놀라운 검색 엔진과 구글 어스, 그리고 무인 자동차에 대한 연구 결과를 제공하고 있지 않은가. 이것은 사실이다. 하지만 그 거대한 현금 더미가 우리를 위해 쓰이고 있다면, 그것이 어떻게 쓰이는지와 관련해 우리가 발언권을 가져도 괜찮지 않을까? 그리고 그 과정에서 축적된 지적 자산의 일부를 우리 자신의 사업에 사용해도 괜찮지 않을까? 하지만 실제로는 그 현금의 큰 덩어리가 세금을 회피한 다음, 기업과 소유주의 은행 계좌에 축적된다. 2016년에 구글의 연 수익은 약 900억 달러였고, 그 가운데 약 200억 달러가 이윤이었다. 구글은 또한 앞에서 언급한 해외 이전된 보유고 480억 달러를 주로 버뮤다에 가지고 있다. 미국의 5대 기술 기업은 2004년에 4330억 달러의 해외 현금 자산을 보유하고 있었다. 실제로 그 기업들의 해외 현금 자산은 너무 거대해서, 새로운 회계학적 현상이 되었을 정도다. 그들이 가진 현금의 실제 가치는 액면보다 약간 적다고 봐야 한다. 왜냐하면 그것을 은닉처에서 자국으로 들여오려면, 국경에서 세금을 납부해야 하기 때문이다.

사회학자인 고故 존 어리John Urry는 독특한 문장을 구사하지만, 그의 연구는 흥미롭다. 『오프쇼어링Offshoring』은 여러 가지 이유로 읽을 만한 가치가 있는데, 한 가지 이유는 부유한 기업과 개인이 '법의 구멍'을 이용해 나머지 사람들이 지불하는 세금을 합법적으로 피한다는 신화를 폭로했기 때문이다. 조세 천국은 정부와 밀접한 연관이 있는 사람들이 확실히 세금을 납부하지 않아도 되도록, 정부가 의도적으로 만든 것이다. 어리가 자세히 설명했듯이, 잘 알려진 조세 천국은 주로 세 종류가 있다. 첫 번째는 자국 내에 특별히 지정된 지역이다. 일부만 예를 들어 보면, 중국에는 홍콩과 마카오가 있고, 포르투갈에는 마데이라 제도가 있고, 영국에는 채널 아일랜드, 미국에는 네바다주와 델라웨어주가 있다. 「포춘Fortune」에서 선정한 500대 기업 가운데 3분의 2가 델라웨어주에 설립되었다. 두 번째는 같은 정부가 마련한, 자국에서 떨어져 있는 은신처다. 예컨대, 영국령 버진 아일랜드가 대표적인 예다. 세 번째는 기회를 포착하고 전 세계 엘리트층의 권고를 받아 스스로 그 기회를 잡은 제3국이다. 가장 눈에 띄는 국가로 스위스와 파나마가 있다. 그 국가들에는 이 모든 것을 가능하게 만드는 관행과 법이 마련되었다. 주요 자본주의 국가의 재무부와 은행 당국은 그 자신도 배부른 자본가인 금융 산업과의 협의하에 사적인 부가 사적인 부로 계속 유지될 수 있도록 그런 관행과 법을 계속해서 신중하게 키우고 있다.

거대 디지털 기업이 사회에서 지불해야 하는 비용을 지불하지 않는 것을 다룬 기사가 최근 많이 보이고 있어서, 일반 시민은 누군가가 그것에 대해 무언가를 하고 있다고 생각할지도 모른다. 작은 조치들이 마련되고 있는 것은 사실이다. 미국에서 트럼프 행정부는 해외 이전된 현금에 대해 일시불 세금을 부과했다. 이렇게 하면 예컨대 애플은 2520억 달러의 은닉한 돈에 대해 380억 달러를 지불해야 한다. 하지만 이 경우에 '일시불'은 '8년 동안에 대한'을 의미한다. 따라서 애플은 기쁘게 매년 약 40억 달러를 지불해, 약 1조 달러의 4분의 1을 납세 의무에서 해방시킬 수 있었다. 실질적인 효과를 내는 세계적인 공조 행동은 지금까지 어느 정부의 의제에도 올라와 있지 않다.

이런 십수 명의 미국 백인 남성과 그들을 둘러싼 소수 정예의 갑부 마법사와 경영자 무리를 어떻게 하면 좋을까? 서양 학자들은 이 작지만 중요한 사회 계층 혹은 범주에 대해 아직 일관성 있는 정책 논의를 펴지 못하고 있다. 그들은 사회적 기계를 초반에 지지한 계층과 몇 가지 공통된 특징을 가지고 있지만, 똑같지는 않다. 인터넷 억만장자와 기업가로 이뤄진 새로운 계층은 무수한 영향을 미치고 있지만, 무엇보다 흥미로운 것은 기업 구조에 대한 영향이다. 주주는 기업의 주체적인 소유자로 여겨지고, 지난 30년 동안 점점 그렇게 되었다. 기업의 경영자들은 주주를 자기편에 둘 필요가 있다. 하지만 실리콘밸리에서는……. 존 란체스터는 「뉴요커」에 다음과 같이 썼다.

기술 산업은 특히 경영진이 회사의 소유자를 자유롭게 무시할 수 있는 구조를 만들고 싶어 한다. 구글과 페이스북의 창업자들은 급여 지급일에 고액의 급여를 지불할 수 있기 위해 시장에 접근해 왔지만, 자신들의 회사를 계속 지배하고 있다. 비즈니스 분석가 제프 그램Jeff Gramm은 기술 산업이 이런 구조를 유지하려는 욕구에 회의적이다. "이 선의의 독재자들이 앞으로 어떻게 되어 가는지 지켜보면 재미있을 것"이라고 그는 말한다. '구글은 이미 직원들에게 직원 주식과 자사주 매입권을 주는 인심을 쓴 뒤 소유권을 창업자에게 다시 집중시킴으로써 주주와의 합의를 배신했다. 주주는 언제까지 이 회사를 신뢰할까? 자신은 악마가 아니라고 주장하는 사람을 언제까지 진정으로 믿을 수 있을까?' 대답은 '그들이 돈을 벌고 있는 한'이다.

— 존 란체스터, '투자가의 편지를 어떻게 읽어야 할까?',
「뉴요커」, 2016년 9월 5일

영국 사업가이자 세계 최대 광고 회사 WPP의 CEO인 마틴 소렐 Martin Sorell 경은 종래의 '굿 가버넌스good governance'를 어기는 기업이 더 좋은 실적을 올리는 경향이 있다고, 전혀 흥분하지 않고 냉정하게 주장한다. 란체스터가 확실히 옳다. 많은 투자자가 소렐의 의견에 동의할 것이다. 투자자들이 돈을 버는 한 말이다. 하지만 큰 외부성[8] 요인이 존재하고, 나머지 우리가 관심을 가져야 하는 부분은 바로 그곳이다.

❧

요컨대, 직업은 변했고 앞으로 계속 변할 것이며 그 속도는 아마 더 빨라질 것이다. 러다이트와 반러다이트 논증이 새로운 힘을 얻고 있다. 우리가 처음에 본 것은 17세기부터 시작된, 농업에서의 생산성 변화와 토지 인클로저[9]와 관련한 갈등이었다. 그다음에는 점점

---

[8] 한 경제 활동의 영향이 당사자 이외의 개인, 기업, 부문 등에 미치는 것
[9] 중세 말부터 근대에 걸쳐, 주로 영국에서 개방 경지 제도였던 토지를 영주나 지주가 농장이나 목양지로 만들기 위해 돌담과 울타리 등으로 둘러싸서 사유지화한 것

증가하는 잉여 노동력이 공장, 광산, 건설업에 편입되었다. 그런 다음 20세기에는 그 산업들이 다시 기계화되었다. 다음 차례는 옥스퍼드대학의 칼 프레이와 마이클 오스본에게 들은 대로, 중간 소득 계층의 사무직 일자리가 변모했다. 전화를 받고, 서류와 이메일을 처리하고, 허가와 벌금을 교부하는 등 단순한 사무 업무의 상당수가 기계에 병합되었다. 의사 결정 역시 대개 인터넷과 웹 애플리케이션에 의해 자동화되었다. 앞으로 저소득층의 일도 침입당할 것이다. 변호사와 의사를 포함한 많은 직업이 영향을 받았고, 앞으로 더 큰 영향을 받을 것이다. 하지만 아직 인간의 일은 완전히 없어지지 않았다.

가장 신뢰할 수 있는 현시점의 예측으로는 향후 10년 동안 일자리 수는 크게 증가할 것이다. 그것은 경제학에서 알 수 있는 가장 확실한 것 중 하나다. 향후 30년 동안 수많은 새로운 활동이 생길 필요가 있고, 기존 산업의 상당수가 확대될 필요가 있다. 실제로도 그렇게 될 것이다. 혼란이 있겠지만, 앞에서 말했듯이, 지난번 세기가 바뀔 무렵 몇 십 년 동안 일어난 특별한 변화만큼 그 규모가 크지는 않을 것이다. 제2차 세계 대전이 끝난 뒤 많은 나라에서 일자리가 크게 변화했다는 사실도 기억할 필요가 있다. 수백만 명의 남성들이 군대에서 돌아왔고, 수백만 명의 여성들이 전시 노동을 그만두고 시민으로서의 의무, 대개는 가사일로 돌아왔다. 그와 동시에 승전국과 패전국 모두에서 정부는 경제를 통째로 재건했다. 많은 정부가 1920년대 이래로 계속 미루어졌던 사회, 의료, 경제 부문의 개혁을 실시했다. 오스트리아 경제학자 조지프 슘페터Joseph Schumpeter는 자본주의 경제의 핵심에서 불고 있는 '창조적 파괴의 거센 바람'이라는 개념을 제안했다. 그것은 '오래된 구조를 끊임없이 파괴하고 새로운 구조를 끊임없이 창조해 경제 구조를 내부에서부터 끊임없이 변혁하는, 산업적 변이 과정'이다. 좋든 싫든, 그것은 어떤 형태로든 항상 우리와 함께했다. 컵의 반이 비었다고? 분명 끊임없는 파괴가 진행되고 있다. 컵의 반이 찼다고? 끊임없는 창조가 일어날 것이다. 우리는 창조적 파괴로 지금까지 그랬듯이 난국을 타개하고도 남을 것이다. 우리는 다시 한 번 직장, 공공 서비스, 개인 소비, 삶의 척도를 개혁할 수 있다. 이것은 대혼란이 될 것이다. 하지만 그것이 대공황과 같은 상태가 되어야 할 이유는 없다. 인공 지능은 생산성을 높인다. 그것도 적지 않게, 비약적으로 높일 것이다.

સ

거대 짐승들은 길들일 필요가 있다. 설령 인공 지능이 가죽끈에 묶인 괴물이 아니라 해도 말이다. 구글은 '사악해지지 말자'가 자사의 사훈이라고 자랑하는데, 아주 좋다. 그리고 그들의 제품은 훌륭하다. 하지만 '좋은 일도 좀 하자'라는 사훈은 어떨까? 첫째, 구글과 그 밖의 기술 거대 기업은 그들 몫의 세금을 자진해서 전 세계에 납부할 필요가 있다. 인공 지능에 의한 변혁이 일어남에 따라 서로 다른 연령 집단, 서로 다른 기술을 가진 집단, 서로 다른 기관 사이에 대규모 이전 지출이 일어날 필요가 있다는 사실을 고려하면, 그 일은 두 배로 급하다. 둘째, 그들이 보유한 방대한 데이터 보물창고의 실체적인 요소를 모두의 이익을 위해 공개할 필요가 있다. 그것은 주로 연간 2조 건이 넘는 검색에 의해 얻어지는 것이기 때문이다.

이 문제에 대해서는 다음 장에서 다시 다루겠다. 지금부터 20년 동안은 새로운 종류의 정부와 새로운 종류의 기업 책임이 요구될 것이다.

↯

페이스북과 구글보다 어린 거대 짐승들이 존재하는데, 그들은 또 다른 파괴적인 이론을 가지고 우리에게 살그머니 접근하고 있다. 예를 들면 우버와 에어비앤비Airbnb가 있다. 공유 경제에 대한 평결은 아직 나오지 않았다. 때로는 공유 경제를 '긱 경제gig economy'[10]라고도 부른다. 그것을 긍정적으로 보는 사람들은 처음에는 급진적인 아이디어를 중심으로 시작한 반란자 기업이었던 것이 시장 전체를 더 낫게 변모시키고 있다고 생각한다. 수백만 명의 디지털 유인원이 1년에 몇 주 동안 비워도 상관없는 생활 공간, 일주일에 며칠, 심지어 몇 시간만 사용하는 자동차, 고용인에게 묶여 있지 않은 여분의 노동 시간을 가지고 있다. 다른 한편에서는 수백만 명의 디지털 유인원이 다른 도시에서 며칠이나 몇 주를 보내고 싶거나 보낼 필요가 있다. 또는 파티 장소에서 집까지, 공항에서 업무 회의 장소까지 차를 타고 이동해야 할 필요가 있다. 또는 부업으로 생계를 유지하거나 몇 달러의 용돈을 벌고 싶어 한다. 우리는 이 수백만 명의 유인원들을 연결해 줄 기술을 가지고 있다. 웹과 휴대폰, 혹은 두 가지 모두를

---

10 산업 현장에서 필요시에 계약직이나 임시직으로 인력을 충원하는 형태의 경제. '긱gig'은 단기 또는 하룻밤 계약으로 연주한다는 뜻으로, 1920년대 미국 재즈 공연장 등지에서 필요할 경우 연주자를 섭외해 단기로 공연한 데서 비롯되었다.

통해 에어비엔비를 사용하면, 케이트는 맨해튼에 있는 자신의 다락 방을 빌려주고, 그것으로 번 돈을 사용해 파리에 있는 피에르의 아파트에서 휴가를 보낼 수 있고, 그동안 피에르는 매년 떠나는 여행을 갈 수 있다. 이 사람들은 모두 에어비앤비 웹 사이트에 간단한 계정을 가지고 있고, 다른 가입자로부터 평가를 받는다. 우버는 자동차와 휴대폰이 있으면 거의 누구든 유료로 누군가를 차에 태울 수 있는 시스템이다. 이 두 개의 시스템만으로, 엄청난 수의 휴가와 여행 준비가 한결 수월해졌고 더 저렴해졌다. (2016년에 에어비앤비의 가입자는 1억 5000만 명을 넘었다.) 현재 노동 시장에는 원하면 누구나 지원할 수 있는 수백만 건의 '긱'이 있다. 주택 자원도 더 효과적으로 활용될 수 있다. 우버와 에어비앤비와 관련한 상당한 양의 돈의 움직임은 경제 전체를 크게 활성화하고 있는 새로운 조류의 일부에 지나지 않는다.

따라서 이점은 주로 가격, 실행의 용이성 및 유연성이다. 어떤 시장에서는 매우 빠르게 중요한 새로운 요소가 된 시스템을 받아들이는 것이 간단치 않았다. 법 규제도 따라야 한다. 실제로 에어비앤비 물건의 상당수가 임대업자, 또는 자신이 거주하지 않고 임대하는 단 하나의 물건을 가진 사람의 것이다. 그런 소유자가 대부분을 차지하는 도시도 있다. 잘 운영되는 광역 도시권은 관광업과 주민의 생활 사이에 균형을 잡으려고 한다. 그런 도시들은 뻔히 예측되는 혼란을 피하기 위해 호텔과 단기 임대가 반복되는 물건을 가능한 한 주거지에서 떨어진 지구에 모아 놓는다. 에어비앤비 물건의 다수는 그런 규칙을 어긴다. 에어비앤비는 가입자에게 지방세 또는 국세를 지불하라고 할 의무가 없다. 에어비앤비는 그 목적을 위해서 자신을 고용자도 거대 임대업자도 아닌, 단순한 데이트 주선 회사로 간주한다. 현대의 많은 도시가 장기 거주자에게 적절한 종류의 충분한 주택을 공급하는 데 어려움을 겪고 있다. 따라서 임대업자가 수익성이 더 높은 새로운 관광 시장으로 이동하면, 적어도 중단기적으로는 실질적인 문제가 발생한다. 잘 운영되는 광역 도시권은 또한, 허가된 택시 회사만 영업하게 하고, 경력과 신원에 관한 정보가 등록된 훈련받은 운전자만 택시를 운전하게 한다. 그런 이유만으로 (옳든 그르든) 우버의 영업을 금지한 주가 여러 곳 있다. 게다가 긱 경제는 많은 사람들에게 편리한 제도이지만, 그것을 움직이는 압도적인 힘은 저임금으로, 예컨대 우버의 '자영' 운전자의 고용 상태에 대해서는 많은 논란이 있다. 한편 종래의 택시 회사는 보험에 가입되어 있고, 직원을 엄격하게 심사해 서비스 품질을 유지하고 있다.

❧

거대 짐승의 더 오래된 종, 특히 은행과 금융 회사도 여전히 세를 떨치고 있다. 그리니치 표준시의 근거지인 영국 왕립 그리니치 천문대는 런던 시내가 내려다보이는 높은 언덕 중턱에 위치해 있다. 거기서 보는 스카이라인은 지난 30년 동안 극적으로 변했다. 근처 커네리 워프는 삼면이 템스강으로 둘러싸인 혀 모양의 반도인 도그섬에 건설된 재개발 지구다. 1986년 당시 그곳은 창고가 드문드문 산재한 버려진 부둣가 지대였다. 지금은 20여 채의 고층 빌딩이 늘어서 있는데, 그중 몇몇은 영국에서 가장 높은 빌딩으로 손꼽히는 것이다. 사무실 바닥 면적은 총 130만 평방미터로, 이는 고층 빌딩 1천 개분의 건축 면적에 해당한다. 런던 시티는 서쪽으로 5킬로미터 정도 떨어져 있는데, 그곳도 마찬가지로 변모했다. 1986년에 그곳의 경관을 지배한 것은 크리스토퍼 렌이 17세기에 건설한 걸작 세인트 폴 대성당이었다. 하지만 지금 그 성당은 남쪽에 위치하는 유럽에서 가장 높은 거주 가능한 빌딩인 '더 샤드'와 북쪽에 있는 여러 동의 고층 건물 사이에 끼어 있다.

이 금속과 콘크리트 괴물에서 20만 명이 넘는 노동자가 일하고, 그중 상당수는 영국에서 급료가 가장 많은 사람들이다. 사무실은 오픈플랜식[11]이고, 모든 책상에는 컴퓨터 디스플레이 화면이 있는데, 사람들은 거기서 온종일 숫자를 생산하고 조작한다. 복잡한 독창적인 아이디어로 포장된 이 숫자들은 현금을 나타낸다. 그 현금으로 증권 매매업자들은 슈퍼 카, 대저택, 호화로운 휴가라는 형태로 현실의 상품과 서비스를 구매한다. 이 사람들과 그들이 일하는 회사, 실질적으로 그들이 살아가는 나라는 모두 데이터를 만듦으로써 돈을 번다. 그들은 초고속 도구를 사용해 그 데이터를 초복잡 데이터 세트에 적용하고, 그 데이터 세트는 결국 은행 계좌와 주택 담보 대출을 가지고 있는 사람들, 또는 개인적으로나 연금 기금을 통해 주식 시장에 투자한 모든 사람들의 생활에 영향을 미친다.

현대 경제에 있어서, 숫자들을 고안해 키보드에 입력하고 이메일로 그 숫자들을 당신 옆에 앉아 있는 사람(또는 싱가포르에서 비슷한 책상 앞에 앉아 있는 비슷한 사람)에게 전송하는 것이 어떻게 실제 부

---

11 벽이나 칸막이가 없거나 적은 배치 방식

를 창출하는가를 이해하는 것보다 평범한 사람에게 더 이해하기 어려운 요소는 거의 없다. 하지만 일반적인 의미에서 거기서 생겨나고 있는 것이 가짜 부라는 것은 직관적으로 이해할 수 있다. 우리는 모두 숫자에 속을 수 있다. 하지만 이 디지털 활동이 어떻게 그 일이 일어나고 있는 세계 많은 곳의 거대한 건물에 자금을 댈 수 있을 정도로 충분한 실제 '부'를 생산할까?

투자가는 선진국에서 소프트웨어에 의해 노동 형태가 어떻게 변하고 있는지를 보여 주는 좋은 사례다. 다른 어떤 것보다도 인터넷은 송수신 비용과 기업과 고객 사이의 관계를 극적으로 바꾸었다. 새로운 기술은 시장의 속도도 높였는데, 어떤 사람들은 그것을 자유의 초석으로 보기도 한다. 속도를 너무 높여서 속도를 떨어뜨리기 위한 브레이크가 발명되고 있을 정도다. 그래야 마땅하다. 뉴욕에 있는 투자가가 광케이블만을 사용하는 시대에 뒤떨어진 경쟁자들보다 1천 분의 1초 빨리 시카고 시장에 접근하기 위해 전용 마이크로파 전파 탑을 세우고 있다는 이야기는 어처구니없다. 시대에 뒤떨어진 경쟁자들도 전파 탑을 사용하게 되면, 이 경쟁 자체가 아무런 목적 없는 시간과 돈의 낭비가 될 것이다.

이 기술과 그 밖의 다른 기술은 도구가 항상 그랬듯이, 인간의 지리학을 변모시켜 누가 어디서 무엇을 하는지를 바꾼다. 주요 서양 국가들이 수입하는 물리적 상품 외에 노동 집약적인 서비스도 먼 곳에서 조달되고 있다. 예컨대 콜센터는 교육 수준이 높은 노동력이 값싼 인도에 있고, 서버 팜은 전력이 풍부하고 추운 아이슬란드 같은 장소에 있다.

통화도 변화하고 있다. 세계 최대의 송금 시스템인 페이팔^{PayPal}은 새로운 종류의 통화로 일컬어진다. 2016년에 페이팔은 3540억 달러를 송금했다. 실제로 이 사업은 전통적인 신용카드와 은행이 발행하는 다른 금융 도구에 전적으로 기반을 두고 있다. 언뜻 드는 궁금증은 왜 대형 은행들이 스스로 '뱅크팔'을 구축하지 않았을까 하는 것이다. 비자 카드, 마스터 카드, 또는 오래된 수표 교환 제도를 모방하고, 다 함께 협력해서 뱅크팔을 만들 수 있었을 것이다. 그렇게 한다면 소비자의 사생활에 큰 이득이 될 것이다. 현재 소비자의 신용카드는 페이팔, 아마존, 온라인 슈퍼마켓, 때때로 이용하는 모든 비즈니스에 맡겨져 있고, 그 사업자들은 모두 소비자의 주소를 알고 있다. 만일 뱅크팔이 있었다면, 그 사업자들은 모두 웹 사이트에 '뱅크팔' 버튼 하나만 표시하면 될 것이다. 지금 수많은 사이트에 페이팔 버튼이 있는 것처럼 말이다. 뱅크팔 사이트는 고객을 그 사람이 계좌를 가지고 있는 은행으로 전송하고, 은행은 지불을 한다. 원리상으로는 온라인 상점과 배송업자 양쪽에 원타임 패스워드를 발행할 수도 있다. 배송자를 입찰해 선정하면 진행 비용도 낮출 수 있을 것이다. 고객이 이용하는 은행 외에는 누구도 고객의 신용카드 번호를 알지 못하고, 고객이 이용하는 은행과 배송업자(화물의 내용은 알지 못한다) 외에는 누구도 그들의 주소를 알지 못한다.

현재 대형 은행은 인터넷 대기업을 경쟁자로 보지 않는 것 같다. 가장 유명한 비트코인을 포함한 새로운 디지털 통화에 대해 은행이 지금까지 보인 반응에서 그것을 확실히 알 수 있다. 비트코인은 암호를 이용해서 가상 통화를 '주조'해 송금하는 P2P 결제 시스템이다. 코인은 비트코인 그 자체에 컴퓨터 처리와 암호화 서비스를 행함으로써 획득할 수 있지만, 주로 전통적인 통화 대신 매매되고 있다. 비트코인에는 처음부터 투기적 버블의 여러 특징이 나타나고 있었지만, 지금까지와는 다른, 정부와는 무관한 통화라는 개념을 증명하는 역할도 맡고 있었다. 비트코인이라는 모델에는 '코인' 시장에 대한 규제가 결여된 점, 그리고 코인의 '주조'를 위해 큰 수의 데이터 처리 장치를 사용하고 있고 그 수가 우려할 정도로 급증하고 있는 점 등의 결함이 있다. 이러한 결함 탓에 정부와 무관한 디지털 통화라는 개념 그 자체가 한 세대 남짓한 시간 만에 부정된다면 안타까운 일이지만, 그런 일은 충분히 일어날 수 있다.

이 모두는 토비아스 힐Tobias Hill이 2003년에 발표한 뛰어난 소설 『암호 연구자*The Cryptographer*』에서 예상한 것이다. A. S. 바이어트A. S. Byatt는 「가디언」지에서 다음과 같이 평했다.

암호 연구자는 돈, 권력, 그리고 선에 관한 소설이다. 이 모두에 섹스가 관여하는데, 그것은 어떤 이야기에서나 그렇듯이 그들이 인간이기 때문이다. 때는 가까운 미래 세계이고, 주된 무대는 런던이다. 그곳은 '합성 금융 상품, 금속, 선물 거래'가 사는 세계 금융의 중심지다. 암호 연구자로서 암호를 작성하고 해독하는 존 로는 '소프트 골드'라 불리는 안전한 가상 통화를 발명하고, 그것은 다른 모든 통화를 대체한다. 그는 세계 최초로 1000조 원대를 보유한 억만장자다. 영국 세입관세청의 A2 그레이드 조사관인 안나 무어는 여왕의 실리콘 기념제 날짜가 다가오는 가운데, 로의 수지 계산서의 모순점을 조사하는 일을 맡게 된다. 그녀는 로에게 매료되어 연루된다. 세계적 규모의 대혼란이 일어난다.

— '사이버 공간의 대부호', 「가디언」, 2003년 7월 26일

이것은 사토시 나카모토Satoshi Nakamoto라고 자칭하는 어떤 사람이 비트코인 개념을 제안하는 논문을 발표하기 5년 전에 나온 소설이다.

블랙 스완[12] 사건들을 둘러싼 흥미로운 이야기가 많이 있다. 나심 니콜라스 탈레브Nassim Nicholas Taleb의 뛰어난 책 『블랙 스완The Black Swan』은 모두가 읽어야 할 책이다. 2008년 금융 위기는 블랙 스완 사건이 아니었다. 그해의 금융 위기는 거의 모든 은행이 비현실적인 수학 모델에 기반을 두고 운영되고 있었기 때문에 일어났던 것이다. 예컨대 미국 남부의 주택 가격은 현재의 우주가 존재해 온 기간보다 수조 년 더 긴 시간 척도에서 딱 한 번, 20퍼센트만 하락할 것이라는 모델이다. 꼭대기 층의 모퉁이 사무실에 있는 은행 간부들은 자신들이 그런 허튼소리를 믿은 것은 이 업계에서 '퀀트'[13]라고 불리는, 안경을 걸친 금융 분석가가 이 모델과 이것과 비슷한 허튼소리를 보증한다고 말했고, 그것을 증명하기 위해서는 은행 간부가 이해할 수 없을 정도로 복잡한 방정식을 사용해야 한다고 말했기 때문이라고 주장하고 있다. 솔직히 말해서 형편없는 헛소리다. 대부분의 서양 국가에서 주택 가격은 이 책을 읽는 사람 대부분이 살아오는 동안 두 번에 걸쳐 20퍼센트 정도 떨어졌다. 주택 가격이 올라

---

12 일어나지 않는다고 생각되었던 일이 일어났을 때 일어나는 혼란

13 정량적인 데이터quantitative data를 다루는 금융 분석가로, 수학·통계에 기반해 투자 모델을 만들거나 금융시장 변화를 예측하는 사람을 말한다.

가는 것뿐 아니라 내려가는 것은 블랙 스완 사건이 아니다. 만일 당신이 서양의 투자가라면, 그것은 당신의 사무실 둘레를 매일 건들거리며 지나가는 흰 백조 떼 중 한 마리에 지나지 않는다. 은행 간부들이 이런 난센스가 일어나는 데 기여했다면 그것은 퀀트가 한 말의 의미를 제멋대로 해석했기 때문이다. 즉, 금융 상품은 터무니없는 최종 결산을 모호하게 가린 양도 물건을 토대로 쉽게 만들어 낼 수 있고, 다른 투자가들은 그것을 대량으로 사들일 것이다. 왜냐하면 그들은 그것을 다른 투자가에게 팔아 큰 이익을 챙길 수 있고 사들인 투자가도 또 다른 상대에게 판매할 수 있으며…… 이런 식으로 매매자 모두가 돈을 너무 많이 벌어 웃음이 그치지 않는 일이 다이너마이트에 도화선이 미칠 때까지 계속되기 때문이다. 그것은 새로운 기술이 내포하는 위험의 한복판에 있는, 단순한 것과 복잡한 것의 관계를 보여 주는 직접적인 증거다. 인공 슈퍼 지능은 위험이 아니다. 금융 세계에서의 위험은, 굉장히 빠른 엔진이 탐욕스러운 바보에 의해 프로그램되어, 당국의 적절한 감시를 받지 않는 상태에서 굉장히 어리석은 일을 어마어마한 규모로 굉장히 짧은 기간에 실행할 수 있다는 것이다.*

하지만 여기서 큰 문제는 서양 국가의 정부들이 가진, 은행과 금융 회사를 개혁하고 싶다는 욕구의 총계가 한 마리 사하라사막개미의 머리에 들어갈 정도인 데다, 이 개미가 사용하는 보수계와 스카이 컴퍼스의 지원도 없다는 것이다. 관행이 개선될 조짐이 있는 것

---

* 이 일련의 논증에 사용한 사실은 존 란체스터의 『어머나! - 모두가 모두에게 빌리고 아무도 갚지 않아도 되는 이유 Whoops! : Why everyone owes everyone and no one can pay』에 나오는 것이다. 이 책도 모두가 반드시 읽어야 할 책이다.

은 사실이지만, 은행은 자신에게 이익이 되지 않는 것은 검토하지 않을 것이다. 그래서 오픈 데이터 연구소[14]가 '오픈 뱅킹'에 관한 대책 위원회를 소집했고, 이 위원회는 계좌에 잠겨 있는 금융 거래 데이터를 고객이 더 잘 이용할 수 있게 하도록 영국의 은행업계를 유도하고 있다. 그것은 환영할 만한 일이지만, 상황의 균형을 잡는 데는 거의 도움이 되지 않는다. 금융업계를 살리기 위해 수천억 달러의 국민 세금이 들어갔다. 금융업계에서 활동하는 국제적인 전문가 집단의 작은 일부가 가진 파렴치한 탐욕에서 초래된 혼란을 대규모 사회 사업으로 수습한 것이다. 이 위기의 중심에 있었던 거대한 재보험 회사 AIG는 미국 정부로부터 다섯 번에 걸쳐 1730억 달러를 받았다. 자유 시장의 열렬한 신봉자인 골드만 삭스는 처참하게 실패해 국가로부터 100억 달러의 구제 금융을 받았지만, 그럼에도 8개월 뒤에는 총 160억 달러의 보너스를 전 직원에게 나누어 줌으로써 자신들을 위로했다. 1인당 52만 7천 달러다. 이런 태도는 행동 개선을 요구할 수 있도록 정부에 큰 힘을 실어 주었다. 하지만 그 후 정부가 취한 조치는 보잘것없었다. 이것은 또 다른 금융 위기가 그것도 더 큰 규모로 일어날 이유가 된다. 은행의 영향력은 독보적이어서, 사실상 자신의 규칙집을 스스로 쓰고 있을 정도다. 그리고 그들은 자신들의 이익을 방해하는 규칙을 싫어한다.

요컨대, 일군의 새로운 기술들이 가진 압도적인 힘과 깊이만이 디지털 유인원의 생활 환경을 구성하는 중요한 특징은 아니다. 새로운 기술이 거대 디지털 기업과 금융 기업에 의해 좌지우지되고 있다는 사실은 또 하나의 특징이고, 여기에는 놀랄 만한 것이 전혀 없다. 이런 거대 짐승들에 대해서는 뒤에서 다시 다룰 것이다. 하지만 낙관주의자인 우리는 더 좋은 면도 보여 주고 싶다. 즉, 새로운 데이터 창고를 초고속으로 그리고 포괄적으로 분석함으로써 긍정적인 차이를 만들 수 있다는 사실이다. 그것이 다음 장의 주제다.

2007년 3월, 닉 피어스Nick Pearce는 영국의 싱크 탱크인 공공정책연구소를 운영하고 있었다. 같은 달, 그 연구소의 젊은 인턴이었던 아멜리아 졸너가 런던에서 자전거를 타던 중 대형 트럭에 치여 사망했다. 총명하고 혈기 왕성한 아멜리아는 케임브리지대학을 졸업하고 유니버시티 칼리지 런던에서 연구를 계속하고 있었다. 아멜리아가 교통 신호등을 기다리고 있을 때 대형 트럭이 그녀를 치고 울타리를 들이받았고, 그녀는 바퀴에 깔린 채 끌려갔다. 2년 뒤인 2009년 3월에 피어스는 고든 브라운 총리의 '10번가 정책 유닛'의 실장이 되었다. 아멜리아를 잊지 않았던 그는 자전거 사고에 관한 데이터를 공개하는 것이 도움이 될지 동료에게 물었다. 그렇게 한다면 누군가가 그것을 사용해 자전거를 안전하게 타는 데 도움이 되는 웹 사이트를 만들 수 있지 않겠는가?

첫 번째 데이터 세트가 3월 10일에 인터넷에 올라왔다. 그다음부터는 일이 일사천리로 진행되었다. 온라인에서 우연히 그 데이터를 본 웹 사용자들이 그것을 지도 앱과 호환될 수 있는 형태로 변환했다. 다음 날, 어떤 소프트웨어 개발자가 그것을 구글 맵의 데이터와

'매시 업'(두 개 이상의 데이터 세트를 함께 섞는다는 뜻)했다고 이메일로 연락해 왔다. 그 결과, 누구나 자신이 갈 길을 찾아보고 그 길목에 사고 지점이 있는지 확인할 수 있는 웹 사이트가 탄생했다. 그 데이터는 공개된 지 48시간 이내에 숫자 더미에서 생명을 구할 수 있는 자원으로 바뀌었고, 덕분에 사람들은 사고 다발 지역을 관리하도록 정부에게 압력을 가할 수 있었다.

그러면 영국 정부가 기존의 방법으로 자전거 사고 정보 웹 사이트를 만들었다고 상상해 보자. 사업은 엄청나게 느리게 진행되었을 것이다. 정부는 입찰로 사업자를 선정하기 위해 입찰 참가 자격을 제시해 참가 사업자를 모집하고, 최종적으로 가장 낮은 가격을 제시한 입찰자에게 일을 발주했을 것이다. 이렇게 하는 대신, 단 이틀 안에 데이터가 강력한 공공 서비스로 변모한 것이다.

요즘에는 정치인, 기업가, 학자, 심지어 관료들조차 데이터에 대해 의견을 나누는 데 상당한 시간을 할애한다. 매분 유튜브 사용자들은 300시간 분량의 새로운 동영상을 업로드하고, 구글은 350만 건이 넘는 검색 요청을 받고, 1억 5000만 통이 넘는 이메일과 45만 건이 넘는 트윗이 전송되며, 페이스북 사용자들은 70만 건에 가까운 콘텐츠를 공유한다. 페이스북 사용자들은 또 다른 의미에서도 왕성하게 활동한다. 마크 저커버그에 따르면, 2016년에 페이스북의 평균적인 사용자는 페이스북과 그 자매 플랫폼인 인스타그램 및 메신저 사이트에서 하루 50분을 보냈다. 「뉴욕 타임스」가 지적했듯이, 이것은 깨어 있는 시간의 약 16분의 1이며, 1년 중 하루에 해당한다. 이것으로 대략 500페타바이트(5억 기가바이트)의 정보가 저장된다. 그 안에는 빅 데이터, 개인 데이터, 공개 데이터, 집약 데이터, 그리고 익명 데이터가 포함되어 있다. 어떤 종류의 데이터에도 같은 문제가 있다. 출처가 어디인가? 누가 소유하는가? 얼마의 가치가 있는가?

놀랍도록 방대한 데이터 세트에 포함되어 있는 데이터가 모두 공개되는 것은 아니다. 많은 데이터를 기업이 소유하고, 기업은 그것을 사용해 고객의 행동을 정교하게 분석한다. 당연히 기업은 경쟁사가 그 데이터에 접근할 수 있는 경로를 차단하고 싶을 것이다. 그렇다 해도 예컨대 건강 연구자들이 슈퍼마켓에서의 식품 구매 행동을 조사하는 경우에 조건부 액세스를 허용한다면 엄청나게 유용할 것이다.

현재 많은 분야에서 엄청나게 많은 데이터가 수집되고 있어서, 그것을 처리하기 위해서는 혁신적인 새로운 기법이 필요한 상황이다. 정부와 기업은 데이터의 기하급수적 성장에 내포된 잠재력에 눈을 뜨고 있다. 만일 소비자를 가진 기업이라면, 소비자가 무엇을 원하는지 예측해 그것을 공급할 수 있다. 공급망을 가진 기업이라면, 공급망을 더 효율적으로 만들 수 있을 것이다. 원재료와 연료를 사용하는 기업이라면, 여러 원산지와 가격을 비교할 수 있다. 원리상으로 전략적인 경영자는 회사가 나아갈 길을 여러 가지로 계획해서 계속 흘러들어오는 무수히 많은 데이터를 토대로 그것을 조정할 수 있을 것이다. 하지만 문제는 많은 사업 환경에서 경쟁 상대도 똑같은 것을 똑같은 속도로 똑같이 현명하고 포괄적으로 행하며, 그들의 공급자들도 마찬가지라는 것이다. 이 게임에 참가하는 어느 기업도 점점 잘하게 되지만, 게임 그 자체는 더 복잡해진다. 이것은 위험한 상황으로 치달을 수 있다. 개인 자산과 주택금융업계에서 혁신과 복잡화가 급격히 진행되는 탓에 여러 은행이 파산하고 경제 전체가 후퇴한 과거의 사례가 있다. 하지만 이점도 있다. 가전업계는 세계 속의 어느 업종만큼이나 경쟁이 치열해서 제품의 종류가 유례없이 다양하다.

❧

월드 와이드 웹은 수십억 개의 문서, 동영상, 사진, 음악 파일을 덮는 반짝이는 덮개와 같은 것이다. 거의 무한한 자원이 하나의 단순한 주소 시스템에 들어 있어서, 사람들은 원하는 콘텐츠를 빠르게 찾아 즉시 이동할 수 있고, 그 때문에 다른 변화를 일으키는 강력한 촉매로 작용해 왔다. 데이터를 찾는 기계에도 거의 같은 원리가 적용될 수 있다. 데이터 세트의 주소를 비슷한 방법으로 코드화해 두면, 다른 모든 데이터 세트와 링크될 수 있다. 기계는 웹상을 구석구석 찾아다니며 비슷한 데이터 세트를 발견해 그것을 조합한다. 인간이 이해할 수 있는 언어로 적혀 있는 월드 와이드 웹은 링크된 데이터의 시멘틱 웹에 의해 확장된다. 링크된 데이터는 기계가 이해할 수 있는 언어로 적혀 있어서, 기계가 우리를 위해 그것을 해독해 줄 것이다. 앞으로 몇 년 이내에 등장할 시멘틱 웹은 웹의 가능성을 크게 증폭시킬 것이다. 디지털 유인원의 생활 속의 모든 물건, 그리고 그 생활과 관계있는 모든 데이터베이스가 논리상으로 서로 자유롭게 이야기를 주고받을 수 있게 될 것이다.

❧

표면적으로 보면, 오픈 데이터라는 개념은 너무도 간단하고 옳아서 실패할 수 없을 것처럼 보인다. 개인 정보를 지키는 안전장치가 적절히 설치되어 있다고 가정하면, 중앙과 지방의 행정 기관, 특수 법인, 그리고 대학이 보유하고 있는 대량의 축적된 데이터는 새로운 사업을 시작하려는 기업가, 기존의 계약자보다 저렴한 상품과 서비스를 제공할 수 있다고 생각하는 소규모 공급자, 권력에 설명을 요구하고 싶은 기자와 운동가가 활용할 수 있는 자원이 될 것이다. 경제적 혁신과 민주적 책임은 둘 다 이롭다. 관료들은 그들의 조직이 어떻게 기능하는지 더 깊이 이해하고, 업무를 더 적절히 관리할 수 있을 것이다.

출발은 좋다. 지금까지 잘 이용되지 않았던 공공 데이터 세트가 잇따라 공개되어 몇 가지 영역에서 곧바로 도움이 되었다. 미국에서는 연방 정부가 data.gov를 설립했고, 영국에서는 data.gov.uk와 오픈 데이터 연구소가 설립되었다. 런던의 지하철과 버스를 운영하고 도로를 관리하는 런던교통공사 TfL는 교통 서비스에 대한 대량의 정보를 실시간으로 공개하기 시작했다. 이 정보를 토대로 앱 개발자들은 런던의 교통 이용자에게 지연과 정체를 알리는 스마트폰 애플리케이션을 빠른 시일 안에 개발할 수 있었다. 통근자와 상품 배달업자는 더 효율적인 이동 계획을 세울 수 있게 되었다. 추산에 따르면 런던교통공사는 그 결과로 경비를 연간 1억 3000만 파운드 이상 절약할 수 있다. 영국 내무성은 전국에 걸친 범죄율 감소를 등에 업고, 매우 자세하고 지역적인 범죄 통계를 과감하게 공개했다. 일반 개업의들이 작성한 처방전을 분석한 결과, 더 값싸고 효과가 좋은 약을 처방할 수 있었던 사례를 모두 더하면 총 수억 파운드를 절약할 수 있었다는 사실 또한 밝혀졌다.

그 분야에 대한 경험이 없는 외부인에게 대량의 데이터를 처리하게 하면 좋은 결과를 보증할 수 없다. 주치의가 부적절한 약을 처방한다는 사실은 수십 년 전부터 잘 알려져 있었고, 엘리트 전문직으로서 지금도 권력을 쥐고 있는 의사들을 합리적으로 관리하는 것이 어려운 일이라는 사실도 잘 알려져 있었다. 그렇지만 개별 전문의가 치료한 환자들의 사망률 데이터를 있는 그대로 공개한다면 오해를 초래할 수 있다는 의사들의 지적은 옳다. 환자 생존율이 가장 높은 심장 전문의를 찾아가는 것은 좋은 계획처럼 보인다. 하지만 최고의 외과 의사는 대개 가장 어려운 케이스를 맡기 때문에, 당연히 환자들이 사망할 확률이 더 높다. '투명성'은 오해로 이어지기 쉽다.

오픈 데이터는 또한 지적 재산권에 대한 중대한 질문을 제기한다. 특허와 저작권은 혁신을 추진하는 엔진이었다. 하지만 수 세기에 걸쳐 영국 정부가 운영해 온 육지측량부와 영국 우정공사[1]가 공적 자금으로 수집된 지도 데이터와 우편 번호 및 주소 정보에 대해 엄격한 지적 재산권을 주장하는 것은 정당하지 않은 처사로 보인다.

현재 오픈 데이터가 사람들의 관심을 끌고 있는 것은 기존의 불합리한 제도와 관습 탓이기도 하지만, 잘못된 동기 탓이기도 하다. 오픈 데이터에 관해 의사 결정을 내리는 정책 입안가와 기업의 최고 경영자들은 보통 데이터 전략을 전반적으로 장악하는 사람들과 같은 사람들이다. 지금까지 수년 동안 데이터는 영문 모를 위험 지대였다. 기업과 공적 기관은 실질적인 리스크에 직면해 있고, 그 리스크는 이런 의사 결정자들의 평판과 생활 방식에 영향을 미칠 것이다. 따라서 그들은 이런 식으로 생각한다. 빅 데이터에 대한 거액

의 투자는 이익을 회수할 수 없는 잘못된 판단이 될 수도 있다. 빅 데이터의 기회를 잡는 데 실패하는 것은 치명적이거나, 적어도 당혹스러운 일이다. 한편 오픈 데이터는 효과가 쉽게 나타나고, 비교적 저렴하고, 팀 버너스 리를 비롯한 웹의 선구자들도 추진하고 있다. 우리 팀이 오픈 데이터로 성공할지 실패할지는 알 수 없지만, 나는 최첨단에 있는 사람으로 보이고 싶다. 오픈 데이터를 하면 새로운 물결에 적극적으로 편승하는 것처럼 보일 것이다. 그뿐만 아니라 빅 데이터라는 불확실한 거대 데이터보다 안전해 보인다.

오픈 데이터를 선호하는 우리 같은 사람들은 오픈 데이터의 가치를 더 높은 수준에서 이해하고 싶어 한다. 그렇다 해도 앞 단락에서 서술한 동기 또한 충분히 존중할 만한 동기이고, 좋은 결과를 초래한다. 모든 시민과 모든 기업의 의사 결정자가 이해해야 할 것은 정부, 정부 기관, 기업, 트러스트, 그리고 개인이 가진 방대한 데이터는 도로망과 마찬가지로 중요한 국가적·국제적 인프라라는 점이다. 모든 국가는 교통 인프라가 목적에 부합하고 자연재해와 외부 공격으로부터 보호되도록 만전을 기할 책임이 있다. 각국 정부는 데이터 인프라에 대해서도 똑같은 책임을 가지고 있다. 현대 국가와 현대 기업의 디지털 자산은 방대하다. 그 자산의 대부분은 국가의 경우에는 국내 문제에 대처하도록 되어 있고, 기업의 경우는 이익을 내도록 되어 있다. 데이터는 단순히 '잘 이용되고 있지 않은 도서관'이 아니다. 하지만 시민, 기업가, 연구자가 접근하기 쉬운 것은 중요하다. 무엇보다 데이터 자산은 일상생활의 많은 부분이 일어날 수 있게 한다. 우리 대부분은 치료를 받을 때 의사가 자신의 의료 기록을 가지고 있기를 바란다. 우리 대부분은 구글, 페이스북, 마이크로소프트,

그리고 그들이 전적으로 소유한 애플리케이션에 기록되어 있는 자신의 친구 관계와 사업상의 네트워크를 잃고 싶지 않다. 어느 정도의 자산을 소유하고 있는가는 중앙 정부와 지방자치체의 자산 소유 기록에 의해 결정되고, 부와 수입은 금융 기관의 데이터 뱅크에 의해 결정된다. 이러한 데이터 가운데 일부는 적어도 메타데이터로서 공개되어야 하지만, 최소한 세부는 완전히 비공개로 해야 하는 것이 대부분이다. 그리고 그 모두는 공격, 붕괴, 사고로부터 보호될 필요가 있다.

우리 모두가 알고 있듯이, 공격은 단지 이론상의 위험만은 아니다. 2016년 미국 대통령 선거에서, 러시아가 국가 차원에서 지원한 해커 공격에 의해 절묘한 시점에 민주당 진영으로부터 이메일이 누설되어 선거에 중대한 영향을 미쳤다. 다음과 같은 종류의 뉴스를 우리는 점점 더 자주 보게 될 것이다.

> 악의적인 소프트웨어인 워너크라이WannaCry는 영국 국민건강보험 서비스와 텔레포니카를 비롯한 스페인 최대 기업 중 일부, 그리고 러시아, 우크라이나, 대만 전역의 무수한 컴퓨터를 공격했다. 감염된 컴퓨터와 데이터에는 락이 걸려 그것을 해제하려면 금전을 지불해야 했다. 이 랜섬웨어는 미국 국가안전보장국 관련 서류의 누설로 일반 대중에게 처음 드러난 취약성을 이용해, 윈도우 PC에 침투해 내부 데이터를 암호화했다. 그런 다음 파일의 암호화를 해제하는 키와 교환하는 대가로 수백 달러의 대금을 요구했다. (⋯) 컴퓨터에 침입할 때 워너크라이는 중앙 서버에 접촉해 액티베이션에 필요한 정보를 얻고, 그 정보를 사용해 침입한 컴퓨터의 파일을 암호화한다. 모든 파일이 암호화되면,

암호 해제를 위해서는 대금을 지불해야 한다는 메시지가 표시된다. 그리고 대금이 지불되지 않으면 정보를 파괴하겠다고 협박하고, 압박 수위를 높이기 위해 흔히 타이머가 표시된다.

— 알렉스 한Alex Hearn, 새뮤얼 깁스Samuel Gibbs,
'무엇이 워너크라이 랜섬웨어이고, 왜 전 세계 컴퓨터를
공격하고 있는가?', 「가디언」, 2017년 5월 12일

워너크라이가 처음에 국가의 지원을 받았는지는 불분명하지만, 그것은 한번 공격을 시작하면 표적을 향하는 미사일이 아니라 바이러스처럼 퍼져 나간다. 워너크라이는 컴퓨터 프로그램으로 번역된 수십 개 언어로 작동한다. 전문가들은 중국어 버전만이 중국어를 모국어로 사용하는 사람에 의해 작성되었다고 생각한다. 하지만 정부와 밀접한 관계가 있는 북한 집단이 지금까지 있었던 수많은 사이버 공격의 상당수에 관여한 것이 분명하고, 워너크라이도 그런 경우일 가능성이 있다. 고도의 전문 지식을 가진 옛날 방식의 아마추어에 의한 해킹도 여전히 많이 일어나고 있다.

꙳

데이터는 매우 중요한 인프라라는 인식과 연결된 개념이 넷 중립성이라는 개념이다. 인터넷은 선진국에 사는 모든 사람의 일상생활에 핵심적인 요소가 되었다. 개인적으로는 매일 가정이나 직장, 또는 휴대전화로 인터넷에 접속하지 않는 소수의 사람조차 인터넷이 있어야 가능한 비즈니스와 서비스에 의존하고 있다. 자유롭고 열려 있

는 사회라면 인터넷 액세스를 제한하려는 모든 시도를 미심쩍은 눈으로 보아야 한다. 주로 대기업인 인터넷 서비스 제공자들은 그들이 가장 좋아하는 사용자와 조직, 즉 많은 돈을 지불할 용의가 있는 사람들을 우선시할 것이다. 그리고 나머지 우리에게 제공되는 서비스의 속도를 떨어뜨리거나 아예 막는다. 그런 기업들에 대해서는 정부가 개입해서 우선권을 판매하려는 유혹에 저항해 중립을 유지하도록 도울 필요가 있다.

હ

모든 사람에게 어느 정도 중요한, 경제학자들의 전문적인 질문 한 가지에 대해 간략하게 설명해 보겠다. 오픈 데이터는 공공재인가? 그렇다면 그것에 적절한 가격을 정해야 할까? 정한다면 언제, 어느 수준의 가격으로 책정해야 할까? 우리는 여러 타당한 이유로 오픈 데이터는 명백히 좋은 것이라고 생각한다. 하지만 그것은 경제학 교과서에 적혀 있는 공공재와는 다르다. 일부 평론가가 말하듯이 오픈 데이터를 공공재로 규정하면, 공공재에 대해 누가 값을 지불해야 하고, 무임승차자를 왜 관리해야 하며 관리해야 한다면 어떻게 관리해야 하는가와 같은, 일련의 고전적인 의문이 대규모로 따른다. 공공기관과 민간 기관이 보유한 방대한 데이터 세트의 다수는 사기업과 시민들이 이용할 수 있도록 공개되어야 한다는 진지하고 강력한 주장이 제기되고 있다. 공공재를 둘러싼 논쟁은 무미건조한 형식주의로 빠질 가능성이 있지만, 근거가 확실한 관점을 취하면 유용한 특징을 분석할 수 있다.

교과서에 공공재는 '배제 불가능성', '비경합성', '거부 불가능성'을 가지고 있다고 기술되어 있다. '배제 불가능성'이란 예컨대 어떤 나라가 핵 공격에 대한 방어 체제를 가지고 있다면, 그것에 대금을 지불하지 않은 시민들도 핵 공격으로부터 보호받는다는 뜻이다. 어린이, 가난한 사람, 탈세자가 여기에 해당한다. 깨끗한 공기, 가로등, 교통 제어, 그리고 궁핍한 사람과 노인을 비롯해 취약한 사람들에게 국가가 제공하는 최후의 복지도 마찬가지다. '비경합성'이란 당신이 깨끗한 공기를 마시거나 핵 공격으로부터 보호받는 것이 내가 깨끗한 공기를 마시고 핵 공격으로부터 보호받는 것을 방해하지 않는다는 뜻이다. '거부 불가능성'이란 정부가 공공재를 도입하거나 공공재가 국가의 개입 없이 자연 발생한다면, 일반적으로는 개인이 그것을 선택하지 않을 수 없다는 것을 의미한다. 정부가 구름에 요오드화은을 뿌려 비를 만드는 것을 찬성하지 않은 시민이라도, 하늘에서 떨어지는 비를 거부할 수는 없다.

데이터 세트는 공공재의 고전적 정의에 쉽게 들어맞는 사례가 아니다. 정부는 보통 데이터로부터 시민을 쉽게 배제할 수 있고 실제로 그렇게 한다. '오픈 데이터'가 뭔가를 뜻한다면 그것은 쉽게 닫을 수 있기 때문이다. 압도적인 다수의 개인들은 데이터에 관여하고 조작하고 이해할 직접적인 능력을 가지고 있지 않다. 그런 의미에서 시민은 말하자면 시민 자신의 성격, 재능, 경험에 의해 데이터에서 배제된다. (우리는 어린이에게 어릴 때부터 코드화 방법을 학습시켜 데이터의 즐거움에 친숙해지게 하자고 제안한다.) 데이터 스토어는 경쟁에 둘러싸여 있는 것이 틀림없다. 오픈 데이터에 기초한 다수의 앱 제품이 우리의 관심을 끌기 위해 경쟁하고 있다. 그리고 내 데이터를 타인이 이용할 수 있게 되는 것을 나는 쉽게 거부할 수 있고, 우리는 그것을 거부할 선택권을 점점 더 많이 가질 수 있기를 바란다.

이렇게 공공재로 볼 여지가 있는 오픈 데이터라는 실체는 한쪽으로는 정부와 기업의 비밀에 닿아 있고, 반대쪽으로는 개인의 프라이버시와 능력에 닿아 있는 데이터 집합체다.

데이터 세트에는 몇 번이고 잘라 먹을 수 있는 케이크와 같은 흥미로운 특징이 있다. 어떤 파일을 미국 보스턴에서 조사하는 사람은 세르비아 베오그라드에서 같은 파일을 조사하는 다른 사람을 방해하지 않는다. 그런 데이터 집합은 크기에도 변함이 없다. 데이터는 때때로 저장물이라기보다는 흐름 또는 활동에 가깝다. 우리는 데이터를 먹어 치우거나 소진하지 않는다. 우리는 데이터를 오염시키거나 파괴하지 않은 채 그것을 사용한다. 그럴 필요가 없다. 우리는 데이터에 액세스하는 것만으로도 우리가 원하는 활동을 할 수 있다. 데이터는 무한히 재이용할 수 있고 끊임없이 복제할 수 있다.

요즘은 말과 음악에 대해서도 데이터와 같은 이야기를 적용할 수 있다. 말과 음악은 개념으로서 특허나 저작권과 명백히 유사하고, 음악, 텔레비전, 영화가 디지털 형태로 세계를 이동하는 지금은 훨씬 더 그렇다. 데이터의 상품화는 밴조 연주의 상품화와 다르지 않다. 당신은 데이터에 액세스하는 비용을 지불할 수 있고, 마찬가지로 음악 배달 소프트웨어나 CD의 대여, 또는 디지털 다운로드에도 요금을 지불할 수 있다.

캡처, 저장, 처리, 최종 사용에 들어가는 실질적인 비용에는 물리적 한계가 있다. 그 점에 관해서는 예컨대 지적 자본과 직원의 기술 등 다른 물리적이지 않은 강력한 경제적 속성과 비교할 수 있다.

재사용할 수 있는 몇 가지 자원과도 공통점이 있다. 많은 나라에서 구릉 지대에 있는 수력 발전소는 수백 킬로미터 떨어진 평지의 도시로 전력을 공급한다. 영국의 호수 지방에는 예로부터 윈드미어, 코니스턴, 울즈워터 같은 호수가 있지만, 19세기에 물로 채워진 또 하나의 아름다운 호수인 티를머어가 추가되었다. 티를머어 호수는 맨체스터에 물을 공급하기 위해 만들어졌고 지금도 그렇게 쓰이고 있다. 이 발전소 사업을 돌아가게 하는 비는 무료다. 비용은 계획과 건설, 그리고 거대한 인프라를 유지하는 데서 발생한다. 데이터 캡처와 재사용도 거의 흡사하다.

그러면 데이터를 재사용하는 가격은 한계 비용을 회수할 수 있는 만큼으로 책정되어야 할까? 이것은 케임브리지대학의 경제학자 루퍼스 폴락Rufus Pollock과 관련이 있는 논증이다. 우리는 그렇지 않고 무료여야 한다고 생각한다. 한계 비용 이론은 가격은 오직 당신에게 상품을 보내는 데 드는 부가적 비용이 되어야 하고, 이미 투자된 자본 비용은 포함되지 않아야 한다고 주장한다. 자본 비용은 과거의 일이다. 그것을 가격에 더하면 오늘날의 경제가 왜곡된다. 예컨대 다리 통행료가 오르면 사람들은 다리를 피해 더 오래 걸리고 사회적으로 비효율적인 길을 이용할 것이다. 데이터에 과도하게 높은 가격이 부과되면 사람들은 데이터를 덜 사용할 것이고, 이는 경제 전체에 악영향을 미칠 것이다. 하지만 여기서 잠깐 생각을 좀 해 보자. 무료인 비에서 만들어진 전기, 또는 수돗물이 된 비 그 자체에 한계 비용만을 청구하는 나라가 있는가? 긴 다리나 고속도로의 통행료를 받지 않는 나라가 있는가? (시험이라면 가산점을 얻을 수 있는 정답은 '구 소비에트 연방이 바로 그렇게 했다'이다. 결과는 어떻게 되었을까?)

이유는 매우 단순하다. 첫째, 만일 그 자본이 부채로 조달되고 그것이 최종적으로 개별 소비자에 의해 지불되지 않는다면, 자유 경제에서는 필연적으로 세금이나 그 밖의 다른 공적 자금으로 지불될 수밖에 없다. 그러한 수단은 그 물건(다리나 고속도로)에 대해 부과되는 금액 이상으로 경제를 왜곡하는 경우가 많다. 둘째, 만일 전기가 '무료'이거나 아주 저렴하다면 아무도 전등을 끄지 않을 것이다. 영국 템스강 하구를 건너는 다트퍼드 다리의 경우, 2003년에 40년 이상에 걸친 통행료로 건설 시점의 부채를 모두 갚았지만 교통 당국은 통행료를 계속 유지했다. 만일 통행료를 없앴다면, 이미 혼잡한 런던 외곽 환상 고속도로 M25가 기능을 하지 못했을 것이다.

한편 숫자에는 불멸의 성질이 있어서 데이터라는 자원은 결코 소진되지 않는다는 데이터에 관한 구체적인 논증이 있는데, 아주 틀린 말은 아니다. (여기에는 한계 비용의 문제가 있지만 반ᵏ부당이득이라는 문제도 있는데, 두 가지가 혼동되고 있다.) 그리고 완벽하게 운영되는 정치·경제에서라면, 그것은 강한 설득력을 지닌 논증이 될 수도 있을 것이다. 하지만 왜 지역 당국이 책임을 맡고 있는 노인들은 재택 간호와 지역 돌봄에 대한 요금을 스스로 지불하는데, 같은 지역 당국이 구글, 육지측량부, 또는 민간의 우편 사업자에게는 귀중한 지도 데이터를 무료로 제공하는가? 그런 사업자들은 고객에게 요금을 부과하는데 말이다.

이러한 의문에 대해서는 다음과 같이 답할 수 있다. '거대한 짐승들을 길들여야 한다. 적어도 그 가운데 둘은 공유화해서 그들이 귀중한 데이터를 독점하고 시민에게 요금을 부과하는 상황을 끝내야 한다.' 그렇게 해야 맞다. 하지만 그 사업자들은 지금 사기업이므로,

사회적으로 책임 있는 가격을 지불하거나 아니면 (우리의 견해로는) 그들의 데이터를 자유롭게 사용할 수 있도록 공개해야 한다. 어느 쪽도 한계 비용과는 맞지 않는다.

공공 데이터 세트는 그것을 찾는 모든 사람에게 열려 있어야 하고, 프라이버시와 보안에 관한 문제가 해소되어야 한다. 전체적으로 볼 때, 우리 두 사람은 공공 데이터는 비영리적이어야 한다고 생각한다. 단, 적절한 가격을 이용해 공급량을 제한하는 것과 마찬가지 효과를 거둘 수 있도록, 무료인 공공 서비스를 적당한 양만 제공하는 것이 조건이다. 한계 비용은 차선의 세계에서는 부적절하다. 그것은 비용의 회수가 아니라 이익이며, 그것이 비용의 세계적 패턴에 맞는지도 생각해 봐야 한다.

✃

'햇빛은 최고의 소독약'이라는 말이 유행하기 시작한 것은 10여 년 전이었다. 그 문구는 대법원의 개혁적인 구성원인 루이스 브랜다이스Louis Brandeis 판사가 20세기 초에 처음 만들어 낸 것이다. 데이비드 캐머런David Cameron은 영국 총리로서 투명성에 관한 연설을 하면서 그 문구를 사용했다. (그의 집안에서는 그 말이 입방아에 오르내렸을 것이다. 그의 가족과 아내의 가족은 광범위한 해외 조세 회피 책략으로 이득을 얻었기 때문이다.) 2006년에는 미국에서 중요한 활동을 펼치는 훌륭한 비영리 기구인 햇빛 재단Sunlight Foundation이 창립되었다. 그 문구는 복잡한 정책 문제에 세속적이면서도 환경친화적인 상식을 부여한다.

하지만 애석하게도 햇빛은 그다지 신통한 소독약이 아니다. 아기의 젖병을 소독하기 위해 정원에 두는 부모를 알고 있는가? 햇빛에 청소되라고 공중화장실의 문을 열어 두는 것을 봤는가? 병동 천정의 선루프를 열고 수술용 메스와 의사의 손을 소독 처리하는 모습을 본 적이 있는가?

소금기가 전혀 없는 물을 투명한 플라스틱병에 옮겨 담아 뜨거운 나라의 작열하는 햇빛 아래 충분히 오래 두면 음료로서 훨씬 더 적합해지기는 한다. 자외선 살균 효과 때문이다. 하지만 유용하긴 해도, 믿고 마실 수 있는 방법은 아니다.

캐머런과 그 밖의 사람들은 국제적 맥락에서 그 문구를 사용해 왔다. 영국, 미국, 그리고 유럽연합은 사법 제도를 시작한 것과 함께 열린 정부의 기본 원리를 포용해 왔다는 사실을 자랑스럽게 여긴다. (아직 갈 길이 멀다는 데 모두가 동의한다.) 하지만 적도 근처인 아프리카와 열대 남아메리카의 훨씬 닫힌 나라들을 향해 더 많은 햇빛이 필요하다고 설교하는 것은 정말 이상해 보인다. 그들은 이미 어느 나라보다 많은 햇빛을 가지고 있다.

✍

수많은 '다음에 올 큰 것' 가운데서도 특히 큰 것은 '자기 기술적記述的 데이터'다. 이것은 메타데이터를 필요로 한다. 메타데이터란 데이터 그 자체에 대한 데이터를 말한다. 즉 그 데이터가 언제, 어디서, 어떻게 생겨났는지, 얼마나 자주 업데이트되는지, 추정되는 정확성과 고유의 불확실성은 어느 정도인지 등을 기술한 데이터다. 스스로 자신의 의미를 알아낼 수 있는 데이터라는 뜻은 아니다. 그것은 기본적으로 (1) 숫자의 집적일 뿐 아니라 (2) 분류되고 정규화된 다수의 기술적 데이터를 포함한다. (2)는 메타데이터의 확장으로, 보통은 어떤 데이터 파일에나 동반된다. 시스템이 제대로 작동하고 널리 컴파일된다면, 그 장점은 분명하다. 서로 다른 집적 데이터들이 이미 서로와 쉽게 연결될 수 있고, 그것을 가능하게 만드는 기술적 수단은 날이 갈수록 늘고 있다. 만일 데이터가 (말하자면) 다른 데이터를 참조하고 찾아낼 수 있으며 그들의 유용성을 융합할 수 있다면, 데이터의 힘과 용도가 기하급수적으로 증가할 것이라는 주장이 제기되고 있다.

여기서 일어날 수 있는 두 가지 문제가 있다. 첫째, 데이터 관리자에게 비용, 주로 노동 비용이 발생하는 것이다. 이 비용은 개별 집적 데이터에 대해서는 얼마 안 될 것이다. 왜냐하면 데이터 파일을 구축해 공개하는 방법을 아는 사람이라면 분명 숫자의 배열과 기술記述에 대한 논리적 규칙을 어떻게 따르면 되는지 알고 있고, 그 데이터가 대략 무엇을 기술하고 있는지, 또는 무엇을 찾을 수 있는지 거의 확실히(하지만 확실히 그렇다고 말할 수 없다) 알고 있기 때문이다. 둘째, 이 제도가 성공한다고 생각하기 위해서는 이유를 불문한 신념이 필요하다. 데이터 소유자 전체가 공개와 협력을 바란다는 영웅적인 가정을 해야 한다. 여기에도 같은 문제가 있다. 대기업과 정부의 데이터 소유자와 교섭해 개인 데이터의 취급에 대한 합의를 도출하고, 어느 정도 규제를 가함으로써 개인 데이터에 대한 완전히 새로운 접근법을 성공시킬 수 있겠지만(이 부분은 조만간 자세히 다룰 것이다), 정부 또는 그 밖의 다른 규제 기관이 왜 여기에 개입해야 하며 어떻게 개입해야 하는지를 알기는 매우 어렵다. 그리고 현재로서 똑같이 알기 어려운 것은 강하고 결정적인 상업적 이익이 어디에서 생길 것인가 하는 점이다. 데이터 전문가들은 그 업계에서 잘 기능했던 일종의 자발적 표준에 관심을 가지고 그것을 따를 것이다. 왜냐하면 그들의 일은 주로 키트와 키트를 연결하는 것이기 때문이다. 거기서 유용한 자원이 생겨나 그것을 이용하는 제품이 등장할 것이다. 그 가운데 특별히 인기 있는 것이 있다면, 강한 압력과 경제적 동기가 생겨…….

물론 어떤 기술記述이 의미를 가지는 것은 어떤 가정假定의 틀 안에서만이다. 그리고 데이터 스토어와 데이터를 읽을 것이라고 생각되는 사람들의 컴파일러[2]에 공통되는, 특정한 운영 언어나 번역 과정에 한해서다. 관련된 기업과 집단이 가입해 각종 기술의 표준화를 추진하는 비영리 단체인 월드 와이드 웹 콘소시엄W3C은 이러한 틀을 이미 구축하고 있다.

∂

데이터 분석은 예기치 못한 여러 분야에서 강력한 새로운 도구로 사용되고 있다. 예컨대 프랑코 모레티Franco Moretti [3]와 그 밖의 많은 사람들은 문학 비평에 새로운 통찰을 가져왔다. 단어에 수학을 적용해 화자나 필자가 무엇을 느꼈고 무엇을 의미했는가에 대한 결론을 도출하는 '감정 분석'이 그런 경우다. 최근 사례로, 옥스퍼드대학 교

---

2 프로그램을 기계어로 번역하기 위한 소프트웨어
3 이탈리아 비교 문학자로, 문학사 연구에 컴퓨터에 의한 방대한 데이터 분석을 도입했다.

수가 창업한 컨설팅 회사 데이세이^{TheySay}는 BBC에서 개최한 전국 어린이 글짓기 대회의 응모작을 조사했다. 데이세이는 그들의 작품을 다음과 같이 설명한다.

데이세이는 고도의 수리언어학과 기계 학습 기법을 사용해 어린이들이 지은 글에 드러난 감정 신호에 대한 매혹적인 정보를 발굴할 수 있었고, 그것이 연령 집단과 지역별로 어떻게 바뀌는지를 밝힐 수 있었다. 제출된 모든 글의 텍스트를 분석해서 모든 글의 긍정적, 중립적, 부정적 감정뿐 아니라 감정 내용에 대한 데이터를 수집했다. 데이세이는 또한 응모작 전체를 대상으로 긍정적 또는 부정적 맥락에서 가장 자주 출현하는 실체, 개념, 견해가 무엇인지도 알아냈다.

전체적으로 보면, 제출된 글은 부정적·긍정적 감정을 모두 포함한 복잡한 이야기였고, 가장 흔한 감정은 행복과 두려움이었다. 긍정적 감정의 평균값은 나이가 올라감에 따라 큰 폭으로 감소했다. 실제로 가장 낮은 연령 집단에서 가장 높은 연령 집단으로 가면서 긍정적 감정의 평균값이 20퍼센트가량 감소했고, 가장 높은 연령 집단에 속한 어린이들이 평균적으로 더 어둡고 복잡하고 다층적인 글을 제출했다.

행복한 감정은 7세 어린이가 제출한 글에서 가장 높게 나타났고, 그 나이가 지나면서부터 행복감은 눈에 띄게 떨어졌다. 더 높은 연령 집단에 속한 어린이들이 제출한 글에서는 두려움과 분노의 수위가 증가했는데, 이는 사춘기의 불안 때문인 것 같다. 소녀가 제출한 글과 소년이 제출한 글 사이에도 감정 수위에 작은 차이가 있었다. 평균적으로 소녀의 글에는 긍정적이고 중립적인 감정의 수위가 소년이 제출한 글보다 약간 높게 나타났다. 마찬가지로, 관련 감정의 수위에도 차이가 관찰되었다. 소년의 이야기가 두려움과 분노를 더 많이 표현한 반면, 소녀의 글에서는 행복과 놀람의 수위가 높았다.

의외였던 점은 '학교'와 '교사'가 긍정적 맥락에서 가장 자주 사용된 단어에 속했다는 것이다. 학교는 대개 행복과 흥분과 결부되어 언급되었다. '모험', '마음', '초콜릿'도 긍정적인 감정 및 행복과 결부되어 자주 등장한 단어였다. 스펙트럼의 반대쪽으로 가면, '문'이라는 단어는 매우 부정적인 맥락에서 가장 자주 사용되었다. 제출된 글 가운데 상당수가 '락커'나 '삐걱거리는 문', 또는 그 뒤에 용이나 괴물 같은 무시무시한 생물이 숨어 있는 문에 대해 이야기했다.

제출된 지역 사이에도 흥미로운 차이가 나타났다. 북아일랜드에서 제출된 이야기에는 다른 지역보다 무섭거나 불쾌한 아주머니가 많이 언급되었다. 다른 지역들에서는 아주머니가 대체로 악의 없는 사람으로 표현되었다. '수학'이라는 단어는 다른 지역에 비해 스코틀랜드에서 제출된 글에서 훨씬 자주 긍정적인 맥락에서 사용되었다. 잉글랜드 어린이들이 쓴 글에서는 '난민'과 '시리아'라는 단어가 긍정적 감정과 결부되어 가장 자주 사용된 단어였다. 흥미롭게도 이런 단어들은 희망과 행복의 수위가 높게 표현된 글에서 가장 자주 등장해, 난민에 대한 어린이의 태도는 대개 긍정적이고 공감적임을 보여 주었다.

마지막으로 데이세이는 행복의 지도를 작성해, 어린이의 이야기

에 표현된 행복감이 우편 번호에 따라 어떤 차이가 나는지 보여
주었다. 행복의 평균 수위가 가장 높은 지역은 웨일스의 랜디드
노였다.

어린이의 이야기에 표현된 감정과 정서와 관련해 데이세이가 제
공한 통찰은 어린이가 사용하는 언어에 대한 새로운 층위의 이해
를 제공했고, 또한 나이, 성별, 지역이 어린이의 글에 어떤 영향을
줄 수 있는지에 대해 지금까지 알지 못했던 사실을 알려 주었다.
— 앤디 프리처드Andy Pritchard, '500단어 대회 – 데이세이와
옥스퍼드대학 출판부의 BBC 500단어 대회', 데이세이 웹 사이트

이 결과를 어떤 종류의 정책을 위한 토대로 사용하기는 어렵지만,
그 자체로 흥미로운 분석이다. (우리가 랜디드노로 이주한다면 그곳 어
린이들의 행복감도 곧 영국의 평균 수준으로 떨어질 것이다.) 다른 감정 분
석은 종종 거대한 데이터 세트를 사용해 의도가 분명한 결론을 도출
하는 것처럼 보인다. 분석자는 마치 빅 데이터가 명쾌한 통찰을 초래
하는 것이 틀림없다고 믿는 듯하다. 워릭대학은 자신들이 개발한 알
고리즘으로 구글의 데이터베이스에 있는 1778년 이후 영국에서 출
판된 800만 권의 책을 분석했다. 그들은 긍정적인 단어의 수를 세어
서 영국 국민의 연간 행복도를 평가한 다음, 예컨대 20세기 동안 영
국인은 1957년에 가장 행복했고 1978년에 가장 불행했다고 주장했
다. 하지만 책을 쓸 뿐 아니라 그것을 출판할 수 있는 인맥을 가지고
있는 사람들의 행복도가 국민 전체의 행복도와 일치한다고 가정할
이유는 전혀 없다. 예컨대 19세기의 농업 혁명과 산업 혁명에 대해
(책을 쓴) 상류 지주 계급과 공장주가 (책을 쓰지 않은) 대중과 똑같

이 생각했다는 것을 의심스럽게 생각할 충분한 이유가 존재한다.

그럼에도 중규모에서 대규모의 사무 및 관리 업무를 하는 관리자들은 직원들이 서로에게 보내는 수천 통의 이메일을 익명화해서 직원의 사기를 알아볼 수 있다. 트위터 계정을 사용하면 투표 행위를 예측하거나 실제로 투표일에 지금까지 사람들이 어떻게 투표했는지 추측할 수도 있다.

∂

19세기 철학자 제러미 벤담Jeremy Bentham은 자신의 유언장에, 머리와 골격을 '오토아이콘(자기표본)'으로 보존하라고 명기했다. 그것은 현재 유니버시티 칼리지 런던에 전시되어 있다. 벤담은 사상과 행동은 그것이 최대 다수의 최대 행복을 초래하는지에 따라 판단해야 한다는 근대적 공리주의의 창시자로 가장 잘 알려져 있다. 그는 평생에 걸쳐 기관과 시설의 건물을 독자적으로 설계해 그것을 추진하는 데 많은 에너지를 투자했다. 예를 들면 파놉티콘Panopticon이라 불리는 원형 감옥이 있다. 그 건물에서 수감자는 원형으로 배치된 방에 수감된다. 이렇게 하면, 중앙의 '감시탑'에 있는 소수의 교도관이 다수의 죄수를 효율적으로 감독할 수 있고, 죄수들은 언제 자신이 감시당하는지 알지 못한다. 벤담은 이런 설계는 죄수들이 항상 감시당하고 있는 것처럼 행동하는 결과를 초래할 것이라고 예측했다. 벤담은 어느 나라의 당국에도 이 아이디어를 채용하게 할 수 없었지만, 그의 사후에 세계의 많은 교도소가 그 원리를 부분적으로 채용했다. 그는 또한 최초의 경찰 조직 중 하나인 템스강 경찰의 창시자이기도 했다. 현재 대도시 대부분의 공적 공간에서 일어나는 활동이 폐쇄 회로 카메라를 통해 소리 소문 없이 감시되고 기록된다는 점에서, 파놉티콘은 오늘날 도시 사회에 대한 강렬한 은유다. 여러 연구 결과는 서양 세계 전역에서 범죄율이 떨어지고 있는 한 가지 이유가 그것 때문이라고 제안한다.

미국 국가안전보장국과 그 영국판인 정보통신본부에 의한 대규모 감시는 새로운 발상이 아니다. 소설과 영화는 수십 년 전부터, 제이슨 본[4] 같은 인물을 전 세계에서 실시간으로 추적하는 것이 가능하다는 사실을 전제로 삼았다. 대개 그렇듯이 허구는 과학보다 앞섰지만, 이 경우에는 감시 시스템이라는 충격적인 개념이 현실화되기 전에 우리가 거기에 익숙해지도록 도와준 것 같다. 지금 그 기술은 거의 현실이 되었지만, 사람들 대부분은 그것에 무관심한 것처럼 보인다(잃어버린 휴대폰이나 아이를 찾는 데 사용하는 것처럼 우리를 기쁘게 할 때를 제외하고).

디지털 시대는 대립 속에서 시작되었다. 블레츨리 파크에서 사용된 최초의 암호 해독 기계는 현대 디지털 컴퓨터의 전신이었다. 제2차 세계 대전 막바지에 사용된 레이더에 의해 유도되는 포격은 사이버네틱스에 기반을 두고 있었다. 오늘날의 대립은 새로운 디지털 능력을 낳았다. 이 능력은 다시 중대한 도전을 제시한다. 정부—현시점에서는 대부분이 서양의 정부이지만—는 현재, 표적의 데이터베이스를 조사해 표적을 포착하는 드론을 가지고 있다. 살해 명령은

---

4 영화 '제이슨 본' 시리즈의 주인공으로, 미국 중앙정보국 소속 암살 요원으로 활동하다가 작전 중 충격으로 이탈한 인물

법과 정당성의 틀 안에서 일하는 인간이 내리지만, 틀은 비밀이다. 테러는 우리 생활에 중대한 위협이라고 말할 수 있다. 하지만 지금까지 테러는 서양 세계에서 자동차보다 치사율이 훨씬 낮았고, 그런 상황이 계속된다면 서양 정부들은 값비싼 대테러 조치를 정당화하기 어려워질 것이다. 물론 어느 테러 집단이 어떤 종류의 대량 살상 무기를 터트린다면 상황은 영원히 바뀔 것이다.

디지털 유인원은 테러의 시대에 정부 기관이 실시하는 정보 수집과 분석에 대한 합리적인 한도를 정하는 것이 시급히 필요하다. 제약과 설명 책임은 필수적이다. 초복잡한 자유 공화국이 올바로 기능하기 위해서는 경찰과 비밀 안보 기관이 계속 필요하다는 것은 틀림없는 사실이다. 그들은 우리를 감시할 필요가 있을 것이다. 하지만 우리가 우리를 감시할 필요가 있다고 말하는 것이 더 적절할 것이다. 그 이유는 밀워키에서 공산주의 반란이 일어날 확률이 조금이라도 있다거나, 미래의 이슬람 제국 요원들이 언젠가 런던 인근의 증권 중개인들을 제압할 것이기 때문이 아니다. 그것은 불만을 품은 작은 집단 또는 개인이 일으킬 수 있는 대혼란과 고통이 지난 몇 십년 동안 극적으로 증가했고, 앞으로도 계속 그럴 것이기 때문이다.

무어의 법칙에 따르면, 세계에 관한 의사 결정이 이루어지는 중심지에서 멀리 떨어진, 재력이 별로 없고 지명도가 낮은 정부들조차 곧 미국 국가안전보장국과 영국 정보통신본부와 경쟁할 수 있는 능력과 재산을 갖추게 될 것이다. 그 새로운 세계는 이미 안보와 프라이버시를 맞바꾸는 파놉티콘이 되어 있을 것이다. 처리 능력은 또 하나의 무기가 되었고, 우리는 디지털 영역의 계속된 무기화를 억제하기 위한 협정이 절실히 필요하다.

"과거는 다른 나라이고, 그 나라 사람들은 전혀 다르게 살아간다." 작가 L. P. 하틀리Leslie Poles Hartley는 『연락책The Go-Between』에 이렇게 썼다. 지금은 외국으로 쉽게 떠날 수 있듯이 과거로도 쉽게 갈 수 있다. 다르게 행동하고 있는 내 사진이 온라인에서 우리를 항상 따라다닌다. 세상을 떠난 친척, 싸우고 헤어진 친구들, 눅눅한 집과 울적한 머리 모양을 한 사진과 영상도 항상 우리를 따라다닌다. 실제로 2016년에 하루 동안 찍힌 사진이 1960년 한 해 동안 찍힌 사진보다 많고, 2016년은 곧 먼 과거처럼 보일 것이다. 편지는 쓰는 데 시간이 걸리고, 우체통에 넣기 전에 후회해 찢어 버릴 수 있으며, 수신자가 찢어 버릴 수도 있다. 하지만 이메일과 텍스트 메시지는 금방 작성할 수 있고, 즉시 전송되고, 그런 다음에는 영원히 존재한다. 애도는 인간에게 꼭 필요한 감정이다. 애도가 빠진 세계에서는 인간의 가치가 곡해될 것이다. 한편 애도는 이행이다. 더 안정된 상태로 가는 어렵고 고통스러운 여행이다. 빅토리아 여왕은 국왕의 특혜가 주어지는 세계에 살았지만 사랑하는 아들 앨버트 왕자를 일찍 잃은 슬픔에서 헤어나지 못했을 것이다. 다행히도 다른 모든 사람은 헤어났고, 19세기 영국은 힘차게 전진했다. 세상을 떠난 사랑하는 사람의 전자판과 사후에도 영원히 또는 잠시 동안 함께 살 수 있는 시대가 되면, 애도의 성질도 바뀔 것이다. 현대인은 좌절을 겪은 뒤 계속 살아가기 위해서는 잊는 방법, 과거의 프라이버시를 지키기 위한 새로운 방법을 고안해야 할 것이다.

영국의 인터넷 도메인을 관리하는 비영리 조직인 노미넷Nominet

이 2016년에 실시한 조사에서, 젊은 부모는 아이가 초등학교에 들어갈 때까지 소셜 미디어에 아이 사진을 평균 1천5백 장 올렸다는 사실이 밝혀졌다. 이 조사의 배경은 흥미롭다. 노미넷은 부모가 자식의 프라이버시에 어느 정도의 의식을 가지고 있는지 알고 싶어서, '학부모 존Parent Zone'5에 의뢰해 13세 이상의 어린이를 둔 2천 명의 부모를 대상으로 '셰어 위드 케어Share with Care'라는 조사를 실시했다. 그 결과, 케임브리지 애널리티카의 부정 의혹에 비추어 보면 놀랍지도 않지만, 많은 부모가 자신이 즐겨 사용하는 소셜 미디어 사이트의 프라이버시 설정이 어떻게 기능하는지 이해하지 못한다는 사실이 밝혀졌다. 노미넷은 다음과 같이 기술한다.

> 그 조사에 따르면, 85퍼센트의 부모가 자신이 사용하는 소셜 미디어의 프라이버시 설정을 1년 전에 마지막으로 검토했고, 관리에 자신 있다고 답한 부모는 10퍼센트뿐이었다. 실제로 부모의 절반은 가장 즐겨 사용하는 소셜 네트워크의 프라이버시 설정을 관리하는 것에 대해 기본적인 점만을 알고 있다고 답했고, 39퍼센트는 어떻게 관리하는지 잘 모른다고 답했다.
> 페이스북의 프라이버시 설정에 대한 부모의 지식을 10개의 질문으로 테스트해 봤더니, 부모의 24퍼센트가 '예/아니요' 질문 전부에 틀린 답을 했다. 부모들이 특히 많이 혼동한 질문은 다음과 같다.
> • 사진을 올리고 거기에 찍힌 다른 사람들에 태그를 붙이면, 친

---

5 온라인 사용에 대한 학부모 지원 사이트

구만 볼 수 있도록 설정해도 제3자가 그 사진을 볼 수 있다. 정답은 '예'이지만, 부모의 79퍼센트가 '아니요' 또는 '모른다' 고 답했다.

- 각각의 사진 앨범에 대해 개별적으로 프라이버시 설정을 할 수 있다. 정답은 '예'이지만, 부모의 71퍼센트가 '아니요' 또는 '모른다'고 답했다.

- 페이스북 계정을 가지고 있지 않은 사람들도 당신의 프로필 사진과 커버 사진을 볼 수 있다. 정답은 '예'이지만, 부모의 65퍼센트가 '아니요' 또는 '모른다'고 답했다.

> ─ "부모는 온라인에서 가족사진을 '지나치게 공유'하지만, 프라이버시에 대한 기본적인 노하우도 모른다", 노미넷, 2016년 9월 5일

그 조사에서는, 부모들이 페이스북에 평균 295명의 친구를 가지고 있다는 사실도 밝혀졌다.

우리는 웹 여기저기에 디지털 지문을 남긴다. 디지털 DNA라고 말하는 것이 더 현대적인 비유일지도 모른다. 페이스북과 링크드인은 새로운 종류의 하이브리드 공간이다. 반은 사적이고 반쯤 공적인 공간이다. 미래에 배우자가 될지도 모르는 사람이 페이스북 페이지에서 바보 같은 사진을 볼 수 있다. 미래에 고용주가 될지도 모르는 사람이 취업을 희망하는 지원자가 트윗한 부주의한 발언을 읽을 수 있다. 자신의 경력을 모두 기록한 이력서를 링크드인에 올려 두면, 접촉하는 것만으로도 자랑스럽게 느껴지지만 보통의 의미에서는 알지 못하는 사람들의 폭넓은 네트워크에 공개된다. 사실상 모든

것이 프라이버시 또는 익명성의 정반대다.

웹이 더 잘하는 사적인 일이 몇 가지 있다. 예컨대 인생의 동반자 또는 하룻밤 섹스 파트너를 찾는 것이다. 웹은 또한 우리의 사회적 교류의 성격에 대해 연구자가 질문을 제기하고 답을 찾는 것도 쉽게 만든다. 교류가 모두 온라인에서 일어나고, 읽고 측정할 수 있기 때문이다.

ঽ

개방되고 안전한 사회에서 살고 싶은 욕구와 프라이버시를 지키고 싶은 욕구 사이에는 어떤 모순도 없다. 개방과 프라이버시는 서로 다른 내용에 적용되고, 서로 다른 적절한 방법으로 취급된다. 이 책의 저자 중 한 명인 나이절 섀드볼트는 팀 버너스 리와 함께 구글, 아마존, 이베이, 페이스북 같은 획일적인 플랫폼과는 다르게 개인 정보를 관리하는 방법을 제시하는, 새로운 형태의 분권적 아키텍처를 연구하고 있다.

우리 두 사람은 우리가 '개인 자산 혁명'을 시작하는 것이기를 바란다. 그 혁명은 정부 기관, 은행, 기업이 보유한 우리의 개인 데이터를 우리에게로 돌려주어 우리가 적합하다고 생각하는 방법으로 저장하고 관리할 수 있게 하는 것이다. (물론 신뢰할 수 있는 친구나 신종 법 전문가에게 우리 대신 그것을 관리해 달라고 요청할 수도 있을 것이다.) 이미 여러 기업들은 정부 기관 및 상업 조직과 독립적으로 존재하는 클라우드상의 데이터 계정을 각 개인에게 제공하는 실용적인 시스템을 독자적으로 구축하고 있다. 그 데이터는 소유자 본인 외에는 누구도 읽을 수 없고, 소유자는 자기 재량으로 선택한 부분만을 다른 사람이 읽을 수 있도록 할 수 있다. 예컨대 월마트나 테스코에 자신에 대해 얼마나 알려 줄지 선택할 수 있을 것이다. 어떤 사람은 최소한을 선택할 것이다. 내 주소는 이것이니 식료품은 여기로 보내 달라. 암호를 모른 채로 내 신용카드에 액세스하려면 여기로 오라. 또 다른 사람은 회원 특혜를 받는 대가로 기업이 본인의 과거 구매 기록을 추적할 수 있도록 허락할 수도 있다. 그 대신 기업은 도움이 되는 정보를 제공한다.

이런 일은 공공 서비스에 중대한 함의를 지닌다. 의료 제도, 중앙 정부, 주, 그리고 지역 당국의 데이터베이스는 이미 거대하다. 중첩되는 데이터도 상당한데, 단 하나의 거대한 공공 데이터베이스를 구축하는 것은 조지 오웰이 『1984년』에서 예상한 초관리 사회를 암시하므로, 대중과 정치인이 그것을 매우 경계하기 때문이다. 개인 데이터 모델은 실행 가능한 대안을 생산하는 한 가지 방법이다. 물론 문제도 명백히 존재한다. 복지 수당을 관리할 때 관리자가 아니라 청구인이 데이터를 보유한다면, 그것을 어떻게 처리할 것인가? 주차 허가증, 입학 자격, 여권은 어떻게 처리할 것인가? 우리는 이런 문제들이 해결할 수 있는 문제라고 확신한다. 시민이 자신의 데이터를 소유하고 거대 조직은 그 데이터를 보유하지 않는다면 실질적인 이익이 생긴다. 항상 거대 조직 쪽으로 지나치게 쏠려 있던 힘의 균형이 각각의 사례에서 적어도 약간은 작은 개인 쪽으로 기울 것이다. 그런 작은 움직임이 많은 사람들에게서 일어나 축적되면 관계 전체를 변모시킬 수 있다.

고무적인 징후가 존재한다. 몇몇 정부 기관이 원칙적으로 그것을 받아들이고, 조금이나마 실행에 옮기고 있는 것처럼 보인다. 공공 부문은 관련 정치인, 관료, 조직에 이점이 있는 곳부터 개인 데이터 모델을 시작할 것이다. 시민이 자신의 세금 기록을 보유하도록 하면 서버 이용 시간, 확인, 관리의 비용을 시민이 지불하게 되므로 국가로서는 비용이 줄어든다는 사실을 현명한 공무원들이 입증한다면, 그들의 경력에 빛나는 실적이 될 것이다.

개인 데이터 모델은 처음부터 고위 정치인의 리더십이 필요하고, 최종적으로는 법 정비가 필요하다고 우리는 생각한다. 하지만 열쇠를 쥐고 있으며 아마도 법제화가 결정적으로 중요하게 작용할 곳은 민간 부문일 것이다. 그곳에서 개인 데이터 모델이 광범위하게, 어쩌면 대규모로 도입될 것이고, 공공 부문은 그 위에 부분적으로 편승할 것이다. 데이터 권리에 관심이 있는 시민들이 수백만 명 규모로 거리를 점거하는 일은 일어나지 않을 것이다. 공공 부문에 있는 자신의 데이터를 관리하는 시민들은 헌법적·민주적 힘의 균형의 측면에서 이익을 얻을 것이고, 우리는 그것을 강력히 옹호한다. 하지만 같은 시민은 소비자로서의 역할에서 현금 이익을 획득하고, 매력적인 새로운 애플리케이션도 얻을 수 있다. 권력자가 장려한다면, 대중이 그것을 적극적으로 선택해 변화를 몰아갈 것이다.

이것이 실현될 가능성이 얼마나 될까? 잠시 정반대의 은유를 생각해 보자. 1990년대에 월드 와이드 웹은 들불처럼 인터넷에 퍼져나갔다. 거기에는 많은 이유가 있지만, 한 가지는 하이퍼링크의 간단함 때문이었다. 웹 사용 초창기에 하이퍼링크에는 밑줄을 긋고 색깔을 더하는 관습이 생겨났다. 팀 버너스 리는 누가 파란색을 선택했는지 기억하지 못한다. 하지만 파란색이 생겨나 굳어졌다. 모든 성공적인 돌연변이가 그렇듯 그것은 다른 돌연변이보다 오래 살아남았고, 환경의 도전에 부응했고, 그 결과로 환경의 불가피한 일부가 되었다. 색깔 선택이 좋았던 것도 하나의 이유였다. 경미한 색맹은 사람들 사이에서 흔하고, 파란색보다는 빨간색과 녹색을 지각하는 데 훨씬 더 많은 영향을 미친다. 예외도 있지만, 요즘 독립된 링크는 모든 곳에서 파란색이 압도적으로 많다. 사실상 모든 웹 디자이너가 대체로 파란색 하이퍼링크를 사용한다. 워드 프로세싱 소프트웨어의 주요 브랜드는 하이퍼링크를 만들도록 요청하면, 그것에 밑줄을 긋고 파란색으로 표시한다.

하지만 하이퍼링크를 파란색으로 표시하도록 규정하는 법이나 규정은 지구상의 어떤 영토에도 존재하지 않는다. 영국의 도시 계획법과 주류 판매법에는 지역 주민에게 야간 음주와 다락 증축에 대해 알리는 법령 문서에 사용하는 문자의 크기가 규정되어 있다. 전 미국 대통령 버락 오바마는 2010년에 정부 기관이 공문서에 명확하고 쉬운 문체를 사용하는 것을 의무화하는 '쉬운 글쓰기 법Plain Writing Act'에 서명했다. 독일, 스웨덴, 일본 등 많은 나라에서 아기에게 붙이는 이름에 대한 규칙이 있는데, 대개는 정식 리스트가 사용된다. 수많은 나라가 어떤 사회적 상황에서 어떤 언어를 사용해야 하는지를 법률로 정하고 있다. 프랑스 사회언어학자 자크 르클레르Jacques Leclerc는 세계 각지에서 그런 법률을 470개 이상 수집했다. 그중 하나는 그의 출신지인 캐나다 퀘백주의 법률로, 사업을 할 때 프랑스어의 사용을 요구하는 법률이었다. 아직 누구도 하이퍼링크의 색을 법률로 규제하지 않지만, 하이퍼링크는 아직도 주로 파란색이다. 그 논리는 단순하다. 편리한 관습이 생겨났기 때문이다. 웹 페이지 작성자는 링크를 눈에 띄게 하고 싶은 경우, 파란색으로 하고 밑줄을 긋는다. 웹 디자이너 대부분은 링크를 눈에 띄게 하고 싶기 때문에 관습에 따른다. 그 결과, 그 관습은 더 강고해져 훨씬 더 효과적인 신호가 된다. 만일 그들이 다른 웹 스타일을 의도적으로 적용하고 링크를 눈에 띄게 하고 싶지 않다면, 또는 분홍색 라디오 버튼이나 사진 등을 링크하는 구조로 사용하고 싶다면, 그들은 그럴 자유가 있고 그렇게 한다.

이것은 웹 성공의 핵심에 있는 수많은 자유 중 하나이고, 그런 자유를 상징하는 강력하고 교묘한 은유다. 하지만 거대 기업과 『1984년』의 빅 브라더로 볼 수 있는 모든 것으로부터 데이터를 되돌려 받기 위한 투쟁에는 최선의 모델이 아니다. 표면적으로 보면, 그들에게는 웹 페이지의 디자이너와는 달리 협력하지 않을 큰 동기가 있기 때문이다. 버너스 리가 현재 운영하는 많은 사업 중 가장 중요한 것으로 볼 수 있는 것은 MIT에 있는 솔리드Solid 6 프로젝트다. 그것은 우리의 개인 데이터를 획득해서 보존하려고 하는 앱과 서버로부터 최소한 개인 데이터를 분리하는 소프트웨어를 개발하고 있다.

솔리드를 사용하면, 당신은 자신의 데이터를 보관할 장소를 직접 결정할 수 있다. 스마트폰, 직장 서버, 또는 다른 곳의 클라우드에 보관할 수 있다. 친구에게 대신 관리해 달라고 할 수도 있다. 현재로서는 당신의 책 선호 데이터는 아마존에, 음악 선호 데이터는 아이튠즈에, 페이스북 친구는 주커버그 씨가 소유한 클럽에 모여 있다.

---

6 Social Linked Data, 사회적으로 링크된 데이터

솔리드는 당신의 생활에 중요한 모든 기술자^{記述子}7를 당신이 선택한 하나의 장소에 두는 것을 목표로 한다. (당신은 또한 그것의 복제물을 당신이 선택한 또 다른 장소에 보관할 수도 있다. 예컨대 그것을 색색의 바코드로 바꾸어 부엌 벽에 무지개 포스터를 만드는 것이다. 그것은 당신 소유이므로 원하는 방식으로 백업할 수 있다.) 앞으로는 앱이 당신의 데이터를 사용하려면 당신의 허락을 받아야 할 것이다. 따라서 한동안은 '그것이 가능하다'는 이유만으로 허락하지 않는 것이 새로운 유행이 될 것이다. 솔리드와 비슷한 시스템을 개발하는 기업 가운데는, 당신에게 광고하기 위해 당신의 데이터를 사용할 때마다 당신이 소액의 수수료를 받을 수 있게 하는 방법을 궁리하고 있다. 현재는 대기업이 당신 대신 그렇게 하고, 그렇게 함으로써 당신의 관심이라는 가치를 몰래 슬쩍한다. 그들은 당신의 시선을 제3자, 제4자, 나아가 제5자에게 판매한다.

이론상으로 솔리드 플랫폼을 사용하면, 예컨대 당신의 건강과 교육에 관한 데이터를 개인적으로 보관할 수 있는 것에 그치지 않는다. 어쨌든 그것은 그 자체로 유용한 단계로, 많은 의료보험 제도가 이미 실험을 시작했다. (과중한 업무에 시달리는 의사는 당신의 의료 기록을 바닥에 떨어뜨릴지도 모른다. 시간에 쫓기는 행정관은 당신에게 보내는 메일을 퀸즈로 보내지 않고 오스트리아의 퀸즐랜드주로 보내거나, 저장 버튼 대신 삭제 버튼을 누른다. 나와 내 가족보다 내 건강에 대해 염려하는 사람은 없다. 따라서 적어도 의료 기록의 한 부는 내가 보관할 수 있게 하자.) 더 급진적으로 나아가면, 솔리드 또는 비슷한 플랫

---

7   색인 작성이나 정보 검색에서 자료를 분류하고 기술하는 데 사용되는 키워드

폼은 원리상으로는 정부가 가지고 있는 특정 시민에 대한 모든 정보를 보관할 수 있다. 물론 정보 요원과 경찰은 테러리스트에 대한 자신들만의 파일을 독점하고 싶을 것이고, 리스트에 오른 행운의 이름들과 함께 데이터 보유의 윤리에 대해 의논하고 싶지 않을 것이다. 우리 두 사람은 이 책의 다른 장에서 강조했듯이 그 점에 대해서는 불만이 전혀 없다. (우리는 그 데이터가 어떻게 수집되는지, 어떤 종류의 행동, 그 행동의 어떤 측면이 의심을 사는지에 대해 공개적인 논의가 더 많이 이루어지기를 바란다.) 물론 데이터는 많은 경우 당신이 보관하는 동안에도 당신에 의해 수정되거나 파괴되지 않는 방식으로 수집될 필요가 있다. 개념적으로는 쉽다. 그런데 정말 그럴까? 그렇게 하려면, 열려 있는 것의 정확성을 확인할 수 있는 암호화된 버전이 필요하다. 그러므로 우리는 그 암호에 포함된 것이 무엇인가에 대해 정부를 신뢰할 필요가 있다. 상당한 수준의 신뢰이지만, 보이지 않는 서버에 있는, 누가 조합했는지는 신만이 아는 보이지 않는 데이터의 정확성에 대해 현재 우리가 정부에 대해 가지고 있는 신뢰와는 차원이 다르다. 영국에서는 국민 보험 기록, 운전면허증, 복지 수당과 지방세 지불 이력을, 그리고 전 세계에서는 신용 기록을 편리하게 가지고 다니는 것이 완벽하게 가능하다. 그 기록을 가지고 다니는 사람이 주요 부분을 바꾸거나 파괴할 수 없는 한 그렇다.

이와 마찬가지로, 재판 기록, 실형 판결, 범칙금에도 같은 원리가 적용되어야 한다. 확실히 우리 모두는 형법 개혁에 대해 어떤 견해를 가지고 있든, 누군가가 오늘 교도소에 들어가야 할 사람의 목록을 가지고 있으면서 매일 인원 점검을 해 주기를 바란다. 자동차 등록 번호판은 나쁜 운전 습관과 차량 절도를 줄이는 등 유용한 기능을 한다. 하지만 그러기 위해서는 기록에 제한 없이 접근할 수 있어야 한다. 사람들이 세금을 제대로 내기를 원한다면, 세금을 징수하는 어떤 형태의 시스템이 필요하고, 징수가 제대로 되는지 확인할 방법이 필요하다. 이 모두를 개인이 보유하는 데이터 저장고에 넣기 위해서는 상상력이 필요할 것이다. 어쨌든 핵심 요건은, 예컨대 당신이 차를 소유하고 있다면, 당신이 차를 소유하고 있다는 사실과 자동차의 세부 사항이 당신이 좋든 싫든 관계없이 당신의 데이터 저장고에 들어 있어야 한다. 이와 동시에 권한을 부여받은 기관이 모든 사람의 데이터 저장고를 동시에 보면서 자신들이 찾고 있는 자동차를 찾아낼 수 있어야 하고, 게다가 자동차 소유주가 알지 못하는 상태에서 그렇게 할 수 있어야 한다. (하지만 그런 일은 이따금 일어날 뿐이다. 관계 당국은 누가 자동차 소비세를 냈는지 매월 확인하고 있다고 시민에게 알릴 수 있고, 시민은 보통 그것에 만족한다.)

그러면 솔리드가 팀 버너스 리의 지혜, 평판, 뛰어난 전문 지식에 힘입어 그 분야의 리더가 된다고 가정해 보자. (솔리드보다 훨씬 더 가치 있는 인류의 획기적 구상들 상당수가 완전히 실패했지만, 일단 그렇다고 가정해 보자.) 솔리드는 'Social Linked Data'의 약자다. 솔리드의 목표는 당신이 가정과 직장에서 사용하기로 선택하는 플랫폼이 되는 것이고, 그것을 위해 개발자들은 새로운 프로그램을 작성해서 우리 대부분이 지금 사용하는 많은 프로그램을 대체하거나 보완할 것이다. 솔리드를 탄생시킨 부모는 솔리드에 대해 다음과 같이 설명하지만, 부모답게 편파적일 수는 있다.

고객 맞춤이 가능하고, 확대 축소가 쉽고, 가능한 한 기존의 웹 표준에 의거한다. 솔리드의 애플리케이션은 멀티 유저 애플리케이션처럼, 공유하는 파일 시스템을 이용해 서로 대화할 수 있다. 게다가 (링크된 데이터의 마법으로) 그 파일 시스템은 월드 와이드 웹이다.

"데이터에 관한 한 지금 우리의 세계는 현실에서도 웹에서도 최악의 상태에 있어서, 사람들은 자신의 데이터를 관리할 수 없을 뿐 아니라 그것을 실제로 사용할 수도 없다. 사람들의 데이터가 사일로화[8]된 다수의 웹 사이트에 퍼져 있기 때문이다." 버너스 리는 이렇게 말한다. "우리의 목표는 사용자에게 자신의 데이터 소유권을 주는 웹 아키텍처를 개발하는 것이다. 더 나은 특징과 가격, 정책을 찾아 새로운 애플리케이션으로 바꿀 자유도 포함된다."
— '웹 창시자 팀 버너스 리의 다음 프로젝트 – 사용자가 자신의 데이터를 관리할 수 있는 플랫폼', MIT 컴퓨터 과학 및 인공 지능 연구소의 웹 사이트, 2015년 11월 2일

솔리드는 웹 기반의 파일 공유 서비스인 드롭박스Dropbox나 구글 드라이브Google Drive가 주장하는 것처럼, 사용자의 데이터에 대한 법적 소유권을 원하지 않을 것이다. 솔리드는 다른 수많은 애플리케이션에 쉽게 접속하는 능력을 가질 것이다. 하지만 데이터의 어느 부분이 공유될 수 있는지는 항상 사용자가 결정하고, 사용자는 언제 그런 결정을 하고 있는지 항상 안다.

추측건대, 만일 솔리드가 널리 성공을 거둔다면, 그것은 세력을

---

8 웹 사이트 등이 외부와 연계하지 않고 자기중심적으로 독립한 현상

가진 기존의 힘 있는 기업들이 잘 알려진 그들의 사이트와 앱의 매끈한 솔리드판을 생산했기 때문일 것이다. 큰 손실이 따를지도 모르는 위협에 직면해 대기업은 어떻게 행동하겠는가? 우리가 느끼기에, 다양한 수입원을 가지고 있는 거대 기업에게 이 위협은 존폐와 관련된 위협은 아니다.

여기서 잠시 매우 가시적이고 상징적인 기업인 아마존에 주목해 보자. 아마존이 우리의 데이터를 사용하기 위한 허가를 요청할 때 우리가 그것을 승낙한다면, 아마존은 단순히 그 데이터를 카피하고 보관해 되파는 것에 그치지 않는다. 아마존에 부여된 권한은 신중하게 계산된 불편한 순간에 잠깐 나타나는 동의서 11페이지의 잘 보이지 않는 회색 배경 위에 마찬가지로 잘 보이지 않는 희고 작은 글자로 표시된다. 아마존이 당신의 데이터를 반영해 되돌려 보내는 내용 — 우리는 당신의 독서 취향에 대해 항상 생각해 왔고, 그것을 토대로 당신이 좋아할 만한 몇 권의 신간을 소개합니다 — 의 대부분은 실은 구매 순간에 실시간으로 결정된다. 당신의 웹 브라우저가 아마존 사이트를 방문하면, 아마존 사이트는 웹 브라우저가 당신에 대해 '알고 있는 것'을 채굴한다. 따라서 아마존 구매 이력에서 유추한 당신의 계정 정보는 당신이 온라인에 있을 때만 기능하는 형태로 존재한다. 아마존이 당신의 데이터를 보관하기 위해 서버 팜을 구축하도록 하는 대신, 당신 스스로 그것을 보관하겠다고 주장해도 (당신 스스로 보관하는 서버도 따지고 보면 아마존에서 빌린 것일 테지만) 아마존은 개의치 않을 것이다. 아마존 웹 사이트는 당신의 정보를 자사의 데이터 창고에서 찾는 대신, 당신의 데이터 창고 문을 노크할 것이다. 그러면 당신의 창고는 당신에게 아마존이 모자를 벗고 발을 닦은 뒤 허락한 것 외에는 건드리지 않은 채 창고 안을 돌아다녀도 되는지 물을 것이다. 당신은 '좋다'고 말한다. 아마존은 필요한 것만 가져간다. 하지만 아마존이 떠날 때 주머니를 수색하는 방법이 필요할 것이다.

아마존은 또한 당신이 구매하고 싶어 하는 상품이라고 일컫지만 실제로는 당신에게 팔고 싶은 상품을 소개하기 위해 당신에게 적극적으로 이메일을 보낸다. 사람들은 다음과 같이 상상한다. 지식과 엔터테인먼트를 전파하는 데 헌신하는 지적이고 근면하고 섬세하고 경험이 풍부한 사서가 시애틀의 사우스 레이크 유니언에 위치한 아마존 본사의 열네 채 건물 중 한 곳에서 정원이 내려다보이는 창가에 앉아, 무라카미 하루키가 자신이 사랑하는 재즈에 대한 얇은 새 책을 냈다는 사실을 알게 된다. 그녀는 다음 휴일에 누가 그 책을 가장 읽고 싶을지 생각하다가…… 당신의 이름을 떠올린다!

하지만 사람들은 그녀가 실제로는 금속 상자 속 실리콘에 코드로 기록된 일군의 알고리즘으로, 오늘은 노르웨이에서, 내일은 아마 알래스카에서 다양한 협업 필터링[9]을 실시하고 있다는 것을 잘 안다.

같은 기능을 가진 대안으로 솔리드 기반의 광고 앱을 발명하는 것도 충분히 가능하다. 그것은 이런 식으로 기능한다. 아마존은 당신의 이메일 주소를 보유하고, 당신은 그것에 만족한다. 그런 다음 아마존은 당신에게 오늘의 추천 목록을 받고 싶은지 묻는 이메일을 보낸다. 솔리드의 광고 앱은 아마존에 자동적으로 '예'라는 답을 보

---

9 사용자로부터 얻은 기호 정보에 따라 사용자들의 기호를 유형화하고, 그것에 기초해 개별 사용자의 기호를 예측하는 기술

내도록 설정할 수 있게 되어 있다. 아니면 책과 밴조 연주에 대해서만 '예'라고 말하거나, 추천 목록을 받되 먼저 묻도록 설정할 수도 있다. 승인이 떨어지면, 앱은 당신과 관련된 아마존에서의 구매 이력을 아마존에 보여 주고, 아마존은 당신이 제시한 선호를 그들의 추천 엔진에 입력한다. 여러 단계를 거쳐야 하는 성가신 과정처럼 보이지만, 많은 인터넷 거래처럼 그렇게 복잡하지 않을 뿐더러 매끄럽게 실행될 수 있다.

솔리드에 기반을 두고 쌍방이 대등한 입장에서 거래하는 시스템도 있을 수 있다. '대천사가 관리하는 완전히 윤리적인 비영리 집단TUEN-F-PRBA'이라 불리는 조직이 보호받는 솔리드 계정에 수백만 개의 이메일 주소를 보유하고, 당신은 TUEN-F-PRBA에 아마존을, 광고 목적의 이메일을 받아도 괜찮은 조직 중 하나로 지명한다고 해 보자. 그렇다면 아마존은 당신에게 접속하기 전에 먼저 TUEN-F-PRBA에 접속해야 한다. 아마존은 자기 대신 TUEN-F-PRBA이 수백만 명에게 전송할 범용적인 이메일을 보내든지, 아니면 TUEN-F-PRBA에서 임시 리스트를 받는다. 이렇게 하면 당신은 더 안전하다고 느낄까? 만일 미국 국가안전보장국과 영국 정보통신본부가 우리가 내는 세금값을 한다면 — 반복하지만, 우리 두 사람은 그렇다고 믿는다 — 그들은 백도어 [10] 에이피아이API를 사용해 간단히 그 리스트를 입수할 수 있다. 하지만 그들은 지금도 어떤 식으로든 모든 이메일에 액세스할 수 있다. 그리고 우리가 두려워하

---

10 인증되지 않은 사용자에 의해 컴퓨터의 기능이 무단으로 사용될 수 있도록 컴퓨터에 몰래 설치된 통신 연결 기능

는 것은 아마 그것이 아닐 것이다.

다른 측면에서 보자. 아마존은 이렇게 말할지도 모른다. '물론 우리는 당신이 원한다면 당신의 신용카드 번호 같은 개인 정보를 삭제할 것이다. 하지만 우리가 당신과 거래한 기록은 거의 20년 치 분량이고, 그 영업 이력의 소유권은 우리에게 있다. 사실 몇몇 사법 관할 구역에서는 세금과 여타 목적으로 오랫동안 기록을 보존해야 한다. 어쨌든 우리도 미국인으로서 미국의 가치를 지지하는 것을 자랑스럽게 생각하지만, 데이터를 보관하는 독립적인 위성 회사는 어둠에 덮인 페루의 가장 빛이 닿지 않은 곳에 거점을 두고 있는데, 그곳은 법이 다르다. 유감으로 생각한다.

아예 처음부터 옆길로 빗나갈 수도 있다. 지각 있는 시민이 솔리드를 환영할 만한 이유는 많이 있지만, 그중 하나는 막강한 생산자와 판매자에 대해 소비자로서의 선택권을 강화하기 때문이다. 책과 세탁기 구매 이력은 신제품과 기존 제품의 두꺼운 카탈로그를 참조해 당신이 좋아할 만한 상품을 정밀 분석하는 데 사용될 수 있으므로, 상품을 판매하기를 원하는 회사, 그리고 실제로 신제품을 개발하고 있는 회사에게 막대한 가치를 지닌다. 아마존은 자신들이 그러한 구매 이력을 소유하고 있고 그것을 사용해 당신의 절친한 친구가 될 수 있다는 사실이 아주 마음에 든다. 일반 시민이 솔리드 앱을 통해 자신의 구매 이력을 미국 최대 서점 체인인 반스앤노블이나 월마트에 보여 줄 수 있다는 것은 아마존이 가장 원치 않는 상황이다. 소비자가 자신에게 상품을 공급하는 모든 업자로부터 구매 이력을 입수하면, 누군가는 솔리드 플랫폼 위에 'WhatYouLike'라는 작고 멋진 앱을 만듦으로써, 모든 업자를 대조해 (혹은 솔리드에 내장된 정렬 대조 소프트웨어를 이용해) 추천 상품을 제시하고, 현재 어느 소매업자가 최상의 가격으로 판매하는지 소비자에게 알려 줄 수 있을 것이다. WhatYouLike 앱은 성사된 구매 한 건당 2~3달러의 포인트를 가져간다. 아마 또 한 명의 젊은 백만장자가 탄생할지도 모른다. 이 젊은이는 전 세계 모든 소비자에게 큰 도움이 될 것이다. 경제학 교과서가 자유 시장에서의 소비자의 힘에 대해 말하는 꿈같은 일이 실현될 것이다.

어느 주의 법률에도 아마존 계정을 누구에게 주라는 조항은 없다. 진지한 나라에서라면 아마존은 인종이나 신념을 이유로 누군가와의 거래를 거부할 수 없다. 공정하게 말하면 아마존은 그런 부류의 기업은 아니며, 다양한 세계에 사는 모든 종류의 고객과 직원을 진심으로 환영한다. 하지만 어느 지역에 있는 어떤 업자도 자신들이 하고 싶은 형태의 사업을 위해 합리적인 거래 조건을 정할 수 있고, 일반 대중에게 그 조건을 제시해 그것이 싫으면 떠나라고 말할 수 있다.

따라서 아마존은 이렇게 말할 수 있다. '솔리드에 대해 들었습니다. 아주 영리하고 독창적입니다. 친애하는 팀 버너스 리의 웹도 그랬지요. 덕분에 현재 연간 1000억 달러의 수익을 올리고 있습니다. 그 친구에게 정말 감사하게 생각합니다. 하지만 솔리드는 그 정도는 아닙니다. 만일 당신이 우리에게 책, 커피, 자전거를 산다면, 옛날 방식의 계정이 필요합니다. 죄송하지만, 그것이 우리의 거래 방식입니다.'

솔리드는 그들에게 안전책처럼 보이지 않는 것일까? 탈중개화(중간업자의 배제)는 불쾌한 단어이고, 믿을 수 없는 동맹과 같다. 아마존이 자사의 웹 사이트에 액세스하는 것과 관련하여 어떤 실수를 저지른다 해도, 아마존 대신 우리의 생활 환경으로 빈틈없이 흘러

들어 올 준비를 갖춘 '오리코노', '볼가', '유콘' 같은 큰 강은 이 책을 쓰는 시점에 존재하지 않았다. 영리한 젊은 여성이 그 명칭 가운데 하나를 붙인 포털 사이트를 개설해서 복잡한 코딩을 실행하고, 대여섯 명의 지저분한 친구들을 차고에 모아, 몇십만 달러를 빌린 다음, 아마존과 같은 폭넓은 범위의 상품을 판매한다고 주장할 수 있을 것이다. 굉장한 양의 상품을 다루게 될 것이다. 하지만 아마존은 웹 시대에 어마어마한 상업적 성공을 거두었지만, 실은 웹 기업이 아니다. 페이스북은 웹 기업이다. 이베이도 웹 기업이다. 구글도 웹 기업이다. (하지만 흰 셔츠를 입고 무인 자동차 앞에 햇빛을 등지고 서 있다면, 구글도 물리적인 실재처럼 느낄 것이다.) 아마존은 가상 세계가 아니라 현실 세계에서 영업을 한다. 2017년 10월 기준으로, 아마존은 미국 본토에만 295개의 시설(물류 창고, 배송 센터, 허브 등)을 가지고 있고, 전 세계에 482개의 배송 센터를 가지고 있다. 인도에 45개, 중국에 17개, 일본에 14개, 그리고 유럽에도 수십 개가 있다. 총면적은 약 1644평방미터였고, 약 232평방미터가 새로 계획되고 있다. 계획이 실현되면 약 1876평방미터에서 35만 명이 일하게 된다. 제프 베이조스가 서점과 그 밖의 다른 소매상의 발을 걸어 넘어뜨렸듯이 차고에 모인 청년들이 아마존의 발을 걸어 넘어뜨리는 것은 불가능하다. 왜냐하면 베이조스는 실제로는 서점의 발을 걸어 넘어뜨리지 않았기 때문이다. 그렇게 한 것은 웹 기술의 새로운 물결이었고, 베이조스는 영리하게도 그 전자 물결을 타고, 그것을 이용해 현실에 기반을 둔 제국을 건설했다.

따라서 아마존을 두렵게 하는 것은 아마존 흉내를 내는 차고 안의 젊은이들 그 자체가 아니다. 그들이 주시하는 것은 다음의 새로

410

운 물결이다. 아마존은 새로운 물결처럼 보이는 모든 것을 축출하거나 도입해야 한다. 그들은 새로운 물결인 솔리드를 도입하기보다는 다른 거대 소매업자 및 소셜 미디어 플랫폼과 비공식적으로 협력해 솔리드를 쫓아낼 것이다.

❧

페이스북과 그 밖의 다른 소셜 네트워크 사이트에서도 아마존과 같은 일이 일어날 것이다. 사용자가 그들의 웹 사이트를 방문하면, 솔리드 앱이 페이스북 웹 사이트에, 그 사용자의 페이스북 페이지에 존재하는 것과 같은 정보에 액세스할 권한을 부여한다. 현재 그 정보는 페이스북 서버에서 불러오는 것이다.

페이스북은 아마존과 마찬가지로, '페이스북 친구들'을 다른 프로그램에서도 액세스할 수 있게 되는 것이 반갑지 않을 것이다. 협상은 가능하지만 매우 어려울 것이다.

아마 더 근본적인 문제는 이것일 것이다. 페이스북은 광고를 팔고, 그것은 친구들의 재미있는 사진과 같은 화면에 표시된다. 페이스북으로서는 현재 휴대폰 화면이 데스크톱 컴퓨터나 태블릿보다 수익성이 높지만, 그것은 상대적인 것일 뿐이다. 2016년에 페이스북의 연간 광고 수입은 사용자 1인당 약 14달러였다. 그 14달러가 페이스북이 아니라 사용자의 손에 들어갈 수 있다는 비즈니스 명제를 잠시 당연하게 받아들여 보자. 그리고 한 걸음 더 나아가, 그러므로 그 14달러는 사용자의 것이 되어야 한다는 도덕적 명제를 받아들인다고 해 보자. 그럼에도 실제로는 모든 사용자가 지금 이대로도 좋다고 생각할 것이다. 페이스북은 (여기서 의미가 있는 유일한 의견, 즉 그들 자신의 견해에 따르면) 사람들의 생활에 상당한 가치를 더하고 있다. 그 가치는 연간 14달러를 훨씬 넘는다. 하지만 페이스북 사용자는 전 세계에 20억 명이 넘고 따라서 전체 광고 수입은 연간 약 300억 달러를 넘는다는 사실을 기억하는 순간, 연간 14달러는 더 이상 적은 액수가 아니다. 여기에서 우리가 주장하는 바의 핵심에 이른다. 솔리드가 문을 두드릴 때 페이스북은 그 수입을 지키려고 할 것이다.

그러면 구글은 어떨까? 실제로 다른 검색 엔진들이 있다. 하지만 그 검색 엔진들은 일반 용도로는 구글의 발밑에도 미치지 못한다. (변호사가 관련된 판례법을 찾을 때 사용하는 것처럼, 특정 목적으로 사용하는 '수직 검색 엔진'이라 불리는 특수 검색 엔진은 매우 유용할 수 있다.) 빙의 첫 페이지는 전략적 의도로, 구글의 첫 화면보다 훨씬 아름답다. 날마다 멋진 사진이 새로 표시된다. 그 사진을 보는 것만으로도 그 사이트를 방문할 가치가 있다. 그런 다음 구글로 가서 원하는 것을 검색하면 된다. 구글은 우리의 검색 요청에 대해 적당한 답을 찾아내는 뛰어난 능력을 가지고 있다. 구글도 수백만 달러의 광고를 판매한다는 사실을 우리가 말했던가? 말했을 것이다. 다른 빈틈없는 전략에 더해, 구글은 교묘하고 번개처럼 빠른 두 가지 광고 모델을 구축했다. 바로 구글 애드워즈^{AdWords}와 구글 애드센스^{AdSense}다. 구글 애드워즈에서는 사용자가 검색할 때마다 광고주를 상대로 검색어에 대한 경매가 실시된다. 구글 애드센스에서는 웹 사이트 소유자가 구글 광고를 제시함으로써 돈을 번다. 그런 광고로 벌어들이는 구글의 수입은 연간 900억 달러다. 아마 페이스북 광고 수입의 세 배쯤 될 것이다.

페이스북 이야기로 돌아가 보자. 페이스북은 사용자에게 광고를 표시하고, 그 광고가 얼마나 효과적인지 평가하고, 그것에 따라 광고주에게 적절한 요금을 청구하기 위해 다양한 기법을 사용하고 있다. 물론 광고주는 게재된 페이지에서 실제로 사람의 눈앞에 표시된 부분에 대해서만 요금이 부과되는지 확인하고 싶을 것이다. 여기에 사용되는 기법에는 사용자의 정보가 사용되고, 그 정보는 필연적으로 사용자, 페이스북, 광고주 사이를 왔다 갔다 하게 된다. 특수 목적의 쿠키와 시스템이 로봇에 속지 않았는지 확인하는 기기도 오간다. 페이스북은 또한 이와 관련해 사용자 일반에 대해서만이 아니라, 개별 사용자에 대해서도 자세한 정보를 대량으로 소유할 필요가 있다. 이 모든 데이터는 오프라인에서, 페이스북의 사적인 기계에 의해 처리되지만, 사용자가 온라인에 있는 특정 순간에 처리되는 경우도 있다.

이 중 일부는 익명화된 데이터로도 완벽하게 잘 처리된다. 필시 누군가는 개인이 사적으로 비축한 데이터를 조사해서 개인을 특정할 수 있는 정보를 다양한 정도로 제거한 다음, 특정 요구에 따라 소유자의 명확한 허락을 받아 그것을 '필요로 하는' 외부 사이트에 전달하는 솔리드 앱(MeNotMe)을 만들 수 있다는 것이다. 그러면 페이스북은 이렇게 말할 것이다. 우리의 사업이 성립하기 위해서는 2차 정보(그 범주를 뭐라고 부르든)가 우리에게 전송될 필요가 있다. 즉, 우리의 백 오피스[11]에서는, (예컨대) 캘리포니아주의 시골 지역에 사는 25세

---

11 고객을 직접 상대하지 않는 부서

백인 여성이 그 사이트에서 x, y, z를 했다는 것을 알지만, 개인은 결코 특정되지 않을 것이다. 당신이 이 조건을 승인한다면 페이스북을 계속 이용하면 된다. 그렇지 않다면 다른 소셜 네트워크 사이트를 찾으라.

그리고 만일 현재의 관행이 앞으로도 계속된다면, 앞에서 말한 25세의 백인 여성은 자신이 방금 페이스북과 그런 대화를 했다는 사실조차 알아채지 못할 것이다. 그 내용은 작은 글자 속에 이런저런 방식으로 위장되어 있을 것이다. 옥스퍼드대학의 막스 반 클리크Max Van Kleek는 이 문제를 여러 각도에서 비판하는 사람 중 한 명이다.

데이터 이용 약관Data Terms of Use, DToU에 대한 우리의 연구는 정보를 제어하는 새로운 방법을 사람들에게 제공하는 아이디어를 탐구하고 있다. 첫째, DToU를 사용하면 사람들은 자신들이 게재하는 특정 정보(예컨대 트윗과 인스타그램)가 열람자에게 어떻게 경험되는지 지정할 수 있다. 둘째, DToU를 사용하면 자신의 정보가 저장되고 유지되는 방법을 제어할 수 있도록, 저장 및 보존 방법에 관한 요구 사항과 제약(누가 보존할 수 있는가, 지정학적인 제약 등)을 명시할 수 있다. 셋째, DToU를 사용하면, 자신의 정보 항목이 어떻게 사용되고 취급되는지(즉, 그 정보가 사용되고 한 사람으로부터 다른 사람에게로 전송될 때마다 남는 이력)에 대해 어떤 방식으로 통보받을지 지정할 수 있다.

— '일상의 감시 – 제3의 프라이버시, 2016년 아이덴티티&
데이터 보호 대회', 사우스햄턴대학 웹 사이트

만일 경쟁자와 대결하는 상황이 된다면, 아마존에는 차고에서 경쟁 사이트를 만드는 여성을 압도하는 현실 세계의 인프라가 있지만, 페이스북에는 그런 것이 없다. 세계 각지에 배치된 배송 센터 직원도, 배달 차량도, 상점에 기반을 둔 집하 장소도 없다. 하지만 페이스북은 막강한 선점자 우위성을 누리고 있다. 즉, 이력에 대한 투자분이 막대하다. 그것은 페이스북이 일부를 출자하고, 대부분은 우정의 역사, 인맥, 타임라인, 네트워크를 페이스북 서버에 보관하고 있는 사용자들이 출자한 것이다. 거듭 말하지만, 페이스북이 독점하고 있는 그 이력을 달라는 협상에 그들이 응할 가능성은 있지만, 협상이 쉽지는 않을 것이다.

신용 평가 기관은 그 기관을 소유한 사람과 운영하는 사람을 위해 많은 돈을 번다. 익스페리언Experian, 에퀴팩스Equifax, 트랜스유니언TransUnion이 세계 3대 신용 평가 기관이다. 익스페리언은 연간 수익이 48억 달러다. 그 기관들은 개인의 신용도, 주택 담보 대출과 그밖의 대출, 공공요금이 제때 지불되는가 등의 이력을 채점함으로써 이익을 낸다. 이런 정보는 금융업계 전체에 걸쳐 수집된다. (빚이 없다고 높은 점수를 받는 것은 아니다. 빚이 많고 제때 갚아야 높은 점수를 받는다.) 당신이 본인의 신용 등급을 확인하고 항의함으로써 평가를 더 정확하게 만드는 것을 그들은 환영한다. 그들이 판매하고 있는 것은 '정확성'이기 때문이다. 데이터가 정확할수록 고객은 그것을 신뢰할 수 있고, 그들은 요금을 올릴 수 있기 때문이다. 돈을 빌리는 개인의 단말기상에 당신에 관한 그들의 데이터가 표시되는 익스페리언 솔리드 앱이 개발될 가능성이 매우 높다. 이미 설명했듯이, 그것은 당신만이 수정할 수 있는 시스템이다. 시민이 그 데이터를 새로운 대출 기관, 즉 다른 회사에 넘기면서 익스페리언에는 수수료를 지불하지 않으려 한다면, 익스페리언이 협력하지 않을 것이다. 그리고 그들도 페이스북과 마찬가지로, 엄청난 양의 이력 데이터를 가지고 있고, 그것은 금융 시장에 새로 참여하는 것을 매우 어렵게 만든다.

안티 익스페리언 오픈 소스 앱을 구현하는 것은 어려운 일이겠지만 불가능하지는 않다. 아마도 소비자 집단은 시민의 대출 정보를 최초로 판매하는 은행과 금융 회사에게 익스페리언과 그 경쟁사에 보내는 것과 같은 정보를 돈을 빌리는 본인에게도 제공하고 빌리는 사람 본인의 솔리드 앱에 보관할 수 있게 해 달라고 요구할 수 있을 것이다. 은행과 금융 회사가 그 정보를 판매할 수 있는 것은 그 전에 실제 대출을 판매하기 때문이다. 안티 익스페리언 앱은 그것에 입력해야 할 모든 출처의 자료를 입력하지 않는 한 경고 표시를 올려 자동으로 정지하는 기이한 앱일 것이다. 사용자가 당혹스러운 실수를 차단할 수 있는 신용도 앱은 의미가 없다. 어느 은행이 정보를 입력할 수 있는지에 대해, 독립적이고 적어도 거의 정부 기관에 준하는 조직이 확인할 필요가 있을 것이다.

현실적으로 보면, 사실상 모든 보통 시민이 자신의 단말기와 그 안의 프로그램과 정보가 이해할 수 없는 과정에 의해 수수께끼 같은 데이터를 사용해 업데이트되고, 자신들은 '예/아니요'를 선택하는 것밖에 제어할 수 없는 상태를 용인할 것이다. 따라서 아마 시민들 대부분은 신용 상태의 변경을 반영해 앱을 업데이트하는 것에 불만을 품지 않을 것이다. 그 결과 빌리는 사람의 상태가 대출 기관에게 훨씬 더 잘 보이게 될 것이다. 돈 문제로 심각한 곤란을 겪는 사람이 아닌 한 자신의 신용 기록을 힘들여 추적하는 사람은 별로 없다. 하지만 대다수는 비밀스러운 거대 신용 평가 회사가 모든 사람의 신용 등급을 독점하고 그것을 판매하는 것보다는 이 모델이 더 낫다고 생각할 것이다. 대출 기관은 더 이상 거대 신용 평가 회사에 돈을 지불할 필요가 없으므로, 대출 금리는 약간 내려갈 것이다. 그뿐만 아니라 원리상으로는 폭넓은 인구의 신용 정보를 조합하려고 하는 기관에 개인이 (소액의) 수수료를 부과할 수도 있다.

$$\wideparen{}$$

이 책을 쓰고 있는 시점에 영국이 아직 회원국으로 소속되어 있는 유럽연합은 개인 데이터를 보호하기 위해 일반정보보호규정General Data Protection Regulation, GDPR이라 불리는 포괄적인 새 규정을 도입했다. 영국 정부는 브렉시트 동안 어떤 일이 일어나든, 영국의 모든 기관은 GDPR의 요구를 따를 것이라고 약속했다. 사실상 모든 유럽연합 규정과 마찬가지로, GDPR의 목적은 유럽연합 시민들의 실태를 개선함과 동시에 유럽연합을 둘러싼 데이터 관리 규칙 및 기대의 경계선을 설정하는 것이다. 따라서 유럽연합에서 또는 유럽연합과 함께 사업하기를 원하는 미국 기업은 그 규칙을 따라야 할 것이다. 물론 거의 모든 중요한 미국 기업들이 여기에 해당할 것이다. 그 규칙은 미국 내에서는 적용되지 않는다. 미국도 동참할지 어떨지는 지켜보면 알 것이다.

이것은 가치 있는 계획이고, 실질적인 차이를 만들 수 있을 것이다. 핵심 규칙은 개인 데이터를 수집하거나 사용하는 기관은 반드시 개인의 동의를 구해야 하고, 그 데이터를 원하는 이유를 개인에게 알려야 한다는 것이다. 개인은 무엇이 수집되었는지 알 권리가 있고, 그것을 삭제하라고 요구할 수 있다. 만일 당신의 개인 데이터가 해킹당한다면 당신은 그 사실을 재빨리 통보받아야 한다. 이 모든 일의 비용에 대해 불평하는 대기업에 공감하기는 어렵다. 비용이 발생하는 것은 그들이 먼저 비열하게 행동하고 있기 때문이니까.

「파이낸셜 타임스」의 주필은 GDPR에 대한 훌륭하고 공정한 비판을 제시한다.

> 그 법이 의도한 영향을 미칠지, 또는 어떤 의도하지 않은 결과를 낳을지와 관련해 심각한 질문이 남는다. 이 가운데 가장 중요한 질문은 법을 준수하는 부담이 모든 기술 기업에 똑같은 무게로 떨어질 것인가 하는 것이다. 위기 이후의 은행 개혁을 생각해 보면 도움이 된다. '대마불사大馬不死'[12]를 끝내기 위해 고안된 법은 반대 결과를 초래했다. 즉, 큰 기관은 법을 준수하는 비용을 부담하는 것이 더 수월했다. 그것은 경쟁을 전반적으로 약화시키는 효과를 초래했을 것이다. (…) 다음은 시행의 책임을 유럽연합 회원국들끼리 어떻게 나눌 것인가 하는 질문이다. 기업을 감시하는 책임은 그 기업이 근거지를 둔 회원국, 또는 주로 사업하는 회원국의 데이터보호당국DPA에 맡겨질 것이다. 다른 나라에서 생기는 불만은 그 DPA에 알려질 것이다. 예컨대 페이스북, 트위터, 링크드인의 경우, 아일랜드가 책임을 맡을 것이다. (…) 각

---

[12] 기업이 정상적인 기준으로는 도산해야 함에도 불구하고 도산 시의 부작용이 너무 커서 구제 금융 등을 통해 결국은 살아남는다는 의미

국가의 DPA는 막강한 기업들과 대결할 재정적 조직적 힘을 가질까? (…) 아일랜드의 DPA는 비교적 직원이 잘 갖추어져 있지만, 올해 예산으로 책정된 1170만 유로는 페이스북의 홍보부에 비하면 작은 변화다.

GDPR은 유럽연합 시민들에게 정보와 통제권을 제공하기 위한 것이다. 만일 유럽연합 시민들이 정보에 관심을 가지지 않거나 통제권을 행사하지 않는다면, 그래서 아무렇게나 동의를 해 준다면, 그 규칙이 있어도 상황은 나아지지 않을 것이다. 유럽의 '쿠키 법률'이 통과되면 맹목적으로 '예'를 클릭하기 어렵게 되겠지만, 개인이 스스로 조심하는 것을 대신할 것은 아무것도 없다. GDPR은 불완전하지만 반드시 필요하고 목적에 알맞다. 그것을 시행할 최선의 방법에 대해서는 더 궁리할 필요가 있다. 하지만 권리는 행사하지 않으면 아무 소용이 없다는 것을 우리는 이미 알고 있다.

— 'GDPR에 있어서 시험대는 시행될 것이다',
「파이낸셜 타임스」, 2018년 5월 24일

이 책을 지금까지 읽은 독자라면 우리 두 사람이 「파이낸셜 타임스」의 몇 가지 핵심 포인트를 특별히 강조하는 것에 놀라지 않을 것이다. 거대 짐승 기업과 정부 기관 사이에는 (데이터 세계에서) 여전히 통제력의 거대한 격차가 존재한다. 거대 짐승 기업과 개인 사이에도 여전히 권력의 거대한 격차가 존재한다. 그 통제력과 권력이 길들여질 때까지는 규제에 성공한다 해도 도움은 되겠지만 결과는 제한적일 것이다. 하지만 솔리드나 그와 비슷한 프로젝트는 성공한다면 현상을 진정으로 뒤엎을 수 있을 것이다.

❧

또 한 가지 측면을 지적해야겠다. 클라우드를 지지하고 있는 현실의 인프라, 즉 막대한 에너지를 소비하고 엄청난 양의 데이터를 보유하는 막대한 양의 하드웨어를 소유하고 있는 것은 소수의 민간 기업과 정부다. 하지만 이상하게도, 그 클라우드 전체의 총 메모리와 처리 능력은 일반 시민의 노트북 컴퓨터와 스마트폰에 있는 메모리와 처리 능력과 비교하면 작다. 거기에서 가장 매력적인 선택 가능한 미래 중 하나가 떠오른다. 거대한 짐승이 그들이 소유하는 센터에 힘과 정보를 그러모으는 대신, 주변에 있는 우리 모두에게 힘과 정보를 분산시키는 것이다. 때때로 클라우드가 아니라 '안개'로 불리기도 하는 이 개념은 기술적으로 가능하다. 데이터 저장소를 주거지와 사무실 건물에 만들면, 상당한 비율의 기존 기기들과 연계시킬 수 있을 것이다. 이 개념에는 정치적 · 사회적 이익에 더해, 적어도 두 가지 실질적인 이점이 존재한다. 첫째, 스마트 기계를 사용할 때마다 규모가 엄청나게 작은 수조 건의 거래가 발생하는데, 역설적으로 거기에 사용되는 전류는 모두 합쳐 매우 긴 거리를 실제로 이동해야 한다. 따라서 처리 속도가 빛의 속도—전류와 그 밖의 모든 것이 이동할 수 있는 가장 빠른 속도—로 제한된다. 모든 필수적인 구성 요소를 더 작게 만들어 좁은 지역에 집중시키면 처리 속도가 높아지고 대기 시간이 줄어든다. 둘째, 모든 것이 같은 장소에 있다면, 그 한 장소의 취약성이 모든 것의 취약성이 된다. 영국에서는 여러 지역 당국과 대기업이 노스게이트 퍼블릭 서비스[13]에 맡겨 모든 정보를 백업하고, 지방세와 급여를 처리한다. 노스게이트는 2005년까지 하트퍼드셔 바운스필드의 깨끗한 현대식 사무실 건물에 서버를 보관했다. 그것은 아주 합리적이었다. 하지만 어느 일요일 이른 아침, 인접한 주유소에서 폭발이 일어났다. 그것은 제2차 세계 대전이 끝난 뒤 60년 만에 유럽에서 일어난 가장 큰 폭발 사고로, 리히터 규모 2.4로 측정되었다. 노스게이트 건물은 사라졌다. 다행히 휴일이어서 심각한 사상자는 없었다. 노스게이트는 빠르고 철저히 회복해 회복 탄력성의 본보기를 보여 주었다. 하지만 중요한 데이터 인프라는 가능한 한 지리적으로 넓게 분산해야 한다는 것은 상식이다. 그것은 명백히 솔리드 개념과도 일치한다.

희망적인 징후가 나타나고 있다. 과격한 반란 분자와는 거리가 멀다고 여겨졌던 마스터카드사가 솔리드 개발을 지원하기 위해 MIT에 100만 달러를 기부했다. 이 책을 쓴 우리 두 사람은 다음과 같이 전개될 것이라고 생각한다. 솔리드는 기술에 능한 비교적 소수의 시민들에게 채택될 것이고, 그 뒤에 그들이 그것을 강력하게 지지하기 시작할 것이다. 그런 다음에 정부의 개입이 필요할 것이고, 정부가 상업 세계에 솔리드, 또는 그것의 더 나은 버전이나 경쟁하는 앱을 받아들이게 만들 것이다. 파란색 하이퍼링크와는 다르다. 이것은 국가의 개입이 있어야만 실현될 진보다.

---

13 영국의 IT 서비스 회사

9. 확장된 지혜?

애플은 시가총액으로 평가하면 지금까지 존재한 기업 중 최대 규모의 기업이다. 모든 애플 기기에 붙어 있는 시각적인 로고는 한입 베어 문 사과다. 사과는 기독교의 핵심을 이루는 신화 중 하나인 에덴동산에서 신의 은총을 잃은 사건을 상징한다. 존 밀턴^{John Milton}의 서사시 「실낙원」(과학 혁명의 시기에 쓰였다)에서 악마는 이브에게 지혜의 나무, 즉 "성스럽고, 현명하고, 지혜를 주는 식물/학문의 어머니인 나무"에 열린 금지된 과일을 먹으라고 유혹한다. 그것을 먹으면 "모든 것의 생성 원인을 알게 될 뿐 아니라 아주 높은 자들의 생각을 추적할" 수 있기 때문이다. 원죄를 범하는 순간, 즉 아담과 이브가 자신들이 벌거벗고 있다는 사실과 죽음을 면할 수 없다는 사실을 발견한 때부터, 그들은 과학과 자기의식, 지식과 지혜라는 수수께끼를 풀기 위해 고뇌하기 시작한다. 그들은 또한 천국에서도 쫓겨난다. 천국은 애플이 자신들의 기기 위에 창조했다고 비판받고 있는, 일종의 '울타리로 둘러싸인 정원'이었다.

디지털 유인원은 아주 짧은 시간에 먼 길을 왔고, 지금도 가속을 계속하고 있다. 우리는 유전자의 96퍼센트를 우리와 가장 가까운 친척인 침팬지와 공유하고 있다. 그리고 유전자의 70퍼센트를 한 상자의 생선 튀김과 공유하고 있다.[1] 우리를 인간으로 만드는 독특한 4퍼센트가 '동물적'인 96퍼센트를 완전히 앞지르는 일은 결코 없을 것이다. 그 반대도 마찬가지다. 하지만 지금 우리는 그 4퍼센트의 효과를 높이는 놀라운 증폭기들을 이용할 수 있다. 그 4퍼센트의 주요 성분은 우리의 엄지손가락을 다른 손가락들과 마주 볼 수 있게 하는 유전자들로, 이 엄지 덕분에 우리는 도구를 만들고, 언어, 문화, 지식 같은 집단적 경이를 생산할 수 있었다. 밀턴의 사과는 그의 동시대인인 뉴턴에게 중력을 가르쳐 주었다는 신화 속의 사과이기도 하고, 박해를 받고 자살한 튜링이 독을 넣어 먹은 사과이기도 하다. 지혜의 나무는 여전히 위험하고, 우리는 생명의 나무[2]가 내세우는 불멸의 약속에 여전히 집착한다.

종으로서의 우리를 정의하는 특징은 우리가 우리 자신을 알고, 또 자신에 대해 알고 있다는 것이다. 어느 정도까지만이지만 말이다. 우리는 학습도 한다. 그것도 어느 정도까지다. 따라서 우리는 수십만 세대에 걸쳐 유지해 온 우리와 도구와의 관계에 대해 알고 있다. 우리는 그 도구들을 지금의 형태로 본다. 즉, 초고속이고, 초복잡하고, 엄청나게 강력한 것으로 본다. 우리의 본성 그 자체와 얽혀 있는 디지털 도구가 우리 환경을 지배함에 따라, 새로운 종류의 디지털 생활 환경이 매우 빠르게 등장하고 있다. 이것에 관한 우리의 지식을 어떻게 사용하면 좋을까?

---

1 제브라피시^{zebrafish} 게놈 시퀀싱 프로젝트 결과, 적어도 70퍼센트의 유전자가 인간과 동일하게 존재한다는 것이 보고되었다.
2 에덴동산의 중앙에 있었던 나무로 그 열매가 무한의 생명을 준다고 여겨졌다.

우리는 로봇과의 동반자 관계에 있어서 새로운 국면에 들어섰다. 로봇은 한때 인간만의 영역이던 사회적인 일과 산업적인 일 모두를 점점 더 잘하고 있다. 앞에서 설명했듯이, 루치아노 플로리디는 이런 전개는 역설적으로 우리를 애니미즘의 세계로 퇴행시킬 수 있다고 추측한다. 그런 세계에 사는 사람들 대부분은 환경이 정령으로 북적거린다고 믿는다. 제한적인 의미에서는 그렇게 될 것이 분명하다. 하지만 우리 두 사람은 극도로 정교한 디지털 유인원이 주변을 둘러싼 사물의 상태를 미숙하게 오해하는 일은 없을 것이라고 생각한다. 그리고 의식을 가진 비생물학적 존재의 생식은 현재로서는 우리 능력 밖의 일이다.

우리는 1장에서 선언을 했고, 이 책 전체를 통해 그것을 예증하려고 시도했다. 즉, 디지털 유인원에게는 선택권이 있다는 것이다. 극단적인 반러다이트 사고가 다양한 형태로 존재한다. 그 주장에 따르면, 기술 변화는 전체적으로 불가피하고, 개개의 새로운 기술이 전면적으로 도입되는 것도 마찬가지로 불가피하므로, 누구도 그것에 대해 할 수 있는 일은 없다. 따라서 로봇과 인공 지능이 폭넓게 이용되는 것을 억제하거나 관리할 수 있다고 생각하는 것은 무의미하다. 그런 일은 그냥 일어날 뿐이고, 아무도 그것을 통제할 수 없다. 잠시만 생각해 봐도, 그런 관점은 오류임을 쉽게 이해할 수 있다. 70년 넘게 수만 명의 사람이 핵무기 발사 버튼에 손가락을 얹고 있었지만, 1945년 이래로 이 책을 쓰는 시점까지 화가 나서 핵 공격을 감행한 사람은 아무도 없었다. 이것은 전 세계가 걸려 있는 사회적·정치적 선택이다. 자동차는 인류에게 굉장한 축복이다. 하지만 그것은 사람을 죽이기도 한다. 프랑스와 영국의 인구는 거의 비슷하다. 자동차의 총 주행 거리도 거의 비슷하다. 하지만 프랑스의 교통 사고 사망률은 영국의 두 배에 달한다. 거기에는 두 가지 중요한 이유가 있다. 프랑스의 도로, 특히 오토루트autoroute라 불리는 고속도로는 영국의 도로보다 낮은 안전 기준에 맞추어 설계되었다. 그리고 안전벨트와 음주 운전에 관한 법률이 영국에서는 잘 지켜지는 편이지만, 프랑스에서는 그렇지 않다. 이런 조치들은 서로 다른 것에 우선순위를 두는 국민의 행정적·사회적 선택이다. 마지막으로 더 쉬운 사례를 들어 보겠다. 미국에서, 이번에는 라스베이거스에서 일어난 또 한 차례의 총기 난사 사건에 대해 어니언The Onion 3은 다음과 같은 신랄한 제목의 기사를 실었다. " '이것을 예방할 방법은 없다' 는 것이 이런 사건이 정기적으로 일어나는 유일한 나라가 하는 말이다."

자동차와 고속도로에 관한 기술은 세계 전체가 이용할 수 있는 지식의 총체다. 화약과 금속, 그리고 그것을 조합하는 방법도 수백 년 동안 모두에게 알려져 있었다. 러시아 스파이가 미국과 북대서양 조약기구NATO에 핵 비밀을 넘겨주었을 때, 그 과학은 그것을 구현할 충분한 돈을 가진 모든 나라에 알려졌다. 하지만 장소에 따라 다른 선택이 내려졌고, 받아들일 수 없는 위험을 억제하기 위한 집단적 선택이 이루어졌다. 인공 지능에 대해서도 같은 선택이 내려질 수 있고, 내려져야 하며, 내려질 것이다.

모든 감각이 증강되고 정보의 쇄도가 우리를 압도하는 가운데, 로봇과 알고리즘 집단의 도움을 받고 있는 디지털 유인원은 이 행

---

3 미국의 유명 풍자 매체

성에서 살아가는 방법에 대해, 앞으로 수십 년 동안 어떤 종류의 유인원이 될 것인지에 대해 올바른 선택을 내릴 수 있을까? 현재 우리가 직면한 구체적인 선택 몇 가지를 살펴보자.

◊

이 책에는 11만 3천 단어가 포함되어 있다. 하지만 문제는 그렇게 단순하지 않다. 마이크로소프트의 워드에서는 11만 2,665단어이고, 애플의 페이지에서는 11만 4,982단어다. 믿거나 말거나, 세계 최대 기업 가운데 둘인 마이크로소프트와 애플은 단어란 무엇인가에 대한 의견이 다르다. 구체적으로 말하면, 애플은 하이퍼링크에 포함된 단어를 하나씩 세고, 마이크로소프트는 하이퍼링크는 아무리 길어도 한 단어로 본다. 애플은 또한 하이픈 또는 슬래시로 연결된 단어를 두 단어로 보고, 마이크로소프트는 한 단어로 본다. 실제로는한 단어다. 'Dallas/Fort Worth airport is a hypercomplex fact-free zone'라는 문장은 페이지에서는 11개 단어이고, 워드에서는 8개 단어다. 전문가들 사이에서 미국 경제의 정확한 규모에 대해 의견이 일치하지 않는 것은 당연하다.

현재 널리 퍼져 있는 유력한 밈으로, 서양의 민주주의는 '포스트 팩트post-fact'의 단계에 있다는 말이 있다. 도널드 트럼프라는 어처구니없는 인물에게 투표한 사람들. 세계적인 도시에서 일반적으로 받아들여지고 있는 지혜를 부정하고 유럽연합에서 탈퇴하는 게 좋겠다고 결정한 영국의 유권자 대다수. 그들 모두는 명백히 '팩트'를 부정하는 사람들, 반지성적이고 반과학적인 사람들이다. 그들은 지성적인 사람들에게 동의하지 않는다. 영국에서는 이탈파가 캠페인 버스를 몰고 돌아다니는데, 버스 차체에는 일주일 치의 잃어버린 주권을 현금으로 환산한 것—잔류파는 부정확하다고 말하지만—이라고 적혀 있다. 그러므로 브렉시트가 일어난 것은 사실과 거짓의 차이에 대해 아무도 신경 쓰지 않기 때문이다.

하지만 일시적인 구체적 현상에서 벗어나 일반적인 개념으로 이동하면, 누구도 전문가와 권위 있는 인물의 견해를 신경 쓰지 않고 누구도 진실에는 관심이 없다는 가설을 지지하거나 무너뜨리는 종류의 증거나 지표를 찾아보기 어렵다. 그럴 때는 분명 가설의 역이 옳다. 대략 세 가지 이유가 있다.

첫째, 오늘날 지구에 사는 거의 75억 명의 사람들이 50년 전에 지구에 살았던 35억 명만큼 많은 것에 대해 의견 차이를 보인다고 가정해 보자. 그들의 의견 불일치는 얼굴에 더 솔직히 드러나 더 빨리 발견된다. 하지만 질서 있는 사회와 이성적인 개인은 의견 차이를 무력 충돌이 아니라, 사실, 이론, 도덕 계율, 독창적인 냉소적 욕설에 대해 토론하는 것으로 해결한다. 일평생 강한 전사였던 윈스턴 처칠Winston Churchill은 1954년에 백악관 만찬 연설에서 "긴 전쟁보다는 긴 토론이 더 낫다"고 말했다. 하버드대학 교수 스티븐 핑커는 『우리 본성의 선한 천사 The Better Angels of Our Nature』에서 19세기와 20세기에 걸쳐 전 세계에서 폭력 발생률이 감소했다는, 현재 널리 인정받는 논제를 뒷받침하는 방대한 증거를 인용한다. 폭력은 국제적으로 감소했다. 두 번의 세계 대전과 여러 차례의 소규모 전쟁과 같은 끔찍한 예외가 있었지만, 국가 사이의 전쟁은 전체적으로 감소했다. 폭력은 국민 국가 내에서도, 끔찍한 조직적 학살과 홀로

코스트에도 불구하고 감소했다. 폭력은 국내 수준에서도 줄었다. 모든 주요 국가의 살인율은 수십 년 동안 일관되게 감소했다. 요컨대, 지구는 폭력이 아니라 토론을 통해 차이를 해결하기로 결정했다. 이것이 '포스트 이성'의 세계일까?

둘째, 학교에 다니는 기간과 고등 교육을 받는 젊은 (그리고 늙은) 사람들의 비율이 모든 선진국에서 증가하고 있다. 예컨대 영국에서는 요즘 너도나도 대학에 진학하려고 한다. 50년 사이에 대학 수는 세 배가 늘었다. 2006년에 대학생 수는 역사상 최고였고, 그중에서도 가장 가난한 학생들의 대학 진학률이 10년 전의 두 배가 되었다. 미국의 상황도 대략 비슷하고, 전 세계의 부유한 나라들도 마찬가지다. 자격을 갖추고 직업을 얻고 이해를 위해 훈련받고자 하는 열정이 지금처럼 강했던 적은 일찍이 없었다. 이것이 '포스트 전문가'의 세계일까?

셋째, 전 세계 사람들이 인터넷에서 하루에 65만 건이 넘는 검색을 한다는 사실을 떠올려 보라. 사람들은 연간 약 2조 5000억 건의 검색으로 어떤 것을 찾으려고 시도한다. 물론 그중 상당수가 어떤 유명 인사가 어떤 유명 인사와 데이트하고 있는지, 월마트는 토요일에 몇 시에 폐점하는지 따위를 알고 싶을 뿐이라는 사실은 신경 쓸 것 없다. 사람들은 또한 역사상 가장 방대하고 가장 많이 이용하는 백과사전을 유지하고, 지금까지는 없었던 시민 과학과 더 전문적인 과학 지식을 이용할 수 있다. 주제의 범위는 지구 생활의 모든 측면을 포함한다. 그 가운데 어떤 것도 50년 전에는 존재하지 않았다. 연간 2조 5000억 건의 정보 검색이 이루어지고 있는 세계에서 어떻게 '나보다 더 전문 지식이 풍부한 누군가가 내게 사실을 말해 주면 좋겠다고 생각하는 사람이 없다'고 믿을 수 있는가? 이것이 '포스트 팩트' 세계일까?

그 자체로 해석의 가치가 있는 한 가지 흥미로운 현상이 있다. 양식이 있고 디지털 기술에 능한 사람들 거의 전부가 의사를 찾아가기 전과 후에, 실제 질병이든 상상의 질병이든 자신의 질병을 스스로 진단한다. 그들은 자신의 법적 문제도 스스로 분석한다. 그들은 자신의 금전적 문제를 어떻게 다룰지 스스로 조언한다. 개인이 시장에서 상품과 서비스를 찾는 능력이 크게 확장된 것만큼, 개인이 시장에서 정보를 찾는 능력도 대폭 확장되었다. 그 정보는 한때 의사, 변호사, 은행 지점장의 사무실에서 얻던 것과 겹칠 수밖에 없다.

그것은 당연히 신뢰의 추락으로 이어진다. 게다가 전문가들이 자초한 신뢰의 추락도 있다. 많은 사람들에게 피해를 끼친 심각한 경제 위기를 예측할 수 있었던 사람이 경제계 어디에도 없었는데, 이성적인 사람들이 어떤 경제학자가 내놓은 예측을 왜 믿겠는가? 이 질문에는 답이 있지만, 가장 최근에 말한 경제학자가 전통 있는 훌륭한 대학의 학위를 받았는지를 따질 문제는 아니다. 지성이 있는 모든 사람은 처음부터 끝까지 자신의 생각에 따라 행동해야 한다. 그리고 항상 자신을 의심해야 하는데, 그렇게 하기는 더 어렵다. 나와 의견이 다른 신문을 일부러 구매하는 사람은 거의 없다. 적어도 1백 년 동안 그리고 아마 그 이전부터 사람들은 자신의 세계관과 대략 일치하는 출처에서 뉴스와 의견을 찾았지만, 다른 한편으로는 전문 저널리즘이 올바른 정보원을 취재하고 객관적이기를 요구했다. 둘 사이의 균형은 어려운 것이지만, 모순은 없다. 새로운 기술이 모순을 증폭시켰다. CBS 또는 BBC 같은 방송사 한 곳에 대해 좋은 의도를 가진 1천 명의 블로거가 있고, 그들은 다양한 사회정치적 입장의 선의를 가진 다른 블로거에게 들은 것을 널리 퍼뜨린다. 거의 모든 이론 또는 편견이 키보드를 몇 번 치는 것으로 쉽게 강화될 수 있다. 블로그 세계는 각기 고유의 문화와 가치를 지닌 채 서로 분리되어 있는 섬들이 모인 거대한 군도다. 그곳에서는 누구나 자신이 좋아하는 것을 믿을 수 있다. 하지만 이것이 지성 있는 사람들에게 편견을 가지게 만들까? 독자도 스스로 자문해 볼 수 있다. 나는 나 자신의 생각에 따라 행동할 만큼 현명한가?

또 한 가지 명백하다고 여겨지는 사실이 있다. 중요한 정치적 선택은 확인할 수 있는 한 사실을 바탕으로, 또는 관련된 사실에 대한 리스크와 무지의 정도를 의식적으로 평가한 것을 바탕으로 이루어져야 한다는 것이다. 이것이 이른바 '증거 기반 정책'이다. 그것은 닳고 닳은 사실인 동시에 모순 어법이다. 디지털 유인원은 윤리적·규범적 틀 안에서 생각하고 행동하며, 항상 그렇게 해야 한다. 정책은 윤리를 분석해 시행하는 것이고, 사실을 아무리 많이 축적해도 사실에서 당위를 이끌어 낼 수 없다. 나쁜 사실과 가짜 뉴스는 그것이 없어도 우리가 사는 데는 지장이 없는 추가적인 차원을 더한다. 하지만 좋은 사실과 확인된 뉴스가 도덕적인 선택의 필요를 없애는 것은 아니다.

사기꾼, 스팸업자, 합법·불법의 악인들이 추락한 신뢰의 빈틈을 채우기 위해 뛰어든다. 팀 버너스 리가 '가짜 뉴스'를 퇴치하는 운동을 벌이는 동시에 그것에 대한 기술적인 해결책을 찾고 있는 것은 분명 잘하고 있는 것이다.

오늘날 사람들 대부분이 몇 가지 소셜 미디어 사이트와 검색 엔진을 사용해 웹에서 뉴스와 정보를 찾는다. 그런 사이트들은 거기에 제시된 링크를 우리가 클릭할 때마다 돈을 번다. 그리고 그 사이트들은 수시로 수집하고 있는 우리의 개인 데이터로부터 학습하는 알고리즘을 기반으로, 우리에게 무엇을 제시할지 결정한다. 그 결과, 사이트는 우리가 클릭할 것이라고 추측하는 내용을 우리에게 제시한다. 이는 우리의 편견에 호소하도록 설계된 놀랍고 충격적인 오정보, 또는 '가짜 뉴스'가 들불처럼 퍼질 수 있다는 뜻이다. 그리고 나쁜 의도를 품은 사람들은 경제적·정치적 이익을 위해 데이터 과학과 대량의 봇bot으로 시스템을 조작함으로써 오정보를 퍼뜨린다. (…) 우리는 오정보와 싸우기 위해, 구글과 페이스북 같은 문지기들이 그 문제를 해결하기 위한 노력을 계속하도록 격려하는 한편, 무엇이 '사실'이고 무엇이 그렇지 않은지를 결정하기 위해 어떤 형태의 중심 기구를 만드는 것을 피해야 한다.

— '웹 발명자가 말하는 웹의 세 가지 도전',
월드 와이드 웹 재단의 웹 사이트, 2017년 3월 12일

전문성과 지식이 기하급수적으로 증가하고 있는 가운데 그 누구도 제한된 전문성과 지식밖에는 가지고 있지 않은 다학제 간 세계에서, 우리 두 사람은 전문성을 존중하고, 사실이라고 주장되는 모든 것을 냉정하고 엄격하게 조사해야 한다는 입장을 분명하게 가지고 있다. 캐나다 과학 소설 작가 앨프리드 엘튼 밴 보그트A. E. van Vogt 는 학제 간 접근 방식을 가리키는 '정보종합학Nexialism'이라는 용어

를 만들었다. 그것은 하나의 학문 분야의 지식을 질서 있는 방법으로 다른 분야의 지식과 결합하는 학문을 말한다. 정보종합학의 가장 기본적인 규칙은 다음과 같다. A 분야의 모델은 B 분야에서 그 분야에서 정당화되지 않는 가정을 해서는 안 된다. 예컨대 경제학부에서는 복도 끝에 있는 심리학부에서 조롱당할 심리학 가정을 하는 경우가 흔히 있다. 이스라엘 태생의 미국인 대니얼 카너먼은 경제적 의사 결정에 간단한 심리학을 적용해 노벨 경제학상을 받았다.

ᘒ

우리는 3장에서 인간이 유인원과 가까운 관계라는 사실을 둘러싼 혼란의 오랜 역사를 이야기했다. 빅토리아 시대의 만화와 그림에서 다윈은 반은 인간이고 반은 유인원인 존재로 묘사된다. 윌버포스 Samuel Wilberforce 주교는 다윈의 지지자인 토머스 헨리 헉슬리 Thomas Henry Huxley에게, 그의 할아버지 쪽이 원숭이인지 할머니 쪽이 원숭이인지 말해 달라고 했다. 하지만 인간은 기본적으로 유인원의 형태를 가지고 있어서, 원숭이나 침팬지 사촌과 비슷하게 만들기 위해 우리의 모습을 일그러뜨릴 필요가 없다. 다윈은 이미 유인원이었고, 도구를 사용하는 유인원이었다. 하지만 아직 디지털 유인원은 아니었다.

월버포스 주교는 지성이 있는 사람이었고, 영국 왕립학회 회원이 될 정도로 뛰어난 과학자였지만, 시간에 대한 기본적인 개념을 포함해 여러 가지 사실을 오해했다. 먹이와 꽃가루받이를 위해 서로에게 의존하는 수천 종의 생명으로 우글거리고 윙윙거리는 여름날의 다윈가＊를 둘러싼 산울타리가 우연히 생겼다는 것은, 세상 물정을 아는 성인에게는 불가능한 일처럼 보였다. 아무리 뛰어난 비둘기 육종가가 의식적으로 선택을 행한다고 해도, 상상 속의 첫 조상에서 현재 존재하는 다양한 종을 만들어 내려면 수천 세대가 걸렸을 것이다. 그런 일이 환경에 대한 적응이라는 느린 길을 통해 일어나려면……. 이 질문에 대한 답은 다윈의 절친한 친구이자 동료인 찰스 라이엘 Charles Lyell이 알고 있었다. 당대에 큰 영향을 준 찰스 라이엘의『지질학 원론 Principles of Geology』은 수많은 동시대 과학자들의 마음에, 지구는 매우 오래되었다는 사실과 지질학적 변형은 끊임없이 일어나는 작은 사건이 막대하게 긴 시간에 걸쳐 축적됨으로써 일어났다는 생각을 확립시켰다. 하지만 생명 형태의 변화를 일으키는 메커니즘은 무엇일까?

이 질문에 답한 사람은 근대 유전학의 창시자인 그레고어 멘델 Gregor Mendel이었다. 그런데 문제는 다윈이 멘델의 논문을 읽지 않았다는 것이다. (멘델의 논문「식물 잡종화에 관한 실험」의 무삭제판 한 부가 다윈의 서가에 있었다는 주장이 이따금 제기되는데, 사실이 아닌 듯하다.) 따라서 자신의 저작이 가진 중요한 의미 중 하나를 다윈은 이해하지 못했다.『종의 기원』초판이 출판되었을 때, 다윈은 자식은 어머니와 아버지의 형질이 섞인 것이라고 다소 모호하게 이해했다. 어머니 눈이 파란색이고 아버지 눈은 갈색이면, 딸의 눈은 녹색을 띨 것이다. 어머니는 키가 크고 아버지는 작다면 딸의 키는 중간일 것이다.『종의 기원』초판을 읽은 영리한 독자들은 그에게 편지를 써서, 그런 견해는 그 밖의 점에서는 설득력 있는 자연 선택의 원리와 잘 맞지 않는다고 지적했다. 다윈은 몰랐던 어떤 변이 방법에 의해 생겨난, 흥미롭고 유용한 새로운 형질이 2~3세대 만에 다시 균질화되어 사라질 것이기 때문이다. 다윈은 『종의 기원』 다음 판에서 그 대목을 수정했지만, 멘델의 유전학에 대해서는 결코 알지 못했다.

다윈이 지식인들과 교환한 편지는 어마어마하게 강력한 네트워크였고, 이메일을 주고받는 일만큼이나 효과적이었을 것이다. 그 중심에는 사실상 실험실로 운영된, 빅토리아 양식의 다윈가가 있었다. 다윈가는 병과 죽음이라는 문제가 있었지만, 대체로 행복한 가정이었다. 역사상 가장 영향력 있고 가장 성공한 과학자 중 한 명의 최대 실수는 그가 어떤 이유에서인지 도자기로 쌓은 엄청난 부(그는 웨지우드가의 사촌과 결혼했다)의 일부를 저택 안의 조수를 고용하는 데 쓰지 않은 것이다. 영국 역사학자 폴 존슨Paul Johnson은 다윈의 방법론의 이런 결점을 잘 지적했다.

> 사실 다윈이 자신의 풍부한 재정 자원을 항상 최대 효과를 거두는 방식으로 사용한 것은 아니었다. 그는 새로운 온실을 지어 정원사 한두 명을 추가로 고용했는지는 몰라도, 훈련받은 과학 조교를 고용하는 데는 주저했다. 언어와 수학 능력을 갖춘 젊은 남성에게 외국의 과학 출판물을 샅샅이 훑어보며 다윈의 특정 관심사와 관련 있는 연구 소식이 있는지 찾으라고 지시했다면……그 조수는 분명 다윈에게 멘델의 연구에 대해 알리며 영어 요약판을 건네주었을 것이다. 다윈에게는 그런 도움을 받을 수 있는 여유가 충분히 있었다. (…) 당대 최고의 과학자 중 두 사람인 다윈과 멘델은 결코 접촉하지 못했다.
>
> ― 폴 존슨, 『다윈 – 천재의 초상Darwin: portrait of a genius』, 2012년

현재 우리가 살고 있는 구글의 우주에는 많은 새로운 커뮤니케이션 실수가 출현하고 있다. 하지만 다윈이 범한 오래된 커뮤니케이션 실수는 사라졌다. 디지털 다윈은 디지털 앨프리드 러셀 월리스Alfred Russel Wallace와 디지털 멘델을 분명 알았을 것이다. 서양 대학의 학자들은 다른 사회적 시도와 마찬가지로 유행과 편견에 시달린다. 하지만 동료 검토를 거치는 학술지들은 대부분의 왕겨에서 밀을 골라내는 확립된 절차를 갖추고 있다. 현재 이런 과정의 새로운 형태가 전문적인 오픈 액세스 웹 사이트로 널리 확장되고 있다.

하지만 이것은 기대만큼 사회적 선을 위한 강력한 힘이 되지 못한다. 자체 사이버 공간을 소유하고 있는 어마어마하게 큰 기업들에는 문제가 있다. 그들은 막대한 양의 정보를 소유하고 있고, 그것은 세계 디지털 인프라의 필수적인 일부를 이루지만, 그러한 정보는 독점적인 사적 이익을 위해 관리되고 편집된다. 구글은 수조 건의 검색 데이터를 보유하고 있다. 최초로 무엇이 검색되는지, 그다음에는 무엇이 검색되는지, 그 질문이 발생한 장소는 어디이고, 시간은 하루 중 언제인지와 같은 데이터다. 구글은 두통이나 어린이에게 나타나는 발진에 관한 검색 패턴으로부터 질병의 확산을 추적할 수 있다. 큰 집단을 상대로 감정 분석을 실시하면 사회, 정치, 위험에 대한 새로운 이해를 충분히 수확할 수 있다. 하지만 데이터에 액세스할 수 없다면 그럴 수 없다. 이런 상황과 관련해 제기할 수 있는 여러 가지 강력한 주장이 있지만, 우리 두 사람은 그 가운데 일부만을 지지한다. 첫째, 구글은 지나치게 크고, 지나치게 강력하고, 지나치게 독점적이고, 시민들에게 설명할 책임이 지나치게 없어서, 지금과 같은 방식으로 계속하도록 내버려 둘 수 없다는 주장이다. 원리상으

438

로는 구글은 현존하는 부문(검색, 자동차, 광고, 구글 어스, 서버 팜 등), 또는 지역별로 경쟁하는 다수의 '베이비 구글'로 쪼갤 수 있다. 원래 벨 전화 회사Bell Telephone였고, 미국 전화 통신 시스템의 거의 전부를 소유했던 에이티엔티AT&T가 1984년에 7개의 지역 전화 회사인 '베이비 벨'로 쪼개진 것과 마찬가지다. 현재 시점에서는 이 방법이 국제적으로 얼마나 통할지 알 수 없지만, 그것을 마음에 새겨 둘 필요가 있다. 둘째, 구글이 소유한 기록을 연구에 이용할 막대한 가능성을 정부가 규제할 수 있다는 주장이다. 그것이 앞으로 나아가는 유일한 방법이라면 우리는 그렇게 해야 한다고 생각하지만, 솔직히 말해 '사악해지지 말자'라는 모토를 자랑스럽게 여기는 기업이라면 그만 뭉그적거리고 자발적으로 선을 행해야 할 것이다. 셋째, 구글은 적절한 금액의 세금을 전액 납부해야 한다는 주장이다. 그 점에는 어떤 의문의 여지도 없다. 지금 당장, 전 세계에서 그렇게 해야 한다.

우리는 구글을 특정해서 비난하는 것이 아니다. 이 주장은 세계 최대 규모의 플랫폼을 가진 인터넷 기업 모두에 해당한다. 이것은 반자본주의적 논증이 아니다. 완벽한 정보는 완벽한 시장에 기여하지만 그것은 누구나 정보에 동등하게 접근할 수 있는 경우에만 그렇다고 우리는 배웠다. 다른 거대 인터넷 기업도 업종에 맞게 적절한 수정을 가해 똑같은 일을 해 왔다. 그들은 모두 내야 하는 것보다 터무니없이 적은 세금을 낸다. 그들은 모두 필수적인 인프라 대부분을 통제하고 있다. 그중 하나가 서버인데, 서버는 법적인 소유자가 누구든, 계획과 보호의 목적을 위해 공공재로 취급할 필요가 있다. 옛날 방식의 영리 기업도 새로운 종류의 영리 기업과 마찬가지로 탐욕적이고 기만적이라는 말도 덧붙여야겠다. 폭스바겐을 비롯한 거대 자동차 제조업자들은 수백만 대 자동차의 보닛 아래 있는 엔진 제어 시스템 소프트웨어에 조작을 가했다. 그 소프트웨어는 대기를 오염시키는 위험한 배기가스가 나오는지를 정부 기관이 검사할 때 그것을 인식해 검사가 진행되는 동안 엔진의 움직임을 바꾸었다. 하지만 이런 기업들은 결국 적발되어 무거운 벌금을 물었다. 법 시스템과 입법 기관은 소비자와 사회를 상대로 하는 이런 종류의 새로운 사기에도 똑같이 잘 대처할 수 있다.

다른 행동 방식도 있다. 10여 개의 거대 디지털 기업은 소수의 부유한 미국 백인 남성이 소유하고 있다. 하지만 이 이야기에 포함된 적어도 두 명의 현대 영웅은 다른 길을 선택했다. 팀 버너스 리는 이런 기업가들이 쌓은 부의 기반이 된 월드 와이드 웹과 HTML에 대해 지적 재산권을 등록하기를 거부한 전설의 주인공이다. 그는 토비아스 힐의 소설 속 '암호 연구자'가 세상에 나오기도 전에 그런 사람이 되기보다는, 원칙에 따라 웹이 만인에게 그리고 만인을 위해 자유롭게 경쟁할 수 있는 곳이 되기를 바랐다. 위키피디아를 고안한 지미 웨일스도 비슷한 관점을 취했다. 위키피디아는 독특한 형태의 관리 방식을 가지고 있다. 소규모 자선 재단이 소유하지만, 스스로 선택해 위키피디언이 된 사람들에 의해 집단적으로 운영된다.

지난 20년 동안 젊고 기술적으로 매우 유능한 금융업자들이 중요한 역할을 해 왔고, 막강한 힘을 가진 디지털 자본가 엘리트층이 우리를 위해 초복잡 세계를 만들었다. 이 초복잡 세계의 위험은 계속 나타나고 있고 그 영향은 불확실하다. 변화는 널리 퍼져 나가고 있다. 시작은 대개 젊은 사람들, 확실히 부유하고 교육을 잘 받은 사람들에게서 시작되고, 그 뒤에 모든 사람들의 세계가 변화한다. 그런 디딤돌이 미래의 패턴이 될 필요는 없다. 컴퓨터 세계에 여성, 예술가, 성숙한 사람의 비율이 더 높았다면 다른 종류의 웹, 다른 종류의 기기, 그리고 비밀주의와 과시가 이상한 균형을 이루고 있는 지금과는 다른 접근 방식이 생겼을 것이다. 그러므로 그들의 참여를 적극적으로 권장할 필요가 있다.

❧

기계에 의한 의사 결정의 숨겨진 본성에도 위험이 도사리고 있다. 알고리즘에 대해 누군가에게 책임을 물을 수 있어야 한다. 이것은 개인, 대기업, 국가 기관 사이의 관계에 생기고 있는 은밀한 변화다. 시민과 소비자에게 직접적인 영향을 미치는 공적, 상업적, 또는 안전에 관한 판단의 기본은 가시적이고 의문을 품을 수 있어야 한다는 것이었다. 하지만 점점 그렇지 않게 되어 가고 있는 것 같다. 개인에게 있어서 중요한 선택을 행하는 강력한 기계는 우리가 잘 모르는 과정을 통해 틀린 답을 도출할 수 있다. 예컨대 미국에서 사용되고 있는 판결 소프트웨어의 문제점이 널리 보도되었다. 문제는 솔직히 말해 그것이 효과가 있다는 것이다. 명시된 목적은 좋다. 미국의 막대한 수감자 수는 국가적인 수치다. 미국의 수감률은 세계 최고다. 미국인 수감자 비율은 중국인이나 영국인과 비교해 다섯 배 더 많은 규모다. 우리는 유죄 판결을 받은 중범죄자 가운데 일부는 출소하면 다시 범죄를 저지르는 반면 일부는 그렇지 않다는 사실을 안다. 두 집단의 차이에 관해 미세하게 조정된 데이터가 존재하고,

그 아래 분명하게 구별되는 수십 개의 하위 집단이 존재한다. 사회가 범죄자를 투옥하는 것은 어느 정도는 처벌을 위해서지만, 대중에게 위해를 가하지 않게 하기 위함에도 그 목적이 있다. 따라서 미국의 국회의원들은 수감률을 줄이기 위한 합리적인 출발로서, 재판관과 하급 판사에게 그들 앞에 있는 사람이 재범을 저지를 가능성이 있는지에 관한 근거 있는 정보를 제공해, 그렇지 않을 경우 그것에 따라 형량을 줄이는 방법을 생각해 냈다.

문제는 양형과 가석방 결정에 컴퓨터가 산출하는 위험 점수를 사용하기로 할 때, 개별 사례에 적용되는 일반 원리를 구축하는 소프트웨어 설계자들이 단순히 재범 기록을 보는 것만이 아니라 재범이 무엇이었든 그것에 가중치를 부여한다는 것이다. 불행히도 여기에는 편향을 유발하는 두 가지 요소가 존재한다. 첫째, 검토된 데이터에서 어떤 범주의 사람들이 다른 사람들보다 유죄 판결을 받을 확률이 높았다. 이유는 재판관과 배심원이 사전에 그 범주의 사람들을 범죄형이라고 생각했을 확률이 높기 때문이다. 아프리카계 미국인이 투옥될 가능성은 흑인이 아닌 국민보다 훨씬 높다. 둘째, 같은 범주의 사람들은 분석 기간 내내 더 가혹한 판결을 받는 경향이 있었다. 그러므로 그 범주의 사람들이 저지른 범죄에는 더 높은 가중치가 부여될 것이다. 그렇지 않겠는가? 판결을 내리는 재판관이 소프트웨어의 도움을 받아 적절한 선고를 내릴 때, 소프트웨어는 사건과 피고와 관련한 모든 특징을 조사해, 실리콘으로 만들어진 자신의 뼈에서 암호화된 모든 편견을 끄집어내고, 그렇게 함으로써 고정관념을 강화한다. 컴퓨터의 도움은 사실상 문제를 확대하게 된다. 알지 못하는 사이에 일반적으로 좋은 의도로 재판에 편견이 개입되고,

그런 편견은 과거 재판에서의 편견에 의해 더 부풀려진다. 컴퓨터의 도움을 받는 과정은 미국의 많은 지역에서 10년 이상 사용되고 있어서, 컴퓨터가 부추긴 편견이 현재 소프트웨어를 업데이트하는 데이터에도 반영되어 있다. 인권 운동가들은 불필요하게 긴 형기를 줄이는 데는 찬성하지만, 편견이 사법 시스템에 고착되는 것에는 반대한다.

여기서 일반화할 수 있는 한 가지 제안이 있다. 알고리즘을 사용한 의사 결정의 투명성을 위한 명확한 규칙, 그리고 개인과 집단의 생활에 관한 판단을 내릴 때 사용되는 원리와 절차를 위한 명확한 규칙이 필요하다. 약정과 계정에 관한 법이 이미 존재하고, 일부 지역에서는 행정과 상업에 평범한 언어를 사용하도록 정하는 법률도 존재한다. 긍정적인 측면에서 보면, 알고리즘은 곧 현대 국가가 가진 행정 기능의 지루한 부분을 대체해 관료제의 군살을 빼고, 정책 입안가가 알고리즘 팀의 꼭대기에서 과정보다는 문제와 그 해법에 집중할 수 있게 해 줄 것이다.

❧

평범한 디지털 유인원의 일상 능력은 괄목할 만큼 확장되었지만, 여전히 많은 사람이 배제되어 있다. 세계의 가난한 절반과 산업화된 세계의 (정보의 측면에서) 가장 가난한 10분의 1에 해당하는 사람들이 여기에 해당한다. 디지털 선구자인 마사 레인 폭스^{Martha Lane Fox}는 닷에브리원^{Doteveryone}을 창립했다.

인터넷이 모든 사람에게 도움이 되게 만들겠습니다. (…) 세계 인구의 절반 정도가 온라인을 이용하고 있습니다. 하지만 디지털 기술은 개인으로서의 우리를 과거 어느 때보다 빈번하게 연결하는 한편, 우리 사회가 직면해야 하는 새로운 분리와 불평들을 초래합니다.

미래에 대한 비전을 현재 소수의 대기업이 지배하고 있습니다. 우리 시민들은 정치인과 디지털로 관계를 맺고 있지만, 그들은 자신들이 사용하고 있는 채널을 이해하지 못합니다. 우리 최종 사용자들은 다양하지만, 설계자와 개발자는 그렇지 않습니다. 모든 사람이 기술의 미래를 만들어 갈 수 있도록, 우리는 디지털 세계를 더 깊이 이해할 필요가 있습니다. 그것이 닷에브리원이 존재하는 이유입니다. 닷에브리원의 목표는 기술이 더 책임 있고, 다양하고, 유용하고 공정해지도록 돕는 것입니다. 인터넷이 모두에게 도움이 되도록 만들겠습니다. 마사 레인 폭스는 2015년 딤블비 강연Dimbleby Lecture에 이어, 닷에브리원을 창립했습니다. 닷에브리원은 런던에 거점을 둔 연구자, 설계자, 기술자, 메이커로 이뤄진 팀입니다. 우리는 디지털 기술이 어떻게 사회를 바꾸고 있는지를 탐구하고, 디지털 기술이 모두를 위해 개선될 수 있음을 보여 주기 위해 개념 증명을 하고, 다른 조직들과 손잡고 사회 주류의 변화를 일으키려고 합니다. 우리는 기술이 세계를 더 낫게 바꿀 수 있지만 기술은 책임 있는 형태로 개발되어야 한다고 믿습니다. 우리는 그것을 실현하기 위해 여기에 있습니다.

— 닷에브리원 웹 사이트

이렇게 디지털 혁명의 다음 단계는 일단 모든 사람을 껴안아야 한다. 우리 중 압도적인 다수는 오래된 세계가 이 새로운 세계로 대체되고 있는 것에 대해 어떤 직접적인 선택도 하지 않았다. 이번 판에서는 우리는 어쩌다 보니 여기 있게 되었을 뿐이다. 물론 우리는 예컨대 트위터 계정을 가질지 페이스북 계정을 가질지와 같은 여러 개인적 선택을 했고, 이 두 개의 매혹적이고 긍정적인 커뮤니케이션 수단이 수백만 명의 사람을 매료하지 않았다면, 그들은 지금과 같은 형태와 규모로 존재하지 않을 것이다. 하지만 우리 중 트위터 계정을 가지고 있지 않은 사람들도, 계정을 가지고 있는 사람들이 우리에 대한 가십을 엄청난 속도로 수백만 명에게 퍼뜨릴 수 있는 세계에 살고 있다. 우리 대부분은 현재 겪고 있는 변화 속도가 너무 빠르다고 느낄 수밖에 없다. 로봇과 알고리즘이 우리의 직장을 변화시키는 오늘날, 우리 모두는 정부가 사회 구조적 이행을 신중하게 관리할 필요가 있다는 데 확실히 동의할 것이다. 어떤 사람은 더 강력한 저항이 필요하다고 생각한다.

디지털에 대한 반감은 새로운 현상이 아니다. 하지만 그것을 단순히 러다이트 운동의 새로운 변종으로 간주하는 것은 큰 잘못이다. 반감의 대부분은 우리가 새롭고 불확실한 초복잡 생활 환경으로 성급하게 뛰어들고 있다는 많은 이들이 공유하고 있는 느낌이고, 이 느낌은 점점 강해지고 있는 것 같다. 이러한 반감은 충분히 이해할 수 있는 것이다. 우리, 즉 보통 사람들, 휩쓸린 대중은 우리 자신과 우리가 소중히 여기는 모든 사람이 경험하고 있는 이 특별한 이행을 선택하지 않았기 때문이다. 디지털 유인원은 의식적으로 자신을 바꾸고 자신의 DNA를 '개량하는' 최초의 종이 될 것이다. 하지만 사람들 대부분에게 새로운 기술에 관한 결정은 다른 어딘가에서 행해지는 것처럼 보인다. 목표와 선택지 그 자체도 마법사의 실험실에서 나오는 것처럼 보인다. 디지털 유인원은 자기 힘으로, 우리가 하는 것만이 지구에 의미를 가지는 시대인 인류세로 가고 있을 뿐만 아니라 자신의 유전자, 물리적 실재, 장소, 시간, 그리고 공간의 성질을 제어할 수 있는 새로운 버전의 유인원으로 변모하고 있다. 언어와 상징적 사고에 몰두하고 있는 자기의식을 가진 종은 아마도 출현한 모든 행성에서 핵폭탄과 냉매 가스를 발견하면 필연적으로 자기 자신 또는 대기를 폭파할 것이다. 또는 자신의 유전자를 장악하고 자신의 본성을 선택할 것이다.

ℳ

삶과 죽음의 최전선으로 가 보자. 사이버 전쟁은 여러 형태를 띠고, 그 모두는 인공 지능의 무기화를 수반한다. 처음에는 재래식 무기를 AI로 통제했다. 제1차 이라크 전쟁 때부터 순항 미사일에는 표적에 정확하게 근접하기 위해 매우 영리한 GPS, 내비게이션, 그리고 지형 추적 소프트웨어 시스템이 사용되었다. 미국은 현재 약 1만 대의 무인 항공기를 보유하고 있다. 다시 말하면, 적어도 2천 명의 지상군 파일럿이 5배수의 드론을 조종하고 있다. 예컨대 프레데터 무인기는 헬파이어 단거리 공대지 미사일을 탑재한다. 지난 10년 동안 매년, 프레데터와 그 밖의 기종의 무인기가 아프가니스탄, 이라크, 파키스탄에서 '미국의 적을 처형하는 것'으로 부르는 것이 가장잘 어울리는 임무를 수백 회 실행했다. 그런 정부들은 미국의 친구로 불리지만, 이제는 사전에 그러한 공격을 알 수 없다. 값싼 드론이 널리 보급되어 현재 많은 민간인이 드론을 날리고 있고, 범죄자들은 이미 드론을 사용해 금지된 물건을 교도소 안팎으로 들여보내고 꺼낸다. 아마 국경을 넘는 일도 일어날 것이다. ISIS는 모술 전투에서 드론을 사용해서 폭발물을 투하했다.

그다음으로, 국민 국가는 현재 디지털 기술을 사용해 서로를 공격한다. '스턱스넷'이라는 바이러스가 이란 나탄즈 핵연료 시설의 원심 분리기를 여러 차례 공격해 심각한 피해를 입혔다. 이 바이러스 무기를 배치한 것은 이스라엘의 정보 기관 모사드인 것 같지만, 그것을 고안한 것은 미국의 안보 기관이고, 그들은 그것을 다른 많은 은밀한 공격에 사용하고 있다. 미국이 사이버 방어에 매년 약 150억 달러를 쓴다는 사실은 그리 놀랍지 않다. 러시아는 인터넷을 통해 2016년 미국 대통령 선거에 간섭했다는 비난을 받았다. 표를 집계하는 장치를 조작하고, 힐러리 클린턴을 당황하게 할 만한 문서를 훔쳐서 누설했다는 것이다. 전자는 말도 안 되는 증명되지 않은 주장이고, 후자는 아마 사실일 것이다. (하지만 당혹스러운 사실이 실제로 존재한다면, 유권자들이 그것을 왜 몰라야 하는가?)

러시아와 중국은 서양 국가와 산업에 무수히 많은 사이버 공격을 가한다. 조만간 누군가가 허용 범위를 넘어서는 범죄를 저질러 보복을 요구하는 고함 소리가 들릴 것이다. 우리에게 필요한 것은 통상적인 첩보 활동과 군사 공격에 존재하는 것과 같은 유형·무형의 관세다. 미국이 러시아 스파이를 체포하고 워싱턴에 있는 러시아 대사관에서 20명의 '외교관'을 추방하면, 러시아도 모스크바에서 그 반대의 일을 한다. 북한이 미국에 미사일을 발사하면, 미국은 더 큰 미사일을 평양에 떨어뜨릴 것이다. 전략무기 제한에 관한 실행 가능한 협정SALT은 지금까지는 유효하다.

❧

독재 정권은 수천 년 동안 존재했고, 20세기에도 세계의 많은 지역에서 지배적인 모델이었다. 새로운 기술이 모든 곳에 침투할 가능성은 카프카Franz Kafka와 오웰의 세계를 상기시키기 쉽다. 새로운 기술은 억압의 무기고에 초복잡한 새로운 방법을 추가하지만, 그와 동시에 자유주의 이상이 퍼져 나갈 수 있는 새로운 길을 낳는다. 카프카는 1924년에 자신이 태어난 프라하에서, 그리고 오웰은 1950년에 런던에서 죽었으며 둘 다 40대에 결핵으로 죽었다는 사실을 기억해야 한다. 새로운 기술이 생겨나기 한참 전이었다. 그들의 소설은 이미 완전한 지배에 도달한 것처럼 보이는 전제적이고, 매우 복잡하고, 악랄한 체제에 대한 대단히 예시적이고 풍자적인 반응이었다.

민주주의 제도는 '복잡한 결정은 지금까지 항상 큰 방에 다 들어갈 수 있는 정도로 소수의 사람에 의해 내려져 왔다'는 단순한 사실을 기반으로 만들어졌다. 훨씬 큰 집단은 '예/아니요'로 답하거나 목록에서 한 사람을 고르는 등 가장 간단한 결정만을 내렸다. 새로운 기술은 이런 근본적인 제약을 제거한다. 인터넷을 통한다면 아무리 복잡한 문제에 대해서도 투표를 하거나 국민의 의견을 듣는 것이 가능하다. 인터넷 여론 조사 회사인 유가브YouGov는 2011년 봄, 국가 예산 시뮬레이터라는 여론 조사를 실시했다. 예산 시뮬레이터를 통해 모든 시민은 국가 예산의 전반적인 초점뿐 아니라 개별 요소에 대해 자신의 의견을 제공할 수 있다. 세금이 어떻게 쓰여야 하는가에 대해서만이 아니라 어떻게 걷혀야 하는가에 대해 시민이 의견을 말할 수 있는 기기를 만드는 것도 충분히 가능하다. 정부가 이렇게 자세한 조사가 가능한 방법을 사용해 정기적으로 국민의 의견을 묻는다면, 그리고 국민 다수 의견에서 (매우 적절한 판단으로서) 벗어난 경우에는 그 근거를 설명할 의무를 가진다면, 그것은 민주주의에 중요한 보탬이 될 것이다.

새로운 입법 행위는 원칙적으로 크라우드소싱을 토대로 이루어질 수 있다. 아마 국민 대다수가 식품 안전 규정의 초안 작성에 참여하기를 원하는 것은 아닐 것이다. 하지만 변호사와 국회의원으로 구성된 제한된 집단에서는 이미 크라우드소싱을 활용하기 시작했다.

국제 금융, 사이버 전쟁과 핵무기, 페이스북과 애슐리 매디슨[4]이 착취하는 개인 관계망 시장 가운데 어느 분야가 발전할 것이라고 생각하든 아니든, 우리는 이타적이고 확고한 상식이 초복잡성과 제도화된 이기심의 예측 불가능한 결과를 이긴다는 확신을 가질 수 없다. 우리에게는 혁신을 관리할 새로운 틀이 필요하다. 그런 틀이 있을 때, 많은 개인이 하나로 뭉쳐 소유권과 권력이 계속해서 집중되는 상태를 완화할 수 있을 것이다. 많은 사람에게 영향을 미치는 결정에는 많은 사람이 참여해야 하고, 새로운 기술은 이런 디지털 민주주의가 새로운 세계에서 영향력 있는 힘이 될 수 있게 한다.

그러한 복잡한 민주주의는 번성할 것이다. 사회적 기계는 사적

---

4 2001년 설립된 세계 최대 기혼자 불륜 알선 사이트

영역과 지역 사회에서와 마찬가지로 공적 영역에서도 쉽게 존재할 수 있고, 실제로도 그렇다. 이 책의 공저자인 로저 햄프슨은 웹을 기반으로 하는 예산 시뮬레이터를 고안했다. 그것은 레드브리지에서 만들어져 유가브가 판매하고, 전 세계 50개 이상의 공공 단체에서 사용되고 있다. 시민 인터넷 패널로 거기에 참여할 수도 있다. 서양 민주주의 국가는 정부에서 독립된 기관으로서 운영되는 국가 패널을 설치할 것이다. 국가 패널은 결국에는 수백만 명의 구성원을 가질 것이다. 적극적인 정치 참여는 현재 선거 제도에서의 투표와 마찬가지로 사회적으로 존중받을 것이다. 패널은 조사를 실시하고, 거기에 참여하는 사람에게는 소액의 현금 또는 그 밖의 다른 혜택이 주어질 것이다. 신분증은 영국에서 환영받지 못하는 것이지만, 포인트 카드는 널리 보급되어 있다. 이런 것들을 섞어 새로운 카드를 만든다면 인기가 있을 것이다. 패널은 예산을 세우기 위한 협업 도구를 사용해 집단 협업을 실시한다. 현대적인 심의 기술을 이용하면, 새로운 최선의 아이디어를 이끌어 낼 수 있을 것이다. 패널은 또한 현재와 미래의 국가적 문제에 관한 합의를 도출할 수 있다. 전체 비용은 모든 정부 부처와 공공 기관이 구식의 부정확한 방법으로 수시로 실시하고 있는 수천 건의 조사에 들이는 비용의 일부면 된다. 새로운 기술은 민주적인 개입과 참여를 위한 수많은 새로운 방법을 제공한다.

그와 동시에 세무 당국이 개별 납세자에게 총소득세가 얼마인지 알리고, 그것을 정부의 여러 목적 사이에 어떻게 배분하기를 바라는지 묻는 것도 가능하다. 반응이 빠른 정부라면, 그 결과를 모아 정책에 반영할 수 있을 것이다. 원리상으로는 모든 세금의 패턴, 모든 공공 지출의 패턴을 그런 방법으로 결정하고, 최종적인 분배율은 중앙 정부가 결정할 수 있다.

◅

요약하면, 몇 가지 대담한 주장으로 정리할 수 있다. 철학적으로 자명한 진리라고 부르기는 망설여지지만, 이 주장들은 지금까지 우리가 분석한 것에서 도출된 것이다. 우리는 우리가 살아가는 세계, 즐겁고 위험하게 변하고 있는 세계에 대해 선택할 권리가 있고, 선택하는 힘은 우리가 여러 기술적 수단을 이용할 수 있게 됨에 따라 강화되고 있다. 현재는 복잡한 결정을 내릴 때 많은 수의 사람들을 쉽게 참여시킬 수 있다. 그와 동시에, 우리가 이해할 수 있는 언어로 세계를 기술하는 것이 긴급히 필요하다. 정치인과 그 밖의 사람들은 실제와 상상 양쪽의 '사실'을 더 정확하게 제시할 필요가 있다. 그리고 우리는 자신의 데이터를 돌려받아, 정보 저장과 처리 능력을 중앙에 있는 거대 기업의 손아귀에서 주변에 있는 우리에게로 이동시킴으로써 인터넷상의 권력을 분산시켜야 한다. 우리에게는 정보 기반의 선택을 내릴 수 있도록 정부 정책을 이해할 권리가 있다. 우리에게는 기술 혁신이 영향을 미치기 전에 그 의미를 이해할 권리가 있다. 우리에게는 우리 자신의 도식과 기기를 사용해 모든 사실에 접근해 그것을 자세하게 분석할 권리가 있다. 우리는 프라이버시에 대해 서로가 기대하는 수준을 집단적으로 낮출 필요가 없다. 우리는 개인 은행 계좌에 대해 책임을 지는 것과 마찬가지로, 자신 자신과 자신이 돌보는 사람들에 관한 데이터에 대해 각자 책임을 져야 하고, 정부는 그렇게 하도록 도와야 한다. 학자, 정치인, 시민은 이해할 의무와 설명할 의무가 있다. 더 정확히 말하면, 보통 사람이 이해할 수 있다고 합리적으로 기대할 수 있는 설명을 내놓아야 한다. 위키피디아 기반의 웹 사이트 같은 사회적 기계는 이 점에서 중요하다.

호모 사피엔스는 우주에서 자기 자신을 온전히 인식할 수 있는 유일한 존재이자 자신의 운명을 책임지는 유일한 존재다. 우리는 지금까지 잘해 왔다. 핵무기는 아마겟돈을 초래하지 않았다. 기근, 질병, 가난은 널리 퍼져 있지만 과거에 비해 극적으로 줄었고, 종으로서의 우리를 절멸시키지는 않을 것이다. 지구 온난화와 기후 변화도 비록 큰 혼란을 초래하겠지만 종의 종말을 부르지는 않을 것이다. 우리는 지금 출현^{emerge}하고 있는 초복잡한 시스템도 그것에 필적하는 위협으로 간주해야 한다. 말장난을 다시 반복하면, 긴급 사태^{emergency}로 간주해야 한다.

인권이 유용한 개념인 한 디지털 권리—모두가 인터넷에 공평하고 평등하게 액세스할 권리를 뜻하는 '넷 중립성'— 는 인권을 포함하도록 코드화되어야 한다. 데이터 세트는 개인에 관한 데이터가 아닌 한 일반 대중, 서로 경쟁하는 기관, 기업, 집단에게 훨씬 더 열려 있어야 한다. 정확한 메커니즘, 즉 디지털 권리에 관한 문서의 정확한 문구는 명확한 정책 목표에 합치하는 한 전문가들에게만 중요하다.

종의 생존에 중요한 정책이 영리 조직에 의해 거의 비밀리에 결정되는 상태를 더 이상 좌시해서는 안 된다. 기술 기업 소유자 대부분이 투자가와 소비자를 감화시키는 것에 집착하면서도 자사의 제품이 어떻게 기능하는지를 소비자에게 확실히 이해시키는 데는 전혀 관심이 없다. 대기업은 수천 건의 특허를 둘러싸고 항상 전쟁 상태에 있고, 그 특허의 대부분은 본래의 취지에 반해 매우 모호하게 적혀 있다. 모두를 위한 결정의 여러 선택지를 객관적으로 평가할 수 있는 것은 선진국의 극히 적은 전문 기술자들뿐이다. 고대에 성직자들이 서로 그들의 전문 언어(히에라틱)로 주고받던 논의와 민중이 일상 언어(데모틱)으로 주고받던 논의 사이의 간극도 이 정도로 크지는 않았다. 마법 같은 기기가 점점 강력해지고 있는 오늘날, 그 간극은 날마다 더 크게 벌어지고 있다.

지능을 가진 기계의 세계가 초래하는 위험과 기회에 대한 토론은 다른 세계적 난제에 대한 토론과 마찬가지로, 우리 문화생활의 중심이 되어야 한다. 정부와 초국가적 기관이 솔선수범할 필요가 있다. 자기 설계와 자기 복제를 하는 기계, 특히 나노 기계에 대해 우리가 현재 의학 연구, 복제 기술, 생물 무기에 적용하는 것과 똑같은 도덕적 법적 규제를 가해야 한다. 인간 능력의 확장과 개량이 제시하는 기회를 관리하는 데 있어서 우리는 마약을 관리하는 시도에서 범한 실수를 반복해서는 안 된다. 물론 개인이 입을 수 있는 피해를 완화할 필요가 있지만, 그렇게 함으로써 참가 욕구가 파괴적인 암시장을 키우는 일로 이어져서는 안 된다. 우리는 테러의 시대에, 디지털 영역의 지속적인 무기화를 억제하는 조약을 만들어야 한다. 그리고 우리는 정보의 수집과 분석에 합리적인 한계를 정해야 한다.

༺

인간은 도구 없이는 살 수 없다. 이미 고도로 복잡한 기계 없이 살아가기는 지극히 어려워지고 있다. 우리에게 생기는 변화는 머지않아 고착될 것이다. 처음에는 사회적으로, 그런 다음에는 유전적으로 그렇게 될 것이다. 그래서 우리가 디지털 기술 없이 살아가는 것은 거의 불가능한 일이 될 것이다.

결코 일어나지 않을 단순하고 기막힌 일이 몇 가지 있다. 아직도 안전한 물을 마실 수 없는 전 세계 수백만 명이 와이파이로 물을 배달받아 스마트폰의 가상 수도꼭지에서 뿜어져 나오게 할 수는 없다. 와이파이와 디지털 커뮤니케이션은 세계의 가난한 지역에 커다란 축복이지만, 그 자체로는 근본적인 문제를 해결하지 못한다. 부유한 나라에 사는 우리는 현재 편안한 내 집 부엌에서 알렉사에게 말을 걸어, 오늘 오후에 아마존에서 생수를 주문하라고 요청할 수 있다. 우리는 수도관을 통해 물을 공급해 주는 회사와 쉽게 의사소통할 수 있다. 우리가 이렇게 할 수 있는 것은 댐, 저수지, 수도관, 그리고 생수 회사와 아마존 배송 센터, 도로망과 배송 트럭 같은 인프라가 뒷받침하고 있기 때문이다. 이런 인프라는 새롭고 경이로운 디지털 기술과 공존한다. 사실을 말하자면, 스마트폰은 아프리카의 에리트레아에서도 캐나다 에드먼턴에서와 마찬가지로 경이롭지만, 많은 지역에서 새로운 기술은 심각한 기본 인프라 부재와 공존하고, 그 부재는 새로운 기술만으로는 극복할 수 없을 것이다.

부정할 수 없는 사실은 되돌아갈 수 없다는 것이다. 원칙적으로는 우리가 원한다면 페이스북과 국가안전보장국에서 손을 뗄 수 있다. 드론이나 무인 자동차를 법률로 금지할 수도 있다. 다른 기관이나 디지털로 행동, 관리, 단속하는 것을 모두 끊을 수도 있다. 하지만 우리는 그런 발전의 근간이 되는 기술 지식과 경험은 제거할 수 없다. 그런 것은 현대 지형의 일부고, 앞으로도 그럴 것이다.

창발, 초복잡성, 인공 지능은 기술 문제라기보다는 주로 정치·사회적 문제다. 우리의 도구가 너무 빠르게 진화하는 탓에 우리는 도구에 속아 넘어갈지도 모른다. 더 가능성이 큰 이야기는 엄청나게 강화된 능력을 가지고 나머지 우리를 대신해 선택을 내리는 소수의 디지털 엘리트가 특혜를 받고 대다수의 사람이 경시되는 미래가 오는 것이다. 엄밀한 의미의 AI 종말은 오지 않을 것이다. 가까운 미래에는 인간이 원하면 전원 플러그를 뽑을 수 있는 능력을 가지게 될 것이다. 하지만 그런 능력을 가진 인간은 누구일까? 17세기에 뉴턴에서부터 피프스와 밀턴까지, 로크에서부터 볼테르와 홉스까지 많은 과학자, 철학자, 시인이 인간 세계와 그 안에서의 인간의 위치를 이해하는 방식이 급격히 변할 것이라고 상상했다. 현재 알고리즘과 초복잡 데이터의 흐름은 우리에게 무엇보다 특별한 기회를 제시한다. 그것은 우리의 부를 계속 증대시킬 것이고, 우리의 마음과 공감 능력을 확장할 것이다. 디지털 유인원은 제2의 계몽 시대의 이상적인 선도자 역할을 다해야 한다.

데즈먼드 모리스는 50년 전 『벌거벗은 유인원』을 다음과 같은 경고로 끝맺었다.

우리는 어떻게든 양적인 개선보다는 질적인 개선을 이룩해야 한다. 우리가 그렇게 한다면, 우리는 우리의 진화적 유산을 부정하지 않고도 극적이고 흥미로운 방식으로 기술적 진보를 계속할 수 있을 것이다. 그렇게 하지 않는다면 우리의 억눌린 생물학적 욕구가 차곡차곡 쌓여서 결국 둑이 터지고, 우리가 그동안 갈고 다듬어 온 모든 것이 홍수에 휩쓸려 떠내려갈 것이다.

모리스가 이 글을 쓴 이래로 반세기 동안 세계의 인구는 두 배가 되었다. 우리의 행동과 존재 방식을 정량적으로 표시하는 다른 모든 지표도 증폭해 몇 배가 되었다. 우리가 이 책에 '디지털 유인원'이라는 제목을 붙이는 근거가 된 측면에서 가장 증폭이 두드러졌다. 하지만 둑은 터지지 않았다. 그러기는커녕 세계는 더 부유해졌고, 폭력은 줄었고, 우리는 더 행복해졌다. 그것은 스마트 기계 덕분에 우리의 마음이 우리가 동물로서 가진 억눌린 욕구보다 훨씬 더 크게 확장되었기 때문이다. 이 추세는 앞으로도 계속될 것이다.

우리가 그 모든 가능성을 붙잡아 우리의 것으로 만들기 위해서는, 우리의 확장된 지혜를 모두 모아야 할 것이다.

25년 전에는 아무도 구글로 뭔가를 검색하지 않았다. 위키피디아에서 뭔가를 찾지도 않았다. 아마존과 그 밖의 사이트에서 하는 온라인 쇼핑은 존재하지 않았다. 사이버 공격도, 페이스북도 없었다. 휴대폰은 초기 단계였고, 가지고 다니는 사람도 드물었다. 인공 지능은 소수의 괴짜들이 즐기는 오락이었다. 그런 다음 새로운 디지털 기술이 우리의 사회생활, 가족 관계, 일을 빠르게 변모시켰다.

　이 책의 저자 가운데 한 명인 나이절 섀드볼트는 25년 넘게 이런 주제에 대해 5백 편 이상의 학술 논문을 썼다. 하지만 폭넓은 대중의 관심을 불러 모을 필요를 절실히 느꼈다. 우리는 일반 독자를 위한 책을 계획했다. 그것은 경제학, 심리학, 철학, 공학, 그리고 특히 인간이 도구에 의존한 선사 시대를 포함하는 모든 분야의 핵심 포인트를 총망라한 책이었고, 가능하다면 접근하기 쉽고 재미있는 방식이기를 바랐다.

　새로운 종류의 동물, 마법처럼 신기하고 천사처럼 완전무결한 힘을 가진 유인원이 출현하고 있다. 그 유인원이 천사 가브리엘이 될지, 아니면 타락 천사 루시퍼가 될지에 대한 선택권은 우리에게 있다. 우리의 새로운 힘이 인류에게 권능을 부여할지 인류를 억압할지에 대한 선택도 우리에게 달려 있다. 이 책은 21세기의 처음 몇 십 년 동안 인류에게 일어나고 있는 일에 대한 평가다. 그 몇 십 년 동안 인류는 아프리카를 떠난 이래로 생활 방식에서 가장 큰 변화를 겪고 있다. 호모 사피엔스는 디지털 유인원으로 다시 태어나고 있다.

디지털 유인원은 숲의 빈터에서 초기 호미니드와 침팬지가 그랬듯이, 먹고 사랑을 나누고 공개적으로 우쭐대는 집단 동물이다. 디지털 유인원은 트위터와 페이스북에 가장 사소한 일들을 게재한다. 하지만 그것은 운이 좋은 경우일지도 모른다. 왜냐하면 2018년에 프라이버시와 불가시성은 대기업이 적극적으로 관심을 갖지 않을 때만 누릴 수 있는 일시적이고 덧없는 현상이기 때문이다. 이렇게 수동적으로 주어지는 사생활 보호 구역은 날이 갈수록 감소한다.

우리가 3백 년 전에 서양에서 발명된 종류의 개인으로 계속 남기를 원한다면, 심각한 문제들에 대해 우리가 해답이라고 믿는 것을 밀어붙여야 한다. 우리는 공적인 데이터를 공개하고, 사적인 데이터를 안전하게 간수해야 한다. 자기 자신의 데이터와 사이버 인생을 통제해야 한다. 열린 정부가 필요하다. 우리의 생활, 의료, 보험, 사법 제도, 치안 유지, 전쟁과 관련해 중요한 결정을 내리는 기계들의 부호와 알고리즘 안에 깊이 파묻혀 있는 사회적 선호와 편견을 명확하게 검토해야 한다. 기업 이사회의 엘리트에게 집중된 의사 결정권과 통제권을 전체 집단, 또는 그들의 대표에게로 확산시켜야 한다. 현재는 그런 거대 짐승들이 상황을 주도하고 있다.

인간 본성의 본질은 도구 사용과 집단적인 언어, 지식, 기억이다.

우리가 도구와 기술을 만들어 오는 동안 도구도 우리를 만들었다. 현대 인류가 등장하기 전 20만 세대 동안 우리가 사용한 도구는 우리의 뇌, 몸, 그리고 의사소통하는 방식을 바꾸었다. 지금은 디지털 기술이 이 패턴을 계속 이어 가고 있다. 이런 디지털 도구는 현재 모든 곳에 존재한다. 우리는 세계 공통의 정보를 세계 공통으로 액세스할 수 있다. 상품과 서비스의 선택도 (구매력이 있는 사람들에게는) 세계 공통이다. 세계 공통의 실시간 지도 또한 존재한다. 우리 주변의 모든 것은 지능을 가지고 있다. 일할 때 사용하는 물건, 생활을 함께하는 기계와 타고 이동하는 기계, 엔터테인먼트까지. 개인은 인지 능력의 거의 모든 측면을 강화하는 도구를 사용하고, 심지어는 입기도 한다.

우리 안의 유인원은 여전히 배우자를 선택하고, 음식을 찾고, 잡담을 나누고, 남의 물건을 훔치고, 전쟁을 하고, 위대한 예술을 창조하지만, 지금은 이 모두에 디지털 기술의 산물을 사용한다. 디지털 유인원은 17세기에 과학자, 철학자, 시인 들이 세계를 앞으로 전진시킨 것처럼 새로운 계몽 시대의 목전에 있을까? 아니면, 우리의 마법의 기계가 너무 빠르게 진화해 우리를 앞서거나, 대다수 사람이 경시되고 능력이 강화된 비교적 소수의 디지털 엘리트가 나머지 우리를 위해 선택을 내리는 매우 불쾌한 미래를 초래할까?

우리는 이런 급진적인 발전의 구조를 알고 싶어 하는 지적인 일반 독자를 위해 정확한 상황을 제시하려 시도한 동시에, 이해할 수 없고 거의 마법 같은 난해한 전문적인 문제에서 한 걸음 물러나 역사 시대와 선사 시대의 사회적 맥락 속에서 그런 발전을 살펴보려고 했다. 무엇보다 옛날 모습 그대로인 인류 종을 위한 선택들을 간결하게 설명해 보고 싶었다. 우리는 몇 년 전 집필에 착수하기 전에 이 작업이 시급한 일이라고 생각했다. 최근 세계 곳곳에서 일어나는 사건들은 시의적절함과 절박함을 한층 강화한다.

10여 명의 미국인 백인 사업가들이 기업과 개인의 세계 양쪽을 모두 바꾸었다. 그들은 완전히 새로운 산업을 세웠고, 엄청난 부를 소유하면서도 자신을 제외한 어느 누구에게도 설명할 책임이 없는 사적인 초대형 기업을 통해 세계를 지배하고 있다. 우리 앞에 놓인 선택지를 두루 인정하는 것에 기반을 둔 윤리, 정치적 의사 결정, 민주적 제어는 현재 뒤처져 있는 것처럼 보인다.

우리는 또한 로봇과 실업에 대한, 그리고 인공 지능의 막을 수 없는 위험에 대한 유언비어에 대항할 수 있는 해독제를 대중에게 제공해야겠다고 생각했다. 이런 기술의 도전은 실재하지만 관리할 수 있고, 나아가 경이로운 기회를 제공한다. 그래서 우리 두 사람은 우리의 기술 능력을 사용해 인류의 집단적 지혜를 조합하고 확장하는 위키피디아 같은 사회적 기계의 가치에 대해 열변을 토했다. 책의 제목에도 기여한 이 책의 모델은 50년 전에 출판된 데즈먼드 모리스의 『벌거벗은 유인원』이다. 그 책은 다윈주의 생물학과 동물학에 대한 학계의 합의를 채택해, 폭넓은 대중 독자에게 그들의 행동이 동물들의 행동과 얼마나 비슷한지를 노골적이고 충격적으로 보여 주었다. 우리 자신도 동물이며 유인원이기 때문이다.

일상적으로 연구하는 주제에 대해 대중이 쉽게 접근할 수 있는 책을 쓰는 것은 만만찮은 일이다. 하지만 『디지털 유인원』을 집필하는 일은 2년에 걸쳐 책의 모양새가 잡혀 가는 내내 커다란 즐거움이었다. 이 책에서 우리가 다룬 분야의 상당수가 빠른 속도로 변하고 있다. 새로운 소식, 수정 사항, 독자의 논평을 환영한다.

우리는 『디지털 유인원』을 많은 장소에서 많은 사람들의 도움을 받아서 썼다. 이 책은 수많은 동료들과의 공동 작업 위에 서 있다. 우리는 그들 모두에게 감사한다. 특히 런던에 있는 스크라이브^{Scribe} 출판사의 필립 그윈 존스와 몰리 슬라이트, 뉴욕에 있는 옥스퍼드대학 출판부의 새라 험프레빌에게 감사한다. 출판된 책에 포함된 사실 오류나 판단 착오는 모두 우리 책임이다.

누구보다 가족에게 감사한다.

베브 손더스
에스더 월링턴
애나 섀드볼트와 알렉산더 섀드볼트
톰, 마사, 케이트, 그레이스 햄프슨

1. 생물학과 테크놀로지

Jon Agar, *Turing and the Universal Machine: the making of the modern computer*, Icon Books, 2001

Jacob Aron, 'When Will the Universe End? Not For at Least 2.8 Billion Years', *New Scientist*, 25 February 2016, https://www.newscientist.com/article/2078851-when-will-the-universe-end-not-for-at-least-2-8-billion-years/

William Blake, 'Auguries of Innocence', 1863

Agata Blaszczak-Boxe, 'Prehistoric High Times: early humans used magic mushrooms, opium' *LiveScience*, 2 February 2015, http://www.livescience.com/49666-prehistoric-humans-psychoactive-drugs.html

Janet Browne, *Darwin's 'Origin of Species': a biography*, Grove Atlantic, 2006

Census of Marine Life, 'How Many Species on Earth? About 8.7 Million, New Estimate Says', *ScienceDaily*, 24 August 2011, https://www.ScienceDaily.com/releases/2011/08/110823180459.htm

Charles Darwin, *The Origin of Species*, John Murray, 1859

Richard Dawkins, *The Selfish Gene*, Oxford University Press, 1976

Robin Dunbar, *How Many Friends Does One Person Need?*, Faber, 2010

Allison Enright, 'Amazon Sales Climb 22% in Q4 and 20% in 2015', Digital Commerce 360 website, 28 January 2016, https://www.digitalcommerce360.com/2016/01/28/amazon-sales-climb-22-q4-and-20-2015/

Hergé, *Objectif Lune*, Casterman, 1953

Susan Jones, '11,774 Terror Attacks Worldwide in 2015; 28,328 Deaths Due to Terror Attacks', *CNS News*, 3 June 2016, http://www.cnsnews.com/news/article/susan-jones/11774-number-terror-attacks-worldwide-dropped-13-2015

Kambiz Kamrani, '*Homo Heidelbergensis* Ear Anatomy Indicates They Could Have Heard The Same Frequency of Sounds As Modern Humans', 12 July 2008, https://anthropology.net/2008/07/12/homo- heidelbergensis-ear-anatomy-indicates-they-could-have-heard-the-same-frequency-of-sounds-as-modern-humans/

Elizabeth Kolbert, 'Our Automated Future: how long will it be before you lose your job to a robot?', *The New Yorker*, 19 December 2016, https://www.newyorker.com/magazine/2016/12/19/our-automated-future

David Leavitt, *The Man Who Knew Too Much*, Weidenfeld and Nicolson, 2007

Desmond Morris, *The Naked Ape: a zoologist's study of the human animal*, Jonathan Cape, 1967

Andrew O'Hagan, *The Secret Life: three true stories*, Faber, 2017

George Orwell, 'Inside the Whale', *Inside the Whale and Other Essays*, Gollancz, 1940

Mark Pagel, 'What is the latest theory of why humans lost their body hair? Why are we the only hairless primate?', *Scientific American*, 4 June 2007, https://www.scientificamerican.com/article/latest-theory-human-body-hair/

Karl Popper, 'Three Worlds', the Tanner lecture at the University of Michigan, 1978

Jillian Scudder, 'The sun won't die for 5 billion years, so why do humans have only 1 billion years left on Earth?', Phys.org website, 13 February 2015, https://phys.org/news/2015-02-sun-wont-die-billion-years.html

'Questions and Answers About CRISPR', Broad Institute website, https://www.broadinstitute.org/what-broad/areas-focus/project-spotlight/questions-and-answers-about-crispr

2. 초복잡 생활 환경

Roland Banks, 'Who needs a landline telephone? 95% of UK households don't', Mobile Industry Review website, 1 December 2014, http://www.mobileindustryreview.com/2014/12/who-needs-a-landline-telephone.html

Mark Bland, 'The London Book-Trade in 1600', *A Companion to Shakespeare* (ed. David Scott Kastan), Blackwell Publishing, 1999, http://www.academia.edu/4064370/The_London_Book-Trade_in_1600

Kees Boeke, *Cosmic View: the universe in 40 jumps*, Faber, 1957

'Books published per country per year', Wikipedia, https://en.wikipedia.org/wiki/Books_published_per_country_per_year

Vannevar Bush, 'As We May Think', The Atlantic, July 1945, https://www.
theatlantic.com/magazine/archive/1945/07/as-we-may-think/303881/

Polly Curtis, 'Can you really be addicted to the internet?', *The Guardian*, https://
www.theguardian.com/politics/reality-check-with-polly-curtis/2012/jan/12/
internet-health

Jonathan Fenby, *Will China Dominate the 21st Century?*, Polity Press, 2014

Jamie Fullerton, 'Children face night time ban on playing computer games', *The
Times*, 8 October 2016

Government Office for Science, 'Innovation: managing risk, not avoiding it', Gov.
uk website, 19 November 2014, https://www.gov.uk/government/publications/
innovation-managing-risk-not-avoiding-it

Paul Grey, 'How Many Products Does Amazon Sell?', Export-X website, 11
December 2015, https://export-x.com/2015/12/11/how-many-products-does-
amazon-sell-2015/

Stephen Hawking, *A Brief History of Time: from the big bang to black holes*,
Bantam, 1988

Toby Hemenway, 'Fear and the Three-Day Food Supply', Toby Hemenway's
website, 2 November 2011, http://tobyhemenway.com/419-fear-and-the-
three-day-food-supply-3)

Ernest Hemingway, *A Moveable Feast*, Scribner's Sons, 1964

Roger Highfield, 'Delays "doubled" foot and mouth toll', *The Telegraph*, 2 July
2001, http://www.telegraph.co.uk/news/uknews/1332578/Delays-doubled-
foot-and-mouth-toll.html

Dominic Hinde, *A Utopia Like Any Other: inside the Swedish model*, Luath
Press, 2016

'History of Handwritten Letters: a brief history', Handwrittenletters. com
website, http://handwrittenletters.com/history_of_handwritten_letters.html

Richard Holden, 'digital', Oxford English Dictionary, http://public.oed.com/
aspects-of-english/word-stories/digital/

Daniel Kahneman, *Thinking, Fast and Slow*, Farrar, Straus and Giroux, 2011

Joao Medeiros, 'How Intel Gave Stephen Hawking a Voice', *Wired*, 13 January
2015, https://www.*Wired*.com/2015/01/intel-gave-stephen-hawking-voice/

Natasha Onwuemezi, 'Amazon.com Book Sales Up 46% in 2017, Says Report', *The
Bookseller*, 21 August 2017, https://www.thebookseller.com/news/amazon-
book-sales-45-616171

Stephanie Pappas, 'How Big Is the Internet, Really?', Live Science website, 18
March 2016, http://www.livescience.com/54094-how-big-is-the-internet.
html

'Pneumatic Tube', Wikipedia, https://en.wikipedia.org/wiki/Pneumatic_
tube#History

Max Roser, 'Books', Our World in Data website, 2017, https://ourworldindata.
org/books/

Kathryn Schulz, *Being Wrong: adventures in the margin of error*, Portobello Books, 2011

Kathryn Schulz, 'On Being Wrong', TED, March 2011, https://www.ted.com/talks/kathryn_schulz_on_being_wrong

'Statistics and Facts on the Communications Industry Taken From Ofcom Research Publications', Ofcom website, https://www.ofcomorg.uk/about-ofcom/latest/media/facts

Gillian Tett, *Fool's Gold: how unrestrained greed corrupted a dream, shattered global markets and unleashed a catastrophe*, Little Brown, 2009

'The 3D-Printed Clothing That Reacts to Your Environment', BBC website, 3 August 2016, http://www.bbc.co.uk/news/av/technology-36905314/the-3d-printed-clothing-that-reacts-to-your-environment

'The Chinese Book Market 2016', Frankfurt Buchmesse website, 2016, http://www.buchmesse.de/images/fbm/dokumente-ua-pdfs/2016/white_paper_chinese_book_market_report_update_2016_new_58110.pdf

'The Large Hadron Collider', CERN website, http://home.cern/ topics/large-hadron-collider

'The Writing's on the Wall: having turned respectable, graffiti culture is dying', *The Economist*, 9 November 2013

Thomas Thwaites, 'The Toaster Project', Design Interactions Show 2009 website, http://www.di09.rca.ac.uk/thomas-thwaites/the-toaster-project

Thomas Thwaites, 'The Toaster Project', Thomas Thwaites' website, http://www.thomasthwaites.com/the-toaster-project/

John Urry, *Offshoring*, Polity Press, 2014

John Vinocur, 'Paris *Pneumatique* Is Now a Dead Letter', *The New York Times*, 31 March 1984, http://www.nytimes.com/1984/03/31/style/paris-Pneumatique-is-now-a-dead-letter.html

Gareth Vipers, 'White vans are clogging up London's streets, says Boris Johnson', *The Evening Standard*, 1 September 2015, http://www.standard.co.uk/news/mayor/white-vans-are-clogging-up-londons-streets-says-boris-johnson-a2925146.html

Andrew S. Zeveney and Jessecae K. Marsh, 'The Illusion of Explanatory Depth in a Misunderstood Field: the IOED in mental disorders', 2016, https://mindmodeling.org/cogsci2016/papers/0185/paper0185.pdf

3. 디지털 유인원의 출현

Francisco J. Ayala, *The Big Questions: Evolution*, Quercus, 2012

Jim Davies, 'Just Imagining a Workout Can Make You Stronger', Nautilus website, 15 August 2016, http://nautil.us/blog/just-imagining-a-workout-can-make-you-stronger

Clive Gamble, John Gowlett, and Robin Dunbar, *Thinking Big: how the evolution of social life shaped the human mind*, Thames and Hudson, 2014

Thibaud Gruber, 'A Cognitive Approach to the Study of Culture in Great Apes', Université de Neuchâtel website, https://www.unine.ch/compcog/home/anciens-collaborateurs/thibaud_gruber.html

April Holloway, 'Scientists are alarmed by shrinking of the human brain', Ancient Origins website, 14 March 2014, http://www.ancient-origins.net/news-evolution-human-origins/scientists-are-alarmed-shrinking-human-brain-001446

Darryl R. J. Macer, *Shaping Genes: ethics, law and science of using new genetic technology in medicine and agriculture*, Eubios Ethics Institute, 1990

Hakhamanesh Mostafavi, Tomaz Berisa, Felix R. Day, John R. B. Perry, Molly Przeworski, Joseph K. Pickrell, 'Identifying genetic variants that affect viability in large cohorts', PLOS Biology, 2017; Volume 15, Issue 9

Kenneth P. Oakley, *Man the Toolmaker*, British Museum, 1949

Flann O'Brien, *The Third Policeman*, MacGibbon & Kee, 1967

Michael Specter, 'How the DNA Revolution Is Changing Us', *National Geographic*, August 2016

Dietrich Stout, 'Tales of a Stone Age Neuroscientist', *Scientific American*, April 2016

Colson Whitehead, *The Intuitionist*, Anchor Books, 1999

Colson Whitehead, *The Underground Railroad*, Doubleday, 2016

Victoria Woollaston, 'Ape Escape: how travelling broadens the minds of chimps', *Wired*, 19 July 2016, http://www.Wired.co.uk/article/chimpanzee-travel-tool-use

Richard Wrangham, *Catching Fire: how cooking made us human*, Basic Books, 2009

Joanna Zylinska and Gary Hall, 'Probings: an interview with Stelarc', *The Cyborg Experiments: the extensions of the body in the media age*, Continuum, 2002

4. 사회적 기계

Michael Cross, 'The former insider who became an internet guerrilla', *The Guardian*, 23 October 2008, https://www.theguardian.com/technology/2008/oct/23/tom-steinberg-fixmystreet-mysociety

'DARPA Network Challenge', Wikipedia, https://en.wikipedia.org/wiki/DARPA_Network_Challenge#Winning_strategy

Walter Isaacson, *The Innovators: how a group of hackers, geniuses, and geeks created the digital revolution*, Simon & Schuster UK, 2014

Larry Hardesty, 'A social network that ballooned', MIT News website, 11 December 2009, http://news.mit.edu/2009/red-balloon-challenge-1211

Tim Lewis, 'Self-Tracking: the people turning their bodies into medical labs', *The Observer*, 24 November 2012, https://www.theguardian.com/lifeandstyle/2012/nov/24/self-tracking-health-wellbeing-smartphones

'Most Famous Social Network Sites Worldwide', Statista website, http://www.statista.com/statistics/272014/global-social-networks-ranked-by-number-of-users/

'mySociety', Wikipedia, https://en.wikipedia.org/wiki/MySociety

'OpenStreetMap', Wikipedia, https://en.wikipedia.org/wiki/OpenStreetMap

Meghan O'Rourke, 'Is "The Clock" Worth the Time?', *The New Yorker*, 18 July 2012, http://www.newyorker.com/culture/culture-desk/is-the-clock-worth-the-time

'PatientsLikeMe', Wikipedia, https://en.wikipedia.org/wiki/PatientsLikeMe

Chris Petit e-mail to Iain Sinclair in *The Clock*, Museum of Loneliness and Test Centre Books, 2010

Quantified Self website, http://quantifiedself.com/

Gretchen Reynolds, 'Activity Trackers May Undermine Weight Loss Efforts', *The New York Times*, 20 September 2016, https://www.nytimes.com/2016/09/27/well/activity-trackers-may-undermine-weight-loss-efforts.html

Alex Robbins, 'Britain's Pothole "Menace" Costs Drivers £684m in a Year', *The Telegraph*, 24 March 2016, http://www.telegraph.co.uk/cars/news/britains-pothole-problem-costs-drivers-684m-in-a-year/

Jon Ronson, *The Men Who Stare at Goats*, Picador, 2004

Craig Smith, '39 Impressive Fitbit Stastics and Facts', Expanded Ramblings website, 24 November 2017, http://expandedramblings.com/index.php/fitbit-statistics/

Markus Strohmaier, 'Markus Strohmaier', Markus Strohmaier's website, http://markusstrohmaier.info/

Markus Strohmaier, Christoph Carl Kling, Heinrich Hartmann, and Steffen Staab, 'Voting Behaviour and Power in Online Democracy: a study of LiquidFeedback in Germany's Pirate Party', ICWSM, Markus Strohmaier's website, 2015, http://markusstrohmaier.info/documents/2015_icwsm2015_liquidfeedback.pdf

'TheyWorkForYou', Wikipedia, https://en.wikipedia.org/wiki/TheyWorkForYou

Richard M. Titmuss, *The Gift Relationship: from human blood to social policy*, Allen & Unwin, 1970

Ushahidi website, https://www.ushahidi.com/about

'What Is Data For Good?', PatientsLikeMe website, https://www.patientslikeme.com/research/dataforgood

'Wikimedia Traffic Analysis Report', Wikimedia, https://stats.wikimedia.org/

wikimedia/squids/SquidReportPageViewsPerCountryOverview.htm

'Wikipedians', Wikipedia, https://en.wikipedia.org/wiki/Wikipedia:Wikipedians#Number_of_editors

'WikiProject Fact and Reference Check', Wikipedia, https://en.wikipedia.org/wiki/Wikipedia:WikiProject_Fact_and_Reference_Check

Lance Whitney, 'Fitbit still tops in wearables, but market share slips', CNet, 23 February 2016, http://www.cnet.com/news/fitbit-still-tops-in-wearables-market/

5. 인공 지능과 자연 지능

Margery Allingham, *The Mind Readers*, Chatto and Windus, 1965

Yasmin Anwar, 'Scientists use brain imaging to reveal the movies in our mind', Berkeley website, 22 September 2011, http://news.berkeley.edu/2011/09/22/brain-movies/

Rodney A. Brooks, 'Elephants Don't Play Chess', *Robotics and Autonomous Systems*, Volume 6, Issues 1-2, June 1990

Karel Čapek, *R. U. R.*, 1920

Ben Cipollini, 'Deep neural networks help us read your mind', Neuwrite website, 22 October 2015, https://neuwritesd.org/2015/10/22/deep-neural-networks-help-us-read-your-mind/

Richard Dawkins, *The God Delusion*, Bantam, 2006

James J. DiCarlo, *Davide Zoccolan*, Nicole C.Rust, 'How Does the Brain Solve Visual Object Recognition?', *in Neuron*, Volume 73, Issue 3, 2012.

T. Elliott and N.R.Shadbolt, *Developmental robotics: Manifesto and application in Philosophical Transactions of the Royal Society of London*, Series A 361, pp. 2187-2206, 2003

Dylan Evans, 'Robot Wars', *The Guardian*, 20 April 2002, https://www.theguardian.com/books/2002/apr/20/scienceandnature.highereducation1

B. Fischhoff, P. Slovic, and S. Lichtenstein, 'Knowing with Certainty', *Journal of Experimental Psychology*, Volume 3, No 4, 1977

Robbie Gonzalez, 'Breakthrough: the first sound recordings based on reading people's minds', io9 website, 1 February 2012, http://io9.gizmodo.com/5880618/breakthrough-the-first-sound-recordings-based-on-reading-peoples-minds

Alison Gopnik, *The Gardener and the Carpenter: what the new science of child development tells us about the relationship between parents and children*, Farrar, Straus and Giroux, 2016

Umut Güçlü and Marcel A. J. van Gerven, 'Deep Neural Networks Reveal a Gradient in the Complexity of Neural Representations across the Ventral

Stream', *Journal of Neuroscience*, 8 July 2015, http://www.jneurosci.org/content/35/27/10005

E. J. Holmyard, *Alchemy*, Penguin, 1957

'Introduction to Artificial Neural Networks', Churchman website, 19 July 2015, https://churchman.nl/2015/07/19/introduction-to-artificial-neural-networks/

Marcel Kuijsten, 'Consciousness, Hallucinations, and the Bicameral Mind: three decades of new research', *Reflections on the Dawn of Consciousness: Julian Jaynes's bicameral mind theory revisited*, Julian Jaynes Society, 2006

Marcel Kuijsten, 'Myths vs. Facts About Julian Jaynes's Theory', Julianjaynes. org, http://www.julianjaynes.org/myths-vs-facts-about-julian-jaynes-theory. php

Marcel Kuijsten, 'New Evidence for Jaynes's Neurological Model: a research update', *The Jaynesian*, 2009

Robert F. Luck, 'Practical Implication of Host Selection by Tricho-gramma Viewed Through the Perspective of Offspring Quality', *Innovation in Biological Control Research, California Conference on Biological Control*, 10-11 June 1998, http://www.nhm.ac.uk/resources/research-curation/projects/chalcidoids/pdf_X/Luck998b.pdf

Mary Midgley, *Beast and Man: roots of human nature*, Revised Edition, Routledge, 1995

C.R. Peterson and L.R. Beach, 'Man as an Intuitive Statistician', *Psychological Bulletin*, Volume 68, No 1, 1967

Stephen Pinker, *The Language Instinct: how the mind creates language: the new science of language and mind*, Penguin, 1994

Richard Powers, *A Wild Haruki Chase: reading Murakami around the world*, Stone Bridge Press, 2008

'Schema.org Structured Data', Moz website, https://moz.com/learn/seo/schema-structured-data (See also: https://queue.acm.org/detail.cfm?id=2857276)

Tom Standage, 'Facing Realities', *1843*, August/September 2016, https://www.1843magazine.com/technology/facing-realities

Shaun Walker, 'Face recognition app taking Russia by storm may bring end to public anonymity', *The Guardian*, 17 May 2016, http://www.theguardian.com/technology/2016/may/17/findface-face-recognition-app-end-public-anonymity-vkontakte?CMP =Share_iOSApp_Other

Rüdiger Wehner, Matthias Wittlinger, Harald Wolf, 'The desert ant odometer: a stride integrator that accounts for stride length and walking speed', *Journal of Experimental Biology*, 2007, Issue 210

Tom Whipple, 'I'll Be Back: robot can reinvent itself', *The Times*, 13 August 2015, https://www.thetimes.co.uk/article/ill-be-back-robot-can-reinvent-itself-06zk9c9q6jq

Alasdair Wilkins, 'Amazing video shows us the actual movies that play inside our mind', io9 website, 22 September 2011, http://io9.gizmodo.com/5842960/

amazing-video-shows-us-the-actual-movies-that-play-inside-our-mind

Michael Wood, *Alfred Hitchcock: The Man Who Knew Too Much*, New Harvest, 2015

6. 새로운 동반자

Mark Bridge, 'Good grief: chatbots will let you talk to dead relatives', *The Times*, 11 October 2016

Jacqueline Damant, Martin Knapp, Paul Freddolino, and Daniel Lombard, 'Effects of Digital Engagement on the Quality of Life of Older People', London School of Economics, 2016

Robin Dunbar, *Human Evolution: a Pelican introduction*, Pelican, 2014

T. S. Eliot, 'The Love Song of J. Alfred Prufrock', 1915

Luciano Floridi, *Information: a very short introduction*, Oxford University Press, 2010

Julien Forder, Stephen Allan, 'Competition in the Care Homes Market: a report for the PHE Commission on Competition in the NHS', OHE website, August 2011, https://www.ohe.org/sites/default/files/Competition%20in%20care%20home%20market%202011.pdf

'Ghost in the Machine', *The Times*, 11 October 2016

'History of Wind Power', Wikipedia, https://en.wikipedia.org/wiki/History_of_wind_power

Felicity Morse, 'How social media helped me deal with my mental illness', BBC Newsbeat, 18 February 2016, http://www.bbc.co.uk/newsbeat/article/35607567/how-social-media-helped-me-deal-with-my-mental-illness

'Number of monthly active facebook users worldwide as of 3rd quarter 2017', Statista website, https://www.statista.com/statistics/264810/number-of-monthly-active-facebook-users-worldwide

Malcolm Peltu and Yorick Wilks, 'Close Engagements with Artificial Companions: key social, psychological, ethical and design issues', OII / e-Horizons Forum Discussion Paper, Oxford Internet Institute website, 14 January 2008, https://www.oii.ox.ac.uk/archive/downloads/publications/FD14.pdf

Julie Ruvolo, 'How Much of the Internet is Actually for Porn', *Forbes*, 7 September 2011, http://www.Forbes.com/sites/julieruvolo/2011/09/07/how-much-of-the-internet-is-actually-for-porn/#37b37b1261f7

Alex Scroxton, 'Top 10 Internet of Things Stories of 2015', *Computer Weekly*, 31 December 2015, http://www.computerweekly.com/news/4500260406/Top-10-internet-of-things-stories-of-2015

Aaron Smith, '6 New Facts About Facebook', Pew Research Center website, 3

February 2014, http://www.pewresearch.org/fact-tank/2014/02/03/6-new-facts-about-facebook/

'Technology Integrated Health Management (TIHM)', NHS England website, https://www.england.nhs.uk/ourwork/innovation/test-beds/tihm/

'Truly, Madly, Deeply', Wikipedia, https://en.wikipedia.org/wiki/Truly,_Madly,_Deeply

Matt Turck, 'Internet of Things: are we there yet?', Matt Turck's website, 28 March 2016, http://mattturck.com/2016/03/28/2016-iot-landscape/

'Water Wheel', Wikipedia, https://en.wikipedia.org/wiki/Water_wheel

Mark Ward, 'Web Porn: just how much is there?', BBC News, 1 July 2013, http://www.bbc.co.uk/news/technology-23030090

Catriona White, 'Is social media making you sad?', BBC Three, 11 October 2016, http://www.bbc.co.uk/bbcthree/item/65c9fe04-4b3d-461b-a3ab-10d0d5f6d9b5

7. 거대한 짐승

Anita Balakrishnan, 'Apple cash pile hits new record of $261.5 billion', *CNBC*, 1 August 2017, https://www.cnbc.com/2017/08/01/apple-earnings-q2-2017-how-much-cash-does-apple-have.html

A. S. Byatt, 'Midas in Cyberspace', *The Guardian*, 26 July 2003

Andrew Clark, 'Goldman Sachs breaks record with $16.7bn bonus pot', *The Guardian*, 15 October 2009, https://www.theguardian.com/business/2009/oct/15/goldman-sachs-record-bonus-pot

Carl Frey and Michael Osborne, 'The Future of Employment: how susceptible are jobs to computerisation?' Oxford Martin School and University of Oxford, 17 September 2013

'Google Data Centers', Wikipedia, https://en.wikipedia.org/wiki/Google_Data_Centers#Locations

Alexander E. M. Hess, 'On Holiday: countries with the most vacation days', *USA Today*, 8 June 2013, http://www.usatoday.com/story/money/business/2013/06/08/countries-most-vacation-days/2400193/

Tobias Hill, *The Cryptographer*, Faber, 2003

Alexander Hitchcock, Kate Laycock, and Emilie Sundorph, 'Work in Progess: towards a leaner, smarter public-sector workforce', Reform, February 2017, http://www.reform.uk/wp-content/uploads/2017/02/Work-in-progress-Reform-report.pdf

Hal Hodson, 'How to profit from your data and beat Facebook at its own game', *New Scientist*, 7 September 2016

Chris Isidore, Tami Luhby, 'Turns out Americans work really hard ... but some want to work harder', CNN, 9 July 2015, http://money.cnn.com/2015/07/09/

news/economy/americans-work-bush/

Tom Kennedy, 'UK Tourism Facts and Figures', *The Telegraph*, 20 June 2011, http://www.telegraph.co.uk/news/earth/environment/tourism/8587231/UK-Tourism-facts-and-figures.html

John Lanchester, *Whoops!*, Penguin, 2010, see pp. 136-137.

John Lanchester, 'How Should We Read Investor Letters?', *The New Yorker*, 5 September 2016

John Lanchester, 'You Are the Product', *London Review of Books*, 17 August 2017

Victor Luckerson, 'Twitter IPO Leads to Sky-High $24 Billion Valuation', *Time*, 7 November 2013, http://business.time.com/2013/11/07/twitter-ipo-leads-to-sky-high-24-billion-valuation/

Kevin Maney, 'How Artificial Intelligence and Robots Will Radically Transform the Economy', *Newsweek*, 30 November 2016

Rachel Nuwer, 'Each Day, 50 Percent of America Eats a Sandwich', Smithsonian. com, 8 October 2014, http://www.smithsonianmag.com/smart-news/each-day-50-percent-america-eats-sandwich-180952972/

'Public Sector Employment, UK: September 2016', ONS website, 14 December 2016, https://www.ons.gov.uk/employmentandlabourmarket/peopleinwork/publicsectorpersonnel/bulletins/publicsectoremployment/september2016

Friedrich Schneider, Dominik Enste, 'Hiding in the Shadows: the growth of the underground economy', *Economic Issues*, March 2002, https://www.imf.org/external/pubs/ft/issues/issues30/

Rhonda S. Sebastian, Cecilia Wilkinson Enns, Joseph D. Goldman, Mary Katherine Hoy, Alanna J. Moshfegh, 'Sandwich Consumption by Adults in the U.S.: what we eat in America, NHANES 2009-2012', Food Surveys Research Group, USDA website, December 2015, https://www.ars.usda.gov/ARSUserFiles/80400530/pdf/DBrief/14_sandwich_consumption_0912.pdf

Heather Somerville, 'True price of an Uber ride in question as investors assess firm's value', Reuters, 23 August 2017, https://www.reuters.com/article/us-uber-profitability/true-price-of-an-uber-ride-in-question-as-investors-assess-firms-value-idUSKCN1B3103

Nassim Nicholas Taleb, *The Black Swan*, Random House, 2007

'Travel and Tourism: economic impact', World Travel & Tourism Council, 2015, https://www.wttc.org/-/media/files/reports/economic%20impact%20research/countries%202015/unitedstatesofamerica2015.pdf United States Bureau of Labor Statistics, 'Employment by Major Industry Sector', Bureau of Labor Statistics website, https://www.bls.gov/emp/ep_table_201.htm

United States Bureau of Labor Statistics, 'Fastest Growing Occupations', Bureau of Labor Statistics website, https://www.bls.gov/emp/ep_table_103.htm

M. Van Kleek, I. Liccardi, R. Binns, J. Zhao, D. Weitzner, and N. Shadbolt, 'Better the Devil You Know: Exposing the Data Sharing Practices of Smartphone Apps.' Proceedings of the 2017 CHI Conference on Human Factors in

Computing Systems. 5208-5220.

Darrell M. West, 'What happens if robots take the jobs? The impact of emerging technologies on employment and public policy', Center for Technology Innovation, Brookings Institution, October 2015, https://www.brookings.edu/wp-content/uploads/2016/06/robotwork.pdf

8. 데이터의 도전

Joel Achenbach, 'The Resistance', *The Washington Post*, 26 December 2015, http://www.washingtonpost.com/sf/national/2015/12/26/resistance/

'Amazon Global Fulfillment Center Network', MWPVL Inter-national website, http://www.mwpvl.com/html/amazon_com.html

Anni, 'Government ... Within a Social Machine Ecosystem', Intersticia website, 15 February 2014, http://intersticia.com.au/ government-within-a-social-machine-ecosystem/

Sergey Brin and Larry Page, 'The Anatomy of a Large-Scale Hypertextual Web Search Engine', Stanford, 1998

Gordon Corera, 'NHS cyber-attack was "launched from North Korea"', BBC News, 16 June 2017, http://www.bbc.com/news/technology-40297493

'Facebook Description of Methodology', Facebook, https://www.facebook.com/business/help/785455638255832

Samuel Gibbs, 'How Much Are You Worth to Facebook?', *The Guardian*, 28 January 2016, https://www.theguardian.com/technology/2016/jan/28/how-much-are-you-worth-to-facebook

'Google's Ad Revenue From 2001 to 2016', Statista website, http://www.statista.com/statistics/266249/advertising-revenue-of-google/

Max Van Kleek, 'Everyday Surveillance - The 3rd Privacy, Identity & Data Protection Day 2016 Event', University of Southampton website

'Obama Budget Proposal Includes $19 Billion for Cybersecurity', *Fortune*, 9 February 2016, http://fortune.com/2016/02/09/obama-budget-cybersecurity/

Kieron O'Hara and Nigel Shadbolt, *The Spy in the Coffee Machine*, OneWorld, 2008

'Parents "oversharing" family photos online, but lack basic privacy know-how', Nominet and The Parent Zone, Nominet website, 5 September 2016, http://www.nominet.uk/parents-oversharing-family-photos-online-lack-basic-privacy-know/

Rufus Pollock, 'Welfare Gains from Opening Up Public Sector Information in the UK', Rufus Pollock's website, https://rufuspollock.com/papers/psi_openness_gains.pdf

Andy Pritchard, '500 Words Competition: TheySay collaborates with OUP on BBC's 500 words competition', TheySay website

Deepa Seetharaman, 'Facebook Revenue Soars on Ad Growth', *The Wall Street Journal*, 28 April 2016, http://www.wsj.com/articles/facebook-revenue-soars-on-ad-growth-1461787856

Daniel Sgroi, Thomas Hills, Gus O'Donnell, Andrew Oswald, and Eugenio Proto, 'Understanding Happiness', Centre for Competitive Advantage in the Global Economy, University of Warwick, The Social Market Foundation, 2017

Philip Sheldrake, 'Solid: an introduction by MIT CSAIL's Andrei Sambra', The Hi-Project website, 9 December 2015, http://hi-project.org/2015/12/solid-introduction-mit-csails-andrei-sambra/

'The test for GDPR will be in its enforcement', *Financial Times*, 24 May 2018

'Web inventor Tim Berners-Lee's next project: a platform that gives users control of their data', MIT's Computer Science and Artificial Intelligence Laboratory website, 2 November 2015

9. 확장된 지혜?

Julia Angwin, Jeff Larson, Surya Mattu, Lauren Kirchner, 'Machine Bias: there's software used across the country to predict future criminals. And it's biased against blacks', Propublica, 23 May 2016, https://www.propublica.org/article/machine-bias-risk-assessments-in-criminal-sentencing

Tim Berners-Lee, 'Three Challenges for the Web, According to its Inventor', World Wide Web Foundation website, 12 March 2017

David, 'Wisconsin's Prison-Sentencing Algorithm Challenged in Court', Slashdot, 26 June 2016, https://yro.slashdot.org/story/16/06/27/0147231/wisconsins-prison-sentencing-algorithm-challenged-in-court

'Doteveryone: making the internet work for everyone', Digital Social Innovation website, https://digitalsocial.eu/org/1334/doteveryone

Sydney Ember, 'The Onion's Las Vegas Shooting Headline Is Painfully Familiar', *The New York Times*, 3 October 2017, https://www.nytimes.com/2017/10/03/business/media/the-onion-las-vegas-headline.html

Thomas Gibbons-Neff, 'ISIS drones are attacking U.S. troops and disrupting airstrikes in Raqqa, officials say', *The Washington Post*, 14 June 2017, https://www.washingtonpost.com/news/checkpoint/wp/2017/06/14/isis-drones-are-attacking-u-s-troops-and-disrupting-airstrikes-in-raqqa-officials-say/?utm_term=.1014f450f4bc

Paul Johnson, *Darwin: portrait of a genius*, Viking, 2012

John Milton, *Paradise Lost*, 1667

'Open Access Journal', Wikipedia, https://en.wikipedia.org/wiki/Open_access_journal 'World Prison Populations', http://news.bbc.co.uk/2/shared/spl/hi/uk/06/prisons/html/nn2page1.stm

'You Choose', Redbridge Council website, https://youchoose.esd.org.uk/redbridge

Jon Agar, *Turing and the Universal Machine: the making of the modern computer*, Icon Books, 2001

Margery Allingham, *The Mind Readers*, Chatto and Windus, 1965

Francisco J. Ayala, *The Big Questions: Evolution*, Quercus, 2012

Tim Berners-Lee, 'Three Challenges for the Web, According to its Inventor', World Wide Web Foundation website, 12 March 2017

William Blake, 'Auguries of Innocence', 1863

Mark Bland, 'The London Book-Trade in 1600', *A Companion to Shakespeare* (ed. David Scott Kastan), Blackwell Publishing, 1999, http://www.academia.edu/4064370/The_London_Book-Trade_in_1600

Kees Boeke, *Cosmic View: the universe in 40 jumps*, Faber, 1957

Sergey Brin and Larry Page, 'The Anatomy of a Large-Scale Hypertextual Web Search Engine', Stanford, 1998

Rodney A. Brooks, 'Elephants Don't Play Chess', *Robotics and Autonomous Systems*, Volume 6, Issues 1-2, June 1990

Janet Browne, *Darwin's 'Origin of Species': a biography*, Grove Atlantic, 2006

Vannevar Bush, 'As We May Think', *The Atlantic*, July 1945, https://www.theatlantic.com/magazine/archive/1945/07/as-we-may-think/303881/

Karel Čapek, *R. U. R.*, 1920

Jacqueline Damant, Martin Knapp, Paul Freddolino, and Daniel Lombard, 'Effects of Digital Engagement on the Quality of Life of Older People', London School of Economics, 2016

Charles Darwin, *The Origin of Species*, John Murray, 1859

Richard Dawkins, *The Selfish Gene*, Oxford University Press, 1976

Richard Dawkins, *The God Delusion*, Bantam, 2006

Robin Dunbar, *Human Evolution: a Pelican introduction*, Pelican, 2014

Robin Dunbar, *How Many Friends Does One Person Need?*, Faber, 2010

T. S. Eliot, *The Poems of T. S. Eliot Volume 1: Collected and Uncollected Poems*, Faber, 2015

Jonathan Fenby, *Will China Dominate the 21st Century?*, Polity Press, 2014

B. Fischhoff, P. Slovic, and S. Lichtenstein, 'Knowing with Certainty', *Journal of Experimental Psychology*, Volume 3, No 4, 1977

Luciano Floridi, *Information: a very short introduction*, Oxford University Press, 2010

Julien Forder, Stephen Allan, 'Competition in the Care Homes Market: a report for the PHE Commision on Competition in the NHS', OHE website, August 2011, https://www.ohe.org/sites/default/files/Competition%20in%20care%20 home%20market%202011.pdf

Clive Gamble, John Gowlett, and Robin Dunbar, *Thinking Big: how the evolution of social life shaped the human mind*, Thames and Hudson, 2014

Alison Gopnik, *The Gardener and the Carpenter: what the new science of child development tells us about the relationship between parents and children*, Farrar, Straus and Giroux, 2016

Government Office for Science, 'Innovation: managing risk, not avoiding it', Gov. uk website, 19 November 2014, https://www.gov.uk/government/publications/ innovation-managing-risk-not-avoiding-it

Umut Güçlü and Marcel A. J. van Gerven, 'Deep Neural Networks Reveal a Gradient in the Complexity of Neural Representations across the Ventral Stream', *Journal of Neuroscience*, 8 July 2015, http://www.jneurosci.org/ content/35/27/10005

Stephen Hawking, *A Brief History of Time: from the big bang to black holes*, Bantam, 1988

Ernest Hemingway, *A Moveable Feast*, Scribner's Sons, 1964

Hergé, *Objectif Lune*, Casterman, 1953

Tobias Hill, *The Cryptographer*, Faber, 2003

Dominic Hinde, *A Utopia Like Any Other: inside the Swedish model*, Luath Press, 2016

Alexander Hitchcock, Kate Laycock, and Emilie Sundorph, 'Work in Progess: towards a leaner, smarter public-sector workforce', Reform, February 2017, http://www.reform.uk/wp-content/uploads/2017/02/Work-in-progress-Reform-report.pdf

Hal Hodson, 'How to profit from your data and beat Facebook at its own game', *New Scientist*, 7 September 2016

E. J. Holmyard, *Alchemy*, Penguin, 1957

Walter Isaacson, *The Innovators: how a group of hackers, geniuses, and geeks created the digital revolution*, Simon & Schuster UK, 2014

Paul Johnson, *Darwin: portrait of a genius*, Viking, 2012

Daniel Kahneman, *Thinking, Fast and Slow*, Farrar, Straus and Giroux, 2011

Elizabeth Kolbert, 'Our Automated Future: how long will it be before you lose your job to a robot?', *The New Yorker*, 19 December 2016

Marcel Kuijsten, 'Consciousness, Hallucinations, and the Bicameral Mind: three decades of new research', *Reflections on the Dawn of Consciousness: Julian Jaynes's bicameral mind theory revisited*, Julian Jaynes Society, 2006

John Lanchester, *Whoops!*, Allen Lane, 2010 343

John Lanchester, 'How Should We Read Investor Letters?', *The New Yorker*, 5 September 2016

John Lanchester, 'You Are the Product', *London Review of Books*, 17 August 2017

David Leavitt, *The Man Who Knew Too Much: Alan Turing and the invention of computers*, Weidenfeld and Nicolson, 2007

Robert F. Luck, 'Practical Implication of Host Selection by *Trichogramma* Viewed Through the Perspective of Offspring Quality', *Innovation in Biological Control Research, California Conference on Biological Control*, 10-11 June 1998

Darryl R. J. Macer, *Shaping Genes: ethics, law and science of using new genetic technology in medicine and agriculture*, Eubios Ethics Institute, 1990

Mary Midgley, *Beast and Man: roots of human nature*, Revised Edition, Routledge, 1995

John Milton, *Paradise Lost*, 1667

Desmond Morris, *The Naked Ape: a zoologist's study of the human animal*, Jonathan Cape, 1967

Kenneth P. Oakley, *Man the Toolmaker*, British Museum, 1949

Flann O'Brien, *The Third Policeman*, MacGibbon & Kee, 1967

Andrew O'Hagan, *The Secret Life: three true stories*, Faber, 2017

Kieron O'Hara and Nigel Shadbolt, *The Spy in the Coffee Machine*, OneWorld, 2008

Meghan O'Rourke, 'Is "*The Clock*" Worth the Time?', *The New Yorker*, 18 July 2012, http://www.newyorker.com/culture/culture-desk/is-the-clock-worth-the-time

George Orwell, 'Inside the Whale', *Inside the Whale and Other Essays*, Gollancz, 1940

Malcolm Peltu and Yorick Wilks, 'Close Engagements with Artificial Companions: key social, psychological, ethical and design issues', OII/e-Horizons Forum Discussion Paper, Oxford Internet Institute website, 14 January 2008, https://www.oii.ox.ac.uk/archive/downloads/publications/FD14.pdf

C. R. Peterson and L. R. Beach, 'Man as an Intuitive Statistician', *Psychological Bulletin*, Volume 68, No 1, 1967

Chris Petit, e-mail to Iain Sinclair in *The Clock*, Museum of Loneliness and Test Centre Books, 2010

Stephen Pinker, *The Language Instinct: how the mind creates language: the new science of language and mind*, Penguin, 1994

Karl Popper, 'Three Worlds', the Tanner lecture at the University of Michigan, 1978

Richard Powers, *A Wild Haruki Chase: reading Murakami around the world*, Stone Bridge Press, 2008

Jon Ronson, *The Men Who Stare at Goats*, Picador, 2004

Friedrich Schneider, Dominik Enste, 'Hiding in the Shadows: the growth of the underground economy', *Economic Issues*, March 2002, https://www.imf.org/external/pubs/ft/issues/issues30/

Kathryn Schulz, *Being Wrong: adventures in the margin of error*, Portobello Books, 2011

Daniel Sgroi, Thomas Hills, Gus O'Donnell, Andrew Oswald, and Eugenio Proto, 'Understanding Happiness', Centre for Competitive Advantage in the Global Economy, University of Warwick, The Social Market Foundation, 2017

Michael Specter, 'How the DNA Revolution Is Changing Us', *National Geographic*, August 2016

Tom Standage, 'Facing Realities', *1843*, August/September 2016, https://www.1843magazine.com/technology/facing-realities

Dietrich Stout, 'Tales of a Stone Age Neuroscientist', *Scientific American*, April 2016

David Sumpter, *Outnumbered*, Bloomsbury, 2018

Gillian Tett, *Fool's Gold: how unrestrained greed corrupted a dream, shattered global markets and unleashed a catastrophe*, Little Brown, 2009

Nassim Nicholas Taleb, *The Black Swan*, Random House, 2007

Thomas Thwaites, *The Toaster Project*, Princeton Architectural Press, 2011

Richard M. Titmuss, *The Gift Relationship: from human blood to social policy*, Allen & Unwin, 1970

John Urry, *Offshoring*, Polity Press, 2014

M. Van Kleek, I. Liccardi, R. Binns, J. Zhao, D. Weitzner, and N. Shadbolt, 'Better the Devil You Know: Exposing the Data Sharing Practices of Smartphone Apps.' Proceedings of the 2017 CHI Conference on Human Factors in Computing Systems. 5208-5220.

Richard Wrangham, *Catching Fire: how cooking made us human*, Basic Books, 2009

Darrell M. West, 'What happens if robots take the jobs? The impact of emerging technologies on employment and public policy', Center for Technology Innovation, Brookings Institution, October 2015, https://www.brookings.edu/wp-content/uploads/2016/06/robotwork.pdf

Colson Whitehead, *The Intuitionist*, Anchor Books, 1999

Colson Whitehead, *The Underground Railroad*, Doubleday, 2016

Michael Wood, *Alfred Hitchcock: The Man Who Knew Too Much*, New Harvest, 2015

Andrew S. Zeveney and Jessecae K. Marsh, 'The Illusion of Explanatory Depth in a Misunderstood Field: the IOED in mental disorders', 2016, https://mindmodeling.org/cogsci2016/papers/0185/paper0185.pdf

Joanna Zylinska and Gary Hall, 'Probings: an interview with Stelarc', *The Cyborg Experiments: the extensions of the body in the media age*, Continuum, 2002

최근 들어 AI를 비롯한 최신 디지털 기술로 상징되는 4차 산업 혁명이 우리 생활에 미칠 영향을 다룬 기사를 흔히 본다. 그에 대한 우리의 일반적인 반응은 공포나 흥분 같은 추상적인 수준에 머문다. '로봇이 내 직업을 빼앗을 것인가' 정도를 당면 과제로 인식하지만, 그마저도 내게 닥칠 일은 아니라고 생각한다. 어쨌든 지금 일어나고 있는 변화가 나, 우리, 나아가 인류 전반에 어떤 영향을 미칠지를 겉핥기 수준을 넘어 진지하게 파고드는 논의는 찾아보기 어렵다. 아마 깊이 들어가기에는 관련 기술이 어렵기 때문일 것이다. 그런 점에서 이 책은 반갑다. '기술이 인간을 어떻게 바꿀 것인가'라는 막연한 의문을 구체화함으로써 그런 의문에 동반되는 불안과 공포, 혼란과 오해를 떨쳐 내기 때문이다. 이 책은 마법 같은 신기술이 우리의 실생활을 어떻게 바꾸고 있는지 현실감 있게 보여 주면서, 지금 당장 우리가 고민하고 시도하고 선택해야 할 일들이 무엇인지 알려 준다.

　'디지털 유인원'의 모델은 데즈먼드 모리스의 『벌거벗은 유인원』(국내 번역본은 『털 없는 원숭이』다)이다. '벌거벗은 유인원'에서와 같이 '디지털 유인원'에서도 전제는 인간이 기본적으로 유인원과 비슷한 종이라는 것이다. 하지만 인류가 '벌거벗음'(털을 잃음)으로써 다른 유인원과 결정적 차이를 드러냈듯이, 현재 '디지털' 기술이 인류의 삶을 결정적으로 바꾸고 있다. 인간은 지금 '벌거벗은 유인원'에서 '디지털 유인원'으로 진화하고 있다.

저자들은 호모 사피엔스가 출현한 원인은 그 훨씬 이전부터 초기 인류가 도구를 사용한 것이었다고 지적한다. 불을 포함한 도구가 더 영리한 뇌를 만들었고 그렇게 진화한 뇌는 더 영리한 도구를 만들며 다음 단계로 나아갔다는 것이다. 우리가 도구를 만든 것이 아니라 도구가 우리를 만들었다. 디지털 기술이 이 패턴을 계속 이어 갈 것이다.

그러면 초고성능 초고속 기계가 네트워크로 복잡하게 연결되어 있는 세계는 우리에게 어떤 영향을 미칠까? 기본적으로 낙관적인 자세를 취하고 있는 저자들은 로봇의 긍정적인 측면 두 가지를 강조한다. 하나는 사회적 기계다. 사회적 기계는 기계의 힘과 인간의 창의성을 결합해 유용한 결과를 내는 구조를 말한다. 가장 대표적이고 성공적인 사례가 위키피디아다. 소프트웨어 개발자들을 위한 깃허브와 참여형 무료 지도 서비스인 오픈스트리트맵도 있다. 저자들은 디지털 유인원은 집단 지식을 하나로 모으고 공유함으로써 '새로운 계몽 시대'를 이끌 것으로 기대한다.

또 하나는 로봇과의 동반자 관계다. 이미 아마존의 인공 지능 플랫폼 '알렉사'는 시간을 물으면 알려 주고, 가정용 기기를 가동하고, 오디오 북을 읽고, 날씨와 교통 정보를 제공하는 등 많은 기능들을 한다. 가사 일을 하고 아이나 노인을 돌보고 가까운 친구처럼 잡담을 나누고 조언과 위로를 건네는 로봇과 함께 생활할 날도 머지 않았다. 잡지 「와이어드」는 2018년에 15인의 사상가와 저술가에게 2050년 즈음 우리의 생활 방식을 가장 크게 바꿀 혁신이 무엇이라고 생각하느냐고 물었다. 여기에 이 책의 저자 나이절 섀드볼트는 '개인 맞춤형 디지털 동반자'라고 답했다. "요람에서 무덤까지 AI 친구들은 우리와 놀아 주고, 우리의 선생님이 되고, 우리가 기억하고 쇼핑하고 거래하는 것을 돕고, 우리를 위로하고 부추길 것이다. 그들은 우리 생활의 모든 측면에 들어와 믿을 수 있는 정보원이 되고, 지식과 어쩌면 지혜의 출처가 될 것이다."

디지털 유인원은 자신이 원하는 것을 완벽하게 이해하고 실행해 주는 마법의 기계를 가진 것일까? 혹시 우리가 사용하는 기계가 언젠가 인간을 자기 마음대로 움직이기 시작하는 것은 아닐까? 저자들은 그렇지 않을 것이라고 본다. 그보다 더 걱정해야 할 일은 디지털 유인원의 정글에 사는 '거대한 짐승'이 초고성능 기계를 사용해 작은 동물(우리)의 뒤를 몰래 밟고 있다는 것이다. 그 거대한 짐승들은 AI라는 괴물을 끌고 다니며 시장을 지배하고 있다. 거대한 짐승은 짐작하다시피 구글과 아마존 같은 거대 기술 기업들이다. 구글은 우리의 검색으로 생산되는 막대한 데이터를 사적으로 소유하고 엄청난 수익을 올리면서도 해외 법인에 재산을 은닉함으로써 내야 할 세금을 내지 않는다. 저자들은 거대 기술 기업이 데이터를 독점하고 시민에게 요금을 부과하는 상황을 끝내야 한다고 주장한다.

그런 취지로 이 책의 저자 중 한 명인 나이절 섀드볼트는 팀 버너스 리와 함께, 개인이 생산한 데이터의 통제권이 개인에게 있는 오픈 소스 플랫폼 '솔리드'를 개발했다. 솔리드는 구글, 아마존, 이베이, 페이스북과는 다른 방법으로 개인 정보를 관리하는 방법으로, 저자들은 이것을 '개인 자산 혁명'이라고 부른다. 기관, 은행, 기업이 보유한 개인 데이터를 돌려받아 각자 자신이 적합하다고 여기는 방법으로 저장하고 관리할 수 있게 하자는 것이다.

새로운 디지털 기술은 우리의 사회생활, 인간관계, 일을 빠르게 변모시켰다. 인류는 아프리카를 떠난 이래로 생활 방식의 가장 큰 변화를 맞고 있을지도 모른다. 저자들은 로봇의 반란이나 로봇에 의한 대량 실업은 없을 것이라고 말한다. 인공 지능은 인간의 지능과 달라서 가까운 미래에 자의식을 획득할 수 없으며, 우리는 새로운 시대에 맞게 새로운 직업을 계속 만들어 낼 것이기 때문이다. 저자들은 초복잡 시스템에서 예기치 않게 생겨날 수 있는 문제를 경계하며 그것이 자칫하면 핵무기와 맞먹는 위협이 될 수 있음을 인정하지만, 지금까지 핵무기의 버튼을 누른 사람이 없듯이 그 위협도 우리가 능히 관리할 수 있다고 믿는다. 무엇보다 새로운 기술이 민주주의 제도의 근본적인 제약을 제거할 것으로 기대한다. 인터넷을 활용한다면 아무리 복잡한 문제에 대해서도 시민의 의견을 들을 수 있기 때문이다(이 책의 공저자인 로저 햄프슨은 웹을 기반으로 하는 예산 시뮬레이터를 고안했다). 인류 앞에 놓인 새로운 기회와 도전을 다루는 책들은 흔히 '인간의 선택'을 강조하며 끝맺음을 한다. 이 책도 마찬가지로 "우리의 새로운 힘이 인류에게 권능을 부여할지 인류를 억압할지에 대한 선택"은 우리에게 달려 있다고 말한다.

김명주